<이산수학, 5판> 정오표

쪽	행	수정 전	수정 후	비고
20	문제 1.2.9	이웃하도록	붙어 있도록	수정
209	연습문제 5의 왼쪽 그래프		변 $\{A,D\}$를 제거	삭제
228	예제 3.3.10의 그림 3.3.26		변 $\{B,E\}$를 첨가	추가
339	문제 3.7.7		$D=\begin{pmatrix} 4&0&0&0&0 \\ 0&2&0&0&0 \\ 0&0&4&0&0 \\ 0&0&0&3&0 \\ 0&0&0&0&3 \end{pmatrix}$ 삽입	추가
342	↓10 7. (4)	588	6825	수정
361	↓2 5.	$B\mapsto 3$, $C\mapsto 5$, $E\mapsto 4$, $F\mapsto 6$	$B\mapsto 5$, $C\mapsto 3$, $E\mapsto 6$, $F\mapsto 4$	수정
363	↓7 15.		첫째 질문: 불가능 둘째 질문: 가능	추가
364	↓5 7. (3)	평균차수는 6 이하이다.	평균차수는 6 미만이다.	수정
364	↓13 13.	$\binom{n}{4}+2\binom{n}{2}$	$\binom{n}{2}+2\binom{n}{4}$	수정

제5판

이산수학

박종안 · 서승현 · 이재진 · 이준열 지음

KM 경문사

제5판을 내면서

십여 년 전 제7차 교육과정의 고등학교 수학 선택 심화 과목으로 '이산수학'이 도입되고 그에 따라 적절한 교재를 제시하겠다는 일념으로 이 책의 초판을 발행하였었습니다. 그 후 서너 차례의 교육과정 변화를 거쳤고, 이 책도 다섯 번째의 개정판을 내게 되었습니다. 이러한 여러 차례의 개정은 대학이나 학교 현장의 많은 분들로부터의 호응으로 인해 가능하였던 것으로 이번 기회를 빌어서 모든 분들께 깊이 감사의 말씀을 드립니다.

새로이 개정판을 준비하면서 교육과정 변화에 부응하려고 노력하였고, 여러 학생과 교수님들께서 지적해 주신 문제점을 보완하여 책에서 전달하고자 하는 내용이 보다 쉽게 이해되도록 수정하였습니다. 특히 다음과 같은 점을 고려하였음을 밝힙니다.

(1) 채색수나 채색다항식 등과 같이 표준 용어를 도입하였고, 본문의 문장이나 증명을 정리 교체하였으며, 내용의 전개 순서를 바꾸고 그래프의 부호를 통일하는 등 책을 보다 읽기 쉽게 다듬었습니다.

(2) 문제와 연습문제를 최신의 문제와 교원임용시험에서 다루어지는 문제로 대체하고 같은 유형의 문제는 묶어서 정리하였습니다.

(3) '조합(combination)'과 같이 용어에 영문 표기를 병기함으로써 의미가 잘 전달되게 하고 추후 학문 연구에도 연계되도록 하였습니다.

(4) 중복조합을 포함하여 고등학교 교육과정 변화에 맞게 내용을 조정하였으며, 카탈란수와 영업사원 방문문제 등 새로운 내용을 추가하였습니다.

(5) 모든 연습문제는 시도할 가치가 있으므로 굳이 난이도를 구별하지 않았지만 난이도가 특별히 높은 문제에는 *로 표시하여 두었습니다.

이 책의 모든 문제는 교과 내용을 따라 학생 스스로 풀어볼 수 있도록 구성되었고, 학생들이 풀이를 확인할 수 있도록 모든 문제의 해답과 힌트를 덧붙여두었습니다.

끝으로, 대학 교재의 발굴과 출판을 위해 끊임없이 노력하며 우리 이산수학 제5판의 개정에도 아낌없는 지원을 제공해 준 경문사에 큰 발전이 있기를 기원합니다.

2016년 2월

저자 일동

손가락을 이용하여 덧셈과 뺄셈에 열중하는 아이들을 보노라면 그 모습이 너무나 진지하여 무언지 모르는 기쁨을 느끼게 된다. 그러나 분수나 음수를 배우기 시작하면서 학교 수학에서 흥분이 서서히 사라지고 수학에서 멀어져 가는 학생들도 점차 많아진다. 하지만 학교 수학에서 흥미를 잃은 학생들 중에 꽤 깊은 논리적 사고를 필요로 하는 퍼즐이나 게임에서 탁월한 능력을 보이는 것은 왜일까?

우리가 중학교에서 배우는 실수는 끝없이 이어지는 연속된 직선 위의 점으로 생각할 수 있다. 이에 반하여 자연수는 실수를 나타내는 직선 위에 일정한 간격을 두고 서로 떨어져 있는 점으로 표현된다. 이산(discrete)이란 자연수처럼 낱낱의 개체가 떨어져 있다는 뜻이며 이산적인 대상이나 이산적인 방법을 이용하는 수학이 이산수학(discrete mathematics)이다. 실수에 대응시킬 수 있는 현상을 다루는 수학을 연속수학(continuous mathematics)이라 부른다면 자연수에 대응시킬 수 있는 현상을 다루는 수학을 이산수학이라고 할 수 있다.

이런 의미에서 초등학교에서 배우는 대부분의 수학은 이산수학이라고 할 수 있다. 연속수학의 모델이 학교 수학의 상당 부분을 차지하면서 수학이 추상화되고 현실에서 멀어짐으로써, 수학의 흥미가 급속히 떨어진다고 할 수 있다. 그러나 연속적인 수학도 이산적인 모델로 분석되고 해결할 수가 있으며, 실생활에서 일어날 수 있는 많은 문제는 이산적인 방법으로 접근할 수가 있음은 분명하다. 더구나 컴퓨터의 발달과 더불어 이산수학의 중요성은 더욱 확대되고 있다. 사실 컴퓨터를 움직이는 모든 프로그램은 이산적인 알고리즘을 필요로 한다. 이산수학은 이와 같이 현실적인 측면과 다루는 내용에 있어서 수학에서 이미 홍미를 잃은 학생들을 수학으로 되돌리고 수학에 지속적인 관심을 갖게 하는데 큰 역할을 할 수 있다. 이런 중요성 때문에 이미 여러 나라의 고등학교에서 이산수학을 가르쳐왔고 우리나라에서도 제7차 교육과정에 고등학교 선택과목으로 이산수학을 도입하였다.

그러나 이미 출판된 대부분의 이산수학 책들은 컴퓨터를 전공하는 학생들에게 초점이 맞추어져 있거나 학교에서 다루는 이산수학과는 상당한 거리가 있어 이산수학을 다루어야 하는 수학 전공 학생들과 수학 교사들을 위한 마땅한 교재가 아주 부족한 형편이었다. 이에 제7차 수학과 교육과정 연구와 교육인적자원부의 이산수학 교과서를 편찬한 경험을 바탕으로 이산수학의 개념을 정확하게 이해하게 함은 물론 고등학교의 이산수학의 내용을 자세히 다루어 교단에서 가르칠 때 실제적인 도움을 주고자 이 책을 엮었다. 그럼에도 이산수학의 깊이가 느껴지도록 내용을 진개하는 데도 주의를 기울였음을 밝혀둔다.

끝으로 원고 본으로 불편하게 배우면서도 즐거운 마음으로 이산수학에 동참하고 교정까지 거들었던 강원대학교와 한림대학교 수학과 학생들과 이 책의 발간에 아낌없는 도움을 주신 경문사 임직원에게 감사한 마음을 보낸다.

2005년 9월
저자 일동

| 제1장 |

세기의 방법

| 제2장 |

점화관계와 생성함수

content

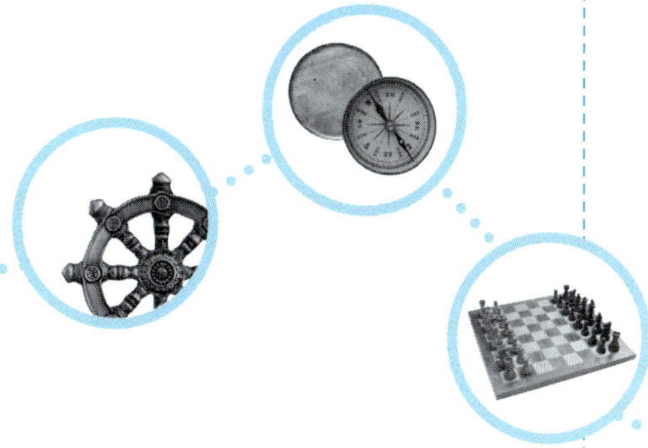

| 제3장 |

그래프

| 제 1 장 |

세기의 방법

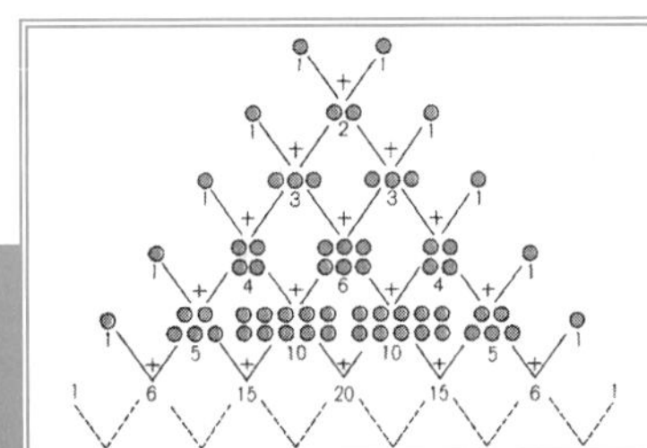

수학에서는 물론 다른 자연과학이나 실생활에서 우리는 어떤 것을 세어야 할 때가 많다. 어떤 것을 센다는 것은 자연수를 이용하여 세려고 하는 대상에 1부터 차례로 번호를 매기는 것이므로 세기에서 가장 좋은 방법은 세려고 하는 대상을 일렬로 나열하고 나열된 것을 처음부터 차례로 세어나가는 것이다. 그러나 나열할 것이 너무 많거나 주어진 조건이 까다로워 일일이 나열하기 쉽지 않을 때가 많다. 이 장에서는 주어진 조건에 맞는 대상을 효과적으로 나열할 수 있는 방법과 일일이 나열하지 않고 셀 수 있는 여러 가지 방법에 대하여 알아본다. 또 일정한 조건을 만족하는 대상을 정확히 셀 수 없는 경우에는 그 조건을 만족하는 대상이 하나라도 존재할 수 있는지에 대한 존재성을 살펴본다.

제1절

기본적인 세기 방법

이 절에서는 주어진 집합의 원소의 개수를 셀 때 기본이 되는 합의 법칙과 곱의 법칙에 대하여 알아본다.

예제 1.1.1 다음 물음에 답하여라.

(1) 1과 20사이의 정수 중에서 3 또는 7의 배수의 개수를 구하여라.

(2) 1과 50사이의 정수 중에서 3 또는 7의 배수의 개수를 구하여라.

풀이 (1) 3의 배수는 3, 6, 9, 12, 15, 18의 여섯 개이고 7의 배수는 7, 14의 둘이며 서로 겹치는 것이 없으므로 3 또는 7의 배수의 개수는 8개이다.

(2) 3의 배수는 $3, 6, \cdots, 48$의 16개이고 7의 배수는 $7, 14, \cdots, 49$의 7개이다. 이 중 서로 겹치는 것은 21, 42의 둘이므로 3 또는 7의 배수의 개수는 $16+7-2=21$개이다. □

문제 1.1.1 주사위를 한 번 던질 때 다음에 답하여라.

(1) 짝수 또는 5의 배수가 나오는 경우의 수를 구하여라.

(2) 짝수 또는 소수가 나오는 경우의 수를 구하여라.

정리 1.1.1 (합의 법칙)

(1) 두 조건 α, β를 만족하는 경우의 수가 각각 m, n이고 α와 β를 동시에 만족하는 경우가 없다면 조건 α 또는 β를 만족하는 경우의 수는 $m+n$이다.

(2) 두 조건 α, β를 만족하는 경우의 수가 각각 m, n이고 α와 β를 동시에 만족하는 경우의 수가 k이면 조건 α 또는 β를 만족하는 경우의 수는 $m+n-k$이다.

두 집합 A, B에 대해 $A \cap B = \varnothing$이면

$$|A \cup B| = |A| + |B|$$

이다. 여기서 $|A|$는 집합 A의 원소의 개수를 나타낸다.

일반적으로는

$$|A \cup B| = |A| + |B| - |A \cap B|$$

이다.

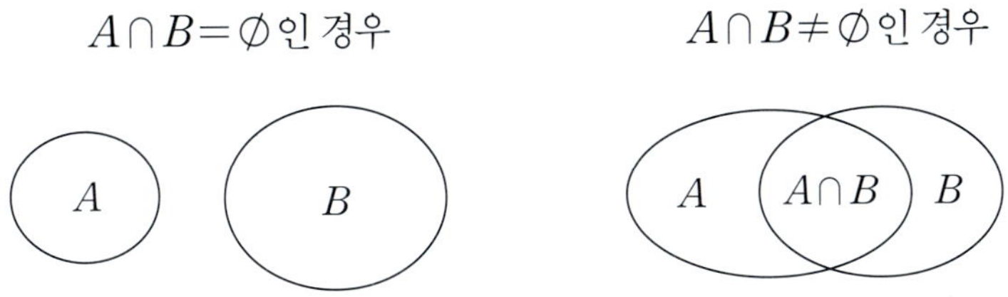

| 그림 1.1.1 |

예제 1.1.2 1부터 100까지의 자연수 중에서 다음을 구하여라.

(1) 짝수이거나 4로 나누어 나머지가 1인 자연수의 개수

(2) 짝수이거나 3으로 나누어 나머지가 1인 자연수의 개수

풀이 (1) 1부터 100까지의 자연수 중에서 짝수는 $2, 4, 6, \cdots, 100 = 2 \times 50$의 50개가 있고 4로 나누어 나머지가 1이 되는 자연수는

$$1 = 4 \times 0 + 1, 5, 9, \cdots, 97 = 4 \times 24 + 1$$

의 25개가 있다. 4로 나누어 나머지가 1이며 짝수인 자연수는 없다. 따라서 구하는 경우의 수는 합의 법칙에 의해 $50 + 25 = 75$이다.

(2) 1부터 100까지의 자연수 중에서 짝수는 50개이고 3으로 나누어 나머지가 1이 되는 자연수는

$$1 = 3 \times 0 + 1, 4, 7, 10, \cdots, 100 = 3 \times 33 + 1$$

의 34개가 있다. 두 조건을 동시에 만족하는 자연수는 3으로 나누어 나머지가 1인 짝수이므로 $6k + 4$의 꼴이다. 1부터 100까지의 자연수 중에서 $6k + 4$의 꼴은 다음의 17개이다.

$$4 = 6 \times 0 + 4, 10, 16, \cdots, 100 = 6 \times 16 + 4$$

따라서 구하는 경우의 수는 합의 법칙에 의해 $50 + 34 - 17 = 67$이다. □

문제 1.1.2 50명이 정원인 어느 대학 수학과 학생 중에 미분방정식과 이산수학을 수강하는 학생은 각각 32명과 40명이다. 두 과목 모두 수강하는 학생수의 범위를 구하여라.

예제 1.1.3 문자 a, a, b, c를 일렬로 나열하는 방법의 수를 구하여라.

풀이 다음과 같이 세 경우로 나누어 생각하여 보자.

① a로 시작하는 경우

aabc, aacb, abac, abca, acab, acba : 6가지

② b로 시작하는 경우

baac, baca, bcaa : 3가지

③ c로 시작하는 경우

caab, caba, cbaa : 3가지

문자 a, a, b, c로 이루어지는 배열은 위의 세 경우 중 하나이고 이 세 경우를 동시에 만족하는 배열은 없으므로 합의 법칙에 의해 $6+3+3=12$가지이다. □

문제 1.1.3 문자 a, a, b, c를 일렬로 나열하는 방법의 가지수를 구하기 위해 다음과 같이 네 단계로 나누어서 생각하였다. 잘못 생각한 단계를 찾아라.

a	×	×	×
×	a	×	×
×	×	a	×
×	×	×	a

그림 1.1.2

(1단계) 모든 경우는 그림 1.1.2와 같은 4가지 경우 중 하나이다.

(2단계) 각 경우에 대하여 a, a, b, c를 일렬로 나열하는 방법은 모두 6가지이다.

(3단계) 위 네 경우 사이에는 서로 공통이 없다.

(4단계) 따라서 구하는 경우의 수는 합의 법칙에 의해 $6+6+6+6=24$가지이다.

주어진 조건을 만족하는 경우의 수를 구하기 위하여 때때로 여집합을 이용한다. X를 전체 집합이라 하고 A, B를 각각 조건 α, β를 만족하는 X의 부분집합이라 하자. 그러면 조건 α와 β 모두 만족하지 않는 경우의 수는

$$
\begin{aligned}
|A^C \cap B^C| &= |(A \cup B)^C| = |X - (A \cup B)| \\
&= |X| - |A \cup B| = |X| - (|A| + |B|) + |A \cap B|
\end{aligned}
$$

이다.

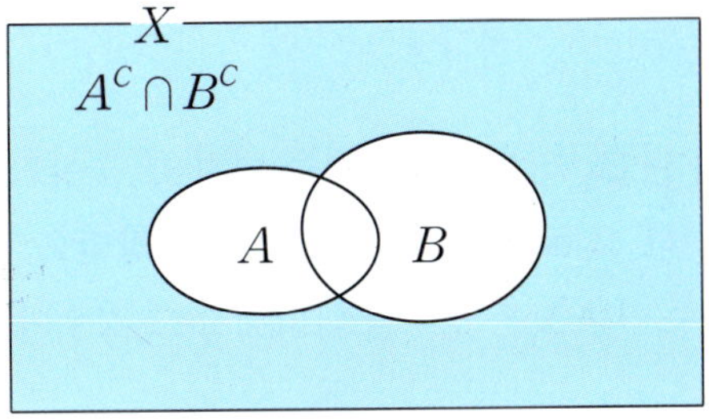

| 그림 1.1.3 |

예제 1.1.4 문자 a, b, c, d를 일렬로 나열할 때 a와 b가 서로 이웃하지 않는 경우의 수를 구하여라.

풀이 a 바로 뒤에 b가 나오는 배열은 abcd, abdc, cabd, dabc, cdab, dcab의 6가지이고, 마찬가지로 b 바로 뒤에 a가 나오는 경우의 수도 6이다. 이 두 경우 사이에는 공통이 없으므로 구하는 경우의 수는 a, b, c, d를 일렬로 나열한 모든 경우의 수에서 a 바로 뒤에 b가 나오는 경우의 수와 b 바로 뒤에 a가 나오는 경우의 수를 뺀 $24-6-6=12$이다. □

문제 1.1.4 1부터 100까지의 자연수 중에 100과 서로소인 자연수의 개수를 구하여라. (힌트 : $100=2^2 \times 5^2$이므로 2의 배수도 아니고 5의 배수도 아닌 수의 개수를 구하면 된다.)

예제 1.1.5 동전을 던질 때 앞면이 나오면 H, 뒷면이 나오면 T라 표시하자. 이제 한 개의 주사위와 한 개의 동전을 던져 주사위의 숫자가 1이고 동전의 앞면이 나왔다면 (1, H)로 나타낸다. 이와 같은 방법으로 한 개의 주사위와 한 개의 동전을 던질 때 나올 수 있는 모든 경우를 나타내고 그 경우의 수를 구하여라.

풀이 (1, H), (2, H), (3, H), (4, H), (5, H), (6, H)
(1, T), (2, T), (3, T), (4, T), (5, T), (6, T)

따라서 위의 조건을 만족하는 경우의 수는 12이다. □

문제 1.1.5 크기가 다른 두 개의 주사위를 던져 큰 주사위의 숫자가 1이고 작은 주사위의 숫자가 2라면 (1, 2)로 나타낸다. 이와 같은 방법으로 크기가 다른 두 개의 주사위를 던질 때 나올 수 있는 모든 경우를 나타내고 그 경우의 수를 구하여라.

정리 1.1.2 (곱의 법칙)
조건 α를 만족하는 경우의 수가 m이고, 조건 α를 만족하는 각 경우에 대해 조건 β를 만족하는 경우의 수가 n이라면 두 조건 α, β를 만족하는 경우의 수는 mn이다.

곱의 법칙은 다음 그림 1.1.4와 같이 한 지점 A에서 B로 가는 방법의 가지수는 A에서 C까지 가는 경우의 수 m과 C에서 B까지 가는 경우의 수 n을 곱한 mn임을 뜻한다.

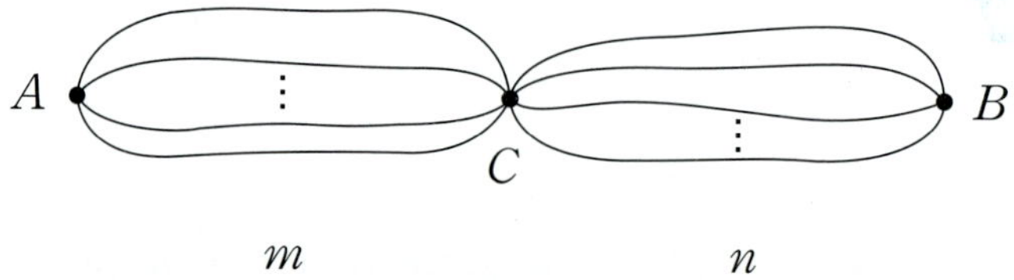

| 그림 1.1.4 |

또 곱의 법칙은 두 집합 A, B에 대하여 $A\times B=\{(a,b)\mid a\in A, b\in B\}$라 하면

$$|A\times B|=|A|\cdot|B|$$

인 것을 뜻하며, 마찬가지로 세 집합 A, B, C에 대해서도

$$|A\times B\times C|=|A|\cdot|B|\cdot|C|$$

임을 뜻한다.

예제 1.1.6 자연수 n이 다음과 같이 소인수분해될 때 n의 약수의 개수를 구하여라.

$$n=p^a q^b r^c \quad (p, q, r\text{은 서로 다른 소수})$$

풀이 n의 약수는

$$p^i q^j r^k \quad (0\le i\le a, 0\le j\le b, 0\le k\le c)$$

꼴이다. i는 $0, 1, 2, \cdots, a$ 중의 한 수이므로 i를 선택할 수 있는 방법은 $(a+1)$가지이다. 마찬가지 방법으로 j와 k를 각각 $(b+1)$과 $(c+1)$가지 방법으로 선택할 수 있으므로 n의 약수의 개수는 곱의 법칙에 의하여

$$(a+1)(b+1)(c+1)$$

이다. □

문제 1.1.6 집합 $A=\{1, 2, 3\}$에서 집합 $B=\{0, 1\}$로 가는 모든 함수의 개수를 구하여라.

예제 1.1.7 집합 $A=\{1,2,3,\cdots,n\}$의 모든 부분집합의 개수는 2^n 임을 보여라.

풀이 A의 부분집합에는 1이 포함될 수도 있고 그렇지 않을 수도 있으므로 2가지 경우가 있다. 마찬가지로 $2,3,\cdots,n$에 대하여도 각각 2가지 경우가 있으므로 곱의 법칙에 의하여 $2\times2\times\cdots\times2=2^n$개의 부분집합이 있다. □

문제 1.1.7 집합 $A=\{1, 2, 3, \cdots, n\}$일 때, 다음 물음에 답하여라.

(1) 1을 포함하는 A의 부분집합의 개수를 구하여라.

(2) 1은 포함하고 2는 포함하지 않는 A의 부분집합의 개수를 구하여라.

예제 1.1.8 세 도시 A, B, C가 있다. 아래 그림과 같이 A에서 B로 가는 길의 수는 4, B에서 C로 가는 길의 수는 3, A에서 C로 직접 가는 길의 수는 2라고 한다.

(1) A에서 C로 가는 방법의 수를 구하여라.

(2) A에서 C로 가서 다시 A로 돌아오는 방법의 수를 구하여라.

(3) A에서 C로 가서 다시 A로 돌아올 때, B를 적어도 한 번 거치는 방법의 수를 구하여라.

(4) 어떤 길도 두 번 이용하지 않으면서 A에서 C로 가서 다시 A로 돌아오는 방법의 수를 구하여라.

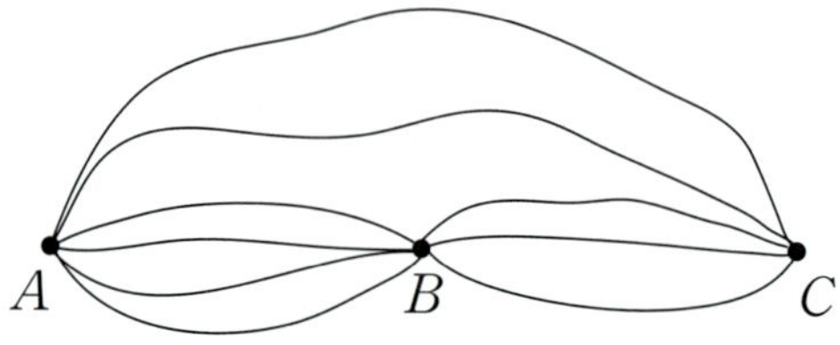

그림 1.1.5

풀이 (1) 다음과 같이 두 경우가 있다.

① $A\to B\to C$: 곱의 법칙을 이용하여 $4\times3=12$

② $A\to C$: 2

위의 두 경우는 서로 공통이 없으므로 합의 법칙에 의하여 $12+2=14$가지이다.

(2) 위 (1)에 의하여 가는 방법의 수는 14가지, 돌아오는 방법의 수도 14가지이므로 곱의 법칙에 의하여 $14 \times 14 = 196$가지이다.

(3) 위 (2)의 경우의 수에서 B를 거치지 않는 경우의 수를 빼어 $196 - 2 \times 2 = 192$가지이다.

(4) 다음과 같이 네 경우가 있다.

① $A \to B \to C \to B \to A$: 곱의 법칙을 이용하여 $4 \times 3 \times 2 \times 3 = 72$

② $A \to B \to C \to A$: 곱의 법칙을 이용하여 $4 \times 3 \times 2 = 24$

③ $A \to C \to B \to A$: 곱의 법칙을 이용하여 $2 \times 3 \times 4 = 24$

④ $A \to C \to A$: 곱의 법칙을 이용하여 $2 \times 1 = 2$

위의 네 경우는 서로 공통이 없으므로 합의 법칙에 의하여

$72 + 24 + 24 + 2 = 122$가지이다. □

문제 1.1.8 아래 그림은 어느 지역의 도시 A, B, C, D 사이의 도로를 나타낸 것이다.

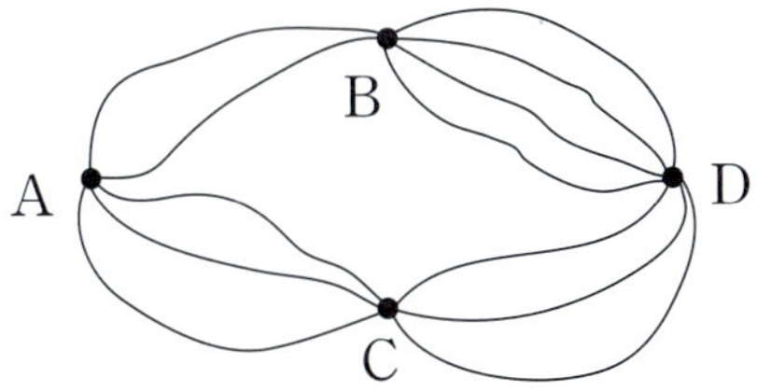

그림 1.1.6

(1) A에서 D로 갈 수 있는 방법의 수를 구하여라.

(2) A에서 D로 갔다가 다시 A로 돌아오는 방법의 수를 구하여라.

예제 1.1.9 두 팀 A와 B가 게임을 하여 먼저 두 게임을 이기는 팀이 승리한다고 할 때, 일어날 수 있는 모든 경우의 수를 구하여라. (단, 무승부는 없다)

풀이 나올 수 있는 모든 경우는 표 1.1.1과 같이 여섯 경우뿐이다.

첫 번째 게임에서 승자	두 번째 게임에서 승자	세 번째 게임에서 승자
A	A	
A	B	A
B	A	A
A	B	B
B	A	B
B	B	

| 표 1.1.1 | □

문제 1.1.9 두 팀 A와 B가 게임을 하여 먼저 3게임을 이기는 팀이 승리한다고 할 때, 일어날 수 있는 모든 경우의 수를 구하여라. (단, 무승부는 없다)

연습문제 1.1

01 100 이하의 자연수 중에서 30과 서로소인 자연수의 개수를 구하여라.

02 아래 그림의 모든 면을 k가지 색으로 색칠하려고 한다. 이웃한 면은 서로 다르게 색칠한다면 모두 몇 가지 방법이 있는가?

(1)

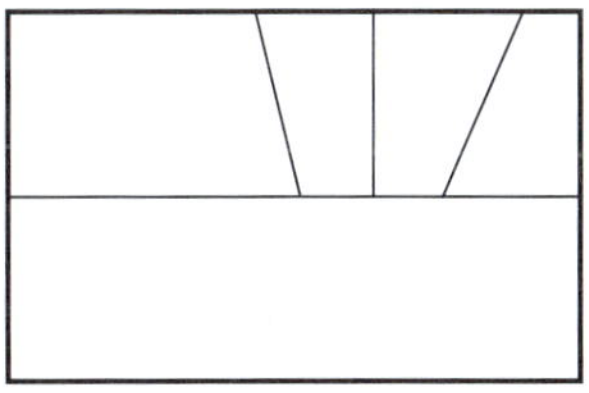

(2)

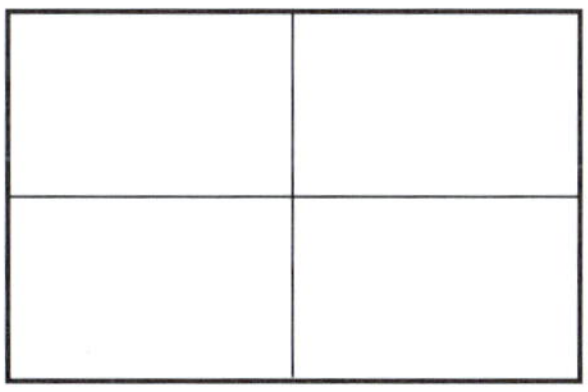

03 책꽂이에 한글로 쓰인 책 여덟 종류, 불어로 쓰인 책 여섯 종류, 영어로 쓰인 책 다섯 종류의 책이 꽂혀 있다. 이 중에서 서로 다른 언어로 쓰인 두 권의 책을 뽑는 방법의 수를 구하여라.

04 1부터 100000까지의 모든 자연수를 나열할 때 나타나는 숫자 5의 개수를 구하여라.

05 가로와 세로 각각 8개의 줄이 있는 바둑판이 있다. 색깔이 같은 두 개의 바둑알을 바둑판에 놓을 때, 다음 경우의 수를 구하여라.

(1) 같은 행이나 같은 열에 두 바둑돌이 오지 않도록 하는 방법의 수

(2) 같은 행이나 같은 열, 같은 대각선에 두 바둑돌이 오지 않도록 하는 방법의 수

06 숫자 3, 4, 4, 5, 5, 6, 7, 7, 7에서 1개 이상 뽑아 곱할 때 얻어지는 서로 다른 수의 개수를 구하여라.

07 숫자 1, 3, 5, 10, 20, 50, 90에서 1개 이상 뽑아 합할 때 얻어지는 서로 다른 수의 개수를 구하여라.

08 숫자 1, 2, 3, 4, 5에서 중복을 허락하여 세 수를 뽑아 세 자리 수를 만들 때 4의 배수는 몇 개일까?

09 구별이 되지 않는 사과, 감, 배가 각각 n개씩 있다. 이 과일 중에서 1개 이상을 이용하여 선물용 과일 꾸러미를 만들 때 몇 가지 종류의 과일 꾸러미를 만들 수 있을까?

10 동전 10원짜리가 7개, 50원짜리가 3개 있다.

(1) 위의 동전으로 지불할 수 있는 방법의 모든 경우의 수를 구하여라.

(2) 위의 동전으로 지불할 수 있는 금액의 모든 경우의 수를 구하여라.

11 다음 그림과 같은 방을 k가지 색으로 페인트칠 하려고 한다. 방과 방 사이에 문이 있는 두 방은 서로 다른 색으로 칠한다면 모두 몇 가지의 방법이 있는가?

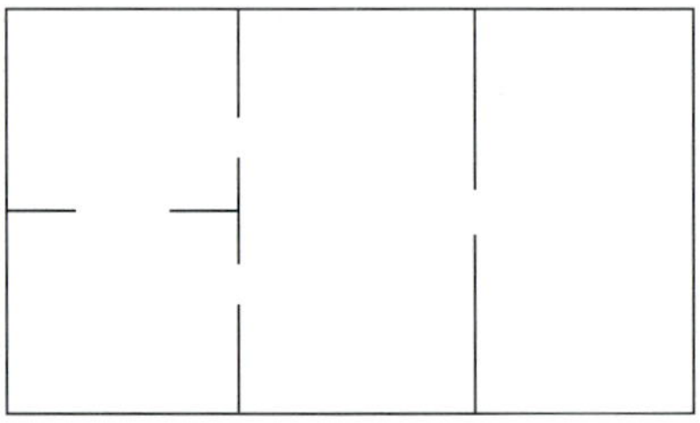

12 같은 숫자가 연속으로 나오지 않는 n자리 자연수의 개수를 구하여라.

13 각 자리수의 합이 짝수인 여섯 자리 자연수의 개수를 구하여라.

14 집합 X를 $X=\{1, 2, \cdots, n\}$라고 하자.

(1) $C\subseteq B\subseteq A\subseteq X$인 A, B, C를 뽑는 방법의 수를 구하여라.

(2) $A, B, C\subseteq X$이고 $A\cap B=\varnothing$, $B\cap C=\varnothing$, $A\cap C=\varnothing$인 A, B, C를 뽑는 방법의 수를 구하여라.

15 A 고등학교에는 체조 선수 5명이 있다. 어떤 체조 선수권 대회에 출전하기 위해서는 학교에서 실시하는 두 번의 자격 테스트를 통과해야 하는데, 1차 테스트를 통과한 사람만이 2차 테스트에 도전할 수 있다고 한다.
1차, 2차 테스트를 통과한 선수들의 집합을 각각 S, T라고 할 때, 두 집합 S, T가 구성될 수 있는 방법의 수를 구하여라. (단, 각 테스트에 통과한 선수가 한명도 없을 수 있다.) [2009년도 중등교사 임용시험]

16 n을 자연수라고 할 때 n의 약수의 개수가 홀수일 필요충분조건은 $\sqrt{n}$이 자연수임을 보여라.

제2절 순열

이 절에서는 여러 가지 상황에서 일어날 수 있는 사람이나 사물의 배열과 그 경우의 수에 대하여 알아보도록 하자.

예제 1.2.1 네 숫자 1, 2, 3, 4에서 서로 다른 3개를 뽑아 일렬로 나열하여 보아라. 모두 몇 가지인가?

풀이

123	124	132	134	142	143
213	214	231	234	241	243
312	314	321	324	341	342
412	413	421	423	431	432

모두 24가지가 있다. □

문제 1.2.1 다섯 문자 a, b, c, d, e에서 서로 다른 2개를 뽑아 일렬로 나열하여 보아라. 모두 몇 가지인가?

정의 1.2.1 n이 자연수일 때 $n! = n \times (n-1) \times \cdots \times 1$로 정의하고 n의 **계승**(factorial)이라 부른다. 특별히 $0! = 1$이라고 약속한다.

예를 들어 $5! = 5 \times 4 \times 3 \times 2 \times 1 = 120$이다.

정의 1.2.2 서로 다른 n개에서 서로 다른 r개를 뽑아 일렬로 나열한 것을 **순열**(permutation)이라 하며, 이와 같은 순열의 수를 ${}_nP_r$로 나타낸다.

예를 들어 네 문자 a, b, c, d에서 서로 다른 두 문자를 뽑아 만든 순열을 모두 나열하면 ab, ac, ad, ba, bc, bd, ca, cb, cd, da, db, dc 이고, 따라서 ${}_4P_2 = 12$이다.

정리 1.2.3

n, r을 $n \geq r$인 자연수라고 할 때 서로 다른 n개에서 서로 다른 r개를 뽑아 일렬로 나열한 순열의 수 ${}_nP_r$은

$$\begin{aligned}{}_nP_r &= n(n-1)(n-2)\cdots(n-r+1)\\ &= \frac{n!}{(n-r)!}\end{aligned}$$

이다. 특히 서로 다른 n개를 일렬로 나열한 순열의 수는 ${}_nP_n = n!$이다.

증명 서로 다른 n개에서 서로 다른 r개를 뽑아 일렬로 나열할 때, 첫 번째는 어느 것이라도 올 수 있으므로 n가지 경우가 있고 두 번째에는 첫 번째에 온 것을 제외한 $(n-1)$가지 경우가 있다. 일반적으로 i번째에는 첫째부터 $(i-1)$번째까지 쓰인 것을 제외한 $(n-i+1)$개 가운데 하나를 쓸 수 있으므로 $(n-i+1)$가지 경우가 있다.

따라서 곱의 법칙을 이용하면

$$\begin{aligned}{}_nP_r &= n(n-1)(n-2)\cdots(n-r+1)\\ &= \frac{n!}{(n-r)!}\end{aligned}$$

이다. 특히 서로 다른 n개를 일렬로 나열한 순열의 수는

$$\begin{aligned}{}_nP_n &= n(n-1)(n-2)\cdots 2\cdot 1\\ &= n!\end{aligned}$$

이다. □

예제 1.2.2 30명으로 이루어진 반에서 반장, 부반장, 총무를 뽑을 수 있는 방법의 수를 구하여라.

풀이 30명에서 세 명을 뽑아 일렬로 나열하여 첫 번째, 두 번째, 세 번째 사람을 각각 반장, 부반장, 총무로 생각하면 구하는 수는 ${}_{30}P_3 = 30 \times 29 \times 28$이다. □

문제 1.2.2 알파벳 26문자 중 서로 다른 네 문자로 이루어진 단어는 모두 몇 개인가?

예제 1.2.3 자연수 n, r이 $n>r>1$일 때

$$_nP_r = {}_{n-1}P_r + r \times {}_{n-1}P_{r-1}$$

임을 보여라.

풀이 $_nP_r$은 $1, 2, \cdots, n$에서 서로 다른 r개를 뽑아 일렬로 나열하는 방법의 수와 같고 다음의 두 가지 경우로 나누어 생각할 수 있다.

① **n이 뽑히지 않을 경우** : n을 제외한 나머지 $n-1$개의 수 $1, 2, \cdots, n-1$에서 서로 다른 r개를 뽑아 만든 순열이고 이런 순열의 수는 $_{n-1}P_r$이다.

② **n이 뽑힐 경우** : n은 r자리 중에서 하나를 차지하므로 n이 위치할 수 있는 방법의 수는 r이다. 이제 n을 제외한 나머지 $n-1$개의 수 $1, 2, \cdots, n-1$에서 서로 다른 $r-1$개를 뽑아 만든 순열이며 이런 순열의 수는 $_{n-1}P_{r-1}$이다. 따라서 n을 포함하는 순열의 수는 곱의 법칙에 의하여 $r \times {}_{n-1}P_{r-1}$이다.

위의 ①과 ②는 동시에 일어나지 않으므로 합의 법칙에 의하여

$$_nP_r = {}_{n-1}P_r + r \times {}_{n-1}P_{r-1}$$

이다. □

문제 1.2.3 자연수 n, r이 $n \geq r > 1$일 때

$$_nP_r = n \times {}_{n-1}P_{r-1}$$

임을 보여라.

정의 1.2.4 서로 다른 n개에서 중복을 허락하여 r개를 뽑아 일렬로 나열하는 것을 **중복순열**(permutation with repetition)이라 하며, 이런 모든 중복순열의 수를 $_n\Pi_r$로 나타낸다.

예제 1.2.4 세 문자 a, b, c에서 중복을 허락하여 2개를 뽑아 일렬로 나열하는 모든 중복순열을 구하고 그 수를 구하여라.

풀이 aa ab ac

ba bb bc

ca cb cc

그러므로 a, b, c에서 두 문자를 뽑아 만든 중복순열의 수는 ${}_3\Pi_2=9$이다. □

문제 1.2.4 1과 2로만 이루어진 네 자리수를 모두 구하여라. 또 그런 네 자리수는 모두 몇 개인가?

예제 1.2.5 n, r을 자연수라고 할 때

$${}_n\Pi_r=n^r$$

임을 보여라.

증명 ${}_n\Pi_r$은 자연수 $1, 2, \cdots, n$에서 중복을 허락하여 r개를 뽑아 나열하는 방법의 개수이다. 각 자리에는 $1, 2, \cdots, n$ 중에서 어떤 수도 올 수 있으므로 n가지 경우가 있고 곱의 법칙을 이용하면 ${}_n\Pi_r=n\times n\times\cdots\times n=n^r$이다. □

문제 1.2.5 여덟 명을 세 여관 A, B, C에 투숙시킬 수 있는 방법의 수를 구하여라.

예제 1.2.6 8을 하나만 포함하는 네 자리 수의 개수를 구하여라.

풀이 다음의 네 가지 경우로 나누어 생각할 수 있다.

① 첫째자리에 8이 있는 경우

8○○○ : $9\times9\times9=9^3$

② 둘째자리에 8이 있는 경우

○8○○ : $8\times9\times9=8\times9^2$ (첫째자리엔 0이 아님)

③ 셋째자리에 8이 있는 경우

○○8○ : $8\times9\times9=8\times9^2$ (첫째자리엔 0이 아님)

④ 넷째자리에 8이 있는 경우

○○○8 : $8\times9\times9=8\times9^2$ (첫째자리엔 0이 아님)

위의 네 가지 경우는 동시에 일어나지 않으므로 합의 법칙에 의하여

$$9^3+8\times9^2+8\times9^2+8\times9^2=9^3+24\times9^2$$

가지이다. □

문제 1.2.6 8을 두 개만 포함하는 네 자리 수의 개수를 구하여라.

정리 1.2.5

A가 p개, B가 q개, C가 r개 있을 때 이 모든 문자를 일렬로 나열하는 순열의 수는

$$\frac{n!}{p!q!r!}$$

이다. (단 $p+q+r=n$)

증명 구하는 순열의 수를 x라 하자. p개의 A, q개의 B, r개의 C를 모두 다른 문자 $A_1, A_2, \cdots, A_p, B_1, B_2, \cdots, B_q, C_1, C_2, \cdots, C_r$로 생각하면 모든 문자가 다르므로 이 문자들로 이루어진 순열의 수는 $(p+q+r)!=n!$이다. 이런 순열 중에서 문자 $A_1, A_2, \cdots, A_p$를 서로 바꾸어 만든 $p!$개의 순열은 우리가 구하는 순열에서는 모두 같게 되고 이것은 B와 C의 경우도 마찬가지이다. 그러므로 $x=\dfrac{n!}{p!q!r!}$이다. □

예제 1.2.7 여덟 명의 사람을 세 여관 A, B, C에 각각 3명, 3명, 2명씩 투숙시킬 수 있는 방법의 수를 구하여라.

풀이 위의 조건에 맞게 투숙된 여덟 명을 어떤 특정한 한 순서로 나열하고 각각 자기가 투숙한 여관의 표지판을 들게 하면 A, A, A, B, B, B, C, C를 일렬로 나열한 것과 같게 된다. 따라서 구하는 방법의 수는 $\dfrac{8!}{3!3!2!}$이다. □

문제 1.2.7 단어 MATHEMATICS에 사용된 문자의 순서를 바꾸어 만들 수 있는 모든 단어의 수를 구하여라.

예제 1.2.8 서로 다른 n개에서 서로 다른 r개를 뽑을 때 다음을 보여라.

(1) 원형으로 배열할 수 있는 경우의 수는 ${}_nP_r \times \dfrac{1}{r}$ 이다.

(2) 목걸이를 만들 수 있는 경우의 수는 ${}_nP_r \times \dfrac{1}{2r}$ 이다. (단 $r > 2$)

증명 (1) 서로 다른 n개에서 r개를 뽑아 만들 수 있는 순열 중에서 다음 r개의 순열

$$a_1a_2\cdots a_r,\quad a_2a_3\cdots a_ra_1,\quad a_3a_4\cdots a_ra_1a_2,\quad \cdots,\quad a_ra_1a_2\cdots a_{r-1}$$

는 원형으로 배열하면 모두 같아진다. 즉, 전체 ${}_nP_r$개의 순열에서 r개의 순열이 원형으로 배열하면 한 가지가 된다. 그러므로 서로 다른 n개에서 r개를 뽑아 원형으로 배열하는 원순열의 수는

$${}_nP_r \times \frac{1}{r}$$

이다. 아래 그림 1.2.1은 $r=4$일 때 위의 설명을 그림으로 나타낸 것이다.

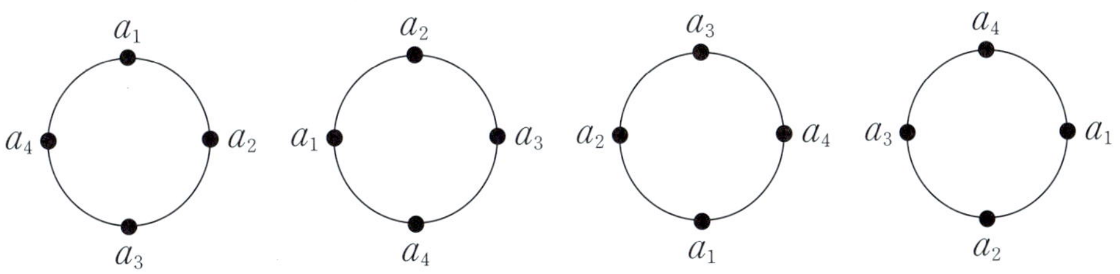

그림 1.2.1

(2) 목걸이에서는 아래 그림 1.2.2처럼 뒤집어도 같은 것이 되므로 2개의 원순열이 하나의 목걸이순열이 된다. 그러므로 서로 다른 n개에서 r개를 뽑아 목걸이를 만드는 순열의 수는 ${}_nP_r \times \dfrac{1}{2r}$이다.

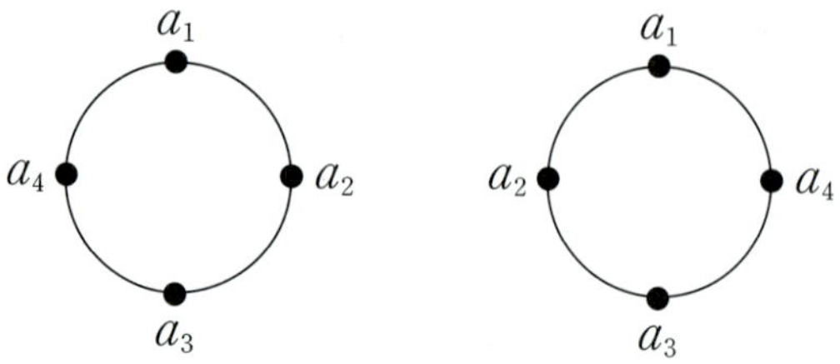

| 그림 1.2.2 |

□

문제 1.2.8 다음 물음에 답하여라.

(1) 20명에서 10명을 뽑아 원탁에 앉힐 수 있는 방법의 수를 구하여라.

(2) 각각 색이 다른 20개의 구슬로 목걸이를 만들 수 있는 방법의 수를 구하여라.

예제 1.2.9 26개의 알파벳을 일렬로 나열할 때 다섯 개의 모음 a, e, i, o, u는 항상 붙어 있도록 하는 방법의 수를 구하여라.

풀이 a, e, i, o, u를 합쳐서 하나의 문자로 생각하면 모두 22개의 문자를 일렬로 나열하는 것이므로 22!의 경우가 있다. 한편, 이런 각각의 배열에서 a, e, i, o, u 문자끼리는 순서를 바꾸어도 주어진 조건을 만족하므로 구하는 수는 $22! \times 5!$이다.

□

문제 1.2.9 세 명의 남자와 다섯 명의 여자를 일렬로 세울 때, 같은 성별끼리 이웃하도록 세우는 방법의 수를 구하여라.

예제 1.2.10 26개의 알파벳을 일렬로 나열할 때 a, b, c, d, e, f 중에서 어느 두 문자도 이웃하지 않게 나열하는 방법의 수를 구하여라.

풀이 26개의 알파벳 중 a, b, c, d, e, f를 제외한 20개의 문자를 일렬로 나열하는 방법의 수는 20!이고 이렇게 나열된 문자와 문자 사이에 연속되지 않게 a, b, c, d, e, f를 넣는 방법의 수는 ${}_{21}P_6$이므로 구하는 수는 곱의 법칙에 의해

$$ {}_{21}P_6 \cdot 20! = \frac{21!}{(21-6)!} \cdot 20! $$

이다. □

문제 1.2.10 26개의 알파벳을 원 위에 나열할 때 a, b, c, d, e 중에서 어느 두 문자도 이웃하지 않게 나열하는 방법의 수를 구하여라.

예제 1.2.11 26개의 알파벳을 일렬로 나열할 때 모음의 순서가 a, e, i, o, u가 되도록 하는 방법의 수를 구하여라.

풀이 구하는 순열의 수를 x라 하자. 모음의 순서를 무시하고 26개의 알파벳을 일렬로 나열하는 방법의 수는 26!이다. 한편, 모음만의 순서를 바꾸어 만든 순열 중에서 모음의 순서가 a, e, i, o, u인 한 개만 우리가 원하는 경우이다. 즉, 5!개의 순열에서 오직 하나만 조건에 맞는 순열이다. 따라서 구하는 순열의 수는 $x = \frac{26!}{5!}$이다. □

위 예제에서 알 수 있듯이 모음의 순서가 a, e, i, o, u가 되도록 26개의 알파벳을 일렬로 나열하는 방법의 수는 서로 다른 문자 21개와 같은 문자 5개를 일렬로 나열할 때의 경우의 수와 같다. 이렇게 특정한 문자의 순서가 정해진 순열에서는 순서가 정해진 문자를 모두 같은 문자로 생각하면 쉽게 해결할 수 있다.

문제 1.2.11 단어 JUPITER에 사용된 문자를 한 번씩 사용하여 만들 수 있는 단어 중에서 모음의 순서가 U, I, E가 되는 것은 모두 몇 개인가?

연습문제 1.2

01 문자 a, b, c, d, e, f를 배열하여 네 문자로 이루어진 단어를 만들려고 한다. 다음의 조건을 만족하는 단어의 수를 구하여라.

(1) 문자를 중복해서 사용해도 좋을 경우

(a) 모든 단어

(b) 문자 b를 포함하는 단어

(2) 어떤 문자도 중복해서 사용할 수 없는 경우

(a) 모든 단어

(b) 문자 b를 포함하는 단어

(c) a, b가 이웃에 위치하는 단어

(d) a가 b의 왼쪽에 위치하는 단어

02 다음 경우의 수를 구하여라.

(1) 서로 다른 7개의 공을 서로 다른 8개의 상자에 넣을 때 각 상자에 많아야 한 개의 공을 넣는 방법의 수

(2) 숫자 1, 2, 3, 4, 5로 만들 수 있는 세 자리 수의 개수

(3) $A=\{1, 2, 3, 4, 5\}$, $B=\{\mathrm{a, b, c, d, e, f}\}$라 할 때

(a) A에서 B로 가는 함수의 개수

(b) A에서 B로 가는 일대일 함수의 개수

(4) 문자 a, a, a, b, b를 일렬로 나열하는 순열의 수

(5) EDUCATION의 단어에 사용된 문자를 한 번씩 이용하여 만들 수 있는 단어 중에서 D가 N의 왼쪽에 있는 단어의 수

(6) 문자 a, e, i, o, u, x, x, x, x, x, x, x, x를 모두 이용하여 일렬로 배열할 때 모음끼리는 서로 이웃하지 않도록 하는 방법의 수

03 서로 다른 세 개의 주사위를 던질 때 나오는 수 중 가장 큰 수가 가장 작은 수의 두 배가 되는 경우의 수를 구하여라.

04 26개의 알파벳을 일렬로 나열할 때, 모음의 순서가 a, e, i, o, u이고 p, q, r은 어느 두 문자도 서로 이웃하지 않으며 x, y, z가 항상 붙어있는 경우의 수를 구하여라.

05 아래 그림을 보고 다음 물음에 답하여라.

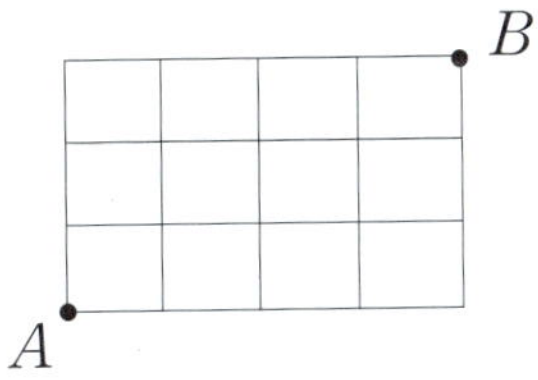

(1) 위의 그림에서 위로 한 칸 가는 것을 a, 오른쪽으로 한 칸 가는 것을 b라 하자. A에서 B로 가는 가장 짧은 경로의 집합과 a, a, a, b, b, b, b로 이루어진 순열의 집합 사이에 일대일대응을 찾아라.

(2) 앞 (1)을 이용하여 A에서 B로 가는 가장 짧은 경로의 수를 구하여라.

06 똑같은 모양의 빨간색 구슬 2개, 파란색 구슬 1개, 노란색 구슬 1개가 있다.

(1) 위 구슬을 원형으로 배열하는 방법의 수를 구하여라.

(2) 위 구슬로 목걸이를 만들 수 있는 방법의 수를 구하여라.

07 숫자 1, 2, 3으로 이루어진 n자리 수 가운데 적어도 한 번 같은 숫자가 연속으로 나오는 수는 몇 개인가?

08 다음 물음에 답하여라.

(1) 다음 그림(a)와 같이 12명이 정사각형 모양의 책상에 앉는 방법의 수를 구하여라.

(2) 다음 그림(b)와 같이 10명이 직사각형 모양의 책상에 앉는 방법의 수를 구하여라.

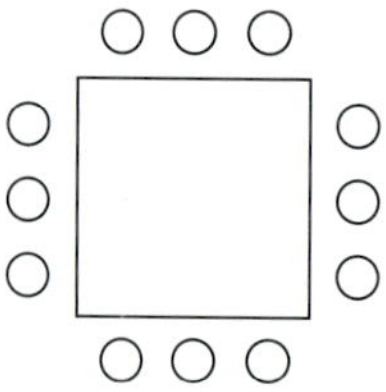

(a)

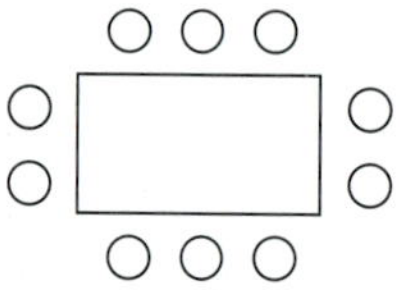

(b)

09 다섯 자리 자연수 중에서 다음 조건을 만족하는 수의 개수를 구하여라.

(1) 숫자 0을 적어도 하나 포함하는 수

(2) 숫자 9를 적어도 하나 포함하는 수

(3) 숫자 0과 9를 각각 적어도 하나 포함하는 수

10 n개의 숫자 $1, 2, \cdots, n$을 일렬로 나열할 때 작은 수부터 나열하는 방법을 사전식 순서로 나열한다고 한다. 일곱 개의 숫자 $1, 2, 3, 4, 5, 6, 7$을 사전식순서로 나열할 때 다음 물음에 답하여라.

(1) 2136457은 몇 번째에 나열되는가?

(2) 35번째에 나열되는 순열을 구하여라.

11 n이 자연수라고 하자. 사전식순서를 이용하여 다음 물음에 답하여라.

(1) $0 \le m \le (n+1)!-1$인 정수 m은 다음과 같은 형태로 표현됨을 보여라.

$$m = a_1 \cdot 1! + a_2 \cdot 2! + \cdots + a_n \cdot n! \quad (\text{단 } 0 \le a_i \le i)$$

(2) 다음 등식을 증명하여라.

$$1 \cdot 1! + 2 \cdot 2! + \cdots + n \cdot n! = (n+1)! - 1$$

12 다섯 명의 남자와 다섯 명의 여자를 일렬로 세울 때, 다음을 구하여라.

(1) 같은 성별끼리는 이웃하지 않도록 하는 경우의 수

(2) 모든 사람이 적어도 한 쪽에는 같은 성별이 되도록 하는 경우의 수

13 네 명의 남자와 네 명의 여자를 원탁에 앉히려고 할 때 다음을 구하여라.

(1) 같은 성별끼리는 이웃하지 않도록 하는 경우의 수

(2) 모든 사람이 적어도 한 쪽에는 같은 성별이 되도록 하는 경우의 수

14 다섯 개의 a, 다섯 개의 b, 다섯 개의 c에서 각 문자를 적어도 2개씩 포함하는 10개의 문자로 이루어진 단어는 모두 몇 개인가?

15 모양으로는 구별되지 않는 빨간색 공 4개와 파란색 공 4개를 원형으로 배열하는 경우의 수를 구하여라.

16 수영이는 한 걸음에 한 계단 또는 두 계단을 오를 수 있다. 수영이가 10개의 계단을 오를 수 있는 방법의 수를 구하여라.

17 서로 다른 n개의 공을 모두 나누어 주려고 한다.

(1) 공을 두 사람에게 나누어 주는 방법의 수를 구하여라.

(2) 위 (1)에서 각자가 적어도 하나씩은 갖도록 나누어 주는 방법의 수를 구하여라.

(3) 세 사람에게 나누어 주는 방법의 수를 구하여라.

(4) 위 (3)에서 각자가 적어도 하나씩은 갖도록 나누어 주는 방법의 수를 구하여라.

18 다음 물음에 답하여라.

(1) 정사면체 각 면에 1부터 4까지의 숫자를 쓸 수 있는 방법의 수는?

(2) 정육면체 모양의 주사위 각 면에 1부터 6까지의 숫자를 쓸 수 있는 방법의 수는?

(3) 위 (2)에서 마주보는 면에 적힌 수의 합이 7이 되도록 쓰는 방법의 수는?

19* 가람이는 일곱 명의 친구를 7일 동안 하루에 세 명씩 저녁식사에 초대하려고 한다. 일곱 명의 친구 모두가 정확히 한 번만 다른 모든 친구와 저녁식사를 할 수 있도록 초대하는 경우의 수를 구하여라.

제3절 조합

시장에서 물건을 사거나 학기마다 하는 수강신청 등 우리는 살아가면서 많은 선택을 하게 된다. 이 절에서는 여러 가지 상황에서 일어나는 선택의 방법과 그 수에 대하여 알아보도록 하자.

예제 1.3.1 다섯 문자 a, b, c, d, e에서 서로 다른 2개를 뽑는 방법을 모두 나열하고 그 수를 구하여라.

풀이 ab ac ad ae

bc bd be

cd ce

de

따라서 a, b, c, d, e에서 서로 다른 2개를 뽑는 방법의 수는 10이다. □

문제 1.3.1 다섯 문자 a, b, c, d, e에서 서로 다른 3개 뽑는 방법을 모두 나열하고 그 수를 구하여라.

정의 1.3.1 서로 다른 n개에서 서로 다른 r개를 뽑는 것을 **조합**(combination)이라 하며, 이 조합의 수를 $\binom{n}{r}$ 또는 ${}_nC_r$로 나타낸다.

예를 들어 네 문자 a, b, c, d에서 서로 다른 두 문자를 뽑는 방법을 모두 나열하면 ab, ac, ad, bc, bd, cd이고, 따라서 ${}_4C_2=6$이다.

정리 1.3.2

n, r을 $n \geq r$인 자연수라고 할 때 서로 다른 n개에서 서로 다른 r개를 선택하는 조합의 수 $\binom{n}{r}$는

$$\binom{n}{r} = \frac{{}_nP_r}{r!} = \frac{n!}{(n-r)!r!} = \frac{n(n-1)\cdots(n-r+1)}{r!}$$

이다.

증명 서로 다른 n개에서 서로 다른 r개를 뽑아 이 r개를 일렬로 나열하는 경우의 수는 ${}_nP_r$이다. 여기서 서로 다른 n개에서 r개를 꺼내는 방법의 수는 $\binom{n}{r}$이고, r개를 일렬로 나열하는 경우의 수는 $r!$이므로 곱의 법칙에 의하여 ${}_nP_r = \binom{n}{r} \times r!$이다.

그러므로

$$\binom{n}{r} = \frac{{}_nP_r}{r!} = \frac{n!}{(n-r)!r!} = \frac{n(n-1)\cdots(n-r+1)}{r!}$$

이다. □

특별히 $r=0$인 경우 $\binom{0}{0}=1, \binom{n}{0}=1$로 각각 정의한다.

예제 1.3.2 학생 30명으로 이루어진 반에서 다음을 구하여라.

(1) 반장과 부반장을 뽑는 방법의 수

(2) 대의원 두 명을 뽑는 방법의 수

풀이 (1) 30명에서 두 명을 뽑아 일렬로 배열한 후 첫 번째 사람을 반장, 두 번째 사람을 부반장으로 뽑으면 되므로 구하는 방법의 수는 30명에서 두 명을 뽑아 일렬로 배열하는 수 ${}_{30}P_2$와 같고 이 값은 $30 \times 29 = 870$이다.

(2) 두 대의원 사이에는 구별이 없으므로 30명에서 두 명을 뽑는 조합의 수 ${}_{30}C_2 = 435$이다. 이것은 위 (1)에서 구한 870을 2로 나눈 값과 같다. □

문제 1.3.2 집합 A를 $A=\{1,\ 2,\ \cdots,\ 10\}$라 하자.

(1) A의 부분집합 중 두 원소로 이루어진 부분집합의 수를 구하여라.

(2) A의 부분집합 중 세 원소로 이루어진 부분집합의 수를 구하여라.

(3) ${}_{10}C_0+{}_{10}C_1+{}_{10}C_2+\cdots+{}_{10}C_9+{}_{10}C_{10}=2^{10}$임을 보여라.

예제 1.3.3 여자 7명과 남자 4명 중에서 다섯 명의 대표 위원을 뽑을 때 적어도 남자가 1명 이상 뽑히는 방법의 수를 구하여라.

풀이 다음의 네 가지 경우로 나누어 생각할 수 있다.

① 대표 위원이 여자 4명, 남자 1명인 경우 : ${}_7C_4\times{}_4C_1=35\times4=140$

② 대표 위원이 여자 3명, 남자 2명인 경우 : ${}_7C_3\times{}_4C_2=35\times6=210$

③ 대표 위원이 여자 2명, 남자 3명인 경우 : ${}_7C_2\times{}_4C_3=21\times4=84$

④ 대표 위원이 여자 1명, 남자 4명인 경우 : ${}_7C_1\times{}_4C_4=7\times1=7$

위의 네 가지 경우 중 어느 두 경우도 동시에 일어나지 않으므로 합의 법칙에 의하여 $140+210+84+7=441$이다. □

문제 1.3.3 아래 도형에 대하여 다음 물음에 답하여라.

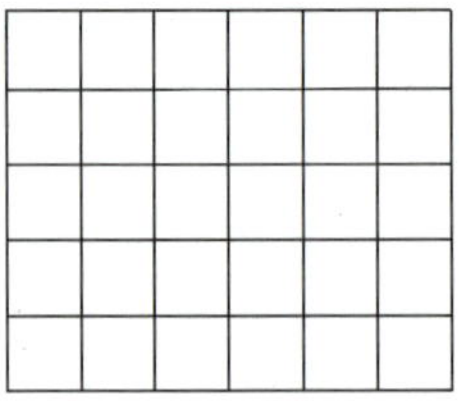

그림 1.3.1

(1) 위의 도형에 있는 직사각형의 개수를 구하여라.

(2) 위의 도형에 있는 정사각형의 개수를 구하여라.

예제 1.3.4 n, r을 $n>r$인 자연수라고 할 때

$$\binom{n}{r}=\binom{n-1}{r}+\binom{n-1}{r-1}$$

임을 보여라.

풀이 $\binom{n}{r}$은 $1, 2, \cdots, n$에서 r개를 뽑는 방법의 수로 다음과 같이 두 경우로 나누어 생각할 수 있다.

① **n이 뽑히지 않을 경우** : n을 제외한 나머지 $n-1$개의 수에서 r개를 뽑아야 하고 이 경우의 수는 $\binom{n-1}{r}$이다.

② **n이 뽑힐 경우** : n이 이미 뽑혔으므로 나머지 $n-1$개의 수에서 $r-1$개를 뽑아야 하고 이 경우의 수는 $\binom{n-1}{r-1}$이다.

위의 ①과 ②는 동시에 일어나지 않으므로 합의 법칙에 의하여

$$\binom{n}{r}=\binom{n-1}{r}+\binom{n-1}{r-1}$$

이다. □

관계식 $\binom{n}{r}=\binom{n-1}{r}+\binom{n-1}{r-1}$을 이용하면 아래 표와 같이 이항계수 $\binom{n}{r}$를 쉽게 구할 수 있다. 이 표를 **파스칼의 삼각형**(Pascal's triangle)이라 한다.

n	$\binom{n}{0}$	$\binom{n}{1}$	$\binom{n}{2}$	$\binom{n}{3}$	$\binom{n}{4}$	$\binom{n}{5}$	$\binom{n}{6}$	$\cdots$
0	1							$\cdots$
1	1	1						$\cdots$
2	1	2	1					$\cdots$
3	1	3	3	1				$\cdots$
4	1	4	6	4	1			$\cdots$
5	1	5	10	10	5	1		$\cdots$
6	1	6	15	20	15	6	1	$\cdots$
$\vdots$	$\vdots$	$\vdots$	$\vdots$	$\vdots$	$\vdots$	$\vdots$	$\vdots$	$\ddots$

표 1.3.1

문제 1.3.4 조합의 정의를 이용하여 다음을 보여라.

$$\binom{n}{r}=\binom{n}{n-r}$$

예제 1.3.5 다음과 같은 도로망에서 지점 A에서 B로 도달하는 최단 경로의 수를 구하여라.

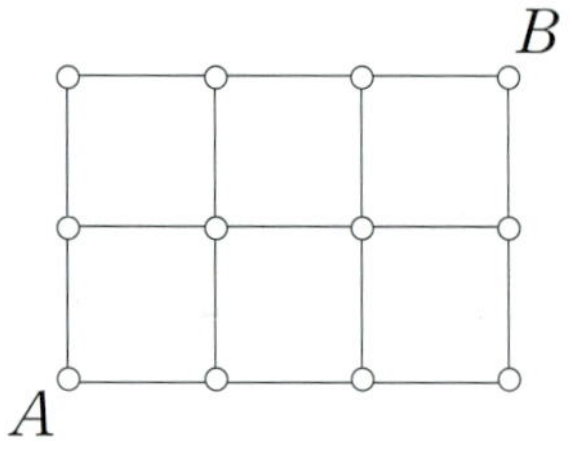

| 그림 1.3.2 |

풀이 오른쪽으로 가면 a, 위쪽으로 가면 b로 나타낼 때 A에서 B로 가는 최단 경로는 a, a, a, b, b를 일렬로 나열한 것과 일대일대응된다. 예를 들어 그림 1.3.3에서 굵은 선으로 표시된 경로는

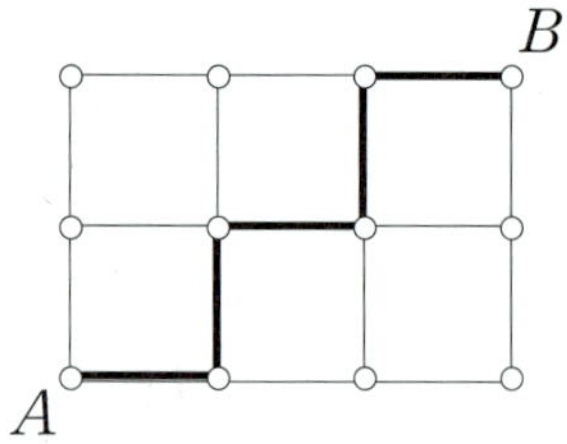

| 그림 1.3.3 |

a b a b a와 대응된다. 한편, 이러한 순열은 5개의 자리 중 3곳을 택하여 a를 배열하고 남는 곳에 b를 배열하면 되므로 그 순열의 수는 $\binom{5}{3}$이고 따라서 A에서 B로 가는 최단 경로의 수도 $\binom{5}{3}=10$이다. □

일반적으로 가로와 세로가 각각 m과 n칸인 직사각형 도로망에서 왼쪽 아래 끝점에서 오른쪽 위 끝점에 이르는 최단경로의 수는 $\binom{m+n}{m}$이다.

문제 1.3.5 다음과 같은 도로망에서 지점 A에서 B로 도달하는 최단 경로의 수를 구하여라.

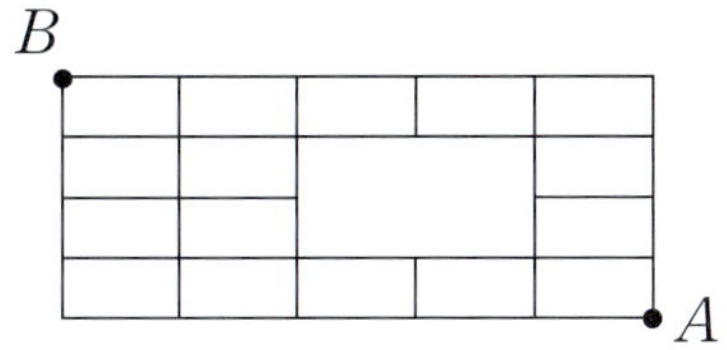

| 그림 1.3.4 |

예제 1.3.6 좌표평면에서 어떤 동점은 오른쪽 또는 위로 1씩 간다고 하자. 이런 방법으로 원점 $\mathrm{O}(0,0)$에서 점 $\mathrm{K}(n,n)$으로 가는 경로에 대하여 다음 물음에 답하여라. (단 n은 자연수)

(1) 경로의 수를 구하여라.

(2) 직선 $y=x$ 의 아랫부분을 지나는 경로의 수는 $\binom{2n}{n+1}$임을 보여라.

(3) 직선 $y=x$ 의 아랫부분을 지나지 않는 경로의 수 C_n을 구하여라.

풀이 (1) 가로가 n칸, 세로가 n칸인 도로망에서 O에서 K로 가는 최단경로의 수와 같으므로 구하는 경로의 수는 $\binom{2n}{n}$이다.

(2) α를 직선 $y=x$의 아랫부분을 지나는 경로라 하자. α가 직선 $y=x$ 위의 점 $\mathrm{A}(i,i)$를 지나 처음으로 $y=x$ 의 아랫부분을 지난다면 α는 A의 바로 오른쪽 점 $\mathrm{B}(i+1,i)$ 를 지난다. 점 O부터 B까지는 α를 따라 움직이고 그 이후에는 B부터 K까지 α의 부분을 직선 $y=x-1$에 관하여 대칭시킨 길을 따라 움직이는 경로를 β라고 하면 β는 원점 $\mathrm{O}(0,0)$에서 점 $\mathrm{L}(n+1,n-1)$로 가는 경로이다. 그림 1.3.5는 $n=8$일 때 α와 β를 나타낸 것이다.
역으로 원점 O에서 점 L로 가는 경로 β가 주어지면 위의 방법을 거꾸로 하여 직선 $y=x$의 아랫부분을 지나는 O에서 K로 가는 경로 α를 만들 수 있다. 따라서 직선 $y=x$의 아랫부분을 지나는 경로의 수는 원점 O에서 점 L로 가는 경로의 수와 같은 $\binom{2n}{n+1}$이다.

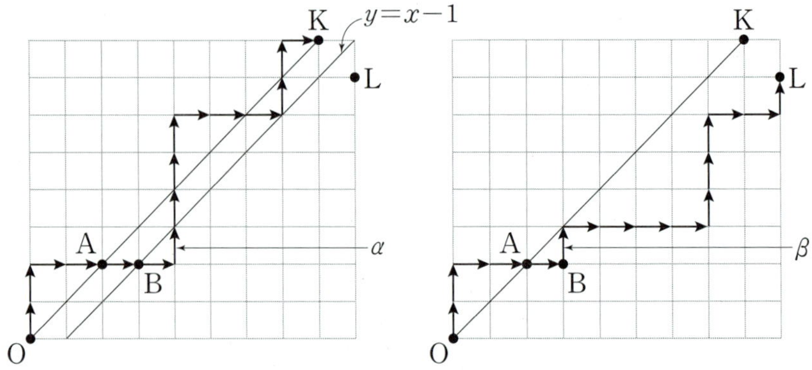

| 그림 1.3.5 |

(3) 위 (1)과 (2)를 이용하여

$$\begin{aligned} C_n &= \binom{2n}{n} - \binom{2n}{n+1} = \frac{(2n)!}{n!n!} - \frac{(2n)!}{(n-1)!(n+1)!} \\ &= \frac{(2n)!}{n!(n+1)!} = \frac{1}{n+1}\frac{(2n)!}{n!n!} = \frac{1}{n+1}\binom{2n}{n} \end{aligned}$$

이다.

정의 1.3.3 n이 음이 아닌 정수일 때

$$C_n = \frac{1}{n+1}\binom{2n}{n}$$

을 **카탈란수**(Catalan numbers)라고 한다.

몇 개의 항을 구해보면 $C_0=1, C_1=1, C_2=2, C_3=5$이다.

문제 1.3.6 다음 수는 모두 카탈란수 C_n임을 보여라.

(1) n개의 1과 n개의 -1로 이루어진 길이 $2n$인 수열

$$a_1, a_2, \cdots, a_{2n-1}, a_{2n}$$

중에서 모든 $k=1, 2, \cdots, 2n$에 대하여 $a_1+a_2+\cdots+a_k \geq 0$을 만족하는 것의 개수

(2) 1부터 $2n$까지 자연수를 각각 한 번 사용하여 $2\times n$ 행렬

$$\begin{pmatrix} a_{11} & a_{12} & \cdots & a_{1n} \\ a_{21} & a_{22} & \cdots & a_{2n} \end{pmatrix}$$

을 만들 때 모든 행과 열이 증가하도록 만들 수 있는 행렬의 수

예제 1.3.7 다섯 문자 a, b, c, d, e에서 중복을 허락하여 2개를 뽑는 방법을 모두 나열하고 그 수를 구하여라.

풀이 aa ab ac ad ae

bb bc bd be cc

cd ce dd de ee

따라서 a, b, c, d, e에서 중복을 허락하여 2개를 뽑는 방법의 수는 15이다. □

문제 1.3.7 세 문자 a, b, c에서 중복을 허락하여 3개를 뽑는 방법을 모두 나열하고 그 경우의 수를 구하여라.

정의 1.3.4 서로 다른 n개에서 중복을 허락하여 r개 뽑는 방법을 **중복조합**(combination with repetition)이라 하며, 이 중복조합의 수를 ${}_nH_r$로 나타낸다.

예를 들어 네 문자 a, b, c, d에서 중복을 허락하여 두 문자를 뽑는 방법을 모두 나열하면

aa, ab, ac, ad, bb, bc, bd, cc, cd, dd

이고, 따라서 ${}_4H_2=10$이다.

두 집합이 주어졌을 때 한 집합에서 다른 집합으로 가는 일대일대응이 존재하면 두 집합의 원소의 개수는 같다. 이 사실을 이용하여 다음을 알아보자.

예제 1.3.8 다음 경우의 수는 모두 ${}_3H_7$임을 보여라.

(a) 세 숫자 1, 2, 3 중에서 중복을 허락하여 7개의 숫자를 뽑는 조합의 수
(b) 똑같은 공 7개를 3개의 서로 다른 상자 X, Y, Z에 넣는 방법의 수
(c) 방정식 $a+b+c=7$을 만족하는 음이 아닌 정수해 (a, b, c)의 개수
(d) 7개의 ○와 2개의 |를 일렬로 배열하는 방법의 수
(e) 1, 2, 3, 4, 5, 6, 7, 8, 9 중에서 서로 다른 7개의 숫자를 뽑는 방법의 수

풀이 집합 A, B, C, D, E를 다음과 같이 정의하자.

$A=\{x \mid x$는 1, 2, 3 세 숫자 중에서 중복을 허락하여 7개의 숫자를 뽑은 조합$\}$
$B=\{x \mid x$는 똑같은 공 7개를 3개의 서로 다른 상자 X, Y, Z에 넣는 방법$\}$
$C=\{x \mid x$는 방정식 $a+b+c=7$을 만족하는 음이 아닌 정수해 $(a, b, c)\}$
$D=\{x \mid x$는 7개의 ○와 2개의 |를 일렬로 배열하는 방법$\}$
$E=\{x \mid x$는 1, 2, 3, 4, 5, 6, 7, 8, 9 중에서 서로 다른 7개의 숫자를 뽑는 방법$\}$

여기서는 예를 통하여 위 다섯 집합 사이의 일대일대응을 만들어 위 다섯 집합의 원소의 수가 모두 같음을 보인다.

① $A \Leftrightarrow B$: 세 숫자 1, 2, 3 중 중복을 허락하여 7개의 숫자 1, 2, 2, 3, 3, 3, 3을 뽑았다고 하자. 상자 X, Y, Z에 각각 1, 2, 2, 3, 3, 3, 3에서 1의 개수인 1개, 2의 개수인 2개, 3의 개수인 4개씩 공을 넣는다.
역으로, 상자 X, Y, Z에 공이 각각 1, 2, 4개씩 있으면 1을 한 번, 2를 두 번, 3을 네 번 뽑아 1, 2, 2, 3, 3, 3, 3를 만든다.
위의 두 대응은 분명히 서로 역이므로 일대일대응이다.

② $B \Leftrightarrow C$: 상자 X, Y, Z에 공이 각각 2, 2, 3개씩 있으면 $a=2, b=2, c=3$을 잡으면 (a, b, c)는 $a+b+c=7$의 음이 아닌 정수해이다.
역으로, $a+b+c=7$의 하나의 해 $a=4, b=0, c=3$을 잡으면 상자 X, Y, Z에 공을 각각 4, 0, 3개씩 넣는다.
위의 두 대응도 서로 역이므로 일대일대응이다.

③ $C \Leftrightarrow D$: $a+b+c=7$의 하나의 해 $a=2, b=4, c=1$을 잡으면

○○|○○○○|○

로 배열한다. 역으로, 7개의 ○와 2개의 |가

|○○|○○○○○

로 배열되었으면 $a=0, b=2, c=5$로 잡으면 이는 분명히 $a+b+c=7$의 음이 아닌 정수해이다.

위의 두 대응도 서로 역이므로 일대일대응이다.

④ $D \Leftrightarrow E$: 7개의 ○와 2개의 |가

○○|○○○○○|○

로 배열되었으면 처음부터 번호를 붙여 ○에 해당하는 1, 2, 4, 5, 6, 7, 9를 뽑으면 1, 2, 3, 4, 5, 6, 7, 8, 9 중에서 서로 다른 7개의 숫자를 뽑은 것이다.

역으로, 1, 2, 3, 4, 5, 6, 7, 8, 9에서 서로 다른 7개의 숫자 1, 2, 3, 5, 6, 8, 9를 뽑으면 처음부터 1, 2, 3, 5, 6, 8, 9번째엔 ○를, 나머지에는 |를 넣어

○○○|○○|○○

로 배열하면 7개의 ○와 2개의 |를 일렬로 배열하는 방법이 된다.

위의 두 대응도 분명히 서로 역이므로 일대일대응이다.

⑤ $E \Leftrightarrow A$: 1, 2, 3, 4, 5, 6, 7, 8, 9에서 서로 다른 7개의 숫자 2, 3, 4, 5, 6, 8, 9를 뽑으면 처음 수는 그대로, 두 번째 수에서는 1을, 세 번째 수에서는 2를, …, 일곱 번째 수에서는 6을 각각 빼어 2, 2, 2, 2, 2, 3, 3을 만들면 1, 2, 3 세 숫자 중에서 중복을 허락하여 7개의 숫자를 뽑은 것이 된다.

이제 1, 2, 3 세 숫자 중에서 중복을 허락하여 7개의 숫자 1, 1, 2, 2, 3, 3, 3을 뽑았다면 처음 수는 그대로, 두 번째 수에서는 1을, 세 번째 수에서는 2를, …, 일곱 번째 수에서는 6을 각각 더하여 1, 2, 4, 5, 7, 8, 9를 만들면 1, 2, 3, 4, 5, 6, 7, 8, 9에서 서로 다른 7개의 숫자를 뽑은 것이 된다.

위의 두 대응도 분명히 서로 역이므로 일대일대응이다.

위의 다섯 집합 A, B, C, D, E 중 어느 두 집합 사이에도 일대일대응이 있고, 따라서 그 원소의 수는 모두 같다. 한편, 정의에 의하여 집합 A의 원소의 수는 ${}_3H_7$이므로 위의 조건을 만족하는 경우의 수는 모두 ${}_3H_7$이다. □

문제 1.3.8 예제 1.3.8의 풀이에서 A의 한 중복조합 1, 1, 2, 2, 2, 2, 3에 대응하는 집합 B, C, D, E의 원소를 각각 찾아라.

정리 1.3.5

n, r을 자연수라 할 때 ${}_nH_r = {}_{n+r-1}C_r$이다.

증명 **방법 1**

위의 예제 1.3.8과 마찬가지로 ${}_nH_r$은 r개의 ○와 $n-1$개의 |를 일렬로 배열하는 방법의 수와 같고, 이 수는 $r+n-1$개의 자리 중 r개의 자리를 뽑아 ○를 배열하고 나머지 자리에 $n-1$개의 |를 배열하는 방법의 수이므로 ${}_nH_r={}_{n+r-1}C_r$이다.

방법 2

n개의 수 $1, 2, 3, \cdots, n$에서 중복을 허락하여 r개를 꺼낸 한 경우를

$$a_1, a_2, a_3, \cdots, a_r \quad (1 \le a_1 \le a_2 \le a_3 \le \cdots \le a_r \le n) \tag{3.1}$$

라 하자. 이때

$$b_1=a_1,\ \ b_2=a_2+1,\ \ b_3=a_3+2,\ \ \cdots,\ \ b_r=a_r+(r-1) \tag{3.2}$$

이라 하면

$$1 \le b_1 < b_2 < b_3 < \cdots < b_r \le n+r-1 \tag{3.3}$$

이다. 위에서 (3.1)의 조건을 만족하는 $a_1, a_2, \cdots, a_r$이 주어지면 (3.2)를 적용하여 (3.3)의 조건을 만족하는 $b_1, b_2, \cdots, b_r$이 결정되고, 역으로 (3.3)의 조건을 만족하는 $b_1, b_2, \cdots, b_r$이 주어지면 (3.1)의 조건을 만족하는 $a_1, a_2, \cdots, a_r$이 결정된다. 그러므로 (3.1)의 조건을 만족하도록 $a_1, a_2, \cdots, a_r$을 뽑는 방법의 수는 (3.3)의 조건을 만족하도록 $b_1, b_2, \cdots, b_r$을 뽑는 방법의 수와 같다.

한편 (3.3)의 조건을 만족하도록 $b_1, b_2, \cdots, b_r$을 뽑는 방법의 수는 $n+r-1$개의 수 $1, 2, \cdots, n+r-1$에서 r개를 뽑는 방법의 수이므로 ${}_{n+r-1}C_r$이고, 따라서

$${}_nH_r={}_{n+r-1}C_r$$

이다. □

예제 1.3.9 다음 경우의 수를 구하여라.

(1) 똑같은 20개의 공을 서로 다른 4개의 상자에 넣을 때 빈 상자가 없도록 넣는 방법의 수

(2) n, r이 $n \le r$인 자연수일 때 방정식 $x_1+x_2+\cdots+x_n=r$의 자연수 해의 개수

풀이 (1) 우선 빈 상자가 없도록 각 상자에 공을 하나씩 넣고 남은 16개의 똑같은 공을 서로 다른 4개의 상자에 넣는다. 이런 방법의 수는 예제 1.3.8에 의하여 ${}_4H_{16}={}_{19}C_{16}={}_{19}C_3$이다.

(2) **방법 1** : $y_i=x_i-1$라 하면 y_i는 음이 아닌 정수이고 주어진 방정식은

$$y_1+y_2+\cdots+y_n=r-n$$

이다. 이 방정식의 해의 개수는 예제 1.3.8에 의해

$${}_nH_{r-n}={}_{r-1}C_{r-n}={}_{r-1}C_{n-1}$$

이다.

방법 2 : r개의 ○사이에 $n-1$개의 |를 끼워서 ○를 n 묶음으로 나누고 i 번째 묶음에 있는 ○의 수를 x_i라고 하자. 그러면 $(x_1, x_2, \cdots, x_n)$는 방정식 $x_1+x_2+\cdots+x_n=r$의 자연수인 해이다. 예를 들어 $r=10$이고 $n=4$일 때

○○|○○○|○○○○|○

이면 $x_1=2$, $x_2=3$, $x_3=4$, $x_4=1$이며 이는 $x_1+x_2+x_3+x_4=10$의 자연수 해이다. 한편, ○와 ○사이는 $r-1$곳이 있고 이 사이에 $n-1$개의 |를 끼워 넣는 방법의 수는 ${}_{r-1}C_{n-1}$이기 때문에 구하는 경우의 수는 ${}_{r-1}C_{n-1}$이다. □

문제 1.3.9 다음 경우의 수를 구하여라.

(1) 똑같은 20개의 공을 서로 다른 4개의 상자에 넣을 때 각 상자에 적어도 둘 이상의 공이 있도록 넣는 방법의 수

(2) n, r을 자연수라 하자. n개의 미지수를 갖는 방정식 $x_1+x_2+\cdots+x_n=r$의 자연수 해 중에서 모든 x_i가 2보다 큰 해의 개수

예제 1.3.10 다음의 부등식을 만족하는 음이 아닌 정수해 $(x_1, x_2, \cdots, x_k)$의 개수를 구하여라.

$$x_1+x_2+\cdots+x_k \leq n \tag{3.4}$$

풀 이 **방법 1** : 위 부등식을 만족하는 음이 아닌 정수해 $(x_1, x_2, \cdots, x_k)$에 대하여

$$x_{k+1}=n-(x_1+x_2+\cdots+x_k)$$

라 하면 $(x_1, x_2, \cdots, x_k, x_{k+1})$은 방정식

$$x_1+x_2+\cdots+x_k+x_{k+1}=n \tag{3.5}$$

의 음이 아닌 정수해이다.

역으로 $(x_1, x_2, \cdots, x_k, x_{k+1})$이 방정식 (3.5)의 음이 아닌 정수해라면 $(x_1, x_2, \cdots, x_k)$는 부등식 (3.4)의 음이 아닌 정수해이다.

그러므로 부등식 (3.4)의 음이 아닌 정수해의 개수는 방정식 (3.5)의 음이 아닌 정수해의 개수와 같고 이런 방정식의 음이 아닌 정수해의 수는 예제 1.3.8에 의하여 다음과 같다.

$${}_{k+1}H_n=\binom{k+1+n-1}{n}=\binom{n+k}{n}=\binom{n+k}{k}$$

방법 2 : 아래 그림과 같은 $(n+k)$칸에서 k칸을 선택하여 ○로 나타내어보자.

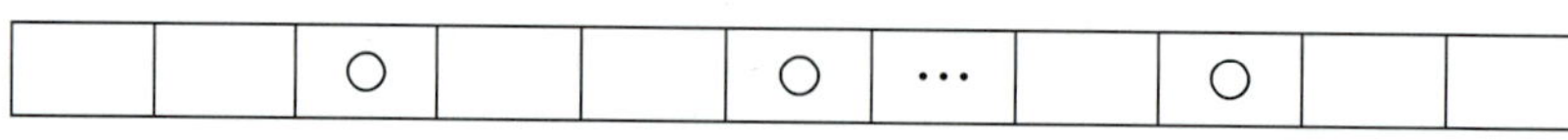

그림 1.3.6

x_i를 앞부터 세어 $(i-1)$번째 ○에서 i번째 ○사이에 있는 칸의 개수라 하면 $(x_1, x_2, \cdots, x_k)$는 부등식 $x_1+x_2+\cdots+x_k \leq n$의 음이 아닌 정수해이다. 예를 들어 $n=7, k=3$인 경우 아래 그림과 같이 나타내어졌다면 $x_1=1, x_2=0, x_3=5$이고, $(1, 0, 5)$는 부등식 $x_1+x_2+x_3 \leq 7$을 만족하는 음이 아닌 정수해이다.

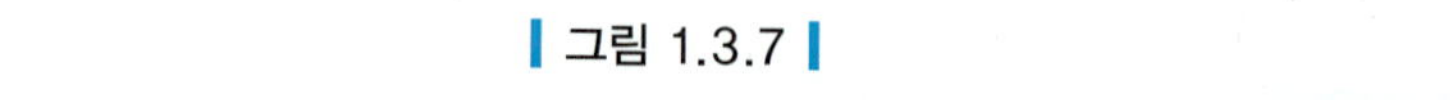

그림 1.3.7

역으로, 부등식 $x_1+x_2+\cdots+x_k \leq n$의 음이 아닌 정수해 $(x_1, x_2, \cdots, x_k)$가

주어지면 위와 같은 방법으로 $(n+k)$칸에서 k칸을 선택할 수 있으므로 위의 대응은 일대일대응이다.

그러므로 $x_1+x_2+\cdots+x_k \le n$의 음이 아닌 정수해 $(x_1, x_2, \cdots, x_k)$의 개수는 $(n+k)$개의 칸에서 k개의 칸을 선택하는 경우의 수 $\binom{n+k}{k}$와 같다. □

문제 1.3.10 다음 부등식의 자연수해 $(x_1, x_2, \cdots, x_k)$의 개수를 구하여라.

$$x_1+x_2+\cdots+x_k \le n$$

예제 1.3.11 집합 $A=\{1, 2, 3, \cdots, n\}$에서 k개의 원소를 가지는 부분집합 중에서 연속된 수를 포함하지 않는 부분집합의 개수를 구하여라.

풀이 집합 $\{x_1, x_2, \cdots, x_k\}$ (단 $1 \le x_1 < x_2 < \cdots < x_k \le n$)를 연속된 수를 포함하지 않는 A의 부분집합이라 하자.

$$\begin{aligned} y_1 &= x_1 - 1 \ge 0 \\ y_2 &= x_2 - x_1 - 2 \ge 0 \\ &\vdots \\ y_k &= x_k - x_{k-1} - 2 \ge 0 \\ y_{k+1} &= n - x_k \ge 0 \end{aligned} \tag{3.6}$$

이라면 $(y_1, y_2, \cdots, y_k, y_{k+1})$는 유일하게 결정된다.

역으로, 식(3.6)을 만족하는 $(y_1, y_2, \cdots, y_k, y_{k+1})$가 주어지면 연속된 수를 포함하지 않는 A의 부분집합 $\{x_1, x_2, \cdots, x_k\}$도 유일하게 결정된다. 그러므로 k개의 원소를 가지는 A의 부분집합 중 연속된 수를 포함하지 않는 부분집합의 개수는 (3.6)을 만족하는 $(y_1, y_2, \cdots, y_k, y_{k+1})$의 개수와 같다.

한편, $(y_1, y_2, \cdots, y_k, y_{k+1})$이 (3.6)을 만족하면 $(y_1, y_2, \cdots, y_k, y_{k+1})$는 방정식

$$y_1+y_2+\cdots+y_k+y_{k+1}=n-2k+1$$

의 음이 아닌 정수해이고 이런 정수해의 개수는

$$_{k+1}H_{n-2k+1}=\binom{n-k+1}{n-2k+1}=\binom{n-k+1}{k}$$

이다. 따라서 k개의 원소를 갖고 연속된 수를 포함하지 않는 A의 부분집합의 수는

$$\binom{n-k+1}{k}$$

이다. □

문제 1.3.11 집합 $A=\{1, 2, 3, \cdots, n\}$에서 k개의 원소를 가지는 부분집합 중에서 두 원소의 차가 3 이상인 부분집합의 수를 구하여라.

연습문제 1.3

01 7명의 여자와 4명의 남자 중에서 여자 두 명과 남자 두 명의 대표 위원을 뽑을 수 있는 방법의 수를 구하여라.

02 다섯 숫자 1, 2, 3, 4, 5를 이용할 때, 다음을 구하여라.

(1) 서로 다른 두 숫자를 이용하여 두 자리 수를 만드는 방법의 수

(2) 서로 다른 두 숫자를 이용하여 두 자리 수를 만들 때 십의 자리수가 일의 자리수보다 큰 경우의 수

(3) 중복을 허락하여 두 자리 수를 만드는 방법의 수

(4) 두 자리 수를 만들 때 십의 자리수가 일의 자리수보다 작지 않은 경우의 수

03 집합 $A=\{1, 2, \cdots, n\}$에서 서로 다른 네 원소를 선택할 때, 다음 경우의 수를 구하여라. (단 $n>20$)

(1) 선택한 원소 중 가장 큰 수가 20보다 큰 경우의 수

(2) 선택한 원소 중 가장 큰 수가 20인 경우의 수

04 15명의 사람이 있다.

(1) 각각 5명씩 세 그룹으로 나누는 경우의 수를 구하여라.

(2) 위 (1)에서 특별한 두 사람 A, B가 같은 그룹에 있는 경우의 수를 구하여라.

05 자연수 a, b, c, d에 대하여 다음 물음에 답하여라.

(1) $a<b<c<d<20$인 (a, b, c, d)는 모두 몇 개인가?

(2) $a\le b\le c\le d\le 20$인 (a, b, c, d)는 모두 몇 개인가?

06 숫자 1, 2, 3으로 이루어진 n자리 수 중에서 1이 정확히 k번 나오는 수는 모두 몇 개인가?

07 다음 방정식의 해의 개수를 구하여라.

(1) 방정식 $x_1+x_2+x_3+x_4+x_5=25$ (각 x_i는 자연수)

(2) 방정식 $x_1+x_2+x_3+x_4+x_5=25$ (각 x_i는 양의 홀수)

(3) 방정식 $x_1+x_2+x_3+x_4+x_5=28$ (각 x_i는 i보다 큰 정수)

(4) 방정식 $2x_1+2x_2+x_3+x_4+x_5=25$ (각 x_i는 음이 아닌 정수)

(5) 연립방정식 $\begin{cases} x_1+x_3=6 \\ x_1+x_2+x_3+x_4+x_5=21 \end{cases}$ (각 x_i는 음이 아닌 정수)

08 다음 부등식의 해의 개수를 구하여라.

(1) 방정식 $x_1+x_2+x_3+x_4+x_5\leq 28$ (각 x_i는 음이 아닌 정수)

(2) 방정식 $x_1+x_2+x_3+x_4+x_5<28$ (각 x_i는 자연수)

09 서로 다른 n가지 종류의 물건이 있고 각 종류의 물건은 충분히 많다고 하자.

(1) 정확히 한 종류만 제외하고 k개를 뽑는 경우의 수를 구하여라.

(2) 정확히 m 종류만을 제외하고 k개를 뽑는 경우의 수를 구하여라. (단 $m<n$)

10 알파벳 a, b, ⋯, z에서 8문자로 이루어진 단어 중 다음 조건을 만족하는 단어의 개수를 구하여라.

(1) 두 모음을 포함하는 길이 8인 단어

(2) 위 (1)에서 두 모음이 인접하는 단어

11 어떤 카드 가게에는 k종류의 카드가 있다. 이 가게에서 카드를 사서 n명에게 보내려 한다. (단, 같은 종류의 카드는 충분히 많다.)

(1) 보내는 방법은 모두 몇 가지인가?

(2) 한 사람에게 한 장의 카드를 보낼 때 n명이 모두 다른 카드를 받도록 보내는 방법은 모두 몇 가지인가? (단 $k\geq n$)

(3) 종류가 다른 두 카드를 n장 사는 방법은 모두 몇 가지인가?

(4) n명에게 각각 종류가 다른 두 장의 카드를 보내는 방법은 모두 몇 가지인가?

12 n개의 똑같은 공과 n개의 서로 다른 방망이가 있다. 여기서 n개의 공이나 방망이를 선택하는 경우의 수를 구하여라.

13 4개의 똑같은 귤과 6개의 서로 다른 사과가 있다.

(1) 위의 과일을 5사람에게 나누어줄 수 있는 방법의 수를 구하여라.

(2) 5사람 모두가 두 개의 과일을 갖도록 나누어주는 방법의 수를 구하여라.

14 6개의 똑같은 감과 6개의 서로 다른 배가 있다.

(1) 위의 과일을 4사람에게 나누어줄 수 있는 방법의 수를 구하여라.

(2) 4사람 모두가 세 개의 과일을 갖도록 나누어주는 방법의 수를 구하여라.

15 다음 방정식의 자연수해 $(x_1, x_2, x_3, x_4, x_5)$ 중에서 적어도 하나의 x_i가 짝수인 해의 개수를 구하여라.

$$x_1+x_2+x_3+x_4+x_5=35$$

16 연속된 n개의 자연수의 곱은 $n!$의 배수임을 보여라.

17 n이 자연수일 때 $\binom{n}{1}, \binom{n}{2}, \cdots, \binom{n}{n}$ 중에서 가장 큰 수를 찾아라.

18 p가 소수일 때 $\binom{p}{k}$는 p의 배수임을 보여라. (단 $0<k<p$)

19 다음 그림을 보고 물음에 답하여라.

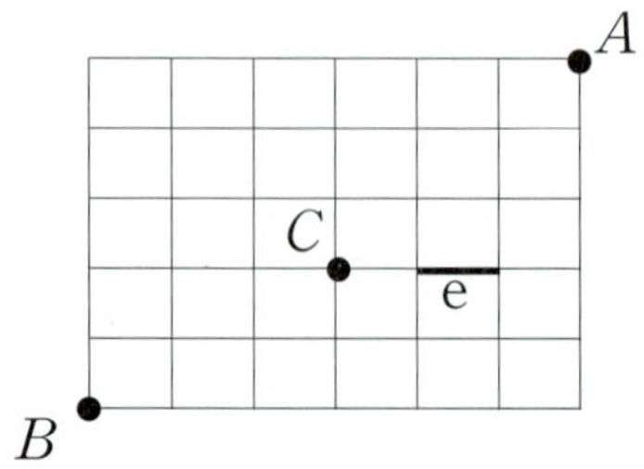

(1) 점 A에서 점 B로 가는 최단 경로의 수를 구하여라.

(2) 점 A에서 점 B로 가는 최단 경로 중에서 반드시 점 C를 지나는 경로의 수를 구하여라.

(3) 점 A에서 점 B로 가는 최단 경로 중에서 길 e를 지나지 않는 경로의 수를 구하여라.

20 다음 경우의 수는 모두 카탈란수 C_n임을 보여라.

(1) 좌표평면에서 동점이 움직이는 방법 U와 D는 다음과 같다.

$$U : (x, y) \rightarrow (x+1, y+1)$$
$$D : (x, y) \rightarrow (x+1, y-1)$$

U와 D를 이용하여 점 $(0, 0)$에서 점 $(2n, 0)$으로 가는 경로 중 x축 아랫부분을 지나지 않는 경로의 수

(2) 원 위에 있는 $2n$개의 점을 두 개씩 선택하여 선분으로 이을 때, 어느 두 선분도 만나지 않도록 잇는 방법의 수

21 임의의 자연수 n에 대하여 카탈란수 C_n은 다음 점화식을 만족함을 보여라.

$$C_n = C_0C_{n-1} + C_1C_{n-2} + \cdots + C_{n-1}C_0$$

22 두 수 m, n을 자연수라 하자. 함수 $f:\{1, 2, \cdots, n\} \to \{1, 2, \cdots, m\}$에 대하여 다음을 구하여라.

(1) 모든 함수 f의 개수

(2) 일대일 함수 f의 개수 (단 $m \geq n$)

(3) 조건 $f(1) < f(2) < \cdots < f(n)$을 만족하는 함수 f의 개수 (단 $m \geq n$)

(4) 조건 $f(1) \leq f(2) \leq \cdots \leq f(n)$을 만족하는 함수 f의 개수

(5) 조건 $f(1) \leq f(2) \leq \cdots \leq f(n)$을 만족하는 전사함수 f의 개수 (단 $m \leq n$)

23 원 위에 n개의 점이 있다. 이 중에서 연속되지 않는 k개의 점을 선택하는 방법의 수를 구하여라.

24* 원 위에 n개의 점이 있다. 이 점을 모두 선분으로 이을 때 어느 세 선분도 원 내부의 한 점에서 만나지 않는다고 한다.

(1) 원의 내부에 있는 교점의 개수를 구하여라.

(2) 위의 원은 몇 개의 부분으로 나누어지는가?

(3) 원의 내부에 있는 선분의 개수를 구하여라.

(4) 원의 내부에 있는 삼각형의 개수를 구하여라.

25 A, B, C, D, E 다섯 종류의 과자가 있다. 이 중에서 A 과자를 4개 이상 포함하지 않도록 과자 12개를 선택하는 경우의 수를 구하여라. (단, 각 종류의 과자는 12개 이상씩 있다.) [2013년도 중등교사 임용시험]

제4절 이항계수

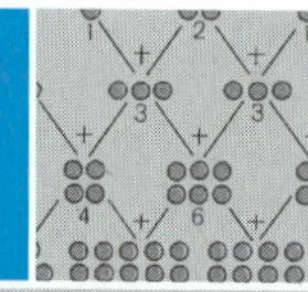

서로 다른 n개의 물건에서 서로 다른 k개를 뽑는 방법의 수인 $\binom{n}{k}$를 이항계수(binomial coefficients)라고도 한다. 이 절에서는 이항계수를 포함하는 여러 가지 등식에 대하여 알아보자.

예제 1.4.1 조합의 정의를 이용하여 $\binom{n}{r}\binom{r}{k}=\binom{n}{k}\binom{n-k}{r-k}$임을 보여라.

풀이 n명 중에 r명을 뽑아 사탕을 주고 다시 사탕을 받은 r명 중에 k명을 뽑아 초콜릿을 주는 방법의 수를 생각해보자.

① n명 중에 r명을 뽑아 사탕을 주는 방법의 수는 $\binom{n}{r}$이고 사탕을 받은 r명 중에 k명을 뽑아 초콜릿을 주는 방법의 수는 $\binom{r}{k}$이므로 구하는 경우의 수는 곱의 법칙에 의하여 $\binom{n}{r}\binom{r}{k}$이다.

② 사탕과 초콜릿을 모두 받은 사람은 n명 중 k명이고 사탕만 받은 사람은 나머지 $n-k$명 중에 $r-k$명이므로 구하는 경우의 수는 곱의 법칙에 의하여 $\binom{n}{k}\binom{n-k}{r-k}$이다.

위의 ①과 ②는 같아야 하므로

$$\binom{n}{r}\binom{r}{k}=\binom{n}{k}\binom{n-k}{r-k}$$

이다. □

문제 1.4.1 조합의 정의를 이용하여 $n\binom{n-1}{k-1}=k\binom{n}{k}$임을 보여라.

예제 1.4.2 n명의 남자와 n명의 여자가 있다.

(1) n명의 대표를 뽑는 방법의 수를 구하여라.

(2) k명의 남자와 $(n-k)$명의 여자가 대표가 되도록 뽑는 방법의 수를 구하여라.

(3) 위 (1), (2)를 이용하여

$$\binom{2n}{n}=\binom{n}{0}^2+\binom{n}{1}^2+\cdots+\binom{n}{n}^2$$

임을 보여라.

풀이 (1) $2n$명 중에서 n명의 대표를 뽑는 방법의 수이므로 $\binom{2n}{n}$이다.

(2) n명의 남자 중에 k명의 대표를 뽑는 방법의 수는 $\binom{n}{k}$이고 n명의 여자 중에 $n-k$명의 대표를 뽑는 방법의 수는 $\binom{n}{n-k}$이다. 그러므로 구하는 경우의 수는 곱의 법칙에 의하여 $\binom{n}{k}\binom{n}{n-k}$이다.

(3) 위 (1)에 의해 $\binom{2n}{n}$은 $2n$명 중에서 n명의 대표를 뽑는 방법의 수이다. 각 $k=0, 1, 2, \cdots, n$에 대하여 남자 대표의 수가 k, 여자 대표의 수가 $n-k$가 되도록 대표를 뽑는 방법의 수는 위 (2)에 의하여 $\binom{n}{k}\binom{n}{n-k}$이므로 합의 법칙에 의하여

$$\begin{aligned}\binom{2n}{n}&=\binom{n}{0}\binom{n}{n}+\binom{n}{1}\binom{n}{n-1}+\cdots+\binom{n}{n}\binom{n}{0}\\&=\binom{n}{0}\binom{n}{0}+\binom{n}{1}\binom{n}{1}+\cdots+\binom{n}{n}\binom{n}{n}\\&=\binom{n}{0}^2+\binom{n}{1}^2+\cdots+\binom{n}{n}^2\end{aligned}$$

이다. □

문제 1.4.2 조합의 정의를 이용하여 $\binom{2n}{2}=2\times\binom{n}{2}+n^2$임을 보여라.

예제 1.4.3 아래 그림은 가로가 k칸, 세로가 $n-k$칸인 도로망을 나타낸 것이다. 다음 물음에 답하여라.

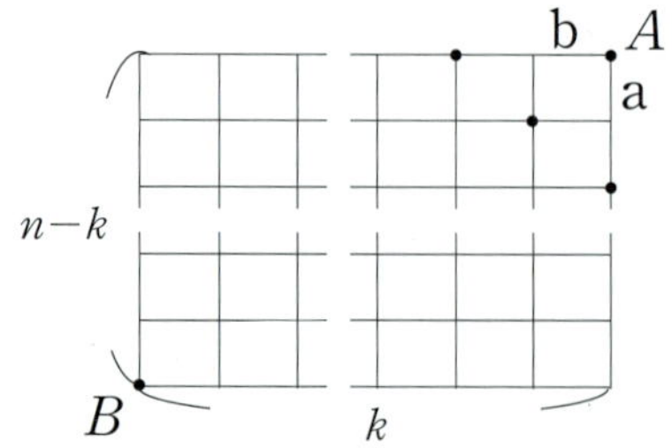

| 그림 1.4.1 |

(1) 점 A에서 점 B로 가는 최단 경로는 모두 몇 가지인가?

(2) 점 A에서 점 B로 가는 최단 경로 중 a를 지나는 길은 모두 몇 가지인가?

(3) 점 A에서 점 B로 가는 최단 경로 중 b를 지나는 길은 모두 몇 가지인가?

(4) 위 (1), (2), (3)를 이용하여 $\binom{n}{k}=\binom{n-1}{k}+\binom{n-1}{k-1}$임을 보여라.

풀이 (1) $\binom{n}{k}$

(2) $\binom{n-1}{k}$

(3) $\binom{n-1}{k-1}$

(4) A에서 B로 가는 최단 경로는 반드시 a나 b를 통과해야 하고 위 (2)와 (3)에 의해 길 a와 b를 통과하는 최단 경로의 수는 각각 $\binom{n-1}{k}$와 $\binom{n-1}{k-1}$이다. 그러므로 A에서 B로 가는 최단 경로의 수 $\binom{n}{k}$는 합의 법칙에 의해

$$\binom{n}{k}=\binom{n-1}{k}+\binom{n-1}{k-1}$$

이다. □

문제 1.4.3 앞의 그림 1.4.1를 이용하여

$$\binom{n}{k}=\binom{n-2}{k}+2\binom{n-2}{k-1}+\binom{n-2}{k-2}$$

임을 보여라.

정리 1.4.1 (이항정리, Binomial Theorem) n을 음이 아닌 정수라 하면

$$(x+y)^n=\binom{n}{0}x^n+\binom{n}{1}x^{n-1}y+\cdots+\binom{n}{k}x^{n-k}y^k+\cdots+\binom{n}{n}y^n$$
$$=\binom{n}{n}x^n+\binom{n}{n-1}x^{n-1}y+\cdots+\binom{n}{n-k}x^{n-k}y^k+\cdots+\binom{n}{0}y^n$$

이다. 특히, $y=1$이면

$$(x+1)^n=\binom{n}{0}x^n+\binom{n}{1}x^{n-1}+\cdots+\binom{n}{k}x^{n-k}+\cdots+\binom{n}{n}$$
$$=\binom{n}{n}x^n+\binom{n}{n-1}x^{n-1}+\cdots+\binom{n}{n-k}x^{n-k}+\cdots+\binom{n}{0}$$

이다.

증명 $(x+y)^n=(x+y)(x+y)\cdots(x+y)$의 전개식에서 $x^{n-k}y^k$의 계수는 n개의 $(x+y)$의 곱에서 x를 $n-k$번 뽑는 수와 같으므로 $\binom{n}{n-k}$ 또는 $\binom{n}{k}$이다. 따라서 정리의 등식이 성립한다. □

예제 1.4.4 다음 물음에 답하여라.

(1) $(a+b)^7$을 전개하여라.

(2) $(2x-4y)^8$의 전개식에서 x^5y^3의 계수를 구하여라.

(3) $(2x-4y)^8$을 전개할 때 각 항의 계수의 합을 구하여라.

풀이 (1) 이항정리에 의하여

$$(a+b)^7=\binom{7}{0}a^7+\binom{7}{1}a^6b+\binom{7}{2}a^5b^2+\binom{7}{3}a^4b^3+\binom{7}{4}a^3b^4+\binom{7}{5}a^2b^5+\binom{7}{6}ab^6+\binom{7}{7}b^7$$
$$=a^7+7a^6b+21a^5b^2+35a^4b^3+35a^3b^4+21a^2b^5+7ab^6+b^7$$

(2) 이항정리에 의하여 $\binom{8}{5}\cdot 2^5\cdot(-4)^3$이다.

(3) $(2x-4y)^8$을 전개할 때 각 항의 계수의 합은 $(2x-4y)^8$에서 $x=y=1$을 대입한 결과와 같으므로 $(-2)^8$이다. □

문제 1.4.4 다음 물음에 답하여라.

(1) 이항정리를 이용하여 $(3x+2)^5$를 전개하여라.

(2) $(2x-y)^8$의 전개식에서 x^6y^2의 계수를 구하여라.

(3) $(3x+4y)^6$의 전개식에서 각 항의 계수의 합을 구하여라.

(4) $(2x+3)^4(x+1)^8$의 전개식에서 x^5의 계수를 구하여라.

정의 1.4.2 $n, n_1, n_2, \cdots, n_k$를 $n=n_1+n_2+\cdots+n_k$를 만족하는 음이 아닌 정수라 할 때

$$\binom{n}{n_1}\binom{n-n_1}{n_2}\cdots\binom{n-n_1-n_2-\cdots-n_{k-1}}{n_k}=\frac{n!}{n_1!n_2!\cdots n_k!}$$

을 간단히

$$\binom{n}{n_1, n_2, \cdots, n_k}$$

로 나타내고 **다항계수**(multinomial coefficients)라고 한다.

다항계수 $\binom{n}{n_1, n_2, \cdots, n_k}$는 n_1개의 a_1, n_2개의 $a_2, \cdots, n_k$개의 a_k를 일렬로 배열한 순열의 수이다.

예제 1.4.5 다음 물음에 답하여라.

(1) 다항계수 $\binom{10}{2, 3, 5}$를 계산하여라.

(2) $\binom{n}{n_1, n_2, \cdots, n_k}=\sum_{i=1}^{k}\binom{n-1}{n_1, n_2, \cdots, n_{i-1}, n_i-1, n_{i+1}, \cdots, n_k}$임을 보여라.

풀이 (1) $\binom{10}{2,\ 3,\ 5}=\dfrac{10!}{2!3!5!}=2520$

(2) $\binom{n}{n_1,\ n_2,\ \cdots,\ n_k}$는 n_1개의 a_1, n_2개의 a_2, $\cdots$, n_k개의 a_k를 일렬로 배열한 순열의 수이다. 그런 순열 중에서 첫 번째가 a_1인 순열은 나머지 $n-1$ 자리에 n_1-1개의 a_1, n_2개의 a_2, $\cdots$, n_k개의 a_k를 일렬로 배열한 것이므로 그 수는

$$\binom{n-1}{n_1-1,\ n_2,\ \cdots,\ n_k}$$

이다. 일반적으로 첫번째가 a_i인 순열은 나머지 $n-1$ 자리에 n_1개의 a_1, n_2개의 a_2, $\cdots$, n_i-1개의 a_i, $\cdots$, n_k개의 a_k를 일렬로 배열한 것이므로 그 수는

$$\binom{n-1}{n_1,\ n_2,\ \cdots,\ n_{i-1},\ n_i-1,\ n_{i+1},\ \cdots,\ n_k}$$

이다. i는 $1, 2, \cdots, k$ 중에 하나이므로 합의 법칙에 의하여

$$\binom{n}{n_1,\ n_2,\ \cdots,\ n_k}=\sum_{i=1}^{k}\binom{n-1}{n_1,\ n_2,\ \cdots,\ n_{i-1},\ n_i-1,\ n_{i+1},\ \cdots,\ n_k}$$

이다. □

문제 1.4.5 다음 물음에 답하여라.

(1) 다항계수 $\binom{10}{4,\ 4,\ 2}$를 계산하여라.

(2) $\binom{n}{n_1,\ n_2,\ \cdots,\ n_k}=\binom{n}{n_1}\binom{n-n_1}{n_2,\ n_3,\ \cdots,\ n_k}$임을 보여라.

정리 1.4.3 (다항정리, Multinomial Theorem) n이 음이 아닌 정수일 때

$$(x_1+x_2+\cdots+x_k)^n=\sum_{(n_1,\ n_2,\ \cdots,\ n_k)}\binom{n}{n_1,\ n_2,\ \cdots,\ n_k}x_1^{n_1}x_2^{n_2}\cdots x_k^{n_k}$$

이다. 단, $(n_1, n_2, \cdots, n_k)$은 $n_1+n_2+\cdots+n_k=n$의 음이 아닌 정수해이다.

증명 $x_1+x_2+\cdots+x_k$의 n개의 곱

$$(x_1+x_2+\cdots+x_k)(x_1+x_2+\cdots+x_k)\cdots(x_1+x_2+\cdots+x_k)$$

에서 $x_1^{n_1}x_2^{n_2}\cdots x_k^{n_k}$의 계수는 n번 중에 x_1을 n_1번, x_2를 n_2번, $\cdots$, x_k를 n_k번 뽑는 방법의 수와 같으므로

$$\binom{n}{n_1}\binom{n-n_1}{n_2}\cdots\binom{n-n_1-n_2-\cdots-n_{k-1}}{n_k}=\frac{n!}{n_1!n_2!\cdots n_k!}$$

이다. 따라서

$$(x_1+x_2+\cdots+x_k)^n=\sum_{(n_1,\, n_2,\, \cdots,\, n_k)}\binom{n}{n_1,\, n_2,\, \cdots,\, n_k}x_1^{n_1}x_2^{n_2}\cdots x_k^{n_k}$$

이다. □

예제 1.4.6 다음 물음에 답하여라.

(1) 다항정리를 이용하여 $(a+b+c)^3$를 전개하여라.

(2) $(x+y+z+w)^7$의 전개식에서 x^2y^3zw의 계수를 구하여라.

(3) $(x_1+x_2+\cdots+x_k)^n$의 전개식에서 항의 개수를 구하여라.

풀이 (1) 다항정리에 의하여

$$\begin{aligned}(a+b+c)^3 &= \sum_{n_1+n_2+n_3=3}\binom{3}{n_1,\, n_2,\, n_3}a^{n_1}b^{n_2}c^{n_3}\\ &=\binom{3}{3,\,0,\,0}a^3+\binom{3}{0,\,3,\,0}b^3+\binom{3}{0,\,0,\,3}c^3+\binom{3}{2,\,1,\,0}a^2b\\ &\quad+\binom{3}{2,\,0,\,1}a^2c+\binom{3}{1,\,2,\,0}ab^2+\binom{3}{0,\,2,\,1}b^2c\\ &\quad+\binom{3}{1,\,0,\,2}ac^2+\binom{3}{0,\,1,\,2}bc^2+\binom{3}{1,\,1,\,1}abc\\ &=a^3+b^3+c^3+3(a^2b+a^2c+ab^2+b^2c+ac^2+bc^2)+6abc\end{aligned}$$

(2) 다항정리에 의하여 x^2y^3zw의 계수는

$$\binom{7}{2,\,3,\,1,\,1}=\frac{7!}{2!3!1!1!}=420$$

이다.

(3) $x_1^{n_1}x_2^{n_2}\cdots x_k^{n_k}$이 $(x_1+x_2+\cdots+x_k)^n$의 전개식의 한 항이라면

$$n=n_1+n_2+\cdots+n_k \qquad (n_1, n_2, \cdots, n_k \geq 0)$$

이다.

위의 방정식을 만족하는 음이 아닌 정수해는

$${}_kH_n=\binom{k+n-1}{n}$$

이므로 $(x_1+x_2+\cdots+x_k)^n$의 전개식에서 항의 개수는

$${}_kH_n=\binom{k+n-1}{n}$$

이다. □

문제 1.4.6 다음 물음에 답하여라.

(1) $(x+y+4)^7$의 전개식에서 x^2y^3의 계수를 구하여라.

(2) $\displaystyle\sum_{(n_1, n_2, n_3)}\binom{n}{n_1, n_2, n_3}$의 값을 구하여라.

단, (n_1, n_2, n_3)은 방정식 $n=n_1+n_2+n_3$의 음이 아닌 정수해이다.

(3) $(a+b+c)^4$의 전개식에서 항의 개수를 구하여라.

예제 1.4.7 $(1+x^2+x^7)^{11}$의 전개식에서 x^{16}의 계수를 구하여라.

풀이 다항정리에 의하여

$$\begin{aligned}(1+x^2+x^7)^{11} &= \sum_{a+b+c=11}\binom{11}{a, b, c}1^a(x^2)^b(x^7)^c \\ &= \sum_{a+b+c=11}\binom{11}{a, b, c}x^{2b}x^{7c}=\sum_{a+b+c=11}\binom{11}{a, b, c}x^{2b+7c}\end{aligned}$$

이므로 x^{16}의 계수는

$$\sum_{a+b+c=11,\ 2b+7c=16}\binom{11}{a, b, c}$$

이다.

연립방정식 $a+b+c=11$, $2b+7c=16$의 음이 아닌 정수해 (a, b, c)는 $(3, 8, 0)$과 $(8, 1, 2)$ 둘뿐이므로 $(1+x^2+x^7)^{11}$의 전개식에서 x^{16}의 계수는 $\binom{11}{3, 8, 0}+\binom{11}{8, 1, 2}=660$이다. □

문제 1.4.7 $(1+x^3+x^4)^7$의 전개식에서 x^{16}의 계수를 구하여라.

지금까지 살펴본 이항계수 $\binom{n}{k}$는 n, k가 모두 음이 아닌 정수이었다. 이제 α가 임의의 실수일 때 일반화된 이항계수 $\binom{\alpha}{k}$의 정의와 간단한 성질을 살펴보자.

정의 1.4.4 임의의 실수 α와 음이 아닌 정수 k에 대하여 **일반화된 이항계수** (generalized binomial coefficients) $\binom{\alpha}{k}$는 다음과 같이 정의된다.

$$\binom{\alpha}{k}=\begin{cases}\dfrac{\alpha(\alpha-1)\cdots(\alpha-k+1)}{k!} & (k\geq 1)\\ 1 & (k=0)\end{cases}$$

예제 1.4.8 다음 등식이 성립함을 보여라. (단 n, k는 자연수)

(1) $\binom{-n}{k}=(-1)^k{}_nH_k$

(2) $\binom{1/2}{k}=\dfrac{(-1)^{k-1}}{k\cdot 2^{2k-1}}\binom{2k-2}{k-1}$

(3) $\binom{\alpha}{k}=\binom{\alpha-1}{k-1}+\binom{\alpha-1}{k}$

풀이 (1) $\binom{-n}{k}=\dfrac{(-n)(-n-1)\cdots(-n-k+1)}{k!}$

$$=(-1)^k \frac{n(n+1)\cdots(n+k-1)}{k!}=(-1)^k {}_{n+k-1}C_k$$

$$=(-1)^k {}_nH_k$$

(2) $\displaystyle \binom{1/2}{k}=\frac{(1/2)(1/2-1)(1/2-2)\cdots(1/2-k+1)}{k!}$

$$=\frac{(-1)^{k-1}}{2^k}\frac{1\cdot 3\cdots(2k-3)}{k!}$$

$$=\frac{(-1)^{k-1}}{2^k}\frac{(2k-2)!}{k!2^{k-1}1\cdot 2\cdots(k-2)(k-1)}$$

$$=\frac{(-1)^{k-1}}{k\cdot 2^{2k-1}}\frac{(2k-2)!}{(k-1)!(k-1)!}=\frac{(-1)^{k-1}}{k\cdot 2^{2k-1}}\binom{2k-2}{k-1}$$

(3) $k=1$이면 좌변은 α, 우변은 $1+(\alpha-1)=\alpha$이므로 등식이 성립한다.

이제 $k\geq 2$라 하자. 그러면

$$\binom{\alpha-1}{k-1}+\binom{\alpha-1}{k}$$

$$=\frac{(\alpha-1)(\alpha-2)\cdots(\alpha-k+1)}{(k-1)!}+\frac{(\alpha-1)(\alpha-2)\cdots(\alpha-k)}{k!}$$

$$=\frac{(\alpha-1)(\alpha-2)\cdots(\alpha-k+1)}{k!}(k+\alpha-k)=\binom{\alpha}{k}$$ □

문제 1.4.8 다음 등식이 성립함을 보여라. (단 n은 자연수)

$$(-1)^n\binom{-1/2}{n}2^{2n}=\binom{2n}{n}$$

무한급수의 수렴과 발산, 미분을 이용하면 다음과 같은 일반화된 이항정리를 증명할 수 있다. 그러나 그 증명이 해석적인 것이어서 여기서는 증명 없이 정리만 기술한다.

정리 1.4.5 (일반화된 이항정리, Generalized Binomial Theorem)

α가 임의의 실수일 때

$$(1+x)^\alpha=\sum_{n=0}^{\infty}\binom{\alpha}{n}x^n$$

이다. (단 $|x|<1$)

예제 1.4.9 일반화된 이항정리를 이용하여 다음 식을 전개하여라.

(1) $\dfrac{1}{(1+x)^k}$ (단 k는 자연수)

(2) $\sqrt{1+x}$

풀이 일반화된 이항정리와 예제 1.4.8의 (1)과 (2)를 이용하면

(1) $$\frac{1}{(1+x)^k}=(1+x)^{-k}=\sum_{n=0}^{\infty}\binom{-k}{n}x^n=\sum_{n=0}^{\infty}(-1)^n\binom{n+k-1}{n}x^n$$

(2) $$\sqrt{1+x}=(1+x)^{1/2}=\sum_{n=0}^{\infty}\binom{1/2}{n}x^n=1+\sum_{n=1}^{\infty}\frac{(-1)^{n-1}}{n2^{2n-1}}\binom{2n-2}{n-1}x^n$$

이다. □

문제 1.4.9 일반화된 이항정리를 이용하여 다음 식을 전개하여라.

(1) $\dfrac{1}{1-x}$ (2) $\dfrac{1}{\sqrt{1-4x}}$

이제 이항계수가 포함된 등식을 증명하는 방법에 대하여 알아보자.

예제 1.4.10 다음의 등식이 성립함을 보여라.

(1) $\binom{n}{0}+\binom{n}{1}+\cdots+\binom{n}{n}=2^n$

(2) $\binom{n}{0}+\binom{n}{2}+\binom{n}{4}+\cdots=\binom{n}{1}+\binom{n}{3}+\binom{n}{5}+\cdots=2^{n-1}$ $(n\geq 1)$

(3) $\binom{n}{0}+\frac{1}{2}\binom{n}{1}+\frac{1}{3}\binom{n}{2}+\cdots+\frac{1}{n+1}\binom{n}{n}=\frac{1}{n+1}(2^{n+1}-1)$

(4) $\binom{n}{1}+2\binom{n}{2}+3\binom{n}{3}+\cdots+n\binom{n}{n}=n2^{n-1}$

풀이 (1) **방법 1** : 이항정리에서 $x=1$, $y=1$을 대입하면

$$\binom{n}{0}+\binom{n}{1}+\cdots+\binom{n}{n}=2^n$$

방법 2 : 집합 $A=\{1, 2, \cdots, n\}$의 부분집합의 개수는 2^n 이다. 한편, A에서 원소의 개수가 0, 1, $\cdots$, n인 부분집합의 개수는 각각 $\binom{n}{0}, \binom{n}{1}, \cdots, \binom{n}{n}$이므로 A의 모든 부분집합의 개수는

$$\binom{n}{0}+\binom{n}{1}+\cdots+\binom{n}{n}$$

이다. 따라서

$$2^n=\binom{n}{0}+\binom{n}{1}+\cdots+\binom{n}{n}$$

이다.

(2) **방법 1** : 이항정리에서 $x=1, y=-1$을 대입하면

$$\binom{n}{0}-\binom{n}{1}+\binom{n}{2}-\cdots+(-1)^n\binom{n}{n}=0$$

이다. 따라서,

$$\binom{n}{0}+\binom{n}{2}+\binom{n}{4}+\cdots=\binom{n}{1}+\binom{n}{3}+\binom{n}{5}+\cdots$$

이다. 한편 위 (1)에 의하여 $\binom{n}{0}+\binom{n}{1}+\cdots+\binom{n}{n}=2^n$ 이므로

$$\binom{n}{0}+\binom{n}{2}+\binom{n}{4}+\cdots=\binom{n}{1}+\binom{n}{3}+\binom{n}{5}+\cdots=2^{n-1}$$

방법 2 : 집합 $A=\{1, 2, \cdots, n\}$라 하자. X를 원소의 개수가 짝수인 A의 부분집합의 집합, Y를 원소의 개수가 홀수인 A의 부분집합의 집합이라 하자. 즉,

$$X=\{\, B \mid B\subseteq A, |B|\text{는 짝수}\}$$
$$Y=\{\, C \mid C\subseteq A, |C|\text{는 홀수}\}$$

이다. 이제 함수 $f: X\to Y$와 $g: Y\to X$를 다음과 같이 정의하자.

$$f(B)=\begin{cases} B-\{n\} & (n\in B) \\ B\cup\{n\} & (n\notin B)\end{cases}, \quad g(C)=\begin{cases} C-\{n\} & (n\in C) \\ C\cup\{n\} & (n\notin C)\end{cases}$$

그러면 f와 g는 서로 역함수가 되어 f는 일대일대응이다. 따라서

$|X|=|Y|$이다. 한편,

$$|X|=\binom{n}{0}+\binom{n}{2}+\binom{n}{4}+\cdots$$

$$|Y|=\binom{n}{1}+\binom{n}{3}+\binom{n}{5}+\cdots$$

이고 $|X|+|Y|=2^n$ 이므로 $|X|=|Y|=2^{n-1}$이다.

(3) **방법 1** : $\binom{n}{0}+\binom{n}{1}x+\cdots+\binom{n}{n}x^n=(1+x)^n$

에서 양변에 정적분 $\int_0^1 \cdot\, dx$를 취하면

$$\binom{n}{0}+\frac{1}{2}\binom{n}{1}+\cdots+\frac{1}{n+1}\binom{n}{n}=\frac{1}{n+1}(2^{n+1}-1)$$

이다.

방법 2 : 문제 1.4.1의 등식으로부터

$$\frac{n+1}{k+1}\binom{n}{k}=\binom{n+1}{k+1}$$

을 이용하면

$$(n+1)\left[\binom{n}{0}+\frac{1}{2}\binom{n}{1}+\frac{1}{3}\binom{n}{2}+\cdots+\frac{1}{n+1}\binom{n}{n}\right]$$
$$=\binom{n+1}{1}+\binom{n+1}{2}+\cdots+\binom{n+1}{n+1}=2^{n+1}-1$$

이다. 따라서

$$\binom{n}{0}+\frac{1}{2}\binom{n}{1}+\frac{1}{3}\binom{n}{2}+\cdots+\frac{1}{n+1}\binom{n}{n}=\frac{1}{n+1}(2^{n+1}-1)$$

이다.

(4) **방법 1** : $\binom{n}{0}+\binom{n}{1}x+\cdots+\binom{n}{n}x^n=(1+x)^n$

에서 양변을 미분하면

$$\binom{n}{1}+2\binom{n}{2}x+\cdots+n\binom{n}{n}x^{n-1}=n(1+x)^{n-1}$$

이다. 여기에 $x=1$을 대입하면

$$\binom{n}{1}+2\binom{n}{2}+\cdots+n\binom{n}{n}=n2^{n-1}$$

이다.

방법 2 : 문제 1.4.1의 등식으로부터

$$k\binom{n}{k}=n\binom{n-1}{k-1}$$

을 이용하여

$$\begin{aligned}&\binom{n}{1}+2\binom{n}{2}+3\binom{n}{3}+\cdots+n\binom{n}{n}\\&=n\binom{n-1}{0}+n\binom{n-1}{1}+n\binom{n-1}{2}+\cdots+n\binom{n-1}{n-1}\\&=n\left[\binom{n-1}{0}+\binom{n-1}{1}+\binom{n-1}{2}+\cdots+\binom{n-1}{n-1}\right]\\&=n2^{n-1}\end{aligned}$$

이다. □

문제 1.4.10 다음 식의 값을 구하여라.

(1) $\binom{2n+1}{0}+\binom{2n+1}{1}+\cdots+\binom{2n+1}{n-1}+\binom{2n+1}{n}$

(2) $\binom{n}{0}+\binom{n}{1}2+\cdots+\binom{n}{k}2^k+\cdots+\binom{n}{n}2^n$

(3) $1^2\binom{n}{1}+2^2\binom{n}{2}+\cdots+k^2\binom{n}{k}+\cdots+n^2\binom{n}{n}$

두 다항식의 합, 차, 곱은 모두 다항식이다. 특히 두 다항식의 곱

$$(a_0+a_1x+a_2x^2+\cdots)(b_0+b_1x+b_2x^2+\cdots)$$

에서 x^n의 계수는

$$a_0b_n+a_1b_{n-1}+a_2b_{n-2}+\cdots+a_nb_0=\sum_{k=0}^{n}a_kb_{n-k}$$

이다.

예제 1.4.11 다항식의 곱을 이용하여 다음 등식이 성립함을 보여라.

$$\binom{n}{0}^2-\binom{n}{1}^2+\binom{n}{2}^2-\cdots+(-1)^n\binom{n}{n}^2=\begin{cases}0 & (n:\text{홀수})\\ (-1)^{\frac{n}{2}}\binom{n}{n/2} & (n:\text{짝수})\end{cases}$$

풀이 이항정리에 의하여

$$(1+x)^n=\binom{n}{0}+\binom{n}{1}x+\cdots+\binom{n}{k}x^k+\cdots+\binom{n}{n}x^n$$

$$(1-x)^n=\binom{n}{0}-\binom{n}{1}x+\cdots+(-1)^k\binom{n}{k}x^k+\cdots+(-1)^n\binom{n}{n}x^n$$

이다. 이 두 식을 곱하면

$$(1+x)^n(1-x)^n=\sum_{k=0}^{2n}\left(\sum_{i=0}^{k}\binom{n}{i}(-1)^{k-i}\binom{n}{k-i}\right)x^k \tag{4.1}$$

이다.

앞의 식 (4.1)에서 x^n의 계수를 구하면

$$\begin{aligned}\sum_{i=0}^{n}\binom{n}{i}(-1)^{n-i}\binom{n}{n-i}&=\sum_{j=0}^{n}(-1)^j\binom{n}{n-j}\binom{n}{j} \qquad (n-i\text{를 } j\text{로 치환})\\ &=\sum_{j=0}^{n}(-1)^j\binom{n}{j}^2\\ &=\binom{n}{0}^2-\binom{n}{1}^2+\binom{n}{2}^2-\cdots+(-1)^n\binom{n}{n}^2\end{aligned}$$

이다.

한편 $(1+x)^n(1-x)^n=(1-x^2)^n$에서 x^n의 계수는 n이 홀수이면 0, n이 짝수이면 $(-1)^{\frac{n}{2}}\binom{n}{n/2}$이므로

$$\binom{n}{0}^2-\binom{n}{1}^2+\binom{n}{2}^2-\cdots+(-1)^n\binom{n}{n}^2=\begin{cases}0 & (n:\text{홀수})\\ (-1)^{\frac{n}{2}}\binom{n}{n/2} & (n:\text{짝수})\end{cases}$$

이다. □

문제 1.4.11 다항식의 곱을 이용하여 다음 등식이 성립함을 보여라.

$$\binom{2n}{n}=\binom{n}{0}^2+\binom{n}{1}^2+\binom{n}{2}^2+\cdots+\binom{n}{n}^2$$

이항계수가 포함된 등식은 다음과 같은 방법을 이용하여 증명할 수 있다.

(1) 수학적 귀납법

(2) 이항정리를 이용한 방법

(3) 조합의 정의나 도로망 등을 이용한 조합론적인 방법

예제 1.4.12 다음 등식이 성립함을 보여라.

(1) $\binom{n}{0}+\binom{n+1}{1}+\binom{n+2}{2}+\cdots+\binom{n+r}{r}=\binom{n+r+1}{r}$

(2) $\binom{r}{r}+\binom{r+1}{r}+\binom{r+2}{r}+\cdots+\binom{n}{r}=\binom{n+1}{r+1}$

(3) $\binom{m}{0}\binom{n}{r}+\binom{m}{1}\binom{n}{r-1}+\binom{m}{2}\binom{n}{r-2}+\cdots+\binom{m}{r}\binom{n}{0}=\binom{m+n}{r}$

풀이 (1) **방법 1** : r에 관한 수학적 귀납법

(i) $r=0$이면 양변 모두 1로 등식이 성립한다.

(ii) $r>0$이고 $r-1$일 때 위의 (1)의 등식이 성립한다고 하자. 그러면

$$\binom{n}{0}+\binom{n+1}{1}+\binom{n+2}{2}+\cdots+\binom{n+r-1}{r-1}=\binom{n+r}{r-1}$$

(iii) 위 (ii)와 예제 1.3.4에 의하여

$$\binom{n}{0}+\binom{n+1}{1}+\binom{n+2}{2}+\cdots+\binom{n+r-1}{r-1}+\binom{n+r}{r}$$
$$=\binom{n+r}{r-1}+\binom{n+r}{r}=\binom{n+r+1}{r}$$

그러므로 모든 음이 아닌 정수 r에 대하여 (1)의 등식이 성립한다.

방법 2 : 조합의 정의를 이용한 조합론적인 증명

$\binom{n+r+1}{r}$은 집합 $A=\{1, 2, \cdots, n+r+1\}$의 원소의 개수가 r인 부분집합의 개수이다.

한편, 원소의 개수가 r인 A의 부분집합 중 $n+r+1$을 포함하지 않는 것의 개수는 $\binom{n+r}{r}$, $n+r+1$을 포함하지만 $n+r$은 포함하지 않는 것의 개수는 $\binom{n+r-1}{r-1}$이다. 일반적으로 $n+1 \le k \le n+r+1$인 k에 대하여 $n+r+1, n+r, \cdots, k+1$은 포함하지만 k는 포함하지 않는 원소의 개수가 r인 부분집합은 나머지 $1, 2, \cdots, k-1$ 중에서 $r-(n+r+1-(k+1)+1)$ $=k-n-1$개의 원소를 더 뽑아야 하므로 그 경우의 수는 $\binom{k-1}{k-n-1}$이다.

따라서 합의 법칙에 의해

$$\binom{n}{0}+\binom{n+1}{1}+\binom{n+2}{2}+\cdots+\binom{n+r}{r}=\binom{n+r+1}{r}$$

이다.

(2) **방법 1** : 조합의 정의를 이용한 조합론적인 증명

$\{1, 2, \cdots, n+1\}$에서 $r+1$개의 원소를 뽑는 방법의 수는 $\binom{n+1}{r+1}$이다.

이런 방법 중 원소의 최소값이 1이 되도록 뽑는 방법의 수는 $\binom{n}{r}$, 원소의 최소값이 2가 되도록 뽑는 방법의 수는 $\binom{n-1}{r}$, $\cdots$, 원소의 최소값이 $n-r+1$이 되도록 뽑는 방법의 수는 $\binom{r}{r}$이므로 합의 법칙에 의하여

$$\binom{r}{r}+\binom{r+1}{r}+\cdots+\binom{n-1}{r}+\binom{n}{r}=\binom{n+1}{r+1}$$

이다.

방법 2 : 도로망에서 최단 경로를 이용한 조합론적인 증명

아래 그림 1.4.2에서 A에서 B로 가는 최단 경로의 수는 $\binom{n+1}{r+1}$이고 이런 최단 경로는 그림에 표시된 $a_1, a_2, \cdots, a_{n-r}, a_{n-r+1}$ 중 반드시 한 길만 지나게 된다.

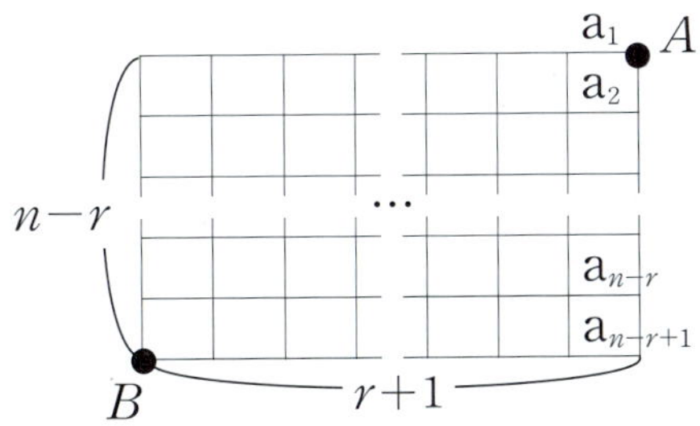

| 그림 1.4.2 |

$1 \le k \le n-r+1$인 k에 대하여 A에서 B로 가는 최단 경로 중 a_k를 지나는 방법의 수는 가로가 r, 세로가 $n-k+1-r$인 직사각형 모양의 도로망에서 최단 경로의 수이므로 $\binom{n-k+1}{r}$이다. 따라서 합의 법칙에 의하여

$$\binom{r}{r}+\binom{r+1}{r}+\binom{r+2}{r}+\cdots+\binom{n}{r}=\binom{n+1}{r+1}$$

이다.

(3) **방법 1** : 조합의 정의를 이용한 조합론적인 증명

m명의 남자와 n명의 여자 중에서 r명의 대표를 뽑는 방법의 수는 $\binom{m+n}{r}$이다.

한편, 대표로 뽑힌 r명 중에 남자 대표의 수는 $0, 1, 2, \cdots, r$ 중 하나이고 이 때 여자 대표의 수는 각각 $r,\ r-1,\ r-2,\ \cdots, 0$이다. $1 \le k \le r$인 k에 대하여 남자 대표의 수가 k, 여자 대표의 수가 $r-k$가 되도록 대표를 뽑는 방법의 수는 $\binom{m}{k}\binom{n}{r-k}$이므로 m명의 남자와 n명의 여자 중에서 r명의 대표를 뽑는 방법의 수 $\binom{m+n}{r}$는 합의 법칙에 의하여

$$\binom{m+n}{r}=\binom{m}{0}\binom{n}{r}+\binom{m}{1}\binom{n}{r-1}+\binom{m}{2}\binom{n}{r-2}+\cdots+\binom{m}{r}\binom{n}{0}$$

이다.

방법 2 : 이항정리를 이용한 방법

등식 $(1+x)^{m+n}=(1+x)^m(1+x)^n$에서 x^r의 계수를 비교하여 보자.

이항정리에 의하여 $(1+x)^{m+n}$에서 x^r의 계수는 $\binom{m+n}{r}$이다. 한편,

$$(1+x)^m=\binom{m}{m}x^m+\cdots+\binom{m}{m-k}x^{m-k}+\cdots+\binom{m}{1}x+\binom{m}{0}$$

$$(1+x)^n=\binom{n}{n}x^n+\cdots+\binom{n}{n-k}x^{n-k}+\cdots+\binom{n}{1}x+\binom{n}{0}$$

이므로 $(1+x)^m(1+x)^n$에서 x^r의 계수는

$$\binom{m}{0}\binom{n}{r}+\binom{m}{1}\binom{n}{r-1}+\cdots+\binom{m}{r}\binom{n}{0}$$

이다. 식 $(1+x)^m(1+x)^n$과 $(1+x)^{m+n}$에서 x^r의 계수는 같으므로

$$\binom{m}{0}\binom{n}{r}+\binom{m}{1}\binom{n}{r-1}+\cdots+\binom{m}{r}\binom{n}{0}=\binom{m+n}{r}$$

이다. □

문제 1.4.12 다음 등식이 성립함을 보여라.

(1) $\binom{m}{0}\binom{n}{r}+\binom{m}{1}\binom{n}{r+1}+\cdots+\binom{m}{m}\binom{n}{r+m}=\binom{m+n}{m+r}$

(2) $\binom{n}{m}+\binom{n-1}{m-1}+\binom{n-2}{m-2}+\cdots+\binom{n-m}{0}=\binom{n+1}{m}$ (단 $n\geq m$)

예제 1.4.13 $(1+x+x^2+\cdots+x^n)^3$의 전개식에서 x^{2n}의 계수를 구하여라.

풀이 $(1+x+x^2+\cdots+x^n)(1+x+x^2+\cdots+x^n)(1+x+x^2+\cdots+x^n)$을 전개할 때 첫 번째, 두 번째, 세 번째 $1+x+x^2+\cdots+x^n$에서 각각 x^a, x^b, x^c를 택하여 그 곱이 x^{2n}이 되었다고 하자. 그러면

$$a+b+c=2n \qquad (0\leq a,b,c\leq n) \tag{4.2}$$

이고 이 방정식을 만족하는 정수해 (a, b, c)의 개수가 x^{2n}의 계수가 된다. 한편, (4.2)를 만족하는 (a, b, c)의 개수는 방정식 $a+b+c=2n$의 음이 아닌 정수해 (a, b, c)의 개수에서 $a\geq(n+1)$ 또는 $b\geq(n+1)$ 또는 $c\geq(n+1)$인 정수해 (a, b, c)의 개수를 빼면 된다. 우선 방정식

$$a+b+c=2n$$

의 음이 아닌 정수해 (a, b, c)의 개수는

$${}_3H_{2n}=\binom{3+2n-1}{2n}=\binom{2n+2}{2n}=\binom{2n+2}{2}$$

이다. 이제 $a \geq (n+1)$인 방정식 $a+b+c=2n$의 음이 아닌 정수해 (a, b, c)의 개수를 구하여 보자. $a_1=a-(n+1)$라 하면

$$a_1+b+c=n-1 \qquad (a_1, b, c \geq 0)$$

이고 이 방정식을 만족하는 음이 아닌 정수해 (a_1, b, c)의 개수는

$${}_3H_{n-1}=\binom{3+n-1-1}{n-1}=\binom{n+1}{n-1}=\binom{n+1}{2}$$

이다. 마찬가지로 $b \geq (n+1)$ 또는 $c \geq (n+1)$인 방정식 $a+b+c=2n$의 정수해의 수도 각각 $\binom{n+1}{2}$이다. 이 세 경우 중 어느 두 경우도 동시에 일어나지 않으므로 방정식 (4.2)의 해의 개수는 $\binom{2n+2}{2}-3\binom{n+1}{2}$이다. 따라서 $(1+x+x^2+\cdots+x^n)^3$ 의 전개식에서 x^{2n}의 계수는

$$\binom{2n+2}{2}-3\binom{n+1}{2}=\frac{(n+1)(n+2)}{2}$$

이다. □

문제 1.4.13 $(1+x+x^2+\cdots+x^{n-1})^2$의 전개식에서 다음을 구하여라.

(1) $k \leq n-1$일 때 x^k의 계수

(2) $n \leq k \leq 2n-2$일 때 x^k의 계수

예제 1.4.14 집합 $A=\{1, 2, \cdots, n\}$의 서로소인 두 부분집합의 순서쌍 (A_1, A_2)의 개수를 구하여라.

풀이 **방법 1** : A_1이 주어지면 A_2는 $A-A_1$의 부분집합 중 어느 것을 택해도 좋다. 원소의 수가 k인 A_1을 선택하는 방법의 수는 $\binom{n}{k}$이고 A_2를 선택하는 방법의 수는 2^{n-k}이므로 순서쌍 (A_1, A_2)를 선택하는 방법은 곱의 법칙에 의하여

$$\binom{n}{k}2^{n-k}$$

이다. k는 $0, 1, 2, \cdots, n$ 중 하나이므로 서로소인 A의 부분집합의 순서쌍 (A_1, A_2)의 개수는 합의 법칙에 따라

$$\binom{n}{0}2^n+\binom{n}{1}2^{n-1}+\binom{n}{2}2^{n-2}+\cdots+\binom{n}{n}2^0=(1+2)^n=3^n$$

이다.

방법 2 : 먼저 집합 $A=\{1, 2, \cdots, n\}$의 부분집합은 0 또는 1을 n개 나열한 순열과 일대일대응된다. 그러므로 A의 두 부분집합의 순서쌍 (A_1, A_2)는 0 또는 1로 이루어진 $2\times n$ 행렬과 일대일대응된다. 예를 들어

$$A=\{1,2,3,4,5,6,7,8,9\},$$
$$A_1=\{1,3,5,7,9\} \subseteq A,$$
$$A_2=\{2,3,5,7\} \subseteq A$$

라면

$$A_1 \leftrightarrow (1,0,1,0,1,0,1,0,1)$$
$$A_2 \leftrightarrow (0,1,1,0,1,0,1,0,0)$$
$$(A_1, A_2) \leftrightarrow \begin{pmatrix} 1 & 0 & 1 & 0 & 1 & 0 & 1 & 0 & 1 \\ 0 & 1 & 1 & 0 & 1 & 0 & 1 & 0 & 0 \end{pmatrix}$$

으로 대응된다.

A_1과 A_2가 서로소라면 순서쌍 (A_1, A_2)에 대응되는 행렬의 모든 열은 적어도 하나의 0을 포함하여야 하므로 각 열은 $\begin{matrix}0\\0\end{matrix}, \begin{matrix}0\\1\end{matrix}, \begin{matrix}1\\0\end{matrix}$의 3가지 경우가 있고 n개의 열이 있으므로 곱의 법칙에 의하여 모두 3^n개의 경우의 수가 있다. 즉, 집합 $A=\{1, 2, \cdots, n\}$의 서로소인 부분집합의 순서쌍 (A_1, A_2)의 개수는 3^n이다.

방법 3 : 집합 A의 서로소인 두 부분집합 A_1, A_2를 벤다이어그램으로 나타내면 다음과 같다.

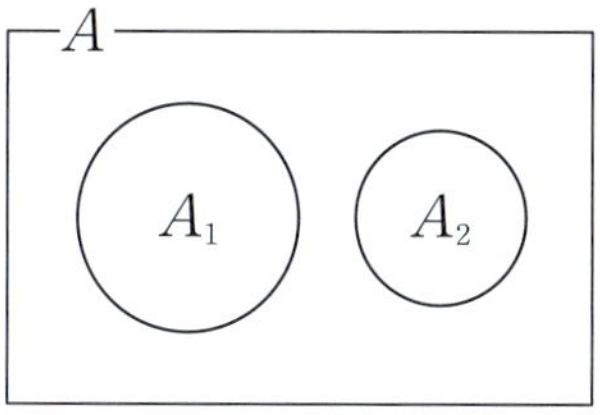

| 그림 1.4.3 |

집합 A의 임의의 원소 i는 세 집합 $A_1, A_2, A_1^C \cap A_2^C$ 중에서 한 집합에만 속하므로 3가지 경우가 있다. 따라서 곱의 법칙에 의하여 서로소인 A의 부분집합의 순서쌍 (A_1, A_2)의 개수는 3^n이다. □

문제 1.4.14 집합 $\{1, 2, \cdots, n\} = A_1 \cup A_2 \cup \cdots \cup A_k$인 k개의 부분집합의 순서조 $(A_1, A_2, \cdots, A_k)$의 개수를 구하여라. (힌트 : $(A_1, A_2, \cdots, A_k)$에 대응되는 0 또는 1로 이루어진 $k \times n$ 행렬의 각 열의 조건을 생각한다.)

연습문제 1.4

01 수학적 귀납법을 이용하여 이항정리를 증명하여라.

02 이항정리 또는 다항정리를 이용하여 다음 식을 전개하여라.

(1) $(2x-3y)^6$

(2) $(1+x)^{\frac{1}{3}}$

(3) $(x+y+z)^4$

03 다음을 구하여라.

(1) $(x+y)^{10}$의 전개식에서 x^3y^7의 계수

(2) $(1+3x)^5(2-x)^4$의 전개식에서 x^3의 계수

(3) $(2x-3y+4)^7$의 전개식에서 x^3y^2의 계수

04 다항식의 곱을 이용하여 다음 등식이 성립함을 보여라.

(1) $\binom{n+1}{k}=\binom{n}{k-1}+\binom{n}{k} \qquad (k=1, 2, \cdots, n)$

(2) $\binom{r}{r}+\binom{r+1}{r}+\cdots+\binom{n-1}{r}+\binom{n}{r}=\binom{n+1}{r+1}$

05 다음 식의 값을 구하여라.

(1) $1\binom{n}{0}+2\binom{n}{1}+3\binom{n}{2}+\cdots+(n+1)\binom{n}{n}$

(2) $\sum_{k=0}^{n-1}\binom{n}{k}\binom{n}{k+1}$

(3) $\sum_{k=0}^{n-1}(-1)^k\binom{n}{k+1}$

(4) $\sum_{j=0}^{n}\sum_{i=j}^{n}\binom{n}{i}\binom{i}{j}$

06 $(x+r_1)(x+r_2)\cdots(x+r_n)$의 전개식에서 다음을 구하여라.

(1) 상수항

(2) x^{n-1}의 계수

(3) x^{n-2}의 계수

(4) x^{n-k}의 계수 (단 $0 \le k \le n$)

07 이항정리를 이용하여 다음 등식이 성립함을 보여라.

$$\binom{n}{m}+\binom{n-1}{m-1}+\binom{n-2}{m-2}+\cdots+\binom{n-m}{0}=\binom{n+1}{m}$$

08 조합의 정의를 이용하여

$$(n-r)\binom{n+r-1}{r}\binom{n}{r}=n\binom{n+r-1}{2r}\binom{2r}{r}$$

임을 보여라.

09 수학적 귀납법을 이용하여

$$\sum_{k=0}^{m}(-1)^k\binom{n}{k}=(-1)^m\binom{n-1}{m}$$

임을 보여라.

10 다음 등식이 성립함을 보여라.

$$\binom{r}{r}\binom{m+n-r}{s}+\binom{r+1}{r}\binom{m+n-r-1}{s}+\cdots+\binom{m+n-s}{r}\binom{s}{s}$$
$$=\binom{m+n+1}{r+s+1}$$

11 m, n이 자연수일 때

$$\binom{n}{0}\binom{n}{m}+\binom{n}{1}\binom{n-1}{m-1}+\cdots+\binom{n}{k}\binom{n-k}{m-k}+\cdots+\binom{n}{m}\binom{n-m}{0}$$
$$=2^m\binom{n}{m}$$

임을 보여라. (단 $m \leq n$)

12 $(1+x+x^2+\cdots)^n$의 전개식에서 x^k의 계수를 구하여라.

13 집합 $A=\{1, 2, \cdots, n\}$에 대하여 다음 물음에 답하여라.

(1) 집합 A의 한 부분집합을 선택하고 선택한 부분집합에서 한 원소를 선택하는 방법의 수를 구하여라.

(2) 집합 A의 한 원소를 선택하고 선택한 원소를 포함하는 A의 부분집합을 선택하는 방법의 수를 구하여라.

(3) 위 (1), (2)를 이용하여

$$1\binom{n}{1}+2\binom{n}{2}+3\binom{n}{3}+\cdots+n\binom{n}{n}=n2^{n-1}$$

임을 보여라.

14 등식 $\binom{r}{r}+\binom{r+1}{r}+\cdots+\binom{n}{r}=\binom{n+1}{r+1}$을 이용하여 다음 물음에 답하여라.

(1) $1 \cdot 2+2 \cdot 3+\cdots+(n-1)n$을 계산하여라.

(2) $1 \cdot 2 \cdot 3+2 \cdot 3 \cdot 4+\cdots+(n-2)(n-1)n$을 계산하여라.

(3) $n^2=a\binom{n}{2}+b\binom{n}{1}$이 되도록 a, b를 정하고 이를 이용하여

$$1^2+2^2+\cdots+n^2$$

을 계산하여라.

(4) $n^3=c\binom{n}{3}+d\binom{n}{2}+e\binom{n}{1}$이 되도록 c, d, e를 정하고 이를 이용하여

$$1^3+2^3+\cdots+n^3$$

을 계산하여라.

15 $(1+x+x^2)^n$의 전개식에서 x^n의 계수는

$$1+\frac{n(n-1)}{(1!)^2}+\frac{n(n-1)(n-2)(n-3)}{(2!)^2}+\cdots$$

임을 보여라.

16 다음 등식이 성립함을 보여라. (단 n은 자연수)

$$(-1)^n\binom{1/2}{n}2^{2n}=-\frac{2}{n}\binom{2n-2}{n-1}$$

17 $(1-4x)^{-\frac{1}{2}}$을 이용하여 $\sum_{k=0}^{n}\binom{2k}{k}\binom{2n-2k}{n-k}=4^n$임을 보여라.

18 이항정리와 적분을 이용하여 다음 등식이 성립함을 보여라.

$$\binom{n}{1}-\frac{1}{2}\binom{n}{2}+\frac{1}{3}\binom{n}{3}-\cdots+(-1)^{n+1}\frac{1}{n}\binom{n}{n}=1+\frac{1}{2}+\frac{1}{3}+\cdots+\frac{1}{n}$$

19* 집합 X를 $X=\{1, 2, \cdots, n\}$라고 하자. $\sum_{A, B\subseteq X}|A\cup B|$의 값을 구하여라.

제5절 수의 분할

똑같은 n개의 공을 똑같은 세 상자에 빈 상자가 없도록 넣는 방법을 생각하여 보자. 공과 상자가 각각 구별되지 않으므로 n을 세 자연수로 분할하여 그 수만큼의 공을 각 상자에 넣으면 된다. 이처럼 자연수를 몇 개의 자연수로 분할하는 방법에 대하여 알아보자.

예제 1.5.1 6을 $3+2+1$과 같이 몇 개의 자연수의 합으로 나타내는 방법은 모두 몇 가지인가? 단, 합의 순서만 다른 것은 모두 같은 것으로 간주한다.

풀이 6

$5+1,\ 4+2,\ 3+3$

$4+1+1, 3+2+1, 2+2+2$

$3+1+1+1, 2+2+1+1$

$2+1+1+1+1$

$1+1+1+1+1+1$

따라서 6을 몇 개의 자연수의 합으로 나타내는 방법은 모두 11가지이다. □

문제 1.5.1 5를 몇 개의 자연수의 합으로 나타내는 방법은 모두 몇 가지인가? 단, 합의 순서만 다른 것은 모두 같은 것으로 간주한다.

정의 1.5.1 자연수 n에 대하여 다음 두 조건을 만족하는 $\lambda=(n_1, n_2, \cdots, n_k)$를 n의 **분할**(integer partition)이라고 한다.

(i) $n_1 \geq n_2 \geq \cdots \geq n_k \geq 1$ (단, $n_1, n_2, \cdots, n_k$는 자연수)

(ii) $n=n_1+n_2+\cdots+n_k$

$\lambda=(n_1, n_2, \cdots, n_k)$가 n의 분할이면 $\lambda \vdash n$으로 나타내고 각 n_i를 분할 λ의 **부분**(part)이라 한다. 또 n의 모든 분할의 개수를 $p(n)$, k개의 부분을 가진 n의 분할의 수를 $p(n, k)$로 나타낸다. 그러므로

$$p(n)=p(n,1)+p(n,2)+\cdots+p(n,n)$$

이다.

예를 들어 예제 1.5.1로부터 6의 모든 분할과 $p(6,k)$ 값은 다음과 같다.

6의 분할	$p(6,k)$
(6)	$p(6,1)=1$
$(5,1),(4,2),(3,3)$	$p(6,2)=3$
$(4,1,1),(3,2,1),(2,2,2)$	$p(6,3)=3$
$(3,1,1,1),(2,2,1,1)$	$p(6,4)=2$
$(2,1,1,1,1)$	$p(6,5)=1$
$(1,1,1,1,1,1)$	$p(6,6)=1$

표 1.5.1

따라서

$$p(6)=p(6,1)+p(6,2)+p(6,3)+p(6,4)+p(6,5)+p(6,6)=11$$

이다. 참고로 $p(1)=1, p(2)=2, p(3)=3, p(4)=5, p(5)=7$이며 $p(50)=204226$, $p(100)=190569292$이다.

정의 1.5.2 $\lambda=(n_1, n_2, \cdots, n_k)$를 n의 분할이라 하자. 첫째 행에 n_1칸, 둘째 행에 n_2칸, $\cdots$, k번째 행에 n_k칸을 그린 그림을 분할 λ의 **페러다이어그램**(Ferrer's diagram)이라 한다. 아래 그림은 6의 분할 $(4,2),(3,2,1),(2,2,1,1)$의 페러다이어그램을 각각 나타낸 것이다.

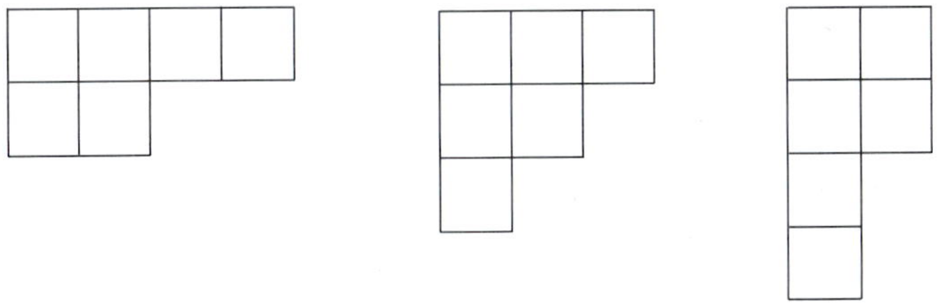

그림 1.5.1

주어진 분할을 페러다이어그램으로 나타내면 분할의 부분의 수나 가장 큰 부분의 크기 등 분할을 보다 쉽게 이해할 수 있다. 즉, 분할 $\lambda=(n_1, n_2, \cdots, n_k)$의 페러다이어그램에서 행의 수는 λ의 부분의 수 k를 나타내며, 열의 수는 분할 λ의 가장 큰 부분인 n_1을 나타낸다.

예제 1.5.2 분할 $\lambda=(8, 6, 5, 3, 1) \vdash 23$의 페러다이어그램을 그려라. 또 λ의 페러다이어그램에서 첫째 열, 둘째 열, $\cdots$에 있는 칸의 수를 각각 $m_1, m_2, \cdots$ 라 하면 $\lambda'=(m_1, m_2, \cdots)$도 23의 분할임을 보여라.

풀이 $\lambda=(8, 6, 5, 3, 1)$의 페러다이어그램은 다음과 같다.

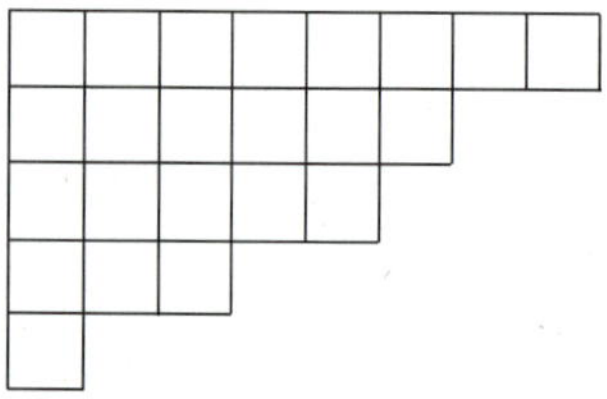

| 그림 1.5.2 |

위의 그림에서 차례로 각 열의 칸을 세면 5, 4, 4, 3, 3, 2, 1, 1이므로 $\lambda'=(5, 4, 4, 3, 3, 2, 1, 1)$이며 λ'도 23의 분할이다. □

문제 1.5.2 분할 $\mu=(7, 5, 5, 2, 1)$의 페러다이어그램을 그려라.

예제 1.5.3 다음 물음에 답하여라.

(1) 6개의 같은 종류의 공을 세 개의 같은 종류의 상자에 넣을 때 빈 상자가 없도록 넣는 방법의 수를 구하여라.

(2) 6개의 같은 종류의 공을 세 개의 같은 종류의 상자에 넣는 방법의 수를 구하여라.

풀이 (1) 빈 상자가 없고 세 상자 안의 공을 합하면 6이므로 상자 안의 공의 수는 3개의 부분을 갖는 6의 분할이다. 따라서 구하는 방법의 수는 $p(6, 3)=3$이다.

(2) 6개의 같은 종류의 공을 세 개의 같은 종류의 상자에 넣었다고 하자. 세 상자 안의 공을 합하면 6이고 빈 상자가 있을 수도 있으므로 상자 안의 공의 수는 많아야 3개의 부분을 갖는 6의 분할을 이룬다. 따라서 구하는 방법의 수는 $p(6,1)+p(6,2)+p(6,3)=7$이다. □

문제 1.5.3 다음 물음에 답하여라.

(1) 5개의 같은 종류의 공을 세 개의 같은 종류의 상자에 넣는 방법의 수를 구하여라.

(2) 11개의 같은 종류의 공을 세 개의 같은 종류의 상자에 넣을 때 각 상자에 2개 이상의 공이 있도록 넣는 방법의 수를 구하여라.

정의 1.5.3 $\lambda=(n_1, n_2, \cdots, n_k)$를 n의 분할이라 하자. 분할 λ의 페러다이어그램에서 i번째 열에 있는 칸의 수를 m_i라 하면 $\lambda'=(m_1, m_2, \cdots, m_{n_1})$도 n의 분할이 된다. 이런 방법으로 얻어진 분할 λ'을 λ의 **공액분할**(conjugate partition)이라 한다.

λ'이 λ의 공액분할이면 λ'의 페러다이어그램은 λ의 페러다이어그램을 주대각선에 대하여 대칭시킨 것이다.

예제 1.5.4 $\lambda=(6,6,5,4,2,1)$일 때 λ의 페러다이어그램을 그리고, 이를 이용하여 λ의 공액분할 λ'을 구하여라.

풀이 다음 그림 1.5.3처럼 λ의 페러다이어그램을 그리면 그 열에 있는 칸의 수가 각각 6, 5, 4, 4, 3, 2이므로 λ의 공액분할은 $\lambda'=(6,5,4,4,3,2)$이다. □

문제 1.5.4 자연수 5의 모든 분할의 공액분할을 구하여라.

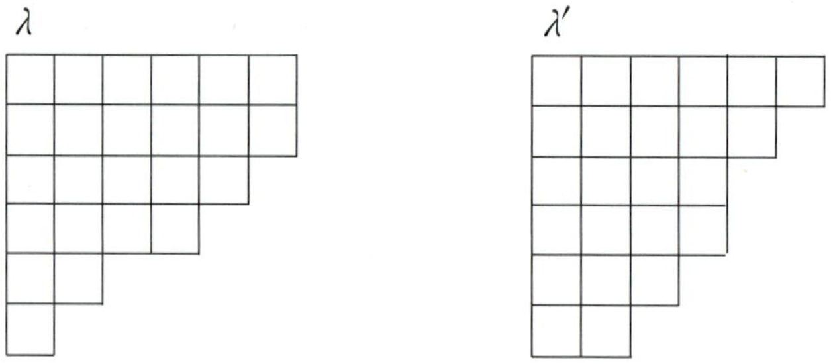

| 그림 1.5.3 |

예제 1.5.5 각 부분이 m 이하인 n의 분할의 수는 부분의 수가 m 이하인 n의 분할의 수와 같음을 보여라.

풀 이 집합 A와 B를 다음과 같이 정의하자.

$$A = \{\lambda \mid \lambda\text{는 각 부분이 } m \text{ 이하인 } n\text{의 분할}\}$$
$$B = \{\lambda \mid \lambda\text{는 부분의 수가 } m \text{ 이하인 } n\text{의 분할}\}$$

이제 집합 A에서 B로 가는 함수 $f: A \to B$를

$$f(\lambda) = \lambda\text{의 공액분할} = \lambda'$$

으로 정의하자. 예를 들어 $n=6$이고 $m=3$이면

$$A = \{(3,3), (3,2,1), (2,2,2), (3,1,1,1), (2,2,1,1), (2,1,1,1,1), (1,1,1,1,1,1)\}$$
$$B = \{(6), (5,1), (4,2), (3,3), (4,1,1), (3,2,1), (2,2,2)\}$$

이고

$f((3,3)) = (2,2,2)$, $f((3,2,1)) = (3,2,1)$, $f((2,2,2)) = (3,3)$,
$f((3,1,1,1)) = (4,1,1)$, $f((2,2,1,1)) = (4,2)$, $f((2,1,1,1,1)) = (5,1)$,
$f((1,1,1,1,1,1)) = (6)$

이다. 분명히 f는 역함수를 가지므로 일대일대응이다. 따라서 $|A| = |B|$이다. 즉, 각 부분이 m 이하인 n의 분할의 수는 부분의 수가 m 이하인 n의 분할의 수와 같다. □

문제 1.5.5 10개의 같은 종류의 공을 3개의 같은 종류의 상자에 넣을 때 각 상자 안에 많아야 5개가 되도록 하는 방법의 수는 10개의 같은 종류의 공을 5개의 같은 종류의 상자에 넣을 때 각 상자 안에 들어 있는 공의 수가 3 이하가 되도록 하는 방법의 수와 같음을 보여라.

예제 1.5.6 $p(n, r)=p(n-1, r-1)+p(n-r, r)$임을 보여라.

풀이 r개의 부분을 갖고 있는 n의 분할 λ를 다음과 같은 두 가지 경우로 나누어 생각하여 보자.

① **1이 분할 λ의 부분일 경우** : 1이 분할 λ의 부분이라면 1을 제외하면 나머지는 $r-1$개의 부분을 가진 $n-1$의 분할이 된다.

역으로, $r-1$개의 부분을 가진 $n-1$의 분할이 주어지면 마지막에 1을 첨가하여 1이 부분이고 부분의 수가 r개인 n의 분할을 만들 수 있다. 위의 두 대응은 서로 역이므로 일대일대응이고, 따라서 1이 부분이고 부분의 수가 r인 n의 분할의 수는 $r-1$개의 부분을 갖는 $n-1$의 분할의 수 $p(n-1,\ r-1)$와 같다.

예를 들어 $n=6, r=3$이면

$C=\{\lambda \mid \lambda$는 1이 한 부분이고 3개의 부분을 갖는 6의 분할$\}$
$=\{(4, 1, 1), (3, 2, 1)\}$
$D=\{\lambda \mid \lambda$는 2개의 부분을 갖는 5의 분할$\}$
$=\{(4, 1), (3, 2)\}$

이고, 다음 그림 1.5.4처럼 $(4,1,1)\leftrightarrow(4,1), (3,2,1)\leftrightarrow(3,2)$로 대응된다.

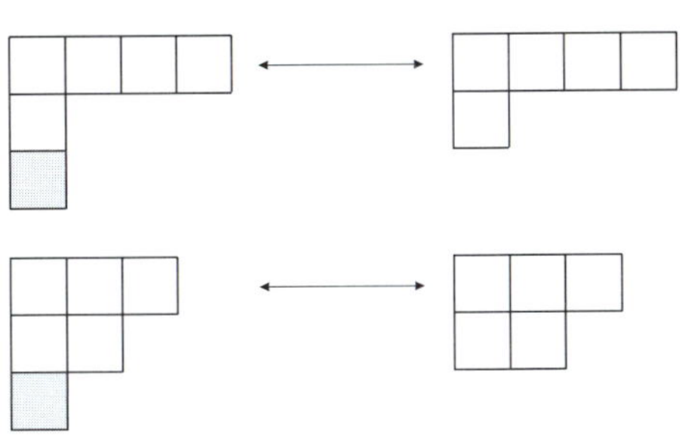

| 그림 1.5.4 |

② **1이 분할 λ의 부분이 아닐 경우** : λ 의 페러다이어그램에서 첫 번째 열을 제외하면 나머지는 r개의 부분을 갖는 $n-r$의 분할이 된다. 역으로 r개의 부분을 갖는 $n-r$의 분할 μ가 주어지면 μ의 각 부분에 1씩 더하면 r개의 부분을 갖고 각 부분이 2 이상인 n의 분할이 된다. 이 대응은 분명히 일대일 대응이므로 r개의 부분을 갖으며 각 부분이 2 이상인 n의 분할의 수는 r개의 부분을 갖는 $n-r$의 분할의 수 $p(n-r, r)$와 같다. 예를 들어, $n=6$, $r=3$이면

$E=\{\lambda \mid \lambda$는 각 부분이 2 이상이고 3개의 부분을 갖고 있는 6의 분할$\}$
$=\{(2,2,2)\}$
$F=\{\lambda \mid \lambda$는 3개의 부분을 갖는 3의 분할$\}$
$=\{(1,1,1)\}$

이고 아래 그림 1.5.5처럼 $(2,2,2) \leftrightarrow (1,1,1)$로 대응된다.

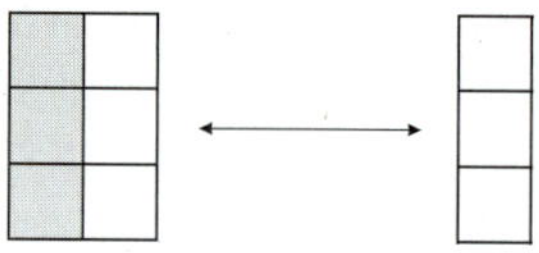

| 그림 1.5.5 |

위의 ①과 ②는 동시에 일어나지 않으므로 합의 법칙에 따라

$$p(n, r)=p(n-1, r-1)+p(n-r, r)$$

이다. □

문제 1.5.6 다음은 $n=10$까지 $p(n, k)$와 $p(n)$을 구하기 위한 표이다. 점화식 $p(n, r)=p(n-1, r-1)+p(n-r, r)$을 이용하여 빈칸을 채워라.

n	$p(n,1)$	$p(n,2)$	$p(n,3)$	$p(n,4)$	$p(n,5)$	$p(n,6)$	$p(n,7)$	$p(n,8)$	$p(n,9)$	$p(n,10)$	$\cdots$	$p(n)$
1	1										$\cdots$	1
2	1	1									$\cdots$	2
3	1	1	1								$\cdots$	3
4	1	2	1	1							$\cdots$	5
5	1	2	2	1	1						$\cdots$	7
6	1	3	3	2	1	1					$\cdots$	11
7											$\cdots$	
8											$\cdots$	
9											$\cdots$	
10											$\cdots$	
$\vdots$	$\vdots$	$\vdots$	$\vdots$	$\vdots$	$\vdots$	$\vdots$	$\vdots$	$\vdots$	$\vdots$	$\vdots$	$\ddots$	$\vdots$

표 1.5.2

예제 1.5.7 n의 분할 중 부분이 모두 다르고 각 부분이 홀수인 분할의 수는 페러다이어그램이 주대각선에 관하여 대칭인 n의 분할의 수와 같음을 보여라.

풀이 $\lambda=(n_1, n_2, \cdots, n_k)$를 페러다이어그램이 주대각선에 관하여 대칭인 n의 분할이라 하자. λ의 페러다이어그램에 있는 주대각선의 칸 수가 t라면 $1\le i\le t$인 i에 대하여

$$m_i=2n_i-(2i-1)$$

라고 하자. 즉 m_i는 λ의 페러다이어그램에서 i번째 행 또는 i번째 열에 있는 칸의 수이다. 여기서 m_i는 모두 홀수이고, $n_1\ge n_2\ge\cdots\ge n_k$이므로 m_i는 모두 다르다. 따라서 $\mu=(m_1, m_2, \cdots, m_t)$는 부분이 서로 다른 홀수인 n의 분할이다. 예를 들어 $\lambda=(6, 4, 3, 2, 1, 1)$이라면 다음 그림 1.5.6에서 보듯이 $m_1=11, m_2=5, m_3=1$이고 $\mu=(11, 5, 1)$이다.

위의 대응은 분명히 역이 가능하므로 일대일대응이다. 따라서 부분이 모두 다르고 각 부분이 홀수인 n의 분할의 수는 페러다이어그램이 주대각선에 관하여 대칭인 n의 분할의 수와 같다. □

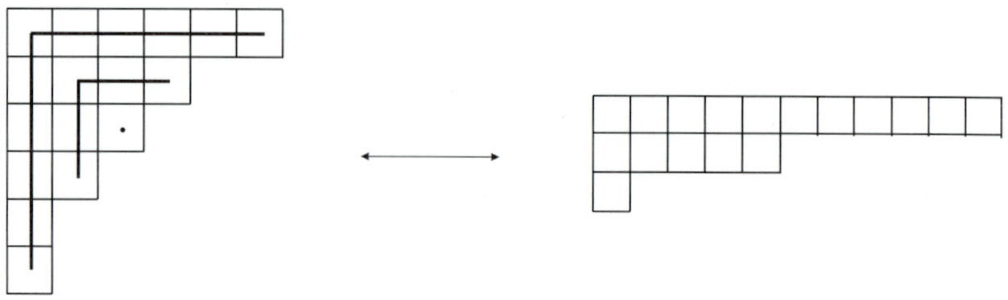

| 그림 1.5.6 |

문제 1.5.7 페러다이어그램이 주대각선에 대칭인 9의 분할의 수를 구하여라.

> **정의 1.5.4** n의 분할 λ 에서 부분 1의 수가 a_1, 부분 2의 수가 $a_2, \cdots$, 부분 n의 수가 a_n이라면 $\lambda = 1^{a_1}2^{a_2}\cdots n^{a_n}$ 으로 나타내기도 한다. 단, $a_i=1$이면 a_i는 생략하며 $a_i=0$인 경우에는 i와 a_i 모두 생략한다.
> 예를 들어 $\lambda=(7,5,5,3,2,2,1,1,1)$이라면 $\lambda = 1^3 2^2 3 5^2 7$ 로 나타낸다.

예제 1.5.8 n이 자연수일 때 다음 물음에 답하여라.

(1) 방정식 $x_1+2x_2+3x_3+\cdots+nx_n=n$ 의 음이 아닌 정수해의 개수는 n의 분할의 수와 같음을 보여라.

(2) 방정식 $x_1+2x_2+3x_3=n$ 의 음이 아닌 정수해의 개수를 구하여라.

풀이 (1) 집합 A와 B를 다음과 같이 정의하자.

$$A=\{(x_1,x_2,\cdots,x_n)\,|\,x_1+2x_2+3x_3+\cdots+nx_n=n,\ x_i\text{는 음이 아닌 정수}\}$$
$$B=\{\lambda\,|\,\lambda\text{는 } n\text{의 분할}\}$$

이제 함수 $f : A \rightarrow B$를

$$f(x_1,x_2,\cdots,x_n)=1^{x_1}2^{x_2}\cdots n^{x_n}$$

으로 정의하자. 그러면 함수 f는 일대일대응이고 따라서 $|A|=|B|$이다.

즉, 위 (1)에 있는 방정식의 음이 아닌 정수해의 개수는 n의 분할의 수와 같다.

예를 들어, 방정식 $x_1+2x_2+3x_3+\cdots+7x_7=7$의 해 $(1,0,2,0,0,0,0)$의 f의 함수값은 $f((1,0,2,0,0,0,0))=13^2=(3,3,1)\vdash 7$이다.

(2) 방정식 $x_1+2x_2+3x_3=n$의 음이 아닌 정수해는 위의 (1)의 풀이에 있는 함수 f에 의하여 각 부분이 3을 넘지 않는 n의 분할과 일대일대응된다. 또, 예제 1.5.5에 의해 각 부분이 3을 넘지 않는 n의 분할의 수는 많아야 3개의 부분을 갖고 있는 n의 분할의 수와 같다. 따라서 구하는 수는

$$p(n,1)+p(n,2)+p(n,3)$$

이다. □

문제 1.5.8 다음 물음에 답하여라.

(1) 방정식 $x_1+2x_2+3x_3+4x_4+5x_5+6x_6=6$의 음이 아닌 정수해의 개수를 구하여라.

(2) 방정식 $x_1+2x_2+3x_3=6$의 음이 아닌 정수해의 개수를 구하여라.

연습문제 1.5

01 7의 분할을 모두 구하여 $p(7,1), p(7,2), p(7,3), p(7,4), p(7,5), p(7,6), p(7,7)$를 구하여라. 또 이를 이용하여 7의 분할의 수 $p(7)$을 구하여라.

02 위의 문제 1을 이용하여 다음 물음에 답하여라.

(1) 각 부분이 3을 넘지 않는 7의 분할을 모두 구하여라.

(2) 많아야 3개의 부분을 갖고 있는 7의 분할을 모두 구하여라.

(3) 예제 1.5.5의 풀이를 참조하여 (1)과 (2)에 있는 분할로 이루어진 두 집합 사이의 일대일대응 f를 만들어라.

03 위의 문제 1을 이용하여 다음 물음에 답하여라.

(1) 7개의 똑같은 공을 똑같은 세 상자에 넣을 때 빈 상자가 없도록 넣는 방법의 수를 구하여라.

(2) 7개의 똑같은 공을 똑같은 세 상자에 넣는 방법의 수를 구하여라.

(3) 7개의 똑같은 공을 똑같은 세 상자에 넣을 때 각 상자에 공이 넷을 넘지 못하도록 넣는 방법의 수를 구하여라.

04 다음에서 음이 아닌 정수해의 개수를 구하여라.

(1) 방정식 $x_1+2x_2+3x_3+4x_4+5x_5+6x_6+7x_7=7$

(2) 방정식 $x_1+2x_2+3x_3+4x_4=7$

(3) 부등식 $2x_2+3x_3+4x_4\leq 7$

05 3개의 부분을 갖는 n의 분할의 수는, 각 부분이 n보다 작고 3개의 부분을 갖는 $2n$ 분할의 수와 같음을 보여라.

06 페러다이어그램이 주대각선에 대칭인 12의 분할의 수를 구하여라.

07 n의 분할에서 $p(n, 2)$와 $p(n, n-2)$의 값을 각각 구하여라. (단 $n \geq 4$)

08 n의 분할에서 다음 등식이 성립함을 보여라.

$$p(n, r) = p(n-r, 1) + p(n-r, 2) + \cdots + p(n-r, r)$$

09 다음 명제가 참임을 보여라.

(1) $p(2n, n) = p(n)$

(2) $p(2n+k, n+k) = p(2n, n)$

(3) 각 부분이 모두 짝수인 n의 분할의 수는 각 부분이 짝수번씩 나오는 n의 분할의 수와 같다.

(4) 각 부분이 k 이하인 n의 분할의 수는 $n+k$의 분할 중에서 k 부분을 갖는 분할의 수와 같다.

10 서로 다른 k개의 부분을 갖는 $n + \dfrac{k(k-1)}{2}$의 분할의 수는 k개의 부분을 갖는 n의 분할의 수와 같음을 보여라.

11 20의 분할 중에서 각 부분이 10 이하이며 7개의 부분을 갖는 분할의 수는 각 부분이 8 이하이며 9개의 부분을 갖는 22의 분할의 수와 같음을 보여라.

12 각 부분의 크기가 a 이하이며 부분의 수가 b 이하인 모든 분할의 수를 구하여라.

(단, $\varnothing$도 하나의 분할로 간주한다.)

13 부분이 모두 다른 n의 분할의 수를 $\mathrm{pd}(n)$이라 하고, 부분이 모두 홀수인 n의 분할의 수를 $\mathrm{po}(n)$이라 하자.

(1) 7 이하의 자연수 n에 대하여 $\mathrm{pd}(n)$을 구하여라.

(2) 7 이하의 자연수 n에 대하여 $\mathrm{po}(n)$을 구하여라.

(3)* 두 조건을 만족하는 집합을 각각 만들고 그 두 집합 사이에 일대일대응을 찾아 $\mathrm{po}(n)=\mathrm{pd}(n)$임을 보여라.

14 n이 자연수일 때

$$a_1+a_2+\cdots+a_k=n \ \ (\text{단 } a_1, a_2, \cdots, a_k\text{는 자연수})$$

인 $\alpha=(a_1, a_2, \cdots, a_k)$를 n의 **합성**(composition)이라 하고 각 a_i를 합성 α의 **부분**(part)이라고 한다. 또 n의 모든 합성의 개수를 $c(n)$, k개의 부분을 갖는 n의 합성의 개수를 $c(n, k)$로 나타낸다.

예를 들어

$$\begin{aligned}4&=3+1=2+2=1+3\\&=2+1+1=1+2+1=1+1+2\\&=1+1+1+1\end{aligned}$$

이므로 $c(4, 1)=1, c(4, 2)=3, c(4, 3)=3, c(4, 4)=1$이고

$$c(4)=c(4, 1)+c(4, 2)+c(4, 3)+c(4, 4)=8$$

이다.

(1) n, k가 $n\geq k$인 자연수일 때 k개의 부분을 갖는 n의 합성의 수 $c(n, k)$를 구하여라.

(2) n이 자연수일 때 모든 n의 합성의 수 $c(n)$을 구하여라.

제6절

집합의 분할

수의 분할에서는 같은 종류의 공을 같은 종류의 상자에 넣는 방법에 대하여 살펴보았다. 이제 서로 다른 n개의 공을 같은 종류의 세 상자에 넣어보자. 우선 공을 세 부분으로 나누고 나뉜 세 부분의 공을 각각의 상자에 넣으면 된다. 이것은 집합을 서로소인 몇 개의 부분집합으로 나누는 방법과 같다.

정의 1.6.1 n개의 원소를 갖고 있는 집합을 **n-집합**이라 하자. 아래 그림 1.6.1 처럼 n-집합 A가

(i) $A = B_1 \cup B_2 \cup \cdots \cup B_k$ 이고
(ii) $B_1, B_2, \cdots, B_k \neq \emptyset$ 이며
(iii) $i \neq j$인 모든 i, j에 대하여 $B_i \cap B_j = \emptyset$

이면 $\{B_1, B_2, \cdots, B_k\}$을 집합 A의 **분할**(set partition)이라 하고 각 B_i를 이 분할의 **블록**(block)이라고 한다.

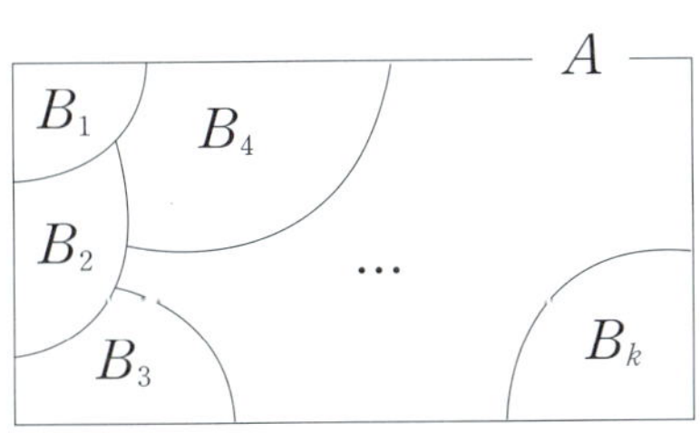

| 그림 1.6.1 |

k개의 블록을 가진 n-집합의 분할의 수를 **제2종 스털링수**(Stirling numbers of the second kind)라 하고 $S(n, k)$로 나타내며 n-집합의 모든 분할의 수를 **벨수**(Bell numbers)라 하고 $B(n)$으로 나타낸다. 그러므로 벨수 $B(n)$은

$$B(n) = S(n, 1) + S(n, 2) + \cdots + S(n, n)$$

이다.

예제 1.6.1 $A=\{1, 2, 3, 4\}$라 하자. 집합 A의 모든 분할을 구하여 제2종 스털링수 $S(4,1), S(4,2), S(4,3), S(4,4)$와 벨수 $B(4)$를 구하여라.

풀이 $A=\{1, 2, 3, 4\}$

$$=\{1\}\cup\{2,3,4\}=\{2\}\cup\{1,3,4\}=\{3\}\cup\{1,2,4\}=\{4\}\cup\{1,2,3\}=\{1,2\}\cup\{3,4\}$$
$$=\{1,3\}\cup\{2,4\}=\{1,4\}\cup\{2,3\}$$
$$=\{1\}\cup\{2\}\cup\{3,4\}=\{1\}\cup\{3\}\cup\{2,4\}=\{1\}\cup\{4\}\cup\{2,3\}=\{2\}\cup\{3\}\cup\{1,4\}$$
$$=\{2\}\cup\{4\}\cup\{1,3\}=\{3\}\cup\{4\}\cup\{1,2\}$$
$=\{1\}\cup\{2\}\cup\{3\}\cup\{4\}$이므로

(i) 한 블록을 갖는 A의 분할 : $\{\{1,2,3,4\}\}$

(ii) 두 블록을 갖는 A의 분할 : $\{\{1\},\{2,3,4\}\}, \{\{2\},\{1,3,4\}\}, \{\{3\},\{1,2,4\}\}, \{\{4\},\{1,2,3\}\}, \{\{1,2\},\{3,4\}\}, \{\{1,3\},\{2,4\}\}, \{\{1,4\},\{2,3\}\}$

(iii) 세 블록을 갖는 A의 분할 : $\{\{1\},\{2\},\{3,4\}\}, \{\{1\},\{3\},\{2,4\}\}, \{\{1\},\{4\},\{2,3\}\}, \{\{2\},\{3\},\{1,4\}\}, \{\{2\},\{4\},\{1,3\}\}, \{\{3\},\{4\},\{1,2\}\}$

(iv) 네 블록을 갖는 A의 분할 : $\{\{1\},\{2\},\{3\},\{4\}\}$

이다. 따라서 제2종 스털링수는

$$S(4,1)=1,\ S(4,2)=7,\ S(4,3)=6,\ S(4,4)=1$$

이고 벨수는 $B(4)=S(4,1)+S(4,2)+S(4,3)+S(4,4)=15$이다. □

문제 1.6.1 집합 $A=\{1, 2, 3\}$라 하자. A의 모든 분할을 구하여 제2종 스털링수 $S(3, 1), S(3, 2), S(3, 3)$과 벨수 $B(3)$을 구하여라.

예제 1.6.2 다음 물음에 답하여라.

(1) 서로 다른 n개의 공을 똑같은 종류의 3개의 상자에 넣을 때 빈 상자가 없도록 넣는 방법의 수를 구하여라.

(2) 서로 다른 n개의 공을 똑같은 종류의 3개의 상자에 넣는 방법의 수를 구하여라.

풀이 (1) 서로 다른 n개의 공을 빈 상자가 없도록 똑같은 3개의 상자에 넣었다고 하

자. 상자에 있는 공의 집합을 각각 B_1, B_2, B_3이라 하면 집합 $\{B_1, B_2, B_3\}$는 세 블록을 갖는 전체 공의 집합의 분할이 된다. 그러므로 위의 조건을 만족하도록 공을 넣는 방법의 수는 세 블록을 갖는 n-집합의 분할의 수인 $S(n, 3)$이다.

(2) 빈 상자가 있을 수 있으므로 실제 사용한 상자의 수는 1 또는 2 또는 3이다. 그러므로 구하는 방법의 수는 위 (1)과 합의 법칙을 이용하여

$$S(n,1)+S(n,2)+S(n,3)$$

이다. □

문제 1.6.2 다음 경우의 수를 구하여라.

(1) 서로 다른 4개의 공을 똑같은 종류의 2개의 상자에 넣을 때 빈 상자가 없도록 넣는 방법의 수

(2) 서로 다른 4개의 공을 똑같은 종류의 2개의 상자에 넣는 방법의 수

예제 1.6.3 n과 k를 $n \geq k$인 자연수라 할 때

$$S(n+1, k)=S(n, k-1)+k \times S(n, k)$$

임을 보여라.

풀이 $A=\{1, 2, \cdots, n, n+1\}$이라 하고 k개의 블록을 갖는 집합 A의 분할을 다음과 같이 두 경우로 나누어 생각하여 보자.

① **$n+1$이 홀로 한 블록을 이룰 경우** : 한 블록 $\{n+1\}$을 제외한 $k-1$개의 블록이 집합 $\{1, 2, \cdots, n\}$의 분할을 이루므로 $n+1$이 홀로 한 블록을 이루는 A의 분할의 수는 $S(n, k-1)$이다.

② **$n+1$이 다른 원소와 함께 블록을 이룰 경우** : $n+1$을 제외하면 k개의 블록을 갖는 집합 $\{1, 2, \cdots, n\}$의 분할이 되고 그런 분할의 수는 $S(n, k)$이다. $n+1$을 k개의 블록 중 하나의 블록에 넣는 방법의 수는 k이므로 $n+1$이 다른 원소와 함께 블록을 이루는 A의 분할의 수는 곱의 법칙에 의하여

$k \times S(n, k)$이다.

위의 ①과 ②는 동시에 일어나지 않으므로 합의 법칙에 따라

$$S(n+1, k) = S(n, k-1) + k \times S(n, k)$$

이다. □

문제 1.6.3 다음은 $n=8$까지 $S(n, k)$과 $B(n)$을 구하기 위한 표이다. 점화식 $S(n+1, k) = S(n-1, k) + k \times S(n, k)$를 이용하여 빈칸을 채워라.

n	$S(n,1)$	$S(n,2)$	$S(n,3)$	$S(n,4)$	$S(n,5)$	$S(n,6)$	$S(n,7)$	$S(n,8)$	$\cdots$	$B(n)$
1	1								$\cdots$	1
2	1	1							$\cdots$	2
3	1	3	1						$\cdots$	5
4	1	7	6	1					$\cdots$	15
5									$\cdots$	
6									$\cdots$	
7									$\cdots$	
8									$\cdots$	
$\vdots$	$\vdots$	$\vdots$	$\vdots$	$\vdots$	$\vdots$	$\vdots$	$\vdots$	$\vdots$	$\ddots$	$\vdots$

예제 1.6.4 $n \geq 2$인 자연수일 때

$$S(n, 2) = 2^{n-1} - 1$$

임을 보여라.

풀이 $S(n, 2)$는 n-집합 A를 두 블록 B_1, B_2로 분할하는 경우의 수이다. 이런 분할

에서 B_1이 주어지면 $B_2 = A - B_1$으로 결정된다. B_1은 공집합이나 전체집합이 아닌 A의 부분집합이므로 B_1을 뽑는 방법의 수는 $2^n - 2$이다. 두 블록 사이에 순서가 없기 때문에 B_1과 B_2를 서로 바꾸어도 같은 분할이 된다. 예를 들어, $A = \{1, 2, 3, 4, 5\}$이고 $B_1 = \{1, 2, 3\}$, $B_2 = \{4, 5\}$이면 집합 A의 분할

$$\{B_1, B_2\} = \{\{1, 2, 3\}, \{4, 5\}\} = \{\{4, 5\}, \{1, 2, 3\}\} = \{B_2, B_1\}$$

이다. 그러므로 $S(n, 2) = \dfrac{2^n - 2}{2} = 2^{n-1} - 1$이다. □

문제 1.6.4 n이 $n \geq 2$인 자연수일 때

$$S(n, n-1) = \binom{n}{2}$$

임을 보여라.

예제 1.6.5 A가 n-집합, B가 m-집합일 때 A에서 B로 가는 전사함수의 개수는

$$m!S(n, m)$$

임을 보여라. (단 $n \geq m$)

풀이 집합 A를 m개의 블록으로 나누고 m개의 블록을 집합 B의 원소에 일대일 대응시키면 A에서 B로 가는 전사함수가 된다. 집합 A를 m개의 블록으로 나누는 방법의 수는 $S(n, m)$이고 이 m개의 블록을 m-집합 B의 원소에 일대일 대응시키는 방법의 수는 $m!$이므로 n-집합 A에서 m-집합 B로 가는 모든 전사함수의 개수는 곱의 법칙에 의하여 $m!S(n, m)$이다. □

문제 1.6.5 세 문자 a, b, c로 이루어진 길이가 8인 단어 중에서 각 문자를 적어도 하나씩 포함하는 것은 모두 몇 개인가?

예제 1.6.6 X를 n-집합, Y를 m-집합이라 하자. (단 $n \geq m$)

(1) X에서 Y로 가는 함수 중 치역의 원소의 개수가 k인 함수의 개수는

$\binom{m}{k}S(n, k)k!$임을 보여라.

(2) 위 (1)을 이용하여 다음 등식이 성립함을 보여라.

$$m^n = \binom{m}{1}S(n, 1)1! + \binom{m}{2}S(n, 2)2! + \cdots + \binom{m}{m}S(n, m)m!$$

풀이 (1) 치역의 원소의 개수가 k인 함수는 k개 원소를 갖는 Y의 부분집합 Y_k를 선택하고 X에서 Y_k로 가는 전사함수로 생각할 수 있다. Y_k를 선택하는 방법의 수는 $\binom{m}{k}$이고 X에서 Y_k로 가는 전사함수의 개수는 $S(n, k)k!$이므로 구하는 함수의 개수는 곱의 법칙에 의하여 $\binom{m}{k}S(n, k)k!$이다.

(2) X에서 Y로 가는 함수의 수는 m^n이다. 한편, X에서 Y로 가는 함수는 치역의 원소의 개수가 $1, 2, \cdots, m$ 중의 하나이고 치역의 원소의 개수가 k인 함수의 개수는 위 (1)에 의하여 $\binom{m}{k}S(n, k)k!$이다. 따라서 합의 법칙에 의하여

$$m^n = \binom{m}{1}S(n, 1)1! + \binom{m}{2}S(n, 2)2! + \cdots + \binom{m}{m}S(n, m)m!$$

이다. □

문제 1.6.6 $X = \{1, 2, \cdots, 8\}$, $Y = \{a, b, c, d, e\}$라 할 때 함수 $f: X \to Y$에 대하여 다음 물음에 답하여라.

(1) X에서 Y로 가는 전사함수의 개수를 구하여라.

(2) 치역이 세 원소로 이루어진 함수의 개수를 구하여라.

위에서 어떤 조건을 갖는 집합의 분할의 수는 제2종 스털링수나 벨수로 나타낼 수 있었다. 원소의 수가 제2종 스털링수나 벨수로 표현되는 또 다른 집합을 생각하여 보자.

정의 1.6.2 함수 $f:\{1, 2, \cdots, n\}\to\{1, 2, \cdots, k\}$는 수열 $f(1)f(2)\cdots f(n)$로 나타낼 수 있다. 예를 들어 $n=4$, $k=3$이고 $f(1)=2, f(2)=3, f(3)=1, f(4)=1$이면 $f=2311$로 나타낸다. 함수 $f=w_1w_2\cdots w_n$이 다음 조건을 만족하면 함수 f를 **RG함수**(restricted growth function)라고 한다.

$$\begin{cases} w_1=1 \\ w_i\leq \mathrm{Max}\{w_1+1, w_2+1, \cdots, w_{i-1}+1\} \quad (\text{단 } 2\leq i\leq n) \end{cases}$$

즉, $f=w_1w_2\cdots w_n$이 RG함수이면 i번째 수 w_i는 그 앞에 있는 수들보다 많아야 1 만큼 크다.

예를 들어, $n=4$, $k=3$이면 1223은 RG함수이지만 1243은 셋째 자리수 4가 그 앞에 있는 수 1, 2보다 2이상 크므로 RG함수가 아니다.

예제 1.6.7 RG함수 $f:\{1, 2, 3, 4\}\to\{1, 2, 3, 4\}$를 모두 구하여라.

풀이

1111	1211	1223
1112	1212	1231
1121	1213	1232
1122	1221	1233
1123	1222	1234

□

문제 1.6.7 RG함수 $f:\{1, 2, 3, 4, 5\}\to\{1, 2\}$를 모두 구하여라.

정리 1.6.3

n이 자연수일 때 $[n]=\{1, 2, \cdots, n\}$이라 하자. 그러면 두 집합

$$\Gamma_n=\{f\,|\,f:[n]\to[n]\text{는 RG함수}\},$$
$$\Pi_n=\{X\,|\,X\text{는 }[n]\text{의 분할}\}$$

사이에는 일대일대응이 존재한다. 따라서 RG함수 $f:[n]\to[n]$의 개수는 벨수 $B(n)$과 같다.

증명 $f=w_1w_2\cdots w_n$이 Γ_n의 원소일 때

$$S_i=f^{-1}(i)=\{j\in[n]\mid w_j=i\}\ (\neq\varnothing)$$

라 하고 함수 $\Phi:\Gamma_n\to\Pi_n$을

$$\Phi(f)=\{S_1, S_2, \cdots, S_k\}$$

로 정의하자. 그러면 $S_i\cap S_j=\varnothing$이고 $\cup_{i=1}^{k}S_i=[n]$이므로 Φ는 잘 정의된 함수이다. 이제 함수 Φ가 일대일대응임을 보이기 위해 Φ의 역함수를 만들어 보자. X가 Π_n의 원소일 때 X의 블록을 아래 조건을 만족하도록 번호를 붙여 $X=\{S_1, S_2, \cdots\}$로 나타내자.

$1\in S_1$
$\text{Min}\{i|i\in[n]-S_1\}\in S_2$
$\text{Min}\{i|i\in[n]-S_1\cup S_2\cup\cdots\cup S_{j-1}\}\in S_j\quad (j=3, 4, \cdots)$

각 $i=1, 2, \cdots, n$에 대하여 $i\in S_j$이면 $v_i=j$로 v_i를 정의하자. 그러면 $1\in S_1$이므로 $v_1=1$이다.
이제 $2\leq i\leq n$인 i에 대하여

$$m=\text{Max}\{v_1, v_2, \cdots, v_{i-1}\}$$

이면 $\{1, 2, \cdots, i-1\}\subseteq S_1\cup S_2\cup\cdots\cup S_m$이고, i는 $S_1\cup S_2\cup\cdots\cup S_m$의 원소이거나 집합 $[n]-S_1\cup S_2\cup\cdots\cup S_m$의 가장 작은 원소이다.
$i\in S_1\cup S_2\cup\cdots\cup S_m$이면 $v_i\leq m$이고, i가 집합 $[n]-S_1\cup S_2\cup\cdots\cup S_m$의 가장 작은 원소이면 $v_i=m+1$이 되어

$$v_i\leq\text{Max}\{v_1, v_2, \cdots, v_{i-1}\}+1$$

이다. 따라서 $v_1v_2\cdots v_n$은 RG함수이다. 이를 이용하여 함수 $\Psi:\Pi_n\to\Gamma_n$을

$$\Psi(X)=v_1v_2\cdots v_n$$

으로 정의하면 Ψ는 Φ의 역함수이고, Φ는 집합 Γ_n에서 Π_n로 가는 일대일대응이다. □

예제 1.6.8 $n=9$라 하고 Φ와 Ψ를 정리 1.6.3에서 정의한 함수라 하자.

(1) $f=112342514$일 때 $\Phi(f)$를 구하여라.

(2) $X=\{\{1, 2, 5, 9\}, \{3\}, \{4, 8\}, \{6, 7\}\}$일 때 $\Psi(X)$를 구하여라.

풀이 (1) $S_i=f^{-1}(i)=\{j\in[n] \mid f(j)=i\}$이므로

$$S_1=f^{-1}(1)=\{1, 2, 8\}$$
$$S_2=f^{-1}(2)=\{3, 6\}$$
$$S_3=f^{-1}(3)=\{4\}$$
$$S_4=f^{-1}(4)=\{5, 9\}$$
$$S_5=f^{-1}(5)=\{7\}$$

이고, 따라서 $\Phi(f)=\{\{1, 2, 8\}, \{3, 6\}, \{4\}, \{5, 9\}, \{7\}\}$이다.

(2) 1을 포함하는 블록 $\{1, 2, 5, 9\}$가 S_1이고 S_1에 포함되지 않는 수 중 가장 작은 수 3을 포함하는 블록 $\{3\}$이 S_2이다. 계속하여 S_1, S_2에 포함되지 않는 수 중 가장 작은 수 4를 포함하는 블록 $\{4, 8\}$이 S_3이며 S_1, S_2, S_3에 포함되지 않는 수 중 가장 작은 수 6을 포함하는 블록 $\{6, 7\}$이 S_4이다. 따라서 $\Psi(X)=v_1v_2\cdots v_9$라 하면

$$v_1=v_2=v_5=v_9=1,\ v_3=2,\ v_4=v_8=3,\ v_6=v_7=4$$

이다. 즉, $\Psi(X)=112314431$이다. □

문제 1.6.8 $n=8$이라 하고 Φ와 Ψ를 정리 1.6.3에서 정의한 함수라 하자.

(1) $f=12231425$일 때 $\Phi(f)$를 구하여라.

(2) $X=\{\{1, 3, 6\}, \{4, 5\}, \{2, 7, 8\}\}$일 때 $\Psi(X)$를 구하여라.

지금까지 여러 가지 상황에서 일어나는 많은 세기의 방법에 대하여 알아보았다. 세기의 문제에서 흔히 나타나는 유형은 다음 예제와 같이 종합하여 정리할 수 있다.

예제 1.6.9 아래 표는 n개의 공을 m개의 상자에 넣는 방법의 수를 나타낸 표이다. (a)-(h)를 n과 m에 관한 기호나 수식으로 채워 이 표를 완성하여라.

(공의 수 : n, 상자 수 : m)

	조건 없음	각 상자에 많아야 하나 ($n \le m$)	각 상자에 적어도 하나 ($n \ge m$)
공 : 구별 상자 : 구별	m^n	(a)	(b)
공 : 비구별 상자 : 구별	(c)	$\binom{m}{n}$	(d)
공 : 구별 상자 : 비구별	(e)	1	(f)
공 : 비구별 상자 : 비구별	(g)	1	(h)

표 1.6.2

풀이 (a) ${}_mP_n$ (집합 $\{1, 2, \cdots, n\}$에서 집합 $\{1, 2, \cdots, m\}$로 가는 일대일 함수와 같다.)

(b) $m!S(n, m)$ (집합 $\{1, 2, \cdots, n\}$에서 집합 $\{1, 2, \cdots, m\}$로 가는 전사함수와 같다.)

(c) ${}_mH_n$ (예제 1.3.9)

(d) ${}_mH_{n-m}$ (각 상자에 공을 하나씩 넣어 빈 상자가 없도록 한 후 (c)를 적용)

(e) $S(n, 1) + S(n, 2) + \cdots + S(n, m)$ (비어 있지 않은 상자 수가 k라면 예제 1.6.2에 의하여 공을 넣는 방법의 수는 $S(n, k)$이며 k는 $1, 2, \cdots, m$ 중 하나임)

(f) $S(n, m)$ (예제 1.6.2 참조)

(g) $p(n, 1) + p(n, 2) + \cdots + p(n, m)$ (비어 있지 않은 상자 수가 k라면 예제 1.5.3에 의하여 공을 넣는 방법의 수는 $p(n, k)$이며 k는 $1, 2, \cdots, m$ 중 하나임)

(h) $p(n, m)$ (예제 1.5.3 참조) □

문제 1.6.9 아래는 n개의 공을 n개의 상자에 넣는 방법의 수를 나타낸 표이다. 빈칸을 채워 이 표를 완성하여라.

(공의 수 : n, 상자 수 : n)

	조건 없음	각 상자에 많아야 한 개	각 상자에 적어도 한 개
공 : 구별 상자 : 구별	(a)	$n!$	(b)
공 : 비구별 상자 : 구별	(c)	$\binom{n}{n}$	(d)
공 : 구별 상자 : 비구별	(e)	1	(f)
공 : 비구별 상자 : 비구별	(g)	1	(h)

표 1.6.3

연습문제 1.6

01 $X=\{1, 2, \cdots, 9\}$라 할 때 다음을 구하여라.

(1) X를 공집합이 아닌 세 집합으로 분할하는 방법의 수

(2) X를 각각 세 원소를 갖고 있는 세 집합으로 분할하는 방법의 수

02 집합 $X=\{1, 2, 3, 4, 5\}$의 분할에 대하여 다음 물음에 답하여라.

(1) 5가 홀로 블록을 이루는 X의 분할을 모두 구하여라.

(2) 5가 다른 원소와 함께 블록을 이루며 블록의 수가 3인 X의 분할을 모두 구하여라.

03 8명의 사람을 세 여관에 투숙하게 하는 경우의 수를 구하여라. (단, 어느 여관에도 적어도 한 명은 투숙함)

04 $30030=2\times3\times5\times7\times11\times13$이다.

(1) 30030을 1보다 큰 세 자연수의 곱으로 나타내는 방법의 수를 구하여라.

(2) 30030을 세 자연수의 곱으로 나타내는 방법의 수를 구하여라.

05 집합 $\{1, 2, \cdots, n\}$의 분할을 생각하여 다음 등식이 성립함을 보여라.

(1) $S(n, k)=\sum_{i=1}^{n-1}\binom{n-1}{i}S(i, k-1)$

(2) $B(n)=\sum_{i=0}^{n-1}\binom{n-1}{i}B(i)$ (단 $B(0)=1$)

06 n이 3보다 큰 자연수라 하자.

(1) $S(n, 3)$을 구하여라.

(2) n이 짝수라면 $S(n, 3)$은 3의 배수임을 보여라.

07 $S(n, n-2)=\binom{n}{3}+3\binom{n}{4}$임을 보여라.

08 n이 6 이상인 자연수일 때

$$S(n, n-3)=\binom{n}{4}+a\binom{n}{5}+b\binom{n}{6}$$

이 항상 성립하는 상수 a, b를 구하여라.

09 다음 등식이 성립함을 보여라.

$$1^k+2^k+\cdots+n^k=\sum_{i=1}^{n} S(k, i)i!\binom{n+1}{i+1}$$

10 자연수 n에 대하여 $(x)_n=x(x-1)\cdots(x-n+1)$이라 정의하자. 아래 제시한 방법으로 다음 등식이 성립함을 보여라. (단 $(x)_0=1$)

$$\sum_{k=0}^{n} S(n, k)(x)_k=x^n$$

(1) 점화식 $S(n+1, k)=S(n, k-1)+k\times S(n, k)$을 이용한 수학적 귀납법

(2) 예제 1.6.6(2)의 등식을 이용한 방법

11 $A=\{1, 2, \cdots, n\}$이라 하자. $1\le t\le k$인 자연수 t에 대하여 π_t를 B_t의 모든 원소로 이루어진 하나의 순열이라 할 때 순서조 $(\pi_1, \pi_2, \cdots, \pi_k)$의 개수는 $n!\binom{n-1}{k-1}$임을 보여라. 여기서 $B_1, B_2, \cdots, B_k$는 아래의 세 조건을 만족하는 집합이다.

(i) $A=B_1\cup B_2\cup\cdots\cup B_k$이고

(ii) $B_1, B_2, \cdots, B_k\neq\emptyset$이며

(iii) $i\neq j$인 모든 i, j에 대하여 $B_i\cap B_j=\emptyset$

12 n, k가 자연수일 때 두 집합

$$\Gamma_{n,k}=\{f \mid f : \{1, 2, \cdots, n\} \to \{1, 2, \cdots, k\}\text{는 전사인 RG함수}\},$$
$$\Pi_{n,k}=\{X \mid X\text{는 }k\text{개의 블록을 갖는 }\{1, 2, \cdots, n\}\text{ 의 분할}\}$$

에 대하여 다음 물음에 답하여라.

(1) 집합 $\Gamma_{n,k}$의 원소의 수를 $S'(n, k)$라 할 때 $S'(1, 1)$, $S'(2, 1)$, $S'(2, 2)$의 값을 구하여라.

(2) $S'(n+1, k)=S'(n, k-1)+kS'(n, k)$임을 보여라.

(3) $S'(n, k)$는 제2종 스털링수 $S(n, k)$와 같음을 보여라.

(4) 집합 $\Gamma_{n,k}$에서 $\Pi_{n,k}$로 가는 일대일대응을 찾아 $S'(n, k)=S(n, k)$임을 보여라.

13* n, k를 $k \le n$인 자연수라고 할 때 다음 부등식이 성립함을 보여라.

$$k^{n-k} \le S(n, k) \le \binom{n-1}{k-1} k^{n-k}$$

14 아래는 9개의 공을 주어진 조건에 맞게 세 상자에 넣는 방법의 수를 나타낸 표이다. 빈칸을 채워라.

	2개, 3개, 4개를 넣을 때	2개, 2개, 5개를 넣을 때	3개, 3개, 3개를 넣을 때
공 : 구별 상자 : 비구별			
공 : 구별 상자 : 구별			

제7절 포함배제의 원리

앞에서 우리는 세기의 기본이 되는 합의 법칙에 대하여 알아보았다. 이 절에서는 합의 법칙의 개념을 확장한 포함배제의 원리를 알아보고 이를 이용하여 해결할 수 있는 여러 문제를 살펴본다.

예제 1.7.1 $1, 2, \cdots, 9$를 일렬로 나열한 순열 중에서 첫째 자리가 2보다 크고 마지막 자리가 8보다 작은 것의 개수를 구하여라.

풀이 U를 $1, 2, \cdots, 9$로 이루어진 순열의 집합이라 하고 A를 첫째 자리가 1 또는 2인 U의 부분집합, B를 마지막 자리가 8 또는 9인 U의 부분집합이라 하면 구하는 수는 $|A^C \cap B^C|$이다.

한편, $|U|=9!$, $|A|=2\cdot 8!$, $|B|=2\cdot 8!$, $|A\cap B|=2\cdot 2\cdot 7!$이므로

$$\begin{aligned}|A^C \cap B^C| &= |(A\cup B)^C| = |U| - (|A|+|B|) + |A\cap B| \\ &= 9! - (2\cdot 8! + 2\cdot 8!) + 2\cdot 2\cdot 7!\end{aligned}$$

이다. □

문제 1.7.1 정원이 50명인 어느 대학 수학과 2학년 중에서 이산수학을 수강하는 학생은 30명, 정수론을 수강하는 학생은 35명, 두 과목 모두를 수강하는 학생은 20명이라고 한다. 두 과목 모두 수강하지 않는 학생은 몇 명인가?

전체집합을 U라 하고 A, B, C를 U의 부분집합이라 하면

$$|A\cup B| = |A| + |B| - |A\cap B|$$
$$|A^C\cap B^C| = |(A\cup B)^C| = |U| - (|A|+|B|) + |A\cap B|$$

이고

$$\begin{aligned}|A\cup B\cup C| &= |A|+|B|+|C| - (|A\cap B| + |B\cap C| + |C\cap A|) \\ &\quad + |A\cap B\cap C|\end{aligned}$$

$$|A^C \cap B^C \cap C^C| = |U| - (|A| + |B| + |C|) \\ + (|A \cap B| + |B \cap C| + |C \cap A|) - |A \cap B \cap C|$$

이다.

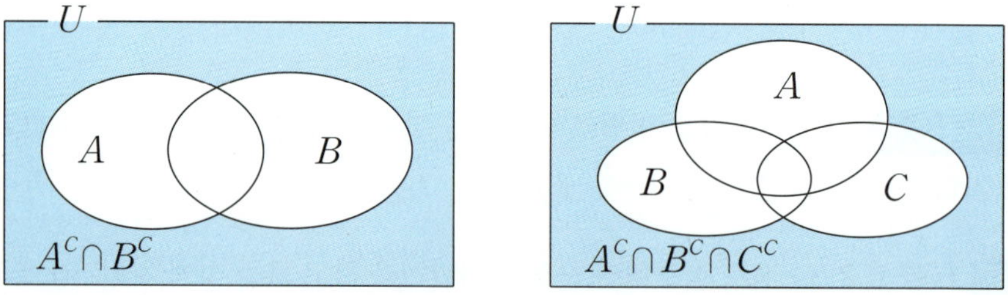

| 그림 1.7.1 |

예제 1.7.2 자연수 n이

$$n = p^a q^b r^c \quad (p, q, r\text{은 서로 다른 소수이고}, a, b, c\text{는 자연수})$$

로 소인수분해 된다고 할 때, 1부터 n까지 자연수 중 n과 서로소인 자연수의 개수를 구하여라.

풀이 전체집합 $U = \{1, 2, \cdots, n\}$이라 하고 U의 세 부분집합 A_p, A_q, A_r을

$$A_p = \{x \in U \mid x\text{는 } p\text{의 배수}\},$$
$$A_q = \{x \in U \mid x\text{는 } q\text{의 배수}\},$$
$$A_r = \{x \in U \mid x\text{는 } r\text{의 배수}\}$$

라 하면 구하는 수는 $|A_p{}^C \cap A_q{}^C \cap A_r{}^C|$이다.

한편 $|A_p|$는 $\dfrac{n}{p}$이고, $|A_q|$는 $\dfrac{n}{q}$이고, $|A_r|$는 $\dfrac{n}{r}$이다. 또,

$$|A_p \cap A_q| = \frac{n}{pq}, \ |A_q \cap A_r| = \frac{n}{qr}, \ |A_r \cap A_p| = \frac{n}{rp}$$

이며 $|A_p \cap A_q \cap A_r| = \dfrac{n}{pqr}$이다. 따라서

$$|A^C \cap B^C \cap C^C| = |U| - (|A| + |B| + |C|) \\ + (|A \cap B| + |B \cap C| + |C \cap A|) - |A \cap B \cap C|$$

$$=n-\left(\frac{n}{p}+\frac{n}{q}+\frac{n}{r}\right)+\left(\frac{n}{pq}+\frac{n}{qr}+\frac{n}{rp}\right)-\frac{n}{pqr}$$
$$=n\left(1-\frac{1}{p}\right)\left(1-\frac{1}{q}\right)\left(1-\frac{1}{r}\right)$$

이다. □

문제 1.7.2 70 이하의 자연수 중에서 70과 서로소인 자연수의 개수를 구하여라.

집합 $A_1, A_2, \cdots, A_n$의 합집합 $A_1 \cup A_2 \cup \cdots \cup A_n$과 그 여집합 $A_1^C \cap A_2^C \cap \cdots \cap A_n^C$의 원소의 수를 구하는 방법을 생각하여 보자.

정리 1.7.1 (포함배제의 원리, Inclusion-exclusion Principle)

전체집합을 U라 하고 $A_1, A_2, \cdots, A_n$을 U의 부분집합이라 하자. 그러면 $A_1, A_2, \cdots, A_n$의 합집합의 원소의 수는

$$|A_1 \cup A_2 \cup \cdots \cup A_n| = S_1 - S_2 + S_3 - S_4 + \cdots + (-1)^{n+1} S_n \tag{7.1}$$

이다. 여기서

$$S_1 = \sum_{h-1}^{n} |A_k| = |A_1| + |A_2| + \cdots + |A_n|$$
$$S_2 = \sum_{1 \le i < j \le n} |A_i \cap A_j| = |A_1 \cap A_2| + |A_1 \cap A_3| + \cdots + |A_{n-1} \cap A_n|$$
$$S_3 = \sum_{1 \le i < j < k \le n} |A_i \cap A_j \cap A_k|$$
$$= |A_1 \cap A_2 \cap A_3| + |A_1 \cap A_2 \cap A_4| + \cdots + |A_{n-2} \cap A_{n-1} \cap A_n|$$
$$\vdots$$
$$S_n = |A_1 \cap A_2 \cap \cdots \cap A_n|$$

이다.

또, $A_1, A_2, \cdots, A_n$의 여집합의 교집합의 원소의 개수는

$$|A_1^C \cap A_2^C \cap \cdots \cap A_n^C| = |U| - S_1 + S_2 - S_3 + S_4 - \cdots + (-1)^n S_n$$

이다.

증명 집합 $A_1 \cup A_2 \cup \cdots \cup A_n$의 한 원소 x가 l개의 집합 $A_{i_1}, A_{i_2}, \cdots, A_{i_l}$에 속한다고 하자. 원소 x가 등식 (7.1)의 오른쪽 항에서 몇 번 세어졌는지 생각해 보자. 원소 x는 $S_1 = \sum_{1 \le k \le n} |A_k|$에서 l번, $S_2 = \sum_{1 \le i < j \le n} |A_i \cap A_j|$에서 $\binom{l}{2}$번 세어졌다. 일반적으로 x는 S_t에서 $\binom{l}{t}$번 세어지므로 (7.1)의 오른쪽 항에서 x가 세어진 횟수는

$$\binom{l}{1} - \binom{l}{2} + \binom{l}{3} - \cdots + (-1)^{l+1}\binom{l}{l}$$

이다. 한편, 이항정리에 $x = -1$을 대입하면

$$\binom{l}{0} - \binom{l}{1} + \binom{l}{2} - \cdots + (-1)^{l}\binom{l}{l} = (1-1)^l = 0$$

이므로

$$\binom{l}{1} - \binom{l}{2} + \binom{l}{3} - \cdots + (-1)^{l+1}\binom{l}{l} = \binom{l}{0} = 1$$

이다. 즉, $A_1 \cup A_2 \cup \cdots \cup A_n$의 한 원소 x는 (7.1)의 왼쪽과 오른쪽 항에서 각각 한번씩 세어졌다. 물론 U의 한 원소 x가 $A_1 \cup A_2 \cup \cdots \cup A_n$의 원소가 아니라면 x는 (7.1)의 왼쪽과 오른쪽 항에서 각각 0번 세어지므로 U의 모든 원소는 (7.1)의 왼쪽과 오른쪽 항에서 같은 수만큼 세어진다. 따라서

$$|A_1 \cup A_2 \cup \cdots \cup A_n| = S_1 - S_2 + S_3 - S_4 + \cdots + (-1)^{n+1} S_n$$

이다. 한편, $A_1, A_2, \cdots, A_n$의 여집합의 교집합의 원소의 개수는

$$\begin{aligned} |A_1^C \cap A_2^C \cap \cdots \cap A_n^C| &= |(A_1 \cup A_2 \cup \cdots \cup A_n)^C| \\ &= |U - (A_1 \cup A_2 \cup \cdots \cup A_n)| \\ &= |U| - (S_1 - S_2 + S_3 - S_4 + \cdots + (-1)^{n+1} S_n) \\ &= |U| - S_1 + S_2 - S_3 + S_4 - \cdots + (-1)^n S_n \end{aligned}$$

이다. □

예제 1.7.3 방정식 $x_1+x_2+x_3+x_4+x_5+x_6=23$의 음이 아닌 정수해 중에서 각 x_i가 8을 넘지 않는 해의 개수를 구하여라.

풀이 U를 주어진 방정식의 음이 아닌 정수해의 집합이라 하면 $|U|={}_6H_{23}=\binom{6+23-1}{23}=\binom{28}{23}=\binom{28}{5}$이다. 각 $i\ (1\le i\le 6)$에 대하여 A_i를

$$A_i=\{(x_1, x_2, \cdots, x_6)\in U \mid x_i\ge 9\}$$

로 정의하면 구하는 경우의 수는 $|A_1^C\cap A_2^C\cap\cdots\cap A_6^C|$이다.
한편

$$|A_1|=|A_2|=|A_3|=|A_4|=|A_5|=|A_6|={}_6H_{14}=\binom{19}{5},$$

$$|A_1\cap A_2|=|A_1\cap A_3|=\cdots=|A_5\cap A_6|={}_6H_5=\binom{10}{5},$$

$$|A_1\cap A_2\cap A_3|=|A_1\cap A_2\cap A_4|=\cdots=|A_4\cap A_5\cap A_6|=0,$$

$$\vdots$$

$$|A_1\cap A_2\cap\cdots\cap A_6|=0$$

이므로

$$S_1=\binom{6}{1}\binom{19}{5},$$

$$S_2=\binom{6}{2}\binom{10}{5},$$

$$S_3=S_4=S_5=S_6=0$$

이고 포함배제의 원리에 의하여

$$\begin{aligned}|A_1^C\cap A_2^C\cap\cdots\cap A_6^C|&=|U|-S_1+S_2-\cdots+S_6\\&=\binom{28}{5}-\binom{6}{1}\binom{19}{5}+\binom{6}{2}\binom{10}{5}\end{aligned}$$

이다. □

문제 1.7.3 방정식 $x_1+x_2+x_3+x_4=15$의 음이 아닌 정수해 중에서 각 x_i가 6을 넘지 않는 해의 개수를 구하여라.

예제 1.7.4 집합 $X=\{1, 2, \cdots, n\}$에서 $Y=\{1, 2, \cdots, k\}$로 가는 전사함수의 개수는

$$\sum_{i=0}^{k}(-1)^i\binom{k}{i}(k-i)^n$$

임을 보여라. 또한

$$n!=\sum_{i=0}^{n}(-1)^i\binom{n}{i}(n-i)^n$$

임을 보여라.

풀이 전체집합 $U=\{f\,|\,f: X\to Y$는 함수$\}$의 원소의 수 $|U|$는 $k^n=\binom{k}{0}k^n$이다.

U의 k개의 부분집합 $A_1, A_2, \cdots, A_k$를

$$A_1=\{f\in U\,|\,1\notin f(X)\},$$
$$A_2=\{f\in U\,|\,2\notin f(X)\},$$
$$\vdots$$
$$A_k=\{f\in U\,|\,k\notin f(X)\}$$

라 하면 구하는 전사함수의 개수는 $|A_1{}^C\cap A_2{}^C\cap\cdots\cap A_k{}^C|$이다.

한편, A_1은 집합 X에서 집합 $\{2, 3, \cdots, k\}$로 가는 함수의 집합이므로 $|A_1|=(k-1)^n$이고 마찬가지로 $|A_1|=|A_2|=\cdots=|A_k|=(k-1)^n$이다. 따라서

$$S_1=\sum_{i=1}^{k}|A_i|=k(k-1)^n=\binom{k}{1}(k-1)^n$$

이다.

또 $A_1\cap A_2$는 X에서 $\{3, 4, \cdots, k\}$로 가는 함수의 집합이므로 $|A_1\cap A_2|=(k-2)^n$이다. 마찬가지로 $A_1, A_2, \cdots, A_k$의 임의의 두 집합의 교집합의 원소의 수도 모두 $(k-2)^n$임을 알 수 있다. 이런 두 집합의 교집합은 $\binom{k}{2}$개 있으

므로

$$S_2 = \sum_{1 \le i < j \le n} |A_i \cap A_j| = \binom{k}{2}(k-2)^n$$

이다.
일반적으로 $1 \le i \le k$인 i에 대하여
$A_1 \cap A_2 \cap \cdots \cap A_i$는 X에서 집합 $\{i+1, i+2, \cdots, k\}$로 가는 함수의 집합이므로 $|A_1 \cap A_2 \cap \cdots \cap A_i| = (k-i)^n$이다.
같은 방법으로 $A_1, A_2, \cdots, A_i$ 중 i개의 교집합의 원소의 개수는 모두 $(k-i)^n$이다. 이런 i개의 교집합은 $\binom{k}{i}$개 있으므로

$$S_i = \binom{k}{i}(k-i)^n$$

이다. 따라서 포함배제의 원리에 의하여

$$\begin{aligned}|A_1{}^C \cap A_2{}^C \cap \cdots \cap A_k{}^C| &= |U| - S_1 + S_2 - \cdots + (-1)^k S_k \\ &= \binom{k}{0}k^n - \binom{k}{1}(k-1)^n + \binom{k}{2}(k-2)^n - \cdots + (-1)^k \binom{k}{k}(k-k)^n \\ &= \sum_{i=0}^{k}(-1)^i \binom{k}{i}(k-i)^n\end{aligned}$$

이다.
한편 $k=n$이면 X에서 Y로의 전사함수는 일대일 함수이고 그 개수는 $n!$이므로

$$n! = \sum_{i=0}^{n}(-1)^i \binom{n}{i}(n-i)^n$$

이다. □

문제 1.7.4 포함배제의 원리를 이용하여 집합 $X=\{1, 2, 3, 4, 5, 6\}$에서 집합 $Y=\{a, b, c, d\}$로 가는 전사함수의 개수를 구하여라.

예제 1.6.5에서 n-집합에서 k-집합으로 가는 전사함수의 수는 $k!S(n, k)$임을 알았

다. 이 사실과 예제 1.7.4에 의하여 제2종 스털링수 $S(n,k)$는

$$S(n,k)=\frac{1}{k!}\sum_{i=0}^{k}(-1)^i\binom{k}{i}(k-i)^n$$

임을 알 수 있다.

예제 1.7.5 일대일대응 $f:\{1,2,\cdots,n\}\to\{1,2,\cdots,n\}$ 중에서

$$f(i)\neq i,\ (i=1,\cdots,n)$$

인 함수 f의 개수 D_n을 구하여라.

풀이 U를 모든 일대일대응 $f:\{1,2,\cdots,n\}\to\{1,2,\cdots,n\}$의 집합이라 하면 $|U|=n!$이다. 이제 $1\le i\le n$인 자연수 i에 대하여

$$A_i=\{f\in U\mid f(i)=i\}\quad (i=1,2,\cdots,n)$$

이라 하면 구하는 수 D_n은 $|A_1{}^C\cap A_2{}^C\cap\cdots\cap A_n{}^C|$이다.

한편

$$\begin{gathered}|A_1|=|A_2|=\cdots=|A_n|=(n-1)!,\\ |A_1\cap A_2|=|A_1\cap A_3|=\cdots=|A_{n-1}\cap A_n|=(n-2)!,\\ \vdots\\ |A_1\cap A_2\cap\cdots\cap A_{n-1}|=|A_1\cap A_3\cap\cdots\cap A_n|=\cdots=|A_2\cap A_3\cap\cdots\cap A_n|=1!,\\ |A_1\cap A_2\cap\cdots\cap A_n|=0!\end{gathered}$$

이므로

$$\begin{gathered}S_1=\binom{n}{1}(n-1)!,\\ S_2=\binom{n}{2}(n-2)!,\\ \vdots\\ S_{n-1}=\binom{n}{n-1}1!,\\ S_n=\binom{n}{n}0!\end{gathered}$$

이다. 따라서 포함배제의 원리에 의하여

$$\begin{aligned} D_n &= |A_1{}^C \cap A_2{}^C \cap \cdots \cap A_n{}^C| \\ &= |U| - S_1 + S_2 - \cdots + (-1)^n S_n \\ &= n! - \binom{n}{1}(n-1)! + \binom{n}{2}(n-2)! - \cdots + (-1)^n \binom{n}{n} 0! \\ &= \sum_{i=0}^{n} (-1)^i \binom{n}{i} (n-i)! \\ &= n! \sum_{i=0}^{n} (-1)^i \frac{1}{i!} \end{aligned}$$

이다. □

문제 1.7.5 일대일대응 $f = \{1, 2, 3, 4, 5\} \to \{1, 2, 3, 4, 5\}$ 중에서

$$f(i) \neq i \qquad (i = 1, 2, 3, 4, 5)$$

인 f의 개수 D_5를 구하여라.

예제 1.7.6 n쌍의 문자 $\mathrm{a}_1, \mathrm{a}_1, \mathrm{a}_2, \mathrm{a}_2, \cdots, \mathrm{a}_n, \mathrm{a}_n$을 일렬로 나열할 때 같은 문자는 연속되지 않도록 나열하는 방법의 수를 구하여라.

풀이 n쌍의 문자 $\mathrm{a}_1, \mathrm{a}_1, \mathrm{a}_2, \mathrm{a}_2, \cdots, \mathrm{a}_n, \mathrm{a}_n$으로 이루어진 모든 순열의 집합을 U라 하면 U의 원소의 개수는

$$|U| = \frac{(2n)!}{2!2!\cdots 2!} = \frac{(2n)!}{(2!)^n} = \frac{(2n)!}{2^n}$$

이다. $1 \leq i \leq n$인 자연수 i에 대하여 A_i를 a_i가 연속으로 나열되는 U의 부분집합이라 하자. 그러면 구하는 방법의 수는 $|A_1{}^C \cap A_2{}^C \cap \cdots \cap A_n{}^C|$이다. 한편,

$$|A_1| = |A_2| = \cdots = |A_n| = \frac{(2n-1)!}{(2!)^{n-1}},$$

$$|A_1 \cap A_2| = |A_1 \cap A_3| = \cdots = |A_{n-1} \cap A_n| = \frac{(2n-2)!}{(2!)^{n-2}},$$

$$\vdots$$

$$|A_1 \cap A_2 \cap \cdots \cap A_{n-1}| = |A_1 \cap A_3 \cap \cdots \cap A_n| = \cdots = \frac{(n+1)!}{2!},$$

$$|A_1 \cap A_2 \cap \cdots \cap A_n| = n!$$

이므로

$$S_1 = \binom{n}{1}\frac{(2n-1)!}{2^{n-1}},$$

$$S_2 = \binom{n}{2}\frac{(2n-2)!}{2^{n-2}},$$

$$\vdots$$

$$S_{n-1} = \binom{n}{n-1}\frac{(n+1)!}{2},$$

$$S_n = \binom{n}{n} n!$$

이다. 따라서 포함배제의 원리에 의하여

$$\begin{aligned}|A_1{}^C \cap A_2{}^C \cap \cdots \cap A_n{}^C| &= |U| - S_1 + S_2 - \cdots + (-1)^n S_n \\ &= \frac{(2n)!}{2^n} - \binom{n}{1}\frac{(2n-1)!}{2^{n-1}} + \binom{n}{2}\frac{(2n-2)!}{2^{n-2}} - \cdots + (-1)^n\binom{n}{n} n! \\ &= \frac{1}{2^n}\sum_{i=0}^{n}(-1)^i\binom{n}{i}(2n-i)!\,2^i\end{aligned}$$

이다. □

문제 1.7.6 6개의 문자 a, a, b, b, c, c를 같은 문자는 연속되지 않도록 일렬로 나열하는 방법의 수를 구하여라.

$A_1, A_2, \cdots, A_n$이 U의 부분집합이라 하자. 지금까지의 포함배제의 원리를 이용한 문제에서는 $A_1, A_2, \cdots, A_n$의 k개의 교집합은 모두 원소의 개수가 같았다. 즉,

$$|A_1 \cap A_2 \cap \cdots \cap A_k| = \cdots = |A_{n-k+1} \cap A_{n-k+2} \cap \cdots \cap A_{n-1} \cap A_n|$$

이었다. 이제 예제 1.7.2와 같이 교집합의 원소의 개수가 달라지는 예를 추가로 살펴보자.

예제 1.7.7 아래 그림에서 점 X_1, X_2, X_3, X_4를 n가지 색으로 색칠하려 한다. 두 점이 선분으로 연결되어 있으면 서로 다른 색이 되도록 색칠할 수 있는 방법의 수를 구하여라.

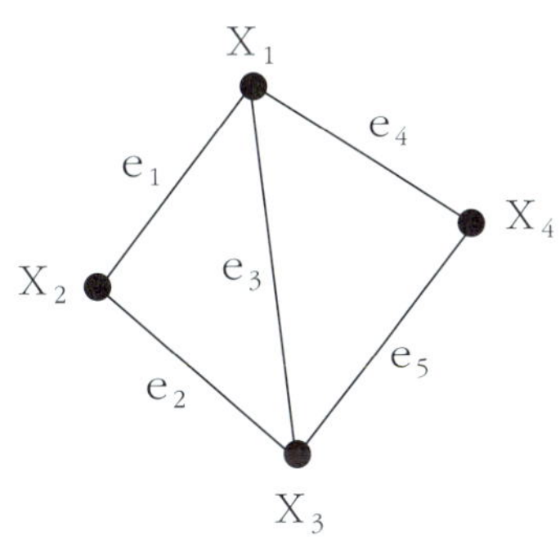

| 그림 1.7.2 |

풀이 U을 n가지 색으로 점 X_1, X_2, X_3, X_4를 색칠할 수 있는 모든 방법의 집합이라 하면 $|U|=n^4$이다. 각 $i=1, 2, 3, 4, 5$에 대하여 A_i를 선분 e_i 양 끝점이 같은 색이 되도록 색칠하는 방법의 집합이라 하면 구하는 경우의 수는 $|A_1{}^C \cap A_2{}^C \cap A_3{}^C \cap A_4{}^C \cap A_5{}^C|$이다.

한편 $|A_1|$은 점 X_1과 X_2를 같은 색이 되도록 색칠하는 방법의 수이므로 $|A_1|=n^3$이고 마찬가지로 $|A_2|=|A_3|=|A_4|=|A_5|=n^3$이 되어

$$S_1=\sum_{i=1}^{5}|A_i|=\binom{5}{1}n^3$$

이다. 같은 방법으로 $|A_i \cap A_j|=n^2(i \neq j)$이고

$$S_2=\sum_{1 \leq i<j \leq 5}|A_i \cap A_j|=\binom{5}{2}n^2$$

이다. 한편 세 집합 A_i, A_j, A_k의 교집합의 원소의 개수는 연관되어 있는 선분에 따라 달라진다. 즉, $|A_1 \cap A_2 \cap A_3| = |A_3 \cap A_4 \cap A_5| = n^2$이고 그 외의 A_i, A_j, A_k에 대해서는 $|A_i \cap A_j \cap A_k| = n$이므로

$$S_3 = \sum_{1 \le i < j < k \le 5} |A_i \cap A_j \cap A_k| = \left(\binom{5}{3} - 2\right)n + 2n^2$$

이다. 넷 또는 다섯 A_i의 교집합은 모든 점을 같은 색으로 색칠하는 경우이므로 그 원소의 수는 n이다. 따라서

$$S_4 = \binom{5}{4}n,\ S_5 = \binom{5}{5}n$$

이다. 그러므로 구하는 수는 포함배제의 원리에 의하여

$$\begin{aligned} |A_1{}^C \cap A_2{}^C \cap \cdots \cap A_5{}^C| &= |U| - S_1 + S_2 - S_3 + S_4 - S_5 \\ &= n^4 - 5n^3 + 10n^2 - (8n + 2n^2) + 5n - n \\ &= n^4 - 5n^3 + 8n^2 - 4n \\ &= n(n-1)(n-2)^2 \end{aligned}$$

이다. 참고로 3장의 채색다항식을 이용하면 포함배제의 원리를 이용하지 않고도 위와 같은 종류의 문제를 해결할 수 있다. □

문제 1.7.7 아래 그림에서 점 X_1, X_2, X_3, X_4, X_5를 n가지 색으로 색칠하려 한다. 두 점이 선분으로 연결되어 있으면 서로 다른 색이 되도록 색칠할 수 있는 방법의 수를 구하여라.

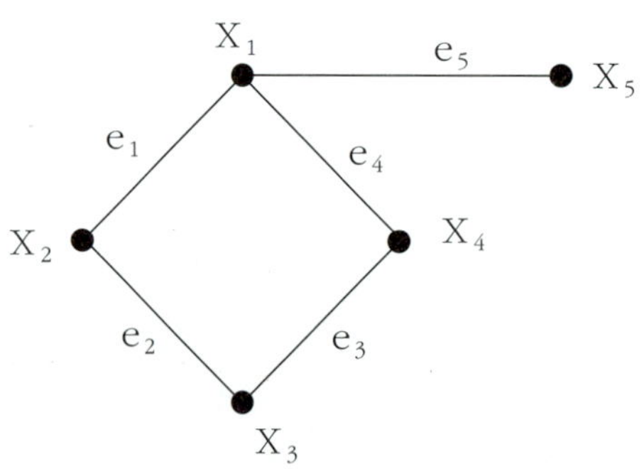

그림 1.7.3

연습문제 1.7

01 숫자 $1, 2, \cdots, 9$를 일렬로 배열한 순열 중에서 홀수로 시작되거나 홀수로 끝나는 것의 개수를 구하여라.

02 숫자 $1, 2, \cdots, 9$로 이루어진 순열 중에서 123, 456, 789 중 적어도 하나를 포함하는 순열의 수를 구하여라.

03 숫자 1, 2, 3으로 이루어진 n자리 수 중에서 각각 1, 2, 3을 적어도 한 번 포함하는 수의 개수를 구하여라.

04 정n각형의 꼭짓점을 연결하여 삼각형을 만들려고 한다. (단 $n \geq 4$)

(1) 만들 수 있는 삼각형의 개수를 구하여라.

(2) 정n각형의 오직 한 변을 포함하는 삼각형의 개수를 구하여라.

(3) 정n각형의 오직 두 변을 포함하는 삼각형의 개수를 구하여라.

(4) 정n각형의 변을 포함하지 않는 삼각형의 개수를 구하여라.

05 빨간색, 노란색, 파란색 구슬이 각각 20개씩 들어있는 바구니에서 30개의 구슬을 한꺼번에 꺼낸다고 하자. 꺼낸 구슬 중 빨간색, 노란색, 파란색 구슬의 개수를 각각 x, y, z라고 할 때, 서로 다른 순서쌍 (x, y, z)의 개수를 구하여라.

[2010년도 중등교사 임용시험]

06 어느 회사에서 신입사원을 채용하려고 한다. 면접위원 A, B, C, D, E는 면접 점수표에 각각 점수를 1점에서 9점까지 줄 수 있다. 면접 점수의 합이 33점이 되는 면접 점수표의 가짓수는? (단, 각 면접위원이 주는 점수는 자연수이다.)

면접위원	A	B	C	D	E	계
점수						33

07 문자 a, b, c, d가 각각 n개씩 있다. 여기서 $2n$개의 문자를 선택하는 경우의 수를 구하여라.

08 $2n$개의 a, $2n$개의 b, $2n$개의 c를 각각 개수가 $3n$인 두 그룹으로 나누는 경우의 수를 구하여라.

09 9999 이하의 자연수 중에서 다음 경우의 수를 구하여라.

(1) 각 자리의 숫자의 합이 25인 수의 개수

(2) 각 자리의 숫자의 합이 25 이하인 수의 개수

10 자연수 $1, 2, \cdots, n$을 일렬로 배열할 때 어떤 $k+1$도 k 바로 뒤에는 나오지 않는 경우의 수를 구하여라. (단 $1 \le k \le n-1$)

11 자연수 n이 $n=p_1^{a_1}p_2^{a_2}\cdots p_r^{a_r}$과 같이 소인수분해될 때 1부터 n까지 자연수 중에서 n과 서로소인 자연수의 개수 $\varphi(n)$을 구하여라.

(단, $p_1, p_2, \cdots, p_r$은 서로 다른 소수이고 $a_1, a_2, \cdots, a_r$은 자연수이다.)

12 영수는 n명의 친구에게 서로 다른 n통의 편지를 쓰고 n개의 편지봉투에 각각 친구의 주소를 썼다. n개의 편지를 임의로 봉투에 넣을 때 그 주소가 모두 틀릴 확률 p_n을 구하고, $\lim_{n\to\infty} p_n = e^{-1}$임을 보여라. 단,

$$e^x = 1 + x + \frac{x^2}{2!} + \frac{x^3}{3!} + \cdots + \frac{x^n}{n!} + \cdots$$

이다.

13 일대일대응 $f : \{1, 2, \cdots, n\} \to \{1, 2, \cdots, n\}$ 중에서

$$f(i) \ne i, \ (i=1, 2, \cdots, n)$$

인 함수 f의 개수를 D_n이라 하자.

(1)* $D_n = (n-1)(D_{n-1} + D_{n-2})$임을 보여라. (단 $n \ge 3$)

(2) 위 (1)을 이용하여 $D_n = nD_{n-1} + (-1)^n$임을 보여라. (단 $n \ge 2$)

(3) 위 (2)를 이용하여 D_8의 값을 구하여라.

14 아래 그림과 같이 가로, 세로가 각각 n칸인 판에서 어두운 부분을 제외한 칸에 n개의 검은색 바둑돌을 놓을 때 같은 행이나 같은 열에 두 개 이상의 바둑돌이 오지 않도록 놓는 방법의 수를 구하여라.

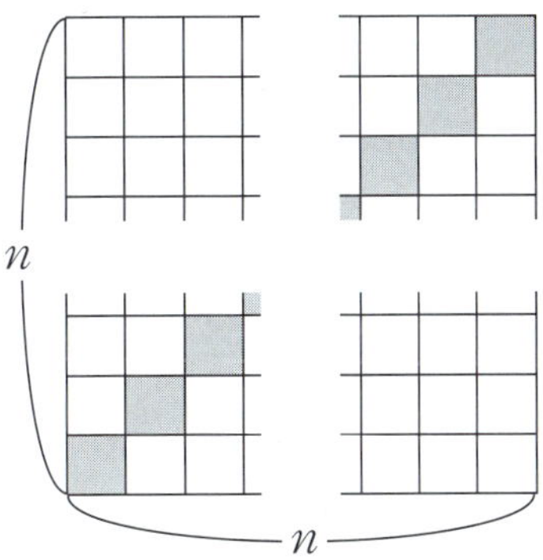

15 파티에 참석한 n쌍의 부부가 원탁에 앉을 때 어느 부부도 이웃하지 않게 앉은 방법의 수를 구하여라.

16* 파티에 참석한 n쌍의 부부가 있다. 먼저 n명의 부인이 원탁에 한 칸씩 건너 앉아 있다. n명의 남편이 자기 아내의 좌우에는 앉지 않고 부인들 사이에 앉을 수 있는 방법의 수를 구하여라.

17 어느 회사에서 신입사원을 채용하려고 한다. 면접위원 A, B, C, D는 면접 점수표에 각각 점수를 1점에서 6점까지 줄 수 있다. 면접 점수의 합이 14점이 되는 면접 점수표의 가짓수는? (단, 각 면접위원이 주는 점수는 자연수이다.)

[2011년도 중등교사 임용시험]

면접위원	A	B	C	D	계
점수					14

제8절 비둘기집의 원리

일상생활에서 흔히 쓰이는 단순한 원리들이 수학의 여러 가지 흥미로운 문제를 해결하는 데 자주 쓰이는 것들이 있다. 그런 것들 중의 하나가 비둘기집의 원리(Pigeonhole principle)이다. 구두 상자의 원리라고도 불려지는 이 원리는 비둘기집의 수보다 비둘기 수가 더 많다면 어떤 비둘기집에는 두 마리 이상의 비둘기가 있어야 한다는 것으로 실제로 일상생활에서도 자주 쓰이곤 한다. 이 절에서는 비둘기집의 원리를 증명하고 이것을 이용하여 해결할 수 있는 응용문제를 살펴본다.

예제 1.8.1 서울 시민 중에는 머리카락의 수가 같은 두 사람이 있음을 보여라.

풀이 사람의 머리카락 수는 삼십만 이하이므로 서울 시민의 머리카락의 수가 모두 다르다면 서울 시민의 수도 삼십만 이하여야 한다. 그러나 서울 시민의 수는 삼십만을 넘는다. 따라서 서울 시민 중 적어도 두 사람은 똑같은 수의 머리카락을 갖고 있다. □

문제 1.8.1 소나무는 많아야 육십만 개의 솔잎을 갖고 있다고 한다. 캐나다의 한 숲에는 백만 그루 이상의 소나무가 있다. 이 숲에는 같은 수의 솔잎을 갖는 두 소나무가 있음을 보여라.

정리 1.8.1 (비둘기집의 원리, Pigeonhole Principle)
$n+1$마리의 비둘기가 n개의 비둘기집에 들어갔다면 적어도 한 비둘기집에는 2마리 이상의 비둘기가 있다.

증명 각각의 비둘기집에 많아야 한 마리의 비둘기가 있다고 하자. 그러면 비둘기집에 들어간 비둘기 수는 많아야 n마리이다. 그런데 비둘기는 $n+1$마리이므로 모순이다. 그러므로 적어도 한 비둘기집에는 두 마리 이상의 비둘기가 있다. □

예제 1.8.2 13명 중에서 적어도 두 명은 같은 달에 태어났음을 보여라.

풀이 사람을 비둘기로, 달을 비둘기 집으로 생각하면 13마리의 비둘기가 12개의 비둘기집에 들어갔으므로 비둘기집의 원리에 의하여 어느 비둘기집에는 두 마리 이상의 비둘기가 있다. 즉, 적어도 두 명은 같은 달에 태어났다. □

문제 1.8.2 색이 다른 세 종류의 구슬이 많이 들어 있는 주머니에서 네 개의 구슬을 꺼내면 적어도 두 구슬은 같은 색임을 보여라.

예제 1.8.3 한 변의 길이가 1인 정삼각형 안에 10개의 점을 임의로 잡을 때 두 점 사이의 거리가 $\frac{1}{3}$이하인 두 점이 있음을 보여라.

풀이 정삼각형을 오른쪽 그림처럼 한 변의 길이가 $\frac{1}{3}$인 9개의 작은 정삼각형으로 나누면 비둘기집의 원리에 의하여 10개의 점 중에서 적어도 두 점은 같은 작은 정삼각형 안에 있고 이 두 점 사이의 거리는 $\frac{1}{3}$이하이다. □

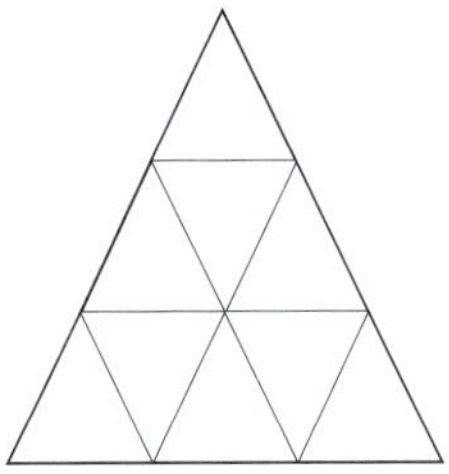

문제 1.8.3 한 변의 길이가 2인 정사각형 안에 5개의 점을 임의로 잡을 때 두 점 사이의 거리가 $\sqrt{2}$이하인 두 점이 있음을 보여라.

예제 1.8.4 숫자 1로만 이루어진 자연수 $1, 11, 111, 1111, 11111, \cdots$ 중에는 3001의 배수가 되는 수가 있음을 보여라.

풀이 다음과 같은 3002개의 자연수를 생각하여 보자.

$$1, 11, 111, 1111, 11111, \cdots, 111 \cdots 111$$

위의 수를 3001로 나눌 때 나머지는 $0, 1, 2, \cdots, 3000$ 가운데 한 수이므로 비둘기집의 원리에 의하여 나머지가 같은 두 수가 있다. 이런 나머지가 같은 두 수의 차이는 3001의 배수이며 $n=111\cdots110\cdots0$인 형태인 수이다. 3001은 2, 5와 서로소이므로 $n=111\cdots110\cdots0$에서 0을 모두 지운 $111\cdots11$는 3001의 배수이다. □

문제 1.8.4 n을 양의 정수라 하자. n의 배수 중에는 $55\cdots50\cdots0$인 형태의 수가 있음을 보여라.

예제 1.8.5 50이하의 자연수 중에서 10개를 뽑아 만든 집합을 A라고 하자. 집합 A에는 4개의 원소를 가지며 각 원소의 합이 같은 두 부분집합 C, D가 있음을 보여라.

풀이 S가 4개의 원소를 갖는 A의 부분집합이라면 S의 원소의 합은 $47+48+49+50=194$ 이하이다. 한편, 4개의 원소를 갖는 A의 부분집합은 $\binom{10}{4}=210$개가 있고 원소의 합이 모두 194이하의 자연수이므로 비둘기집의 원리에 의하여 4개의 원소를 갖는 A의 부분집합 중 어떤 두 집합 C, D는 그 원소의 합이 같다. □

문제 1.8.5 100 이하의 자연수 중에서 10개를 뽑아 만든 집합을 A라 하자. 그러면 A에는 공집합이 아니고 서로소이며 원소의 합이 같은 두 부분집합이 있음을 보여라.

예제 1.8.6 어느 모임에 참가한 n명 $A_1, A_2, \cdots, A_n$이 전부터 서로 알고 있는 사람의 수를 각각 $a_1, a_2, \cdots, a_n$이라 하자. $a_1, a_2, \cdots, a_n$ 중에는 같은 두 수가 있음을 증명하여라. (단 $n \geq 2$)

풀이 모든 $i\,(1 \leq i \leq n)$에 대하여 $0 \leq a_i \leq n-1$이며 다음과 같이 두 가지 경우로 나누어 생각할 수 있다.

① **만약** $a_1, a_2, \cdots, a_n$ **중 어느 것도 0이 아닌 경우** : $a_1, a_2, \cdots, a_n$은 모두 1부터 $(n-1)$까지의 수이고 그 개수는 n이므로 비둘기집의 원리에 의하여 $a_1, a_2, \cdots, a_n$ 중 적어도 같은 두 수가 있다.

② $a_1, a_2, \cdots, a_n$ **중에 0이 있는 경우** : 예를 들어 a_1이 0이라 하면 A_1은 그 어느 누구와도 서로 알지 못하므로 어느 $A_j(2\le j\le n)$도 A_1과는 알지 못한다. 곧 a_j는 $(n-1)$이 될 수 없다. 그러므로 $a_1, a_2, \cdots, a_n$은 모두 0부터 $(n-2)$까지의 수므로 다시 비둘기집의 원리에 의하여 $a_1, a_2, \cdots, a_n$ 중 적어도 같은 두 수가 있다.

따라서 어떤 경우에도 $a_1, a_2, \cdots, a_n$ 중에는 적어도 같은 두 수가 있다. □

문제 1.8.6 100명이 참가한 어느 모임에서 참가자들은 다른 참가자들과 악수를 하였다. 이 모임에 참가한 사람 중에는 악수한 횟수가 같은 두 사람이 있음을 보여라.

예제 1.8.7 서로 다른 52개의 정수를 포함하고 있는 집합을 A라 하자.

(1) 집합 A에는 두 수의 합이나 차가 100의 배수인 두 수가 있음을 보여라.

(2) 두 수의 합이나 차가 100의 배수가 되지 않도록 51개의 정수를 뽑아라.

풀이 (1) 집합 $A=\{a_1, a_2, \cdots, a_{52}\}$라 하자. $i=1, 2, \cdots, 52$에 대하여

$$a_i=100q_i+b_i \quad (q_i, b_i : \text{정수}, 0\le b_i\le 99)$$

로 나타낼 수 있다.

① 어떤 b_i와 b_j가 $b_i=b_j(i\ne j)$이면

$$a_i-a_j=(100q_i+b_i)-(100q_j+b_j)=100(q_i-q_j)$$

이므로 두 수 a_i와 a_j의 차는 100의 배수이다.

② 모든 b_i가 다르면 $b_1, b_2, \cdots, b_{52}$는 다음 51개 집합

$$\{0\}, \{1, 99\}, \{2, 98\}, \{3, 97\}, \cdots, \{49, 51\}, \{50\} \tag{8.1}$$

중 하나에 속해야 한다. 52개의 수가 51개의 집합에 속하므로 비둘기집의 원리에 의해 어떤 두 수 $b_i, b_j\,(i\ne j)$는 같은 집합에 속한다. $b_i\ne b_j$

이므로 b_i, b_j는

$$\{1,99\},\{2,98\},\{3,97\},\cdots,\{49,51\}$$

중 하나의 집합에 속한다. 곧 $b_i+b_j=100$이다. 따라서

$$\begin{aligned} a_i+a_j &= (100q_i+b_i)+(100q_j+b_j) \\ &= 100(q_i+q_j)+(b_i+b_j) \\ &= 100(q_i+q_j+1) \end{aligned}$$

이므로 두 수 a_i와 a_j의 합은 100의 배수이다.

(2) 위 (8.1)에 있는 51개 집합에서 한 원소씩 꺼내면 된다. 예를 들어

$$\{0,1,2,\cdots,49,50\},\ \{0,99,98,\cdots,51,50\}$$

등은 두 수의 합이나 차가 100의 배수가 되지 않는 정수의 집합이다. □

문제 1.8.7 200 이하의 자연수의 집합을 A라 하자.

(1) A에서 임의로 101개의 원소를 꺼내면 그 안에는 한 수가 다른 수의 배수인 두 수가 있음을 보여라.

(2) A에서 어떤 수도 다른 수의 배수가 되지 않도록 100개의 원소를 뽑아라.

예제 1.8.8 어떤 운동선수는 11주(77일) 동안 매일 한 번 이상, 일주일에 12번 이하로 연습한다고 한다. 이 선수가 연속으로 며칠 동안 연습한 횟수의 합이 21이 되는 경우가 있음을 보여라.

풀이 첫날부터 i째 날까지 연습한 횟수의 총합을 a_i라 하자. 매일 한 번 이상 연습하고 일주일에 12번 이하만 연습하므로

$$1 \le a_1 < a_2 < \cdots < a_{76} < a_{77} \le 12 \times 11 = 132$$

이다. 다음과 같은 154개의 자연수

$$a_1, a_2, \cdots, a_{77}, a_1+21, a_2+21, \cdots, a_{77}+21 \tag{8.2}$$

를 생각하여 보자. $a_1+21<a_2+21<\cdots<a_{77}+21\leq153$이므로 (8.2)에 있는 154개의 수는 모두 153 이하인 자연수이다. 따라서 비둘기집의 원리에 의하여 이들 중 적어도 두 수는 같다. 한편, $a_1, a_2, \cdots, a_{77}$는 서로 다르고 a_1+21, a_2+21, $\cdots$, $a_{77}+21$도 서로 다르다. 결국 $a_1, a_2, \cdots, a_{77}$ 중의 한 수 a_q가 a_1+21, $a_2+21, \cdots, a_{77}+21$ 중의 한 수 a_p+21과 같아야 한다. 따라서 $a_q-a_p=21$이고 $(p+1)$째 날부터 q째 날까지 연습한 횟수는 꼭 21회이다. □

문제 1.8.8 위의 예제 1.8.8에서 이 선수가 연속으로 며칠 동안 연습한 횟수의 합이 15회가 되는 경우가 있음을 보여라.

두 비둘기집에 다섯 마리의 비둘기가 들어가면, 어느 한 집에는 반드시 세 마리 이상의 비둘기가 있게 된다. 이 사실을 보여주는 일반화된 비둘기집의 원리를 알아보자.

정리 1.8.2 **(일반화된 비둘기집의 원리, Generalized Pigeonhole Principle)**

n개의 비둘기 집에 m마리의 비둘기가 들어갔다면 적어도 한 집에는 $\left\lceil \frac{m}{n} \right\rceil$ 마리 이상의 비둘기가 있다. 여기서 $\lceil x \rceil$는 x보다 크거나 같은 정수 중에서 최소를 뜻한다.

증명 만약 모든 n개의 집에 $\left\lceil \frac{m}{n} \right\rceil$ 마리 미만이 들어갔다면 비둘기의 수 m은

$$m\leq n\left(\left\lceil \frac{m}{n} \right\rceil-1\right)<n\left(\left(\frac{m}{n}+1\right)-1\right)=m$$

이 되어 모순이다. 그러므로 적어도 한 집에는 $\left\lceil \frac{m}{n} \right\rceil$ 마리 이상의 비둘기가 있다. □

예제 1.8.9 100명 가운데 적어도 15명은 같은 요일에 태어났음을 보여라.

풀이 7개의 요일에 100명의 생일이 있어야 하므로 정리 1.8.2에 의하여 적어도 한 요일에는 $\left\lceil \frac{100}{7} \right\rceil = 15$명 이상의 생일이 있다. □

문제 1.8.9 67명 가운데 어떤 i달에는 i명 이상의 생일이 있음을 보여라.

예제 1.8.10 한 변의 길이가 1인 정사각형 안에 19개의 점을 임의로 잡을 때 그 중에는 넓이가 $\frac{1}{18}$ 이하인 삼각형의 꼭짓점을 이루는 세 점이 있음을 보여라. 단, 어느 세 점도 일직선 위에 있지 않다.

풀이 한 변의 길이가 1인 정사각형을 다음 그림처럼 한 변의 길이가 $\frac{1}{3}$인 9개의 작은 정사각형으로 나누어 보자.

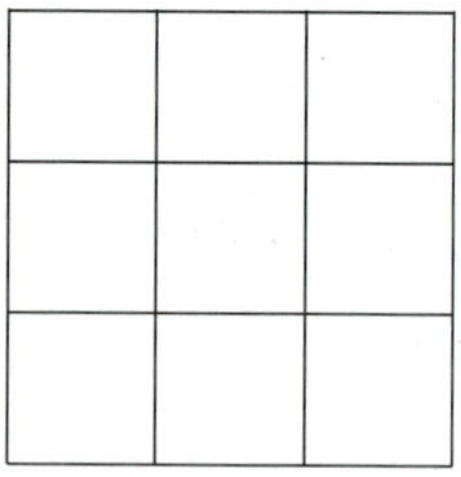

그림 1.8.1

이제 9개의 작은 정사각형에 19개의 점이 있어야 하므로 정리 1.8.2에 의하여 어떤 정사각형에는 $\left\lceil \frac{19}{9} \right\rceil = 3$개 이상의 점이 있다. 그 중 세 점이 이루는 삼각형의 넓이는

$$\frac{1}{2} \times \frac{1}{3} \times \frac{1}{3} = \frac{1}{18}$$

이하이다. □

문제 1.8.10 한 변의 길이가 1인 정사각형 안에 9개의 점을 임의로 잡을 때 이 아홉 개의 점 중 3개의 점은 면적이 $\frac{1}{8}$이하인 삼각형의 꼭짓점임을 보여라. 단, 어느 세 점도 일직선 위에 있지 않다.

예제 1.8.11 **피보나치수열**(Fibonacci sequence) $\{F_n\}$은 다음과 같이 정의된다.

$$F_1=F_2=1,\quad F_{n+2}=F_{n+1}+F_n \quad (n\geq 1)$$

즉, 피보나치수열은

$$1, 1, 2, 3, 5, 8, 13, 21, 34, 55, 89, 144, \cdots$$

이다. 피보나치수열에는 1보다 큰 임의의 자연수 m으로 나누면 나머지가 각각 1이 되는 연속된 두 항 F_n, F_{n+1}이 있음을 보여라. (단 $n>1$)

풀이 피보나치수열 F_n을 m으로 나눈 나머지를 a_n이라 하자. 수열 $\{a_n\}$의 연속된 두 항으로 이루어진 (m^2+1)개의 순서쌍

$$(a_1, a_2), (a_2, a_3), (a_3, a_4), \cdots, (a_{m^2+1}, a_{m^2+2})$$

를 생각하여 보자.

$0\leq a_n\leq m-1$이므로 위의 순서쌍은 많아야 m^2가지 다른 경우가 있다. 따라서 비둘기집의 원리에 의해

$$(a_i, a_{i+1})=(a_j, a_{j+1})$$

인 i, $j\,(i<j)$가 있다.

$j=i+1$이면

$$a_i=a_{i+1}=a_{i+2},\quad a_i+a_{i+1}\equiv a_{i+2} \pmod{m}$$

이므로 $a_i=a_{i+1}=a_{i+2}=0$이다. $a_n+a_{n+1}\equiv a_{n+2} \pmod{m}$이므로 모든 $a_n=0$이다. 이것은 $a_1=1$에 모순이다. 따라서 $j\neq i+1$이고 순서쌍의 수열

$$(a_1, a_2), (a_2, a_3), (a_3, a_4), \cdots$$

은 $(a_i, a_{i+1}), (a_{i+1}, a_{i+2}), \cdots, (a_{j-1}, a_j)$이 주기적으로 반복되는 수열이다. 이 주기 안에 $(1,1)$이 나타나므로 사실상 무한히 많은 $(1,1)$이 있다.
예를 들어 $m=3$이면 수열 $\{a_n\}$은 $\underline{1}, \underline{1}, 2, 0, 2, 2, 1, 0, \underline{1}, \underline{1}, 2, 0, \cdots$이다. □

문제 1.8.11 n을 임의의 자연수라 하자. 그러면 피보나치수열에는

$$a \times 10^n \qquad (a\text{는 자연수})$$

의 꼴이 되는 항이 있음을 보여라.

연습문제 1.8

01 8명 중 적어도 두 명은 같은 요일이 생일임을 보여라.

02 17명 중 적어도 3명은 같은 요일이 생일임을 보여라.

03 다음 물음에 답하여라.

(1) 수직선에 좌표가 정수인 세 점이 있다. 이 점들을 잇는 선분들의 중점 중 적어도 하나는 좌표가 정수임을 보여라.

(2) 평면에 x, y 좌표가 모두 정수인 다섯 점이 있다. 이 점들을 잇는 선분들의 중점 중 적어도 하나는 좌표값이 모두 정수임을 보여라.

(3) 공간에 x, y, z 좌표가 모두 정수인 아홉 점이 있다. 이 점들을 잇는 선분들의 중점 중 적어도 하나는 좌표값이 모두 정수임을 보여라.

04 한 변의 길이가 1인 정삼각형 안에 n^2+1개의 점을 임의로 잡을 때 두 점 사이의 거리가 $\frac{1}{n}$ 이하인 두 점이 있음을 보여라.

05 16명의 학생이 월요일부터 금요일까지 각자 하루나 이틀을 정하여 수영한다. 이때, 같은 요일에 수영하는 두 학생이 있음을 보여라.

06 평면에서 6개의 원이 모두 한 점을 지난다고 하면 이들 중 한 원은 다른 원의 반지름이 되는 선분을 내부에 포함하고 있음을 보여라.

07 7 이하의 자연수 중 5개로 이루어진 집합을 X라 하자. 집합 X에는 각 원소의 합이 같게 되는 서로소인 두 부분집합 A, B가 있음을 보여라. (단 $A \neq \emptyset$, $B \neq \emptyset$) 예를 들어 $X=\{1, 3, 5, 6, 7\}$이면 $A=\{1, 5\}$, $B=\{6\}$이 있다.

08 집합 $A=\{1, 2, \cdots, 2n\}$이라고 하자. A에서 임의로 $n+1$개의 원소를 뽑으면 그 중에는 서로소인 두 수가 있음을 보여라.

09 부채꼴 모양으로 200등분한 크기가 다른 두 장의 레코드판이 있다. 큰 레코드판의 부채꼴 모양 중 100개는 빨간 색으로 그 나머지는 파란색으로 칠하고, 작은 레코드판의 부채꼴은 임의로 빨간 색 또는 파란색으로 칠한다고 한다. 큰 레코드판 위에 작은 레코드판의 중심을 일치시키고 작은 레코드판을 적당히 회전시키면 작은 레코드판의 부채꼴 모양 중 적어도 100개 이상의 색깔이 큰 레코드판의 부채꼴의 색깔과 같은 경우가 있음을 보여라.

10 공간에 어느 세 점도 일직선에 있지 않은 6개의 점이 있다고 하자. 이 점들에 의하여 결정되는 15개의 선분을 빨강 또는 노랑으로 모두 색칠한다고 하면 적어도 다섯 개의 삼각형은 색칠 형태가 같음을 보여라. 색칠 형태가 같은 두 삼각형이란 예를 들어 한 삼각형의 변이 빨강, 노랑, 빨강이면 다른 삼각형의 변도 빨강, 노랑, 빨강임을 뜻한다.

11 원탁에 n명의 손님이 앉을 자리가 명찰과 함께 놓여있다. n명의 손님이 명찰을 확인하지 않고 아무렇게나 앉았더니 제자리에 앉은 손님이 한 사람도 없었다. 이 때, 명찰이 놓인 원탁을 적당히 회전시키면 어느 시점에서는 적어도 2명의 손님이 제자리에 앉게됨을 보여라.

12 임의의 $n+2$개의 정수들 중에는 차나 합이 $2n$의 배수가 되는 두 수가 있음을 보여라.

13 m개의 정수 $a_1, a_2, \cdots, a_m$이 주어져 있다. 이 중 어떤 연속된 항의 합은 m의 배수가 됨을 보여라.

14 어느 한 팀이 10일 동안 15게임을 치루는 데 매일 적어도 한 게임을 한다. 이 팀이 연속으로 며칠 동안 치룬 게임의 총수가 4가 되는 경우가 있음을 보여라.

15 어떤 학생이 시험에 대비하여 37일 동안 매일 한 시간 이상, 모두 60시간은 넘지 않게 공부하려고 한다. 이 학생이 연속으로 며칠 동안 공부한 시간을 합하면 꼭 13시간이 되는 경우가 있음을 보여라.

16 어떤 바둑전문기사는 하루 한 번 이상 바둑을 두는데 20일 동안 둔 바둑 횟수는 30회를 넘지는 않는다. 그러면 연속으로 며칠 동안 둔 바둑 횟수의 합이 7인 기간이 적어도 3번 있음을 보여라.

17 자연수 n의 일의 자리수는 1, 3, 7 또는 9이다. n의 배수 중에는 십진법으로

$$11\cdots\cdots1$$

의 꼴인 수가 있음을 보여라. 예를 들어 3의 배수 중에는 111이 있다.

18* 아래의 행렬 A는 서로 다른 mn개의 실수로 이루어져 있으며 각 행은 오른쪽으로 갈수록 점점 커진다.

$$A=\begin{pmatrix} a_{11} & a_{12} & \cdots & a_{1n} \\ a_{21} & a_{22} & \cdots & a_{2n} \\ \vdots & \vdots & \ddots & \vdots \\ a_{m1} & a_{m2} & \cdots & a_{mn} \end{pmatrix}$$

이 행렬의 각 열을 밑으로 갈수록 커지게 재배열하면 행도 오른쪽으로 갈수록 점점 커짐을 보여라.

19 자연수로 이루어진 수열 $a_1, a_2, \cdots$이 다음 두 가지 성질을 갖는다.

(i) $a_n < a_{n+1}$

(ii) $a_{n+1} \leq 2n$

이때, 임의의 자연수 k에 대하여 어떤 두 항의 차가 k가 될 수 있음을 보여라.

20* n^2+1개의 서로 다른 실수로 이루어진 수열에는 길이가 $n+1$ 이상인 증가하는 부분수열이 있거나 길이가 $n+1$ 이상인 감소하는 부분수열이 있음을 보여라.

21 n을 10과 서로소인 자연수라고 하자. n의 거듭제곱 $n, n^2, n^3, \cdots$ 중에는 십진법으로

$$a_1 \cdots a_k 00 \cdots 001 \quad (\text{단, } 0\text{의 개수는 } n-1\text{개})$$

의 꼴인 수가 있음을 보여라.

22 5개의 서로 다른 실수 y_1, y_2, y_3, y_4, y_5 중에는

$$0 < \frac{y_i - y_j}{1 + y_i y_j} < 1$$

를 만족하는 두 수 y_i, y_j가 있음을 보여라.

23* 임의의 양수 $\varepsilon > 0$에 대하여

$$0 < a + b\sqrt{2} < \varepsilon$$

을 만족하는 두 정수 a, b가 있음을 보여라.

24 $[n]=\{1, 2, \cdots, n\}$이라 하자. $[n]$의 부분집합으로 이루어진 집합 Π는 다음 성질을 만족한다.

모든 A_i, $A_j \in \Pi$ 에 대하여 $i \neq j$이면 $A_i \cap A_j \neq \emptyset$ 이다.

(1) A가 $[n]$의 부분집합이면 A와 여집합 A^C는 동시에는 Π 의 원소가 될 수 없음을 보여라.

(2) Π 의 원소의 개수는 2^{n-1}을 넘지 않음을 보여라.

(3) 원소의 개수가 2^{n-1}인 Π 를 찾아라.

| 제 2 장 |

점화관계와 생성함수

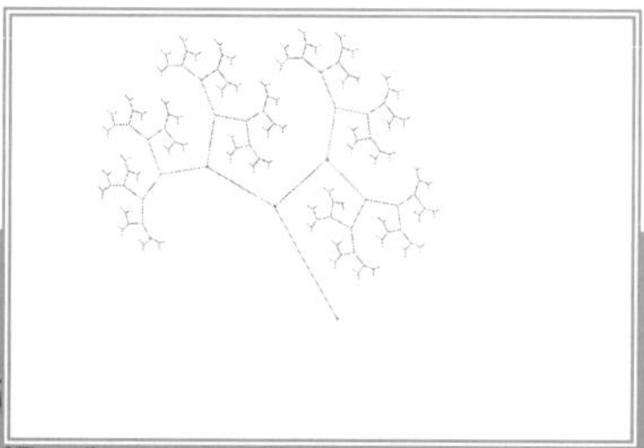

1장에서는 여러 상황에서 일어나는 경우의 수를 구체적인 값이나 공식으로 나타내는 방법에 대하여 알아보았다. 그러나 어떤 문제는 이제까지 배운 방법으로는 효과적으로 해결할 수 없을 때가 있다. 예를 들어 다음과 같은 문제를 생각하여 보자.

철수는 한 걸음에 한 계단 또는 두 계단 또는 세 계단을 오를 수 있다. 철수가 n개의 계단을 오를 수 있는 방법의 수 a_n을 구하여라.

위와 같은 문제는 a_n과 그것보다 앞선 몇 항 사이의 관계를 알면 의외로 쉽게 해결될 수 있다.

이 장에서는 일반항 a_n을 그것보다 앞선 항으로 나타내는 점화관계에 대하여 알아본다. 또, a_n을 무한급수를 이용하여 표현하는 생성함수에 대하여 알아보고, 이를 활용하여 해결할 수 있는 문제에 대하여 살펴본다.

제1절 점화관계

수열 $\{a_n\}$에서 처음 몇 항의 값이 주어지고 a_n이 그것보다 앞선 항으로 나타내지면 수열의 모든 항의 값을 구할 수 있다. 이 절에서는 주어진 조건을 만족하는 경우의 수 a_n을 점화식으로 나타내고, 이를 이용하여 a_n을 구하는 방법에 대하여 살펴본다.

예제 2.1.1 n명을 일렬로 세우는 방법의 수를 a_n이라 하자. a_n을 a_{n-1}로 나타내어라. 또 $n=6$까지 a_n의 값을 계산하여라.

풀이 분명히 $a_1=1$이다. n명을 일렬로 세우기 위해서는 n명 중에 한 명을 맨 앞자리에 세우고 나머지 $(n-1)$명을 그 뒤에 일렬로 세우면 된다. n명 중에 한 명을 맨 앞자리에 세우는 방법의 수는 n이고 나머지 $(n-1)$명을 그 뒤에 일렬로 세우는 방법의 수는 a_{n-1}이므로 곱의 법칙에 의하여 $a_n=na_{n-1}$이다. 따라서 $n=6$까지 a_n의 값은 다음 표와 같다.

n	1	2	3	4	5	6
$a_n=na_{n-1}$	1	$2\cdot1=2$	$3\cdot2=6$	$4\cdot6=24$	$5\cdot24=120$	$6\cdot120=720$

| 표 2.1.1 |

□

문제 2.1.1 서로 다른 n개의 공을 서로 다른 세 상자에 넣는 방법의 수를 a_n이라 하자. a_n을 a_{n-1}로 나타내어라. 또 $n=6$까지 a_n의 값을 계산하여라.

정의 2.1.1 수열 $\{a_n\}$에서 a_n을 그것보다 앞선 항 $a_{n-1}, a_{n-2}, \cdots$을 써서 나타낸 식을 **점화식**(recurrence relation)이라 한다. 예를 들어 다음과 같은 식은 모두 점화식이다.

$$a_n=c_1a_{n-1}+c_2a_{n-2}+\cdots+c_ra_{n-r} \qquad (c_i\text{는 상수})$$
$$a_n=ca_{n-1}+f(n) \qquad (c\text{는 상수})$$
$$a_n=a_1a_{n-1}+a_2a_{n-2}+\cdots+a_{n-1}a_1$$

$$a_{n,m}=a_{n-1,m}+a_{n-1,m-1}$$

처음의 몇 항이 적절하게 주어져 있으면 점화식을 이용하여 수열의 값을 구할 수 있다. 이처럼 점화식을 계산하는 데 꼭 필요한 처음 몇 항을 이 점화식의 **초기조건**(initial condition)이라 한다.

예를 들어, 점화식 $a_n=a_{n-1}+a_{n-2}$로 나타내어지는 수열 $\{a_n\}$은 a_1과 a_2의 값이 주어지면 $\{a_n\}$의 모든 항이 결정된다. 그러므로 a_1과 a_2의 값이 이 점화식의 초기조건이다.

예제 2.1.2 1과 2로 이루어진 n자리수 중 1이 연속으로 나오지 않는 수의 개수를 a_n이라 할 때, a_n에 대한 점화식을 구하여라.

풀이 1이 연속으로 나오지 않는 한 자리수는 1, 2이므로 $a_1=2$, 두 자리수는 12, 21, 22뿐이므로 $a_2=3$이다. 일반적으로 처음의 숫자에 따라 다음과 같은 두 가지 경우가 있다.

① **처음의 숫자가 1인 경우 :**

1이 연속으로 나올 수 없기 때문에 두 번째의 숫자는 2이며 나머지는 1이 연속으로 나오지 않는 $(n-2)$자리수이다. 그러므로 1이 연속으로 나오지 않으며 처음의 숫자가 1인 경우의 수는 a_{n-2}이다.

② **처음의 숫자가 2인 경우 :**

처음의 숫자를 제외한 나머지는 1이 연속으로 나오지 않는 $(n-1)$자리수이므로 그 개수는 a_{n-1}이다.

①과 ②는 동시에 일어나지 않으므로 합의 법칙에 의하여

$$a_n=a_{n-2}+a_{n-1}\ (n\geq 3),\quad a_1=2, a_2=3$$

이다. □

문제 2.1.2 철수가 계단을 오르는데 한 걸음에 한 계단이나 두 계단씩 오른다고 한다. 이런 방법으로 철수가 n개의 계단을 오를 수 있는 서로 다른 방법의 수를 a_n이라

할 때, a_1, a_2, a_3의 값과 a_n에 대한 점화식을 구하여라.

예제 2.1.3 평면 위에 서로 교차하는 n개의 직선이 만드는 영역의 수를 a_n이라 할 때 a_n에 대한 점화식을 구하여라. (단, 어느 세 직선도 동시에 한 점에서 만나지 않는다.)

풀이 아래 그림에서 알 수 있듯이 $a_1=2, a_2=4, a_3=7$이다.

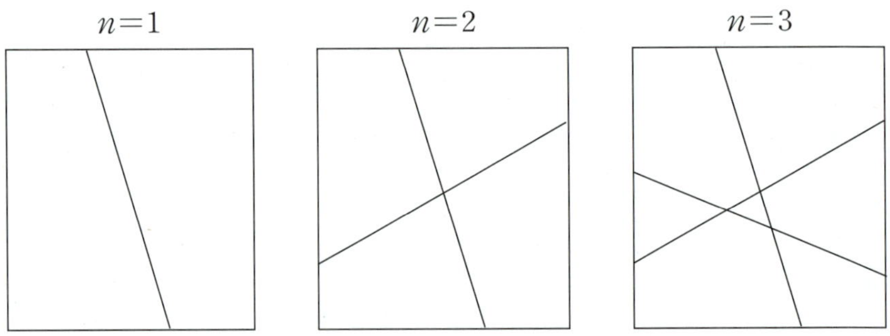

| 그림 2.1.1 |

평면에 그어진 $(n-1)$개의 직선이 만드는 영역의 수는 정의에 의하여 a_{n-1}이다. 이제 여기에 직선을 하나 더 그으면 그 직선이 다른 $(n-1)$개의 직선을 만날 때마다 새로운 한 영역이 생기고 마지막 만나는 직선을 지나서는 하나의 영역이 더 생기므로 결국 n개의 새로운 영역이 생긴다. 따라서

$$a_1=2, \quad a_n=a_{n-1}+n \quad (n \geq 2)$$

이다. □

문제 2.1.3 두 원은 서로 다른 두 점에서 만나는 n개의 원이 평면 위에 있다. 이 n개의 원이 만드는 영역의 수를 a_n이라 할 때 a_n에 대한 점화식을 구하여라. (단, 어느 세 원도 동시에 한 점에서 만나지 않는다.)

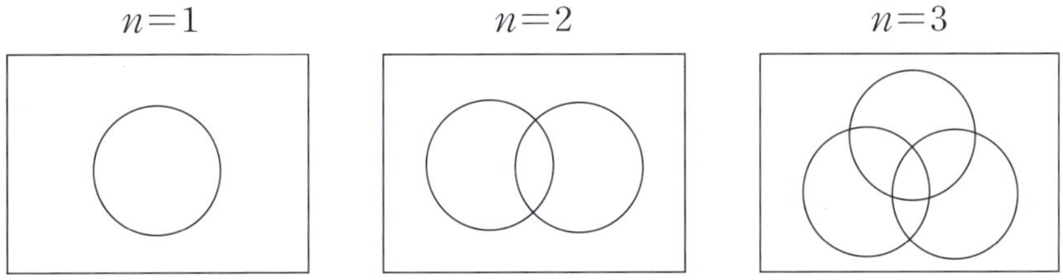

| 그림 2.1.2 |

예제 2.1.4 (하노이 탑) 크기가 서로 다른 n개의 원판이 아래 그림과 같이 크기 순서대로 막대기 A에 끼워져 있다. 다른 두 개의 막대기를 이용하여 이 n개의 원판을 다른 막대기 C로 옮길 때 필요한 최소 이동 횟수를 a_n이라 하자. a_1, a_2의 값과 a_n에 대한 점화식을 구하여라. (단, 한 번에 한 개의 원판만을 옮길 수 있으며 어떤 원판 위에도 그것보다 큰 원판을 놓지 못한다.)

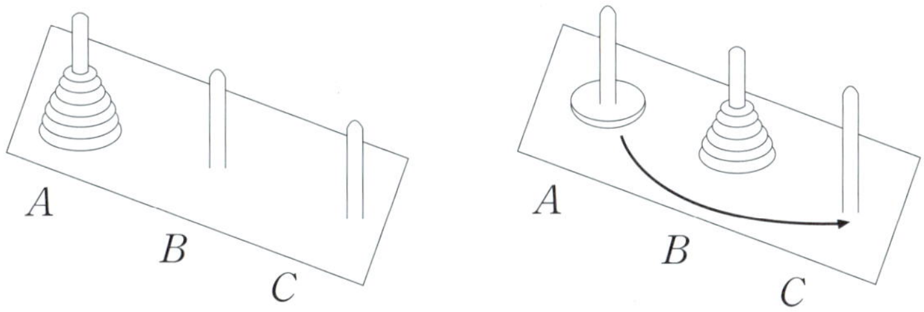

| 그림 2.1.3 |

풀이 명백하게 $a_1=1$이다. $n=2$라면 위의 작은 원판을 B로 옮긴 다음 남은 큰 원판을 C로 옮기고 다시 B에 있는 원판을 C에 있는 원판 위에 놓으면 되므로 $a_2=3$이다. 일반적으로 다음과 같이 세 단계로 나누어 생각할 수 있다.

① A에 있는 가장 큰 원판만을 제외하고 나머지 $n-1$개의 원판을 B로 옮긴다. 이 때 필요한 최소 이동 횟수는 a_{n-1}이다.

② A에 남은 가장 큰 원판을 C로 옮긴다. 물론 필요한 이동 횟수는 1이다.

③ B에 있는 $n-1$개의 원판을 C로 옮긴다. 이 때 최소 이동 횟수는 a_{n-1}이다.

그러므로 n개의 원판을 다른 막대기로 옮길 때 필요한 최소 이동 횟수 a_n은

$$a_1=1, \ a_n=2a_{n-1}+1 \quad (n\geq 2)$$

이다. □

문제 2.1.4 갓 태어난 토끼 암수 한 쌍은 새로 태어난지 2달 뒤부터 매달 두 쌍의 암수 토끼를 낳는다고 하자. 철수는 시장에서 갓 태어난 토끼 암수 한 쌍을 사왔다. n달 후에 철수가 갖고 있는 토끼 쌍의 수를 a_n이라 할 때 a_n에 대한 점화식을 구하여라.

(단, 죽는 것은 고려하지 않는다.)

예제 2.1.5 1과 2로 이루어진 n자리수 중 1이 연속으로 3번 이상은 나오지 않는 수의 개수를 a_n이라 할 때 a_n에 대한 점화식을 구하여라.

풀이 1이 연속으로 3번 이상 나오지 않는 한 자리수는 1, 2이고 두 자리수는 11, 12, 21, 22이며 세 자리수는

$$112, 121, 211, 122, 212, 221, 222$$

이므로 $a_1=2, a_2=4, a_3=7$이다. 일반적으로 다음과 같이 세 경우로 나누어 생각할 수 있다.

① **처음의 숫자가 2인 경우 :**

처음의 숫자를 제외한 나머지는 1이 연속으로 3번 이상 나오지 않는 $(n-1)$자리수이며 그런 수의 개수는 a_{n-1}이다.

② **처음 두 자리가 12인 경우 :**

처음 두 자리를 제외한 나머지는 1이 연속으로 3번 이상 나오지 않는 $(n-2)$자리수이며 그런 수의 개수는 a_{n-2}이다. 그러므로 1이 연속으로 3번 이상 나오지 않으며 처음 두 자리가 12인 경우의 수는 a_{n-2}이다.

③ **처음 세 자리가 112인 경우 :**

처음 세 자리를 제외한 나머지는 1이 연속으로 3번 이상 나오지 않는 $(n-3)$자리수이며 그런 수의 개수는 a_{n-3}이다. 따라서, 이 경우의 수는 a_{n-3}이다.

위의 세 경우는 동시에 일어나지 않으므로 합의 법칙에 의하여

$$a_n = a_{n-1} + a_{n-2} + a_{n-3} \quad (n \geq 4), \quad a_1 = 2, \quad a_2 = 4, \quad a_3 = 7$$

이다. □

문제 2.1.5 값이 각각 100원, 200원, 400원인 귤, 감, 사과가 있다. $100n$원으로 하루에 한 개만 사기로 할 때, 살 수 있는 방법의 수를 a_n이라고 하자. a_n에 대한 점화식을 구하여라. 예를 들어, 300원으로는 (귤, 귤, 귤), (귤, 감), (감, 귤)과 같이 살 수 있으므로 $a_3 = 3$이다.

예제 2.1.6 $x_1, x_2, \cdots, x_n$을 실수라 하자. 이 n개의 수의 곱은 계속하여 두 항을 곱하여 계산할 수 있다. 예를 들어 $n=3$이라면

$$\begin{array}{llll} (x_1x_2)x_3, & x_1(x_2x_3), & (x_1x_3)x_2, & x_1(x_3x_2) \\ (x_2x_1)x_3, & x_2(x_1x_3), & (x_2x_3)x_1, & x_2(x_3x_1) \\ (x_3x_1)x_2, & x_3(x_1x_2), & (x_3x_2)x_1, & x_3(x_2x_1) \end{array}$$

의 12가지 방법이 있다.

(1) 위처럼 n개의 수를 계속하여 두 항씩을 곱하여 계산할 수 있는 방법의 수를 a_n이라 할 때 a_n에 대한 점화식을 구하여라.

(2) 위 (1)처럼 n개의 수를 곱할 때 곱에 나타나는 수의 순서가 $x_1, x_2, \cdots, x_n$이 되도록 하는 방법의 수를 b_n이라 할 때 b_n에 대한 점화식을 구하여라. 예를 들어 $n=3$이면 $(x_1x_2)x_3$, $x_1(x_2x_3)$의 둘뿐이므로 $b_3=2$이다.

풀이 (1) $n=1$이면 x_1 하나뿐이므로 $a_1=1$, $n=2$이면 x_1x_2, x_2x_1 둘뿐이므로 $a_2=2$이다. 또 $n=3$이면 위의 예에서 알 수 있듯이 $a_3=12$이다. 일반적으로 $x_1, x_2, \cdots, x_{n-1}$을 이용하여 위처럼 만들 수 있는 곱의 방법의 수는 a_{n-1}이다. 이제 이 곱에 다음과 같이 두 가지 경우로 나누어 x_n을 곱하여 보자.

① **x_n이 $x_1, x_2, \cdots, x_{n-1}$의 곱의 양 끝에 올 경우 :**

$x_1, x_2, \cdots, x_{n-1}$의 곱 왼쪽 또는 오른쪽 끝에 오는 2가지 경우가 있다.

예를 들어 x_1, x_2의 곱 x_1x_2의 양 끝에 x_3가 오는 경우는 $x_3(x_1x_2)$, $(x_1x_2)x_3$의 둘 밖에 없다. 따라서, 이 경우의 수는 $2a_{n-1}$이다.

② **x_n이 $x_1, x_2, \cdots, x_{n-1}$의 곱의 양 끝에 오지 않을 경우 :**

$x_1, x_2, \cdots, x_{n-1}$의 곱에는 $(n-2)$번의 곱셈이 있다. x_n은 이 곱셈의 양쪽 인수의 왼쪽 또는 오른쪽에 위치할 수 있으므로 모두 $4(n-2)$의 경우가 있다. 예를 들어 x_3가 x_1, x_2의 곱 x_1x_2의 양 끝에 오지 않는 경우, x_3는 x_1x_2에 포함되어 있는 곱셈의 양쪽 인수 x_1과 x_2의 왼쪽 또는 오른쪽에 위치하는

$$(x_3x_1)x_2, \qquad (x_1x_3)x_2, \qquad x_1(x_3x_2) \qquad x_1(x_2x_3)$$

뿐이고 이런 경우의 수는 $4(3-2)=4$이다.

따라서, 이 경우의 수는 $4(n-2)a_{n-1}$이다.

위의 두 경우는 동시에 일어나지 않으므로 각각 합의 법칙에 의하여

$$a_n=2a_{n-1}+4(n-2)a_{n-1}=(4n-6)a_{n-1} \quad (n\geq 2), \quad a_1=1$$

이다.

(2) 분명히 $b_1=1$, $b_2=1$이고 $n=3$이면 위의 예에서 보듯이 $b_3=2$이다. 일반적으로 $x_1, x_2, \cdots, x_n$의 곱에 포함되어 있는 $(n-1)$번의 곱셈 중 마지막 곱셈을 생각하여 보자. 이 곱셈의 앞부분이 i개의 수의 곱으로 이루어져 있다면 b_i 경우가 있고 곱셈의 뒷부분은 $n-i$개의 수의 곱으로 이루어지므로 b_{n-i} 경우가 있다. 예를 들어 $(x_1(x_2x_3)(x_4x_5))(x_6(x_7x_8))$에서 마지막 곱셈의 앞부분 $(x_1(x_2x_3)(x_4x_5))$은 5개의 수의 곱으로 이루어져 있고 곱셈의 뒷부분 $(x_6(x_7x_8))$은 3개의 수의 곱으로 이루어져 있다. 그러므로 n개의 수 $x_1, x_2, \cdots, x_n$으로 곱을 이루는 경우의 수 b_n은

$$b_n=b_1b_{n-1}+b_2b_{n-2}+\cdots+b_ib_{n-i}+\cdots+b_{n-2}b_2+b_{n-1}b_1 \quad (n\geq 2)$$

이다. □

문제 2.1.6 위의 예제 2.1.6의 (2)에 의하여

$$b_4=b_1b_3+b_2b_2+b_3b_1=1\cdot 2+1\cdot 1+2\cdot 1=5$$

이고

$$b_5=b_1b_4+b_2b_3+b_3b_2+b_4b_1=1\cdot 5+1\cdot 2+2\cdot 1+5\cdot 1=14$$

이다. 다섯 개의 수 x_1, x_2, x_3, x_4, x_5가 이 순서대로 나타나는 곱을 이루는 14가지 방법을 모두 구하여라.

예제 2.1.7 n개의 똑같은 공을 k개의 서로 다른 상자에 넣을 때 각 상자에 2 이상 4 이하의 공이 있도록 넣는 방법의 수를 $a_{n,k}$라 하자. $a_{n,k}$에 대한 점화식을 구하여라.

풀이 $a_{2,1}=a_{3,1}=a_{4,1}=1$이고 $n\neq 2, 3, 4$이면 $a_{n,1}=0$이다.
n개의 똑같은 공을 k개의 서로 다른 상자에 넣을 때 첫 번째 상자에 넣는 공의 수에 따라 다음과 같이 세 가지 경우로 나누어진다.

① 첫 번째 상자에 2개의 공을 넣는다면 나머지 $k-1$상자에 $n-2$개의 공을 넣어야 하고 이런 방법의 수는 $a_{n-2,k-1}$이다.
② 첫 번째 상자에 3개의 공을 넣는다면 나머지 $k-1$상자에 $n-3$개의 공을 넣어야 하고 이런 방법의 수는 $a_{n-3,k-1}$이다.
③ 첫 번째 상자에 4개의 공을 넣는다면 나머지 $k-1$상자에 $n-4$개의 공을 넣어야 하고 이런 방법의 수는 $a_{n-4,k-1}$이다.

위의 세 경우는 동시에 일어나지 않으므로 합의 법칙에 의하여

$$a_{n,k}=a_{n-2,k-1}+a_{n-3,k-1}+a_{n-4,k-1} \qquad (n\geq 5, k\geq 2)$$

이다. 예를 들어

$$a_{6,2}=a_{4,1}+a_{3,1}+a_{2,1}=1+1+1=3$$
$$a_{7,3}=a_{5,2}+a_{4,2}+a_{3,2}=2+1+0=3$$

이다. □

문제 2.1.7 n개의 서로 다른 공에서 k개를 뽑는 방법의 수를 $a_{n,k}$라 하자. $a_{n,k}$에 대한 점화식을 구하여라.

지금까지 여러 가지 상황에서 a_n을 점화식으로 나타내는 방법을 알아보았다. 이제 주어진 점화식과 초기조건을 이용하여 일반항 a_n을 구하는 방법에 대하여 알아보자.

정의 2.1.2 $c_1, c_2, \cdots, c_k$가 상수이고 $c_k \neq 0$일 때 다항식

$$C(t)=t^k-c_1t^{k-1}-c_2t^{k-2}-\cdots-c_{k-1}t-c_k$$

를 점화식

$$a_n=c_1a_{n-1}+c_2a_{n-2}+\cdots+c_ka_{n-k} \quad (n \geq k)$$

의 **특성다항식**(characteristic polynomial)이라 한다.

예를 들어 점화식 $a_n=-2a_{n-1}+3a_{n-2}$의 특성다항식은

$$C(t)=t^2+2t-3$$

이다.

정리 2.1.3

$c_1, c_2, \cdots, c_k$가 상수이고 $c_k \neq 0$일 때 a_n에 관한 점화식

$$a_n=c_1a_{n-1}+c_2a_{n-2}+\cdots+c_ka_{n-k} \quad (n \geq k) \qquad (1.1)$$

를 생각하여 보자.

(1) 두 수열 $\{x_n\}, \{y_n\}$이 점화식 (1.1)를 만족하면 그 일차결합인 수열

$$\{px_n+qy_n\} \qquad (p, q\text{는 상수})$$

도 점화식 (1.1)을 만족한다.

(2) 점화식 (1.1)의 특성다항식

$$C(t)=t^k-c_1t^{k-1}-c_2t^{k-2}-\cdots-c_{k-1}t-c_k$$

의 한 근을 r이라 하면 수열 $\{r^n\}$은 점화식 (1.1)을 만족한다.

증명 (1) 수열 $\{x_n\}$, $\{y_n\}$이 점화식 (1.1)을 만족한다고 하자. 그러면

$$x_n=c_1x_{n-1}+c_2x_{n-2}+\cdots+c_kx_{n-k}$$
$$y_n=c_1y_{n-1}+c_2y_{n-2}+\cdots+c_ky_{n-k}$$

이다. 따라서

$$\begin{aligned}&px_n+qy_n\\&=p(c_1x_{n-1}+c_2x_{n-2}+\cdots+c_kx_{n-k})+q(c_1y_{n-1}+c_2y_{n-2}+\cdots+c_ky_{n-k})\\&=c_1(px_{n-1}+qy_{n-1})+c_2(px_{n-2}+qy_{n-2})+\cdots+c_k(px_{n-k}+qy_{n-k})\end{aligned}$$

이므로 수열 $\{px_n+qy_n\}$도 점화식 (1.1)을 만족한다.

(2) r을 (1.1)의 특성다항식의 한 근이라 하자. 그러면

$$r^k-c_1r^{k-1}-c_2r^{k-2}-\cdots-c_{k-1}r-c_k=0$$

이고 양변에 r^{n-k}를 곱하여 이항하면

$$r^n=c_1r^{n-1}+c_2r^{n-2}+\cdots+c_{k-1}r^{n-k+1}+c_kr^{n-k}$$

이다. 그러므로 수열 $\{r^n\}$은 점화식 (1.1)을 만족한다. □

앞에서 주어진 (1.1)의 특성다항식이 서로 다른 근 $r_1, r_2, \cdots, r_k$를 갖는다고 하자. 그러면 정리 2.1.3의 (2)에 의하여 수열

$$\{r_1{}^n\},\ \{r_2{}^n\},\ \cdots,\ \{r_k{}^n\}$$

은 점화식 (1.1)을 만족하고 다시 정리 2.1.3의 (1)에 의하여

$$z_n = p_1 r_1{}^n + p_2 r_2{}^n + \cdots + p_k r_k{}^n$$

로 정의된 수열 $\{z_n\}$도 점화식 (1.1)을 만족한다. 이제 점화식 (1.1)의 초기조건 $a_0, a_1, \cdots, a_{k-1}$의 값을 이용하여 $p_1, p_2, \cdots, p_k$에 관한 일차연립방정식

$$\begin{aligned} p_1 r_1{}^0 + p_2 r_2{}^0 + \cdots + p_k r_k{}^0 &= a_0 \\ p_1 r_1{}^1 + p_2 r_2{}^1 + \cdots + p_k r_k{}^1 &= a_1 \\ &\vdots \\ p_1 r_1{}^{k-1} + p_2 r_2{}^{k-1} + \cdots + p_k r_k{}^{k-1} &= a_{k-1} \end{aligned} \tag{1.2}$$

을 세우고 이 연립방정식을 풀어 $p_1, p_2, \cdots, p_k$의 값을 구하면 점화식 (1.1)의 일반항 $z_n = p_1 r_1{}^n + p_2 r_2{}^n + \cdots + p_k r_k{}^n$을 구할 수 있다.

한편, (1.2)의 계수행렬의 행렬식은

$$\begin{vmatrix} 1 & 1 & \cdots & 1 \\ r_1 & r_2 & \cdots & r_k \\ \vdots & \vdots & \cdots & \vdots \\ r_1{}^{k-1} & r_2{}^{k-1} & \cdots & r_k{}^{k-1} \end{vmatrix} = \prod_{1 \le i < j \le k} (r_i - r_j) \ne 0$$

이므로 연립방정식 (1.2)는 유일한 해를 갖는다.

예제 2.1.8 다음 점화식을 풀어라.

(1) $a_n = 2a_{n-1}, \ \ a_0 = 3$

(2) $a_n = a_{n-1} + a_{n-2}, \ \ a_0 = 0, \ \ a_1 = 1$

풀이 (1) 이 점화식의 특성다항식은 $t-2$이고 그 근은 2이므로

$$a_n = c \cdot 2^n \quad (c\text{는 상수})$$

이다. 초기조건 $a_0 = 3$을 이용하면 $a_0 = c \cdot 2^0 = 3$이므로 $c = 3$이다. 따라서

$$a_n = 3 \cdot 2^n \quad (n \ge 0)$$

이다.

(2) 이 점화식의 특성다항식은 t^2-t-1이고 그 근은

$$t=\frac{1+\sqrt{5}}{2},\ \frac{1-\sqrt{5}}{2}$$

이므로

$$a_n=p_1\left(\frac{1+\sqrt{5}}{2}\right)^n+p_2\left(\frac{1-\sqrt{5}}{2}\right)^n \quad (\text{단, } p_1, p_2\text{는 상수})$$

이다. 초기조건 $a_0=0, a_1=1$을 이용하면

$$a_0=p_1+p_2=0$$
$$a_1=p_1\left(\frac{1+\sqrt{5}}{2}\right)+p_2\left(\frac{1-\sqrt{5}}{2}\right)=1$$

이고 이 연립방정식을 풀면 $p_1=\frac{1}{\sqrt{5}}, p_2=-\frac{1}{\sqrt{5}}$ 이다. 따라서

$$a_n=\frac{1}{\sqrt{5}}\left(\frac{1+\sqrt{5}}{2}\right)^n-\frac{1}{\sqrt{5}}\left(\frac{1-\sqrt{5}}{2}\right)^n \qquad (n\geq 0)$$

이다. □

문제 2.1.8 다음 점화식을 풀어라.

(1) $a_n=\frac{1}{2}a_{n-1},\ \ a_0=3$

(2) $a_n+3a_{n-1}+2a_{n-2}=0,\quad a_0=0,\quad a_1=1$

정리 2.1.4

$c_1, c_2, \cdots, c_k$가 상수이고 $c_k\neq 0$일 때 a_n에 관한 점화식

$$a_n=c_1a_{n-1}+c_2a_{n-2}+\cdots+c_ka_{n-k} \quad (n\geq k)$$

의 특성다항식을 $C(t)$라고 하자. $C(t)$의 한 근 r이 m차 다중근이라 하자. (단 $m>1$) 즉,

$$C(t)=(t-r)^m q(t) \quad (q(t)\text{는 } q(r)\neq 0\text{인 다항식}) \tag{1.3}$$

이다. 이때 다음이 성립한다.

(1) m개의 수열

$$\{r^n\},\quad \{nr^n\},\quad \cdots,\quad \{n^{m-1}r^n\}$$

은 각각 점화식 (1.1)을 만족한다.

(2) $b_n=(p_0+p_1n+p_2n^2+\cdots+p_{m-1}n^{m-1})r^n$로 정의된 수열 $\{b_n\}$도 점화식 (1.1)을 만족한다. (단, $p_0, p_1, \cdots, p_{m-1}$은 상수)

증명 (1) r이 특성다항식 $C(t)=t^k-c_1t^{k-1}-c_2t^{k-2}-\cdots-c_{k-1}t-c_k$의 한 근이므로 정리 2.1.3에 의해 $\{r^n\}$은 점화식 (1.1)을 만족한다.

이제 $D(t)=t^{n-k}C(t)$라 하자. 그러면

$$D(t)=t^n-c_1t^{n-1}-c_2t^{n-2}-\cdots-c_kt^{n-k}$$

이다. 식 (1.3)을 이용하면

$$\begin{aligned} tD'(t)&=nt^n-c_1(n-1)t^{n-1}-c_2(n-2)t^{n-2}-\cdots-c_k(n-k)t^{n-k}\\ &=(t-r)^{m-1}q_1(t)\ \text{(단 } q_1(t)\text{는 다항식)}\end{aligned}$$

이고 $m>1$이므로 $rD'(r)=0$이다. 따라서

$$nr^n-c_1(n-1)r^{n-1}-c_2(n-2)r^{n-2}-\cdots-c_k(n-k)r^{n-k}=0$$

이 되어 수열 $\{nr^n\}$은 점화식 (1.1)을 만족한다.

일반적으로 $1\leq i<m$인 i에 대하여 $f_i(t)$를 아래와 같이 귀납적으로 정의하자.

$$f_1(t)=t\frac{d}{dt}D(t),\quad f_{j+1}(t)=t\frac{d}{dt}f_j(t)\quad (j\geq 1)$$

그러면 (1.3)에 의해

$$\begin{aligned} f_i(t)&=n^it^n-c_1(n-1)^it^{n-1}-c_2(n-2)^it^{n-2}-\cdots-c_k(n-k)^it^{n-k}\\ &=(t-r)^{m-i}q_i(t)\quad \text{(단 } q_i(t)\text{는 다항식)}\end{aligned}$$

이고 $m-i>0$이므로 $f_i(r)=0$이다. 따라서

$$n^ir^n-c_1(n-1)^ir^{n-1}-c_2(n-2)^ir^{n-2}-\cdots-c_k(n-k)^ir^{n-k}=0$$

이 되어 수열 $\{n^i r^n\}$는 점화식 (1.1)을 만족한다.

(2) 수열

$$\{r^n\},\ \{nr^n\},\ \cdots,\ \{n^{m-1}r^n\}$$

이 각각 점화식 (1.1)을 만족하므로 정리 2.1.3의 (1)에 의하여

$$\begin{aligned} b_n &= p_0 r^n + p_1 n r^n + \cdots + p_{m-1} n^{m-1} r^n \\ &= (p_0 + p_1 n + p_2 n^2 + \cdots + p_{m-1} n^{m-1}) r^n \end{aligned}$$

도 점화식 (1.1)을 만족한다. □

예제 2.1.9 다음 점화식을 풀어라.

$$a_n + 4a_{n-1} + 4a_{n-2} = 0,\ \ a_0 = 0,\ \ a_1 = 1$$

풀이 이 점화식의 특성다항식은 $C(t) = t^2 + 4t + 4 = (t+2)^2$이고 $t = -2$는 $C(t)$의 중근이므로

$$a_n = (p_0 + p_1 n)(-2)^n$$

이다. 초기 조건 $a_0 = 0$, $a_1 = 1$을 이용하면

$$\begin{aligned} a_0 &= p_0 = 0 \\ a_1 &= -2p_0 - 2p_1 = 1 \end{aligned}$$

이고 이 연립방정식을 풀면 $p_0 = 0, p_1 = -\frac{1}{2}$이므로

$$a_n = n(-2)^{n-1} \qquad (\text{단 } n \geq 0)$$

이다. □

문제 2.1.9 다음 점화식을 풀어라.

$$a_n - 6a_{n-1} + 9a_{n-2} = 0,\ \ a_0 = 0,\ \ a_1 = 1$$

예제 2.1.10 다음 점화식을 풀어라.

$$a_n + a_{n-1} + a_{n-2} = 0,\ \ a_0 = 1,\ \ a_1 = 1$$

풀이 이 점화식의 특성다항식은 $C(t) = t^2 + t + 1$이고 그 근은

$$\omega=\frac{-1+\sqrt{3}i}{2}, \qquad \omega^2=\frac{-1-\sqrt{3}i}{2}$$

이므로

$$a_n=p_1\omega^n+p_2(\omega^2)^n=p_1\omega^n+p_2\omega^{2n}$$

이다. 초기조건 $a_0=1$, $a_1=1$을 이용하면

$$a_0=p_1+p_2=1$$
$$a_1=p_1\omega+p_2\omega^2=1$$

이다. $\omega^3=1$, $\omega^2+\omega+1=0$을 이용하여 이 연립방정식을 풀면 $p_1=-\omega$, $p_2=-\omega^2$이고

$$a_n=-\omega^{n+1}-\omega^{2(n+1)}$$

이다. 이를 간단히 하면

$$a_n=\begin{cases} 1 & (n=3k, 3k+1) \\ -2 & (n=3k+2) \end{cases}$$

이다. □

문제 2.1.10 다음 점화식을 풀어라.

$$a_n+a_{n-2}=0, \quad a_0=0, \quad a_1=1$$

지금까지

$$a_n=c_1a_{n-1}+c_2a_{n-2}+\cdots+c_ka_{n-k} \quad (n\geq k, c_k\neq 0)$$

형태의 **선형동차점화식**(linear homogeneous recurrence relation)을 살펴보았다. 이제 n에 관한 함수 $f(n)$이 첨가된

$$a_n=c_1a_{n-1}+c_2a_{n-2}+\cdots+c_ka_{n-k}+f(n) \quad (n\geq k, c_k\neq 0)$$

형태의 **선형(비동차)점화식**을 살펴보자.

정리 2.1.5

$c_1, c_2, \cdots, c_k$가 상수이고 $c_k \neq 0$일 때 선형동차점화식

$$a_n = c_1 a_{n-1} + c_2 a_{n-2} + \cdots + c_k a_{n-k} \quad (n \geq k) \tag{1.4}$$

과 비동차점화식

$$a_n = c_1 a_{n-1} + c_2 a_{n-2} + \cdots + c_k a_{n-k} + f(n) \quad (n \geq k) \tag{1.5}$$

을 생각해보자.

(1) 수열 $\{x_n\}$이 (1.4)를 만족하고 $\{q_n\}$이 (1.5)를 만족하는 특수한 수열이라면 수열

$$\{x_n + q_n\}$$

도 (1.5)를 만족한다.

(2) 역으로 (1.5)를 만족하는 임의의 수열은

$$\{x_n + q_n\}$$

의 형태로 쓸 수 있다. (단, $\{x_n\}$은 (1.4)를 만족하는 일반해이고 $\{q_n\}$은 (1.5)를 만족하는 특수해이다.)

증명 (1) $\{x_n\}$과 $\{q_n\}$이 각각 점화식 (1.4)와 (1.5)를 만족하는 수열이라 하자. 그러면

$$x_n = c_1 x_{n-1} + c_2 x_{n-2} + \cdots + c_k x_{n-k}$$
$$q_n = c_1 q_{n-1} + c_2 q_{n-2} + \cdots + c_k q_{n-k} + f(n)$$

이고 이 두 식을 더하면

$$x_n + q_n = c_1(x_{n-1} + q_{n-1}) + c_2(x_{n-2} + q_{n-2}) + \cdots + c_k(x_{n-k} + q_{n-k}) + f(n)$$

이므로 수열 $\{x_n + q_n\}$은 점화식 (1.5)를 만족한다.

(2) $\{q_n\}$을 (1.5)를 만족하는 특수해라고 하자. $\{y_n\}$이 점화식 (1.5)를 만족하는 임의의 수열이라 하면

$$y_n = c_1 y_{n-1} + c_2 y_{n-2} + \cdots + c_k y_{n-k} + f(n)$$
$$q_n = c_1 q_{n-1} + c_2 q_{n-2} + \cdots + c_k q_{n-k} + f(n)$$

이고

$$y_n-q_n=c_1(y_{n-1}-q_{n-1})+c_2(y_{n-2}-q_{n-2})+\cdots+c_k(y_{n-k}-q_{n-k})$$

이다. 그러므로 수열 $\{y_n-q_n\}$은 점화식 (1.4)의 해이다. 따라서,

$$y_n-q_n=x_n,\ \text{즉}\ y_n=x_n+q_n$$

이다. □

정리 2.1.5에 의하여 비동차점화식

$$a_n=c_1a_{n-1}+c_2a_{n-2}+\cdots+c_ka_{n-k}+f(n)\quad (n\geq k,\ c_k\neq 0)$$

의 특수해를 찾아내면 선형동차점화식의 일반해를 더하여 위의 비동차점화식의 일반해를 구할 수 있다.

다음 표는 여러 가지 형태의 $f(n)$에 대한 a_n의 특수해 중에서 대표적인 것을 나타낸 것이다.

$f(n)$	a_n의 특수해
d	B
dn	B_1n+B_0
dn^2	$B_2n^2+B_1n+B_0$
cd^n	Bd^n

| 표 2.1.1 |

예제 2.1.11 다음 점화식을 풀어라.

(1) $a_n+5a_{n-1}+6a_{n-2}=1,\quad a_0=1,\quad a_1=1$

(2) $a_n+a_{n-1}-2a_{n-2}=1,\quad a_0=1,\quad a_1=1$

풀이 (1) 점화식 $a_n+5a_{n-1}+6a_{n-2}=0$의 특성다항식은 $t^2+5t+6=(t+3)(t+2)$이고 그 근은 $t=-2,\ -3$이므로 일반해 x_n은

$$x_n=c_1(-2)^n+c_2(-3)^n$$

이다. 위 점화식의 특수해 q_n을 $q_n=B$라 하면 $q_n=q_{n-1}=q_{n-2}=B$이므로

$$B+5B+6B=12B=1$$

이 되어 $q_n=\frac{1}{12}$ 이다. 따라서 주어진 점화식의 일반해 a_n은

$$a_n=x_n+q_n=c_1(-2)^n+c_2(-3)^n+\frac{1}{12}$$

이다. 초기조건 $a_0=1$, $a_1=1$을 이용하면

$$a_0=c_1+c_2+\frac{1}{12}=1$$
$$a_1=-2c_1-3c_2+\frac{1}{12}=1$$

이고 이 연립방정식을 풀면 $c_1=\frac{11}{3}$, $c_2=-\frac{11}{4}$이므로

$$a_n=\frac{11}{3}(-2)^n-\frac{11}{4}(-3)^n+\frac{1}{12}$$

이다.

(2) 점화식 $a_n+a_{n-1}-2a_{n-2}=0$의 그 특성다항식은 $t^2+t-2=(t-1)(t+2)$이고 그 근은 $t=1$, -2이므로 점화식 $a_n+a_{n-1}-2a_{n-2}=0$의 일반해는

$$x_n=c_1(1)^n+c_2(-2)^n$$

이다. 위 점화식의 특수해 q_n을 $q_n=B$라 하면 $q_n=q_{n-1}=q_{n-2}=B$이므로

$$B+B-2B=0=1$$

이 되어 모순이다. 이럴 경우 n의 차수를 1만큼 높여 $q_n=B_1n+B_0$라 하면

$$(B_1n+B_0)+(B_1(n-1)+B_0)-2(B_1(n-2)+B_0)=3B_1=1$$

이 되어 $q_n=\frac{1}{3}n$이다. 따라서 주어진 점화식의 일반해 a_n은

$$a_n=x_n+q_n=c_1+c_2(-2)^n+\frac{1}{3}n$$

이다. 초기조건 $a_0=1$, $a_1=1$을 이용하면

$$a_0 = c_1 + c_2 = 1$$
$$a_1 = c_1 - 2c_2 + \frac{1}{3} = 1$$

이다. 이 연립방정식을 풀면 $c_1 = \frac{8}{9}$, $c_2 = \frac{1}{9}$이므로

$$a_n = \frac{8}{9} + \frac{1}{9}(-2)^n + \frac{1}{3}n$$

이다. □

문제 2.1.11 다음 점화식을 풀어라.

(1) $a_n + 3a_{n-1} = n, \quad a_0 = 1$

(2) $a_n - 2a_{n-1} + a_{n-2} = n, \quad a_0 = a_1 = 1$

이제 비동차점화식에서 $f(n)$이 d^n의 꼴인 경우를 알아보자.

예제 2.1.12 다음 점화식을 풀어라.

(1) $a_n - 5a_{n-1} = 2^n, \quad a_0 = 1$

(2) $a_n - 5a_{n-1} = 5^n, \quad a_0 = 1$

풀이 (1) 점화식 $a_n - 5a_{n-1} = 0$의 특성다항식은 $t-5$이고 그 근은 $t=5$이므로 일반해 x_n은

$$x_n = c_1 \cdot 5^n$$

이다. 위 점화식의 특수해 q_n을 $q_n = B \cdot 2^n$이라 하면

$$B \cdot 2^n - 5B \cdot 2^{n-1} = 2^n$$

이 되어 $B = -\frac{2}{3}$이고 $q_n = -\frac{2}{3} \cdot 2^n$이다. 따라서 주어진 점화식의 일반해 a_n은

$$a_n = x_n + q_n = c_1 \cdot 5^n - \frac{2}{3} \cdot 2^n$$

이다. 초기조건 $a_0=1$을 이용하면

$$a_0=c_1-\frac{2}{3}=1$$

이다. 이 방정식을 풀면 $c_1=\dfrac{5}{3}$이므로

$$a_n=\frac{5}{3}\cdot 5^n-\frac{2}{3}\cdot 2^n$$

이다.

(2) 위 (1)에서 점화식 $a_n \quad 5a_{n-1}=0$의 일반해 x_n은

$$x_n=c_1\cdot 5^n$$

임을 알았다. 위 점화식의 특수해 q_n을 $q_n=c\cdot 5^n$이라 하면 $a_n-5a_{n-1}=0$의 일반해 x_n과 비동차점화식의 특수해 q_n이 같은 형태가 되어 비동차점화식의 일반해를 구할 수 없다. 이럴 경우 예제 2.1.11의 (2)에서 보듯이 n을 곱해 $q_n=Bn\cdot 5^n$이라 하면

$$Bn5^n-5B(n-1)5^{n-1}=5^n$$

이다. 곧, $B=1$이고 $q_n=n5^n$이 되어 주어진 점화식의 일반해 a_n은

$$a_n=x_n+q_n=c_1\cdot 5^n+n5^n$$

이다. 초기조건 $a_0=1$을 이용하면

$$a_0=c_1=1$$

이고

$$a_n=5^n+n5^n=(1+n)5^n$$

이다. □

문제 2.1.12 다음 점화식을 풀어라.

(1) $a_n-3a_{n-1}=2^n,\quad a_0=1$

(2) $a_n-3a_{n-1}=3^n,\quad a_0=1$

점화식의 계수가 상수가 아니면 이제까지 살펴본 방법을 직접 적용할 수 없다. 이럴 때 상수계수를 갖는 점화식으로 바꾸는 방법에 대하여 알아보도록 하자.

예제 2.1.13 다음 점화식을 상수계수인 점화식으로 바꾸어라.

(1) $(n+1)a_{n+1}+(n-1)a_n+2=0$

(2) $a_n=na_{n-1}+n(n-1)a_{n-2}$

(3) $a_n=\sqrt{a_{n-1}a_{n-2}}$ (단 $a_n \geq 0$)

풀이 (1) 주어진 점화식의 양변에 n을 곱하면

$$n(n+1)a_{n+1}+n(n-1)a_n+2n=0$$

이고 여기서 $b_n=n(n-1)a_n$이라 하면 위의 점화식은

$$b_{n+1}+b_n+2n=0$$

이 된다.

(2) $b_n=\dfrac{a_n}{n!}$이라 두면 주어진 점화식은

$$b_n=b_{n-1}+b_{n-2}$$

이 된다.

(3) 양변에 $\log_2$를 취한 다음 $b_n=\log_2 a_n$이라 하면 주어진 점화식은

$$2b_n=b_{n-1}+b_{n-2}$$

이 된다. □

문제 2.1.13 다음 점화식을 상수계수를 가지는 점화식으로 바꾸어라.

(1) $a_n=\dfrac{n+1}{n+2}a_{n-1}$

(2) $n(n+1)a_{n+1}=na_n+a_{n-1}$

(3) $a_n=\sqrt{a_{n-1}^2+a_{n-2}^2}$

(4) $a_n=\dfrac{3}{2+a_{n-1}}$ (힌트 : $a_n=\dfrac{b_{n-1}}{b_n}$로 놓아라.)

연습문제 2.1

01 은행에 연이율 5%로 1000원을 저금할 때 연복리로 계산된 n년 후의 원리합계를 a_n이라 하자. a_n에 대한 점화식을 구하여라.

02 테니스 단식 시합에 $2n$명이 참가하였다. 이 $2n$명을 두 명씩 짝짓는 방법의 수를 a_n이라 할 때, a_n에 대한 점화식을 구하여라.

03 철수가 계단을 오르는데 한 걸음에 한 계단이나 두 계단, 또는 세 계단씩 오른다고 한다. 이런 방법으로 철수가 n개의 계단을 오를 수 있는 서로 다른 방법의 수를 a_n이라 할 때, a_n에 대한 점화식을 구하여라.

04 숫자 1, 2, ⋯, 9로 이루어진 n자리수 중에서 1의 개수가 짝수인 수의 개수를 a_n이라 하자. (단, 1이 없는 수는 1의 개수가 짝수인 수이다.)

(1) a_1, a_2의 값을 구하여라.

(2) a_n에 대한 점화식을 구하여라.

05 다음 물음에 답하여라.

(1) $2\times n$판을 n개의 도미노(2×1판 또는 1×2판)로 덮을 수 있는 방법의 수를 a_n이라 할 때, a_n에 대한 점화식을 구하여라.

(2) 한 종류의 1×1타일과 검은 색, 흰 색 두 종류의 1×2타일로 $1\times n$판을 덮을 수 있는 방법의 수를 b_n이라 할 때, b_n에 대한 점화식을 구하여라.

06 1부터 n까지의 자연수 중에서 k개의 수를 뽑는데 연속된 수가 없도록 뽑는 방법의 수를 $a_{n,k}$라 한다.

(1) $a_{n,1}$, $a_{2,2}$, $a_{3,2}$, $a_{4,2}$의 값을 각각 구하여라.

(2) $a_{n,k}$에 대한 점화식을 구하여라.

07 숫자 1, 2, 3으로 이루어진 n자리수를 중에서 짝수 개의 1과 짝수 개의 2를 포함하고 있는 수의 개수를 a_n, 짝수 개의 1과 홀수 개의 2를 포함하고 있는 수의 개수를 b_n, 홀수 개의 1과 짝수 개의 2를 포함하고 있는 수의 개수를 c_n이라 하자.

(1) $n=3$까지 a_n, b_n, c_n의 값을 각각 구하여라.

(2) a_n을 수열 $\{b_n\}$의 항, $\{c_n\}$의 항, 그리고 a_n보다 앞선 항으로 나타내어라.

(3) b_n을 수열 $\{c_n\}$의 항으로 나타내어라.

(4) c_n을 수열 $\{b_n\}$의 항으로 나타내어라.

(5) 위 (1)－(4)를 이용하여 a_4, a_5의 값을 계산하여라.

08 다음과 같이 점화식으로 나타내어지는 수열의 처음 다섯 항을 구하여라.

(1) $a_n=2a_{n-1}+1,\quad a_0=1$

(2) $a_n=a_{n-2}+a_{n-1},\quad a_0=a_1=1$

(3) $a_n=a_{n-1}+a_{n-2}+a_{n-3},\quad a_1=2,\quad a_2=4,\quad a_3=7$

(4) $na_n+(n-1)a_{n-1}=2^n,\quad a_0=1,\quad a_1=2$

09 다음 점화식을 풀어라.

(1) $a_n=a_{n-1}+2,\quad a_0=3$

(2) $a_n=2a_{n-1},\quad a_0=6$

(3) $a_n=2a_{n-1}+3a_{n-2},\quad a_0=a_1=1$

(4) $a_n=-2a_{n-2}-a_{n-4},\quad a_0=0,\quad a_1=1,\quad a_2=2,\quad a_3=3$

(5) $a_n=2a_{n-1}-a_{n-2},\quad a_0=a_1=2$

(6) $a_n=4a_{n-1}-4a_{n-2},\quad a_0=1, a_1=4$

10 다음 점화식을 풀어라.

(1) $a_n=2a_{n-1}+1,\quad a_0=1$

(2) $a_n=3a_{n-1}-4n,\quad a_0=1$

(3) $a_n=3a_{n-1}+3\cdot 2^n,\quad a_0=1$

(4) $a_n=3a_{n-1}-4n+3\cdot 2^n,\quad a_0=1$

11 다음 점화식을 풀어라.

(1) $na_n+(n-1)a_{n-1}=2^n$, $a_0=1$

(2) $a_n=\dfrac{1}{1+a_{n-1}}$, $a_0=1$

(3)* $a_n=a_{n-1}^2-2$, $a_0=3$

(4) $a_n=-na_{n-1}+n!$, $a_0=1$

12 숫자 1, 2, 3으로만 이루어진 n자리 수에 대하여 다음 물음에 답하여라.

(1) 이와 같은 n자리 수는 모두 몇 개인가?

(2) 이와 같은 n자리 수 중 1, 2가 연속해서 나오지 않는 경우의 수를 a_n이라 하자. a_1, a_2, a_3을 각각 구하여라.

(3) a_n을 a_{n-1}과 a_{n-2}로 나타내어라. 또, 이를 이용하여 a_8을 구하여라.

(4) 평면의 직교좌표의 원점에서 시작하여 한번에 오른쪽이나 왼쪽, 또는 위로 1만큼 갈 수 있다고 하자. 한번 지난 점은 다시 지나지 않을 때 8번 후에 나올 수 있는 길은 모두 몇 가지인가?

13 피보나치수열 $\{F_n\}$에 대하여 다음이 성립함을 보여라.

(1) 피보나치수열에서 연속된 두 항은 서로소이다. 즉, $(F_n, F_{n+1})=1$

(2) $F_1+F_2+\cdots+F_n=F_{n+2}-1$

(3) $F_2+F_4+\cdots+F_{2n}=F_{2n+1}-1$

(4) $F_1^2+F_2^2+\cdots+F_n^2=F_nF_{n+1}$

(5) $F_1F_2+F_2F_3+\cdots+F_{2n-1}F_{2n}=F_{2n}^2$

(6) $\begin{pmatrix} F_{n+1} & F_n \\ F_n & F_{n-1} \end{pmatrix}=\begin{pmatrix} 1 & 1 \\ 1 & 0 \end{pmatrix}^n \quad (n\geq 2)$

14 다음 경우의 수를 피보나치수로 나타내어라.

(1) 두 숫자 1, 2로 이루어진 n자리 자연수 중에서 1이 연속으로 나오지 않는 경우의 수

(2) 자연수 n을 1과 2만의 합으로 나타내는 방법의 수
(단, $1+2+1$과 $2+1+1$은 다른 것으로 간주한다.)

(3) 연속된 두 수를 포함하지 않는 $\{1, 2, 3, \cdots, n\}$의 부분집합의 수

(4) 자연수 n을 2 이상의 자연수의 합으로 나타내는 방법의 수
(단, $3+2+2$와 $2+2+3$은 다른 것으로 간주한다.)

(5) 자연수 n을 홀수의 합으로 나타내는 방법의 수
(단, $3+3+5$와 $3+5+3$은 다른 것으로 간주한다.)

15 점화식

$$d_0=1, \quad d_1=\frac{3}{2}+4\sqrt{5}, \quad d_n=3d_{n-1}-d_{n-2} \ (n\geq 2)$$

에 대하여 $d_n=ap^n+bq^n$일 때, $a+b+p+q$의 값을 구하여라. (단, a, b, p, q는 상수이다.) [2013년도 중등교사 임용시험]

제2절 생성함수

생성함수는 세기 방법의 중요한 도구 중의 하나로 다소 추상적이나 일단 한 번 이해하면 여러 형태의 문제를 손쉽게 해결할 수 있게 해준다. 특히 어떤 특별한 조건이 주어진 중복조합과 중복순열에 관한 문제를 해결하는데 무척 유용하다. 이 절에서는 생성함수의 기본개념을 익히고 여러 가지 문제를 해결하는데 생성함수가 어떻게 활용되는지 살펴보기로 한다.

예제 2.2.1 아래와 같이 정의된 세 수 a_n, b_n, c_n은 모두 같은 수임을 보여라.

(1) a_n : 세 문자 A, B, C에서 중복을 허락하여 n개의 문자를 뽑는 방법 중 A는 1개 이하, B와 C는 2개 이하가 되도록 뽑는 방법의 수

(2) b_n : 다음 방정식의 정수해 (x_1, x_2, x_3)의 개수

$$x_1+x_2+x_3=n \quad (\text{단}, 0\le x_1\le 1, 0\le x_2,\ x_3\le 2) \qquad (2.1)$$

(3) c_n : 다항식 $f(x)=(1+x)(1+x+x^2)^2$에서 x^n의 계수

풀이 ① $a_n=b_n$을 보이자. (1)의 조건에 맞게 A, B, C에서 n문자를 뽑았을 때 각각 A, B, C의 개수를 x_1, x_2, x_3라 하자. 그러면

$$x_1+x_2+x_3=n \quad (\text{단}, 0\le x_1\le 1, 0\le x_2,\ x_3\le 2)$$

이 되어 (x_1, x_2, x_3)은 방정식 (2.1)의 정수해가 된다.
역으로, 방정식 (2.1)의 정수해 (x_1, x_2, x_3)가 주어지면 A를 x_1개, B를 x_2개, C를 x_3개 뽑으면 위 (1)의 조건을 만족한다. 따라서 $a_n=b_n$이다.

② $b_n=c_n$을 보이자. $f(x)$의 전개식에 나타나는 항은 $f(x)$의 각 인수

$$1+x, 1+x+x^2, 1+x+x^2$$

에서 한 항을 선택하고 그 선택된 항의 곱으로 이루어지기 때문에

$$x^{x_1}x^{x_2}x^{x_3}=x^{x_1+x_2+x_3} \quad (\text{단}, 0\le x_1\le 1, 0\le x_2,\ x_3\le 2)$$

의 형태가 된다. 따라서 $f(x)$에서 x^n의 계수 c_n은 방정식 (2.1)의 정수해의 개수인 b_n과 같다. □

문제 2.2.1 방정식

$$x_1+x_2+x_3=n \ (\text{단}, 0\le x_1\le 3, 0\le x_2, x_3\le 4)$$

의 음이 아닌 정수해 (x_1, x_2, x_3)의 개수를 a_n이라 하자. a_n이 다항식 $f(x)$의 x^n의 계수가 되도록 $f(x)$를 정하여라.

정의 2.2.1 주어진 수열 $\{a_n\}$에 대하여

$$f(x)=a_0+a_1x+a_2x^2+a_3x^3+\cdots=\sum_{n=0}^{\infty}a_nx^n$$

을 이 수열의 **(일반)생성함수**(ordinary generating function)라고 한다.

예를 들어, 예제 2.2.1에 주어진 수열 $\{a_n\}$의 생성함수는

$$\sum_{n=0}^{\infty}a_nx^n=(1+x)(1+x+x^2)^2$$

이다.

생성함수는 때로는 단지 유한 항의 합으로 이루어진 다항식일 수도 있으나 어떤 경우에는 무한히 항이 계속될 수도 있다. 항이 무한히 많은 경우에도 우리는 유한 번째 항의 계수에만 관심을 두기 때문에 생성함수의 수렴 또는 발산은 고려하지 않아도 좋다. 즉, 생성함수는 수렴의 문제를 전혀 고려할 필요가 없는 형식적 무한급수(formal power series)이다.

예제 2.2.2 다음 수열의 생성함수를 구하여라.

(1) $a_n=1 \quad (n\ge 0)$

(2) $a_n=n \quad (n\ge 0)$

(3) $a_n={}_mH_n \quad (n\ge 0)$

풀이 (1) $\displaystyle\sum_{n=0}^{\infty}a_nx^n=1+x+x^2+\cdots+x^n+\cdots=\frac{1}{1-x}$

(2) 위 (1)에 의하여

$$\begin{aligned} f(x) &= \sum_{n=0}^{\infty} a_n x^n = x + 2x^2 + \cdots + nx^n + \cdots \\ &= x(1 + 2x + \cdots + nx^{n-1} + \cdots) \\ &= x(1 + x + x^2 + \cdots + x^n + \cdots)' \\ &= x\left(\frac{1}{1-x}\right)' = \frac{x}{(1-x)^2} \end{aligned}$$

(3) 예제 1.4.9의 (1)에 의하여

$$\begin{aligned} f(x) &= \sum_{n=0}^{\infty} a_n x^n = {}_mH_0 + {}_mH_1 x + {}_mH_2 x^2 + \cdots + {}_mH_n x^n + \cdots \\ &= \binom{m-1}{0} + \binom{m}{1}x + \binom{m+1}{2}x^2 + \cdots + \binom{m+n-1}{n}x^n + \cdots \\ &= \frac{1}{(1-x)^m} \end{aligned}$$

□

문제 2.2.2 다음 수열의 생성함수를 구하여라.

(1) $a_n = 1, 0, 1, 0, 1, 0 \cdots \qquad (n \geq 0)$

(2) $a_n = \binom{m}{n} \qquad (n \geq 0)$

(3) $a_n = \frac{1}{n!} \qquad (n \geq 0)$

예제 2.2.3 다음에서 $f(x)$는 수열 $\{a_n\}$의 생성함수이다. a_n을 구하여라.

(1) $f(x) = \ln(1+x)$

(2) $f(x) = \sqrt{1+x}$

풀이 (1) $f(x) = \sum_{n=0}^{\infty} \frac{f^{(n)}(0)}{n!} x^n = x - \frac{1}{2}x^2 + \frac{1}{3}x^3 - \cdots$ 이므로

$$a_n = (-1)^{n+1}\frac{1}{n} \quad (n \geq 1), \quad a_0 = 0$$

이다.

(2) $f^{(n)}(0)=\frac{1}{2}\left(\frac{1}{2}-1\right)\cdots\left(\frac{1}{2}-n+1\right)$이므로

$$\begin{aligned} f(x) &= \sum_{n=0}^{\infty}\frac{f^{(n)}(0)}{n!}x^n \\ &= 1+\frac{1/2}{1!}x+\frac{1/2(1/2-1)}{2!}x^2+\cdots \\ &= \sum_{n=0}^{\infty}\binom{1/2}{n}x^n \end{aligned}$$

이다. 따라서

$$a_n=\binom{1/2}{n}=\frac{1/2(1/2-1)\cdots(1/2-n+1)}{n!}$$

이다. □

문제 2.2.3 다음에서 $f(x)$는 수열 $\{a_n\}$의 생성함수이다. a_n을 구하여라.

(1) $f(x)=\ln\frac{1}{1-x}$

(2) $f(x)=(1+x)^c$ (c는 실수)

정리 2.2.2

수열 a_n, b_n의 생성함수를 각각 $f(x)$, $g(x)$라 하자. 그러면

(1) 수열 $c_n=a_n\pm b_n$의 생성함수는 $f(x)\pm g(x)$이다.

(2) 수열 $c_n=a_{n-k}$의 생성함수는 $x^k f(x)$이다. (단, $c_0=c_1=\cdots=c_{k-1}=0$)

(3) 수열 $c_n=\sum_{k=0}^{n}a_k b_{n-k}$의 생성함수는 $f(x)g(x)$이다.

(4) 수열 $c_n=\sum_{k=0}^{n}a_k$의 생성함수는 $\frac{f(x)}{1-x}$이다.

증명 $f(x)$와 $g(x)$는 각각 수열 a_n과 b_n의 생성함수이므로

$$f(x)=\sum_{n=0}^{\infty}a_n x^n=a_0+a_1x+a_2x^2+\cdots+a_nx^n+\cdots$$

$$g(x)=\sum_{n=0}^{\infty}b_n x^n=b_0+b_1x+b_2x^2+\cdots+b_nx^n+\cdots$$

이다.

(1) $f(x) \pm g(x) = (a_0 \pm b_0) + (a_1 \pm b_1)x + \cdots + (a_n \pm b_n)x^n + \cdots$

$$= c_0 + c_1 x + c_2 x^2 + \cdots + c_n x^n + \cdots$$

$$= \sum_{n=0}^{\infty} c_n x^n$$

이므로 수열 $c_n = a_n \pm b_n$의 생성함수는

$$f(x) \pm g(x)$$

이다.

(2) 등식 $f(x) = \sum_{n=0}^{\infty} a_n x^n$에 x^k를 곱하면

$$\begin{aligned} x^k f(x) &= \sum_{n=0}^{\infty} a_n x^{n+k} = a_0 x^k + a_1 x^{k+1} + a_2 x^{k+2} + \cdots + a_n x^{k+n} + \cdots \\ &= c_k x^k + c_{k+1} x^{k+1} + c_{k+2} x^{k+2} + \cdots + c_{k+n} x^{k+n} + \cdots \\ &= \sum_{n=0}^{\infty} c_n x^n \end{aligned}$$

이다.

따라서 $c_n = a_{n-k}$의 생성함수는

$$x^k f(x)$$

이다.

(3) $f(x)g(x) = (a_0 b_0) + (a_0 b_1 + a_1 b_0)x + \cdots$

$$+ (a_0 b_n + a_1 b_{n-1} + \cdots \ + a_k b_{n-k} + \cdots + a_n b_0)x^n + \cdots$$

$$= c_0 + c_1 x + c_2 x^2 + \cdots + c_n x^n + \cdots$$

$$= \sum_{n=0}^{\infty} c_n x^n$$

이므로 수열 $c_n = \sum_{k=0}^{n} a_k b_{n-k}$ 의 생성함수는

$$f(x)g(x)$$

이다.

(4) $\frac{1}{1-x} = \sum_{n=0}^{\infty} x^n = 1 + x + x^2 + x^3 + \cdots + x^n + \cdots$

이므로

$$\begin{aligned}\frac{f(x)}{1-x} &= \sum_{n=0}^{\infty}\left(\sum_{k=0}^{n} a_k \cdot 1\right)x^n = \sum_{n=0}^{\infty}\left(\sum_{k=0}^{n} a_k\right)x^n \\ &= a_0 + (a_0+a_1)x + (a_0+a_1+a_2)x^2 + \cdots \\ &\quad + (a_0+a_1+\cdots+a_n)x^n + \cdots \\ &= c_0 + c_1x + c_2x^2 + \cdots + c_nx^n + \cdots = \sum_{n=0}^{\infty} c_nx^n\end{aligned}$$

이다. 따라서 수열 $c_n = \sum_{k=0}^{n} a_k$의 생성함수는

$$\frac{f(x)}{1-x}$$

이다. □

예제 2.2.4 다음 물음에 답하여라.

(1) $f(x)$를 수열 a_n의 생성함수라 하자. 수열 $c_n = a_n - a_{n-1}(n \geq 1)$의 생성함수를 $f(x)$로 나타내어라. (단, $c_0 = a_0$이다.)

(2) 수열 $a_n = n^2$의 생성함수를 구하여라.

(3) 수열 $c_n = 1^2 + 2^2 + \cdots + n^2$의 생성함수를 구하여라.

풀이 (1) 정리 2.2.2에 의하여 수열 a_n과 a_{n-1}의 생성함수는 각각 $f(x)$와 $xf(x)$이다. 그러므로 수열 $c_n = a_n - a_{n-1}$의 생성함수는

$$f(x) - xf(x) = (1-x)f(x)$$

이다.

(2) $\frac{1}{1-x} = 1 + x + x^2 + \cdots + x^n + \cdots$의 양변을 미분하면

$$\frac{1}{(1-x)^2} = 1 + 2x + 3x^2 + \cdots + nx^{n-1} + \cdots$$

이고 양변에 x를 곱하면

$$\frac{x}{(1-x)^2} = x + 2x^2 + 3x^3 + \cdots + nx^n + \cdots$$

이다. 다시 양변을 미분하여 x를 곱하면

$$x\frac{d}{dx}\left(\frac{x}{(1-x)^2}\right)=1^2x+2^2x^2+3^2x^3+4^2x^4+\cdots+n^2x^n+\cdots$$
$$=\sum_{n=0}^{\infty}n^2x^n$$

이므로 수열 $a_n=n^2$의 생성함수는

$$x\frac{d}{dx}\left(\frac{x}{(1-x)^2}\right)=\frac{x(1+x)}{(1-x)^3}$$

이다.

(3) 위 (2)에서 수열 n^2의 생성함수는

$$\frac{x(1+x)}{(1-x)^3}$$

이므로 정리 2.2.2의 (4)에 의하여 수열 $c_n=1^2+2^2+\cdots+n^2$의 생성함수는

$$\frac{1}{1-x}\,\frac{x(1+x)}{(1-x)^3}=\frac{x(1+x)}{(1-x)^4}$$

이다. □

문제 2.2.4 다음 물음에 답하여라.

(1) $f(x)$를 수열 a_n의 생성함수라 하자. d가 상수일 때 수열 $c_n=da_n$의 생성함수를 $f(x)$로 나타내어라.

(2) 수열 $a_n=n(n-1)$의 생성함수를 구하여라.

(3) 수열 $a_n=1\cdot2+2\cdot3+3\cdot4+\cdots+(n-1)n$의 생성함수를 구하여라. (단 $a_0=a_1=0$)

예제 2.2.5 고정된 자연수 k에 대하여 다음 방정식

$$x_1+x_2+\cdots+x_k=n$$

의 음이 아닌 정수해 $(x_1, x_2, \cdots, x_k)$의 개수를 a_n이라 할 때 a_n의 생성함수를 구하여라. 또 이를 이용하여 a_n을 구하여라.

풀이 a_n의 생성함수를 $f(x)$라 하자. 위 방정식에서 각 x_i는 $0, 1, 2, \cdots$의 값을 취할 수 있으므로 생성함수 $f(x)$는

$$\begin{aligned} f(x) &= \sum_{n=0}^{\infty} a_n x^n \\ &= (1+x+x^2+\cdots)(1+x+x^2+\cdots)\cdots(1+x+x^2+\cdots) \\ &= (1+x+x^2+\cdots)^k = \left(\frac{1}{1-x}\right)^k = (1-x)^{-k} \\ &= \sum_{n=0}^{\infty} (-1)^n \binom{-k}{n} x^n \end{aligned}$$

이다. 따라서

$$\begin{aligned} a_n &= (-1)^n \binom{-k}{n} \\ &= (-1)^n \frac{(-k)(-k-1)\cdots(-k-n+1)}{n!} \\ &= \binom{k+n-1}{n} = {}_kH_n \end{aligned}$$

이다. □

문제 2.2.5 다음 방정식

$$x_1 + x_2 + x_3 = n \qquad (\text{단 } x_1 \geq 0, x_2 \geq 1, x_3 \geq 2)$$

의 정수해 (x_1, x_2, x_3)의 개수를 a_n이라 할 때 a_n의 생성함수를 구하여라. 또 이를 이용하여 a_n을 구하여라.

예제 2.2.6 생성함수를 이용하여 30개의 똑같은 공을 5개의 서로 다른 상자에 넣을 때 첫 상자에는 10개 이하가 되도록 넣는 방법의 수를 구하여라.

풀이 n개의 똑같은 공을 5개의 서로 다른 상자에 넣을 때 첫 상자에는 10개 이하가

되도록 넣는 방법의 수를 a_n이라 하자. k번째 상자에 들어 있는 공의 수를 x_k라 하면 $(x_1, x_2, x_3, x_4, x_5)$는 방정식

$$x_1+x_2+x_3+x_4+x_5=n \quad (\text{단 } 0\le x_1\le 10,\, x_2, x_3, x_4, x_5\ge 0)$$

의 정수해이고 그 개수는 a_n이다. 그러므로 a_n의 생성함수 $f(x)$는

$$\begin{aligned} f(x) &= \sum_{n=0}^{\infty} a_n x^n \\ &= (1+x+x^2+\cdots+x^{10})(1+x+x^2+\cdots)\cdots(1+x+x^2+\cdots) \\ &= \frac{1-x^{11}}{1-x}\left(\frac{1}{1-x}\right)^4 = \frac{1-x^{11}}{(1-x)^5} \\ &= (1-x^{11})\sum_{n=0}^{\infty}(-1)^n\binom{-5}{n}x^n = (1-x^{11})\sum_{n=0}^{\infty}\binom{n+5-1}{n}x^n \end{aligned}$$

이다. 따라서 문제의 조건을 만족하는 a_{30}은

$$f(x)=(1-x^{11})\sum_{n=0}^{\infty}\binom{n+5-1}{n}x^n=\sum_{n=0}^{\infty}\binom{n+4}{n}x^n-\sum_{n=0}^{\infty}\binom{n+4}{n}x^{n+11}$$

의 x^{30}의 계수

$$\binom{34}{30}-\binom{23}{19}=\binom{34}{4}-\binom{23}{4}$$

이다. □

문제 2.2.6 생성함수를 이용하여 10개의 서로 다른 주사위를 굴릴 때 합이 25가 되는 경우의 수를 구하여라.

(힌트 : 방정식 $x_1+x_2+\cdots+x_{10}=25$ $(1\le x_i\le 6)$을 이용한다.)

예제 2.2.7 방정식

$$x_1+2x_2+3x_3+5x_4=n$$

의 음이 아닌 정수해 (x_1, x_2, x_3, x_4)의 개수를 a_n이라 할 때 a_n의 생성함수 $f(x)$를 구하여라.

풀이 위의 방정식에서

$$y_1=x_1,\ y_2=2x_2,\ y_3=3x_3,\ y_4=5x_4$$

로 치환하면 위의 방정식은 아래와 같은 방정식

$$y_1+y_2+y_3+y_4=n$$

로 바뀌게 된다. 여기서

$$y_1=0,1,2,3,4,\cdots \qquad y_2=0,2,4,6,8,\cdots$$
$$y_3=0,3,6,9,12,\cdots \qquad y_4=0,5,10,15,20,\cdots$$

이므로 a_n의 생성함수 $f(x)$는

$$\begin{aligned}f(x)&=\sum_{n=0}^{\infty}a_nx^n\\&=(1+x+x^2+\cdots)(1+x^2+x^4+\cdots)(1+x^3+x^6+\cdots)(1+x^5+x^{10}+\cdots)\\&=\frac{1}{1-x}\frac{1}{1-x^2}\frac{1}{1-x^3}\frac{1}{1-x^5}\end{aligned}$$

이다. □

문제 2.2.7 방정식

$$x_1+2x_2+3x_3=n$$

의 자연수해 (x_1, x_2, x_3)의 개수를 a_n이라 할 때 a_n의 생성함수를 구하여라.

예제 2.2.8 자연수 n에 대하여

$$P_n=\{\lambda \mid \lambda\text{는 } n\text{의 분할}\}$$
$$PD_n=\{\lambda \mid \lambda\text{는 부분이 모두 다른 } n\text{의 분할}\}$$
$$PO_n=\{\lambda \mid \lambda\text{는 부분이 모두 홀수인 } n\text{의 분할}\}$$

이라 하자.

(1) 집합 P_n의 원소의 개수를 $p(n)$이라 할 때 $p(n)$의 생성함수를 구하여라.

(2) 집합 PD_n의 원소의 개수를 $\mathrm{pd}(n)$이라 할 때 $\mathrm{pd}(n)$의 생성함수를 구하여라.

(3) 집합 PO_n의 원소의 개수를 $\mathrm{po}(n)$이라 할 때 $\mathrm{po}(n)$의 생성함수를 구하여라.

(4) 위 (2)와 (3)을 이용하여 $\mathrm{pd}(n)=\mathrm{po}(n)$임을 보여라.

(단 $p(0)=\mathrm{pd}(0)=\mathrm{po}(0)=1$)

풀이 (1) n의 분할 λ가

$$\lambda=1^{x_1}2^{x_2}3^{x_3}\cdots$$

이면 $(x_1, x_2, x_3, \cdots)$는 방정식

$$x_1+2x_2+3x_3+\cdots=n$$

의 음이 아닌 정수해이다. 그러므로 n의 분할의 수 $p(n)$의 생성함수 $f(x)$는

$$\begin{aligned}f(x)&=\sum_{n=0}^{\infty}p(n)x^n\\&=(1+x+x^2+\cdots)(1+x^2+x^4+\cdots)(1+x^3+x^6+\cdots)\cdots\\&=\frac{1}{1-x}\,\frac{1}{1-x^2}\,\frac{1}{1-x^3}\cdots\\&=\prod_{i=1}^{\infty}\frac{1}{1-x^i}\end{aligned}$$

이다.

(2) n의 분할 $\lambda=1^{x_1}2^{x_2}3^{x_3}\cdots$가 집합 PD_n의 원소라면 $(x_1, x_2, x_3, \cdots)$는 방정식

$$x_1+2x_2+3x_3+\cdots=n \quad (\text{단 } x_i\text{는 } 0 \text{ 또는 } 1)$$

의 음이 아닌 정수해이다. 그러므로 $\mathrm{pd}(n)$의 생성함수 $g(x)$는

$$\begin{aligned}g(x)&=\sum_{n=0}^{\infty}\mathrm{pd}(n)x^n\\&=(1+x)(1+x^2)(1+x^3)\cdots\\&=\prod_{i=1}^{\infty}(1+x^i)\end{aligned}$$

이다.

(3) n의 분할 $\lambda = 1^{x_1}2^{x_2}3^{x_3}\cdots$가 집합 PO_n의 원소라면 $(x_1, x_3, x_5, \cdots)$는 방정식

$$x_1 + 3x_3 + 5x_5 + \cdots = n$$

의 음이 아닌 정수해이다. 그러므로 $\mathrm{po}(n)$의 생성함수 $h(x)$는

$$\begin{aligned} h(x) &= \sum_{n=0}^{\infty} \mathrm{po}(n)x^n \\ &= (1+x+x^2+\cdots)(1+x^3+x^6+\cdots)(1+x^5+x^{10}+\cdots)\cdots \\ &= \frac{1}{1-x}\ \frac{1}{1-x^3}\ \frac{1}{1-x^5}\ \cdots \\ &= \prod_{i=0}^{\infty} \frac{1}{1-x^{2i+1}} \end{aligned}$$

이다.

(4) 위 (2)와 (3)에 의하여

$$\begin{aligned} g(x) &= \sum_{n=0}^{\infty} \mathrm{pd}(n)x^n \\ &= (1+x)(1+x^2)(1+x^3)(1+x^4)\cdots \\ &= \frac{1-x^2}{1-x}\ \frac{1-x^4}{1-x^2}\ \frac{1-x^6}{1-x^3}\ \frac{1-x^8}{1-x^4}\ \cdots \\ &= \frac{1}{1-x}\ \frac{1}{1-x^3}\ \frac{1}{1-x^5}\ \cdots \\ &= \prod_{i=0}^{\infty} \frac{1}{1-x^{2i+1}} = \sum_{n=0}^{\infty} \mathrm{po}(n)x^n = h(x) \end{aligned}$$

이므로 $\mathrm{pd}(n) = \mathrm{po}(n)$이다. □

문제 2.2.8 부분이 서로 다른 2의 거듭제곱으로 이루어진 n의 분할의 수를 a_n이라 하자.

(1) a_n의 생성함수 $f(x)$를 구하여라. (단 $a_0 = 1$)

(2) $f(x) = \dfrac{1}{1-x}$ 임을 보여라.

(3) 위 (2)를 이용하여 임의의 자연수는 서로 다른 2의 거듭제곱의 합으로 유일하게 나타낼 수 있음을 보여라.

이제 생성함수를 이용하여 점화식으로 주어진 수열의 일반항을 구하는 방법에 대하여 알아보자.

예제 2.2.9 다음 피보나치수열 F_n의 생성함수를 구하여라. 또 생성함수의 전개식을 이용하여 F_n을 구하여라.

$$F_n=F_{n-1}+F_{n-2}\ (n\geq 2),\ \ F_0=0,\ \ F_1=1$$

풀이 수열 F_n의 생성함수를 $f(x)$라 하자. 그러면

$$f(x)=\sum_{n=0}^{\infty}F_n x^n=F_0+F_1x+F_2x^2+F_3x^3+\cdots$$
$$xf(x)=\sum_{n=0}^{\infty}F_n x^{n+1}=F_0x+F_1x^2+F_2x^3+F_3x^4+\cdots$$

이다. 위의 두 식으로부터

$$\begin{aligned}f(x)-xf(x)&=F_0+(F_1-F_0)x+(F_2-F_1)x^2+(F_3-F_2)x^3+\cdots\\&=0+x+F_0x^2+F_1x^3+\cdots\\&=x+x^2(F_0+F_1x+\cdots+F_{n-2}x^{n-2}+\cdots)\\&=x+x^2f(x)\end{aligned}$$

이다. 따라서

$$f(x)=\frac{x}{1-x-x^2}$$

이다. 한편, $f(x)$를 부분분수로 분해하여 전개하면

$$\begin{aligned}f(x)=\frac{x}{1-x-x^2}&=\frac{1}{\sqrt{5}}\left(\frac{1}{1-\frac{1}{\alpha}x}-\frac{1}{1+\alpha x}\right)\\&=\sum_{n=0}^{\infty}\frac{1}{\sqrt{5}}(\alpha^{-n}-(-\alpha)^n)x^n\ \left(\text{단 }\alpha=\frac{-1+\sqrt{5}}{2}\right)\end{aligned}$$

이다. 따라서

$$F_n=\frac{1}{\sqrt{5}}(\alpha^{-n}-(-\alpha)^n)$$
$$=\frac{1}{\sqrt{5}}\left(\left(\frac{1+\sqrt{5}}{2}\right)^n-\left(\frac{1-\sqrt{5}}{2}\right)^n\right) \qquad (n\geq 0)$$

이다. □

문제 2.2.9 다음 수열 a_n의 생성함수를 구하여라.

$$a_n=a_{n-1}-2a_{n-2} \quad (n\geq 2),\ a_0=0,\ a_1=1$$

정리 2.2.3

상수계수를 가지는 선형동차점화식

$$a_n=c_1a_{n-1}+c_2a_{n-2}+\cdots+c_ka_{n-k} \quad (n\geq k, c_k\neq 0) \tag{2.2}$$

와 초기조건 $a_0, a_1, \cdots, a_{k-1}$이 주어지는 수열 $\{a_n\}$의 생성함수를 $f(x)$라 하면

$$f(x)=\frac{g(x)}{1-c_1x-c_2x^2-\cdots-c_kx^k}$$

이다. 여기서 $g(x)$는 x에 관한 $(k-1)$차 이하의 다항식이다.

증명 (2.2)의 양변에 x^n을 곱하여 $\sum_{n=k}^{\infty}$를 취하면

$$\sum_{n=k}^{\infty}a_nx^n=c_1\sum_{n=k}^{\infty}a_{n-1}x^n+c_2\sum_{n=k}^{\infty}a_{n-2}x^n+\cdots+c_k\sum_{n=k}^{\infty}a_{n-k}x^n$$

이다. 이 식을 $f(x)$로 나타내면

$$f(x)-\sum_{i=0}^{k-1}a_ix^i$$
$$=c_1x\left(f(x)-\sum_{i=0}^{k-2}a_ix^i\right)+c_2x^2\left(f(x)-\sum_{i=0}^{k-3}a_ix^i\right)+\cdots+c_kx^kf(x)$$

이 되어 적당한 $(k-1)$차 이하의 다항식 $g(x)$를 잡으면

$$f(x)=\frac{g(x)}{1-c_1x-c_2x^2-\cdots-c_kx^k}$$

이다. □

위의 정리 2.2.3에서

$$p(x)=1-c_1x-c_2x^2-\cdots-c_kx^k$$

라 하면

$$g(x)=f(x)p(x)$$

이고 $g(x)$는 $(k-1)$차 이하의 다항식이므로

$$(a_0+a_1x+a_2x^2+\cdots+a_{k-1}x^{k-1})(1-c_1x-c_2x^2-\cdots-c_{k-1}x^{k-1})$$

을 전개하여 $(k-1)$차 이하의 다항식을 취하면 그것이 바로 $g(x)$이다. 이렇게 구한 $g(x)$와 $f(x)=\dfrac{g(x)}{p(x)}$의 관계식으로부터 a_n의 생성함수 $f(x)$를 쉽게 구할 수 있다. 여기서 $g(x)$는 $(k-1)$차 이하의 다항식임에 다시 한번 유의하자.

예를 들어 피보나치수열

$$a_n=a_{n-1}+a_{n-2}\ (n\geq 2),\ \ a_0=0, a_1=1$$

에서 $p(x)=1-x-x^2$이고 $a_0+a_1x=0+1x$이다. 그러므로 $g(x)$는

$$(0+1x)(1-x)=x(1-x)=x-x^2$$

에서 1차 이하인 다항식이기 때문에 $g(x)=x$이며 a_n의 생성함수 $f(x)$는

$$f(x)=\frac{x}{1-x-x^2}$$

이다.

예제 2.2.10 다음 수열 a_n의 생성함수를 구하여라. 또 생성함수의 전개식을 이용하여 a_n을 구하여라.

(1) $6a_n=11a_{n-1}-6a_{n-2}+a_{n-3}\ (n\geq 3),\ \ a_0=0,\ \ a_1=1,\ \ a_2=1$

(2) $a_n=2a_{n-1}-a_{n-2}\ (n\geq 2),\ \ a_0=0,\ \ a_1=1$

풀이 (1) $p(x)=1-\frac{11}{6}x+x^2-\frac{1}{6}x^3$, $a_0+a_1x+a_2x^2=x+x^2$이고 $g(x)$는

$$(1-\frac{11}{6}x+x^2)(x+x^2)=x-\frac{5}{6}x^2-\frac{5}{6}x^3+x^4$$

의 2차 이하인 다항식 $x-\frac{5}{6}x^2$이다. 따라서 a_n의 생성함수 $f(x)$는

$$f(x)=\frac{x-\frac{5}{6}x^2}{1-\frac{11}{6}x+x^2-\frac{1}{6}x^3}$$

이다.

$f(x)$를 부분분수로 분해하여 전개하면

$$\begin{aligned} f(x)&=\frac{-9/2}{1-\frac{1}{3}x}+\frac{4}{1-\frac{1}{2}x}+\frac{1/2}{1-x} \\ &=\sum_{n=0}^{\infty}\left(-\frac{9}{2}\left(\frac{1}{3}\right)^n+4\left(\frac{1}{2}\right)^n+\frac{1}{2}\right)x^n \end{aligned}$$

이므로

$$\begin{aligned} a_n&=-\frac{9}{2}\left(\frac{1}{3}\right)^n+4\left(\frac{1}{2}\right)^n+\frac{1}{2} \\ &=-\frac{1}{2\cdot 3^{n-2}}+\frac{1}{2^{n-2}}+\frac{1}{2} \quad (n\geq 0) \end{aligned}$$

이다.

(2) $p(x)=1-2x+x^2=(1-x)^2$, $a_0+a_1x=0+1x$이고 $g(x)$는

$$(1-2x)(0+1x)=x-2x^2$$

인 1차 이하인 다항식 x이다. 따라서 수열 a_n의 생성함수 $f(x)$는

$$f(x)=\frac{x}{(1-x)^2}$$

이다. 이를 부분분수로 분해하여 전개하면

$$f(x)=\frac{-1}{1-x}+\frac{1}{(1-x)^2}$$

$$=\sum_{n=0}^{\infty}\left(-1+(-1)^n\binom{-2}{n}\right)x^n=\sum_{n=0}^{\infty}nx^n$$

이고, 따라서 $a_n=n\ (n\geq 0)$이다. □

문제 2.2.10 다음 수열 a_n의 생성함수를 구하여라.

(1) $a_n=2a_{n-1}-a_{n-2}+3a_{n-3}\ \ (n\geq 3),\ \ a_0=a_1=a_2=1$

(2) $a_n=3a_{n-1}-3a_{n-2}+a_{n-3}\ \ (n\geq 3),\ \ a_0=a_1=a_2=1$

이제 특별한 조건이 주어진 순열에 관한 문제의 해결에 유용한 생성함수에 대하여 살펴보기로 하자.

예제 2.2.11 아래와 같이 정의된 세 수 a_n, b_n, c_n은 모두 같은 수임을 보여라.

(1) a_n : 세 문자 A, B, C에서 중복을 허락하여 n문자를 뽑아 일렬로 배열하는 방법 중 A는 1개 이하, B와 C는 2개 이하가 되게 하는 방법의 수

(2) b_n : S가 방정식

$$x_1+x_2+x_3=n \quad (\text{단, } 0\leq x_1\leq 1,\ 0\leq x_2,\ x_3\leq 2) \tag{2.3}$$

의 음이 아닌 정수해 (x_1, x_2, x_3)의 집합일 때

$$b_n=\sum_{(x_1,x_2,x_3)\in S}\frac{n!}{x_1!x_2!x_3!}$$

(3) c_n : 다항식

$$f(x)=\left(\frac{x^0}{0!}+\frac{x^1}{1!}\right)\left(\frac{x^0}{0!}+\frac{x^1}{1!}+\frac{x^2}{2!}\right)\left(\frac{x^0}{0!}+\frac{x^1}{1!}+\frac{x^2}{2!}\right)$$

에서 $\dfrac{x^n}{n!}$의 계수

풀 이 ① $a_n=b_n$을 보이자. (1)의 조건에 맞게 A, B, C에서 각각 x_1, x_2, x_3개를 뽑은 총 n문자를 일렬로 배열하면 (x_1, x_2, x_3)는 집합 S의 원소이고 이런 n문자를 일렬로 배열할 수 있는 방법의 수는

$$\frac{n!}{x_1!x_2!x_3!}$$

이다.

역으로, (x_1, x_2, x_3)가 집합 S의 원소이면

$$\frac{n!}{x_1!x_2!x_3!}$$

는 (1)의 조건에 맞게 A를 x_1개, B를 x_2개, C를 x_3개를 뽑은 총 n문자를 일렬로 배열할 수 있는 방법의 수이다. 그러므로 $a_n=b_n$이다.

② $b_n=c_n$을 보이자. $f(x)$의 전개식에 나타나는 항은 $f(x)$의 각 인수

$$\frac{x^0}{0!}+\frac{x^1}{1!},\quad \frac{x^0}{0!}+\frac{x^1}{1!}+\frac{x^2}{2!},\quad \frac{x^0}{0!}+\frac{x^1}{1!}+\frac{x^2}{2!}$$

에서 한 항을 선택하고 그 선택된 항의 곱으로 이루어지기 때문에

$$\frac{x^{x_1}}{x_1!}\cdot\frac{x^{x_2}}{x_2!}\cdot\frac{x^{x_3}}{x_3!}=\frac{x^{x_1+x_2+x_3}}{x_1!x_2!x_3!}\quad (\text{단}, 0\le x_1\le 1, 0\le x_2, x_3\le 2)$$

의 형태가 된다. 그러므로 $f(x)$에서 $\frac{x^n}{n!}$의 계수 c_n은 방정식

$$x_1+x_2+x_3=n\quad (\text{단}, 0\le x_1\le 1, 0\le x_2, x_3\le 2)$$

의 정수해 (x_1, x_2, x_3)에 대한

$$\frac{n!}{x_1!x_2!x_3!}$$

의 모든 합이다. 따라서 $c_n=b_n$이다. □

문제 2.2.11 S를 방정식

$$x_1+x_2+x_3=n \quad (\text{단}, 0\le x_1\le 3, 0\le x_2, x_3\le 4)$$

의 음이 아닌 정수해 (x_1, x_2, x_3)의 집합이라 하자.

$$a_n=\sum_{(x_1, x_2, x_3)\in S}\frac{n!}{x_1!x_2!x_3!}$$

라 할 때 a_n이 다항식 $f(x)$의 $\dfrac{x^n}{n!}$의 계수가 되도록 $f(x)$를 정하여라.

정의 2.2.4 주어진 수열 $\{a_n\}$에 대하여

$$f(x)=a_0\frac{1}{0!}+a_1\frac{x}{1!}+a_2\frac{x^2}{2!}+a_3\frac{x^3}{3!}+\cdots=\sum_{n=0}^{\infty}a_n\frac{x^n}{n!}$$

을 이 수열의 **지수생성함수**(exponential generating function)라고 한다.

예를 들어 예제 2.2.11에서 주어진 수열 $\{a_n\}$의 지수생성함수는

$$\sum_{n=0}^{\infty}a_n\frac{x^n}{n!}=\left(\frac{x^0}{0!}+\frac{x^1}{1!}\right)\left(\frac{x^0}{0!}+\frac{x^1}{1!}+\frac{x^2}{2!}\right)^2$$

이다.

예제 2.2.12 다음 수열의 지수생성함수를 구하여라.

(1) $a_n=1 \quad (n\ge 0)$

(2) $a_n=r^n \quad (n\ge 0)$

(3) $a_n={}_mP_n \quad (n\ge 0)$

풀이 (1) $f(x)=\sum_{n=0}^{\infty}a_n\frac{x^n}{n!}$

$$=1+\frac{x}{1!}+\frac{x^2}{2!}+\cdots+\frac{x^n}{n!}+\cdots=e^x$$

$$(2)\ f(x)=\sum_{n=0}^{\infty}a_n\frac{x^n}{n!}$$

$$=1+\frac{rx}{1!}+\frac{r^2x^2}{2!}+\cdots+\frac{r^nx^n}{n!}+\cdots$$

$$=1+\frac{rx}{1!}+\frac{(rx)^2}{2!}+\cdots+\frac{(rx)^n}{n!}+\cdots=e^{rx}$$

$$(3)\ f(x)=\sum_{n=0}^{\infty}a_n\frac{x^n}{n!}=1+{}_mP_1\frac{x}{1!}+{}_mP_2\frac{x^2}{2!}+\cdots+{}_mP_n\frac{x^n}{n!}+\cdots$$

$$=\binom{m}{0}+\binom{m}{1}x+\binom{m}{2}x^2+\cdots+\binom{m}{n}x^n+\cdots+\binom{m}{m}x^m$$

$$=(1+x)^m$$

□

문제 2.2.12 다음 수열의 지수생성함수를 구하여라.

(1) $a_n=1, 0, 1, 0, 1, 0, \cdots\quad(n\geq 0)$

(2) $a_n=n\quad(n\geq 0)$

(3) $a_n=n!\quad(n\geq 0)$

예제 2.2.13 수열 a_n, b_n의 지수생성함수를 각각 $f(x)$라 $g(x)$할 때 다음 수열 c_n의 지수생성함수를 구하여라.

(1) $c_n=a_n\pm b_n$

(2) $c_n=\sum_{k=0}^{n}\binom{n}{k}a_kb_{n-k}$

(3) $c_n=a_{n+1}-a_n\quad(n\geq 0)$

풀이 $f(x)$와 $g(x)$는 각각 수열 a_n과 b_n의 지수생성함수이므로

$$f(x)=a_0\frac{1}{0!}+a_1\frac{x}{1!}+a_2\frac{x^2}{2!}+\cdots+a_n\frac{x^n}{n!}+\cdots$$

$$g(x)=b_0\frac{1}{0!}+b_1\frac{x}{1!}+b_2\frac{x^2}{2!}+\cdots+b_n\frac{x^n}{n!}+\cdots$$

이다.

(1) 위의 두 식으로부터

$$f(x)\pm g(x)=(a_0\pm b_0)\frac{1}{0!}+(a_1\pm b_1)\frac{x}{1!}+\cdots+(a_n\pm b_n)\frac{x^n}{n!}+\cdots$$
$$=c_0\frac{1}{0!}+c_1\frac{x}{1!}+c_2\frac{x^2}{2!}+\cdots+c_n\frac{x^n}{n!}+\cdots$$
$$=\sum_{n=0}^{\infty}c_n\frac{x^n}{n!}$$

이므로 수열 $c_n=a_n\pm b_n$의 지수생성함수는

$$f(x)\pm g(x)$$

이다.

(2) $f(x)$와 $g(x)$를 곱하면

$$f(x)g(x)=\sum_{n=0}^{\infty}\left(\sum_{k=0}^{n}\frac{a_k}{k!}\ \frac{b_{n-k}}{(n-k)!}\right)x^n$$
$$=\sum_{n=0}^{\infty}\left(\sum_{k=0}^{n}\frac{n!}{k!(n-k)!}a_kb_{n-k}\right)\frac{x^n}{n!}$$
$$=\sum_{n=0}^{\infty}\left(\sum_{k=0}^{n}\binom{n}{k}a_kb_{n-k}\right)\frac{x^n}{n!}=\sum_{n=0}^{\infty}c_n\frac{x^n}{n!}$$

이므로 수열 $c_n=\sum_{k=0}^{n}\binom{n}{k}a_kb_{n-k}$의 지수생성함수는

$$f(x)g(x)$$

이다.

(3) $$f'(x)=a_1\frac{1}{1!}+a_2\frac{2x}{2!}+\cdots+a_n\frac{nx^{n-1}}{n!}+\cdots$$
$$=a_1\frac{1}{0!}+a_2\frac{x}{1!}+\cdots+a_n\frac{x^{n-1}}{(n-1)!}+\cdots$$
$$=\sum_{n=0}^{\infty}a_{n+1}\frac{x^n}{n!}$$

이다. 위의 두 식으로부터

$$f'(x)-f(x)=\sum_{n=0}^{\infty}(a_{n+1}-a_n)\frac{x^n}{n!}=\sum_{n=0}^{\infty}c_n\frac{x^n}{n!}$$

이므로 수열 $c_n=a_{n+1}-a_n$의 지수생성함수는 $f'(x)-f(x)$이다. □

문제 2.2.13 수열 a_n의 지수생성함수를 $f(x)$라 할 때 다음 수열 c_n의 지수생성함수를 구하여라.

(1) $c_n = da_n$ (단, d는 상수)

(2) $c_n = \sum_{k=0}^{n} \binom{n}{k} a_k$

예제 2.2.14 n명을 서로 다른 세 개의 방 A, B, C에 배치하려 한다. 다음 수열의 지수생성함수를 구하고, 이를 이용하여 다음의 각 수열을 구하여라.

(1) a_n : 각 방에 적어도 한 명은 배치하는 방법의 수

(2) b_n : 각 방에 짝수 명씩 배치하는 방법의 수

풀이 (1) a_n은 세 문자 A, B, C에서 중복을 허락하여 n개를 뽑아 일렬로 배열하는 방법 중 각 문자를 적어도 한 번은 포함하는 방법의 수와 같으므로 a_n의 지수생성함수 $f(x)$는 예제 2.2.11과 같은 방법으로

$$f(x) = \sum_{n=0}^{\infty} a_n \frac{x^n}{n!} = \left(x + \frac{x^2}{2!} + \frac{x^3}{3!} + \cdots\right)^3$$
$$= (e^x - 1)^3 = e^{3x} - 3e^{2x} + 3e^x - 1$$
$$= \sum_{n=1}^{\infty} (3^n - 3\cdot 2^n + 3) \frac{x^n}{n!}$$

이다. 따라서

$$a_n = \begin{cases} 0 & (n=0) \\ 3^n - 3\cdot 2^n + 3 & (n \ge 1) \end{cases}$$

이다.

(2) b_n은 세 문자 A, B, C에서 중복을 허락하여 n개를 뽑아 일렬로 배열하는 방법 중 각 문자를 짝수 번씩 포함하는 방법의 수와 같으므로 다시 예제 2.2.11과 같은 방법으로 b_n의 지수생성함수 $g(x)$는

$$g(x) = \sum_{n=0}^{\infty} b_n \frac{x^n}{n!} = \left(1 + \frac{x^2}{2!} + \frac{x^4}{4!} + \cdots\right)^3$$
$$= \left(\frac{e^x + e^{-x}}{2}\right)^3 = \frac{1}{8}(e^{3x} + 3e^x + 3e^{-x} + e^{-3x})$$

$$=\sum_{n=0}^{\infty}\frac{1}{8}\left(3^n+3+3\cdot(-1)^n+(-3)^n\right)\frac{x^n}{n!}$$

이다. 따라서

$$b_n=\frac{1}{8}\left(3^n+3+3\cdot(-1)^n+(-3)^n\right)=\begin{cases}0 & (n\text{이 홀수})\\ \frac{1}{4}(3^n+3) & (n\text{이 짝수})\end{cases}$$

이다. □

문제 2.2.14 n명을 서로 다른 네 개의 방 A, B, C, D에 배치하는 방법 중 A, B에는 많아야 1명이 되도록 배치하는 방법의 수를 c_n이라 할 때, 수열 c_n의 지수생성함수를 구하고 이를 이용하여 c_n을 구하여라.

예제 2.2.15 k를 자연수라 하자. 지수생성함수를 이용하여 제2종 스털링 수

$$S(n,k)=\frac{1}{k!}\sum_{i=0}^{k}(-1)^i\binom{k}{i}(k-i)^n$$

임을 보여라.

풀이 $T(n,k)=k!S(n,k)$라 하면 $T(n,k)$는 n개의 서로 다른 공을 k개의 서로 다른 상자에 넣을 때 빈 상자가 없도록 넣는 방법의 수이다(예제 1.6.9 참조). 그러므로 $T(n,k)$의 지수생성함수 $f(x)$는

$$\begin{aligned}f(x)&=\sum_{n=0}^{\infty}T(n,k)\frac{x^n}{n!}=\left(x+\frac{x^2}{2!}+\frac{x^3}{3!}+\cdots\right)^k\\&=(e^x-1)^k=\sum_{i=0}^{k}\binom{k}{i}(-1)^i e^{(k-i)x}\\&=\sum_{i=0}^{k}\binom{k}{i}(-1)^i\left(\sum_{n=0}^{\infty}(k-i)^n\frac{x^n}{n!}\right)\end{aligned}$$

이다. 여기서 합의 순서를 바꾸면

$$f(x)=\sum_{n=0}^{\infty}\left(\sum_{i=0}^{k}(-1)^i\binom{k}{i}(k-i)^n\right)\frac{x^n}{n!}$$

이다. 따라서

$$T(n,k)=\sum_{i=0}^{k}(-1)^i\binom{k}{i}(k-i)^n$$

이고

$$S(n,k)=\frac{1}{k!}T(n,k)=\frac{1}{k!}\sum_{i=0}^{k}(-1)^i\binom{k}{i}(k-i)^n$$

이다. □

문제 2.2.15 벨수는 다음과 같이 정의하였다.

$$B(n)=\sum_{k=1}^{n}S(n,k)\ \ (n\geq 1),\ \ B(0)=1$$

(1) 다음 점화식이 성립함을 보여라.

$$B(n+1)=\sum_{k=0}^{n}\binom{n}{k}B(n-k)\qquad (n\geq 0)$$

(2) 벨수 $B(n)$의 지수생성함수 $f(x)$는

$$f(x)=\sum_{n=0}^{\infty}B(n)\frac{x^n}{n!}=\exp(e^x-1)$$

임을 보여라. (단, $\exp(x)=e^x$)

연습문제 2.2

01 다음 수열 $\{a_n\}$의 생성함수를 구하여라.

(1) $a_n=2$

(2) $a_n=\frac{1}{n}\quad(n\ge1),\ \ a_0=0$

(3) $a_n=n(n-1)(n-2)\quad(n\ge0)$

(4) $a_n=1\cdot2\cdot3+2\cdot3\cdot4+\cdots+(n-2)(n-1)n,\quad a_0=a_1=a_2=0$

(5) $\sum_{k=0}^{n}a_ka_{n-k}=4^n\ (n\ge0),\ \ a_0=1$

02 다음 수열 $\{a_n\}$의 지수생성함수를 구하여라.

(1) $a_n=2^{n+1}\quad(n\ge0)$

(2) $a_n=\frac{1}{n+1}\quad(n\ge0)$

03 생성함수를 이용하여 다음 수열 $\{a_n\}$의 일반항을 구하여라.

(1) $a_n=3a_{n-1},\ \ a_0=2$

(2) $a_n=2a_{n-1}+3a_{n-2},\ \ a_0=1,\ \ a_1=2$

(3) $a_n=6a_{n-1}-9a_{n-2},\ \ a_0=1,\ \ a_1=1$

04 다음 물음에 답하여라.

(1) 세 문자 A, B, C에서 중복을 허락하여 n문자를 뽑을 때 A는 2개 이상, B는 홀수 개, C는 짝수 개를 뽑는 방법의 수를 a_n이라 할 때 a_n의 생성함수를 구하여라.

(2) 똑같은 공 n개를 서로 다른 세 상자에 넣을 때 각 상자에 적어도 2개 이상 넣는 방법의 수를 b_n이라 할 때 b_n의 생성함수를 구하여라.

(3) 방정식

$$x_1+x_2+x_3+x_4=n\qquad(\text{단 } x_i\ge i)$$

의 정수해 (x_1,x_2,x_3,x_4)의 개수를 c_n이라 할 때 c_n의 생성함수를 구하여라.

05 다음 각 수열의 생성함수를 구하여라.

(1) a_n : 방정식

$$2x_1+3x_2+5x_3=n$$

의 음이 아닌 정수해 (x_1, x_2, x_3)의 개수

(2) b_n : 똑같은 공 n개를 똑같은 세 상자에 넣는 방법의 수

(3) c_n : n을 자연수라 할 때, n의 분할 중 부분이 모두 짝수인 분할의 수

(4) d_n : 음이 아닌 정수 n을 3개의 부분으로 나누는 분할의 수

06 똑같은 공 n개를 서로 다른 네 상자 A, B, C, D에 다음 〈조건〉을 만족하면서 넣는 경우의 수를 a_n이라 하자.

〈조건〉

1. 상자 A에는 홀수 개의 공을 넣어야 함
2. 상자 B에는 3의 배수 개(0 포함)의 공을 넣어야 함
3. 상자 C에는 4개 이상의 공을 넣어야 함
4. 상자 D에는 5개 이하의 공을 넣어야 함

(1) 수열 $\{a_n\}$의 생성함수 $f(x)$를 구하여라.

(2) 위 (1)의 결과를 이용하여 일반항 a_n을 구하여라.

07 자연수 n에 대하여, 방정식

$$x+y+z=n \quad (\text{단}, 1 \le x \le 7, 0 \le y, 0 \le z)$$

을 만족하는 정수해의 개수를 a_n이라 하자.

(1) 수열 $\{a_n\}$의 생성함수 $f(x)$를 구하여라.

(2) 위 (1)의 결과를 이용하여 일반항 a_{15}을 구하여라.

[2014년도 중등교사 임용시험]

08 다음 각 수열의 지수생성함수를 구하여라.

(1) a_n : 세 문자 A, B, C에서 중복을 허락하여 문자를 뽑아 일렬로 배열할 때 A는 2개 이상, B는 홀수 개, C는 짝수 개를 포함하는 방법의 수

(2) b_n : 서로 다른 공 n개를 서로 다른 세 상자에 넣을 때 각 상자에 적어도 2개 이상 넣는 방법의 수

(3) c_n : S를 방정식

$$x_1+x_2+x_3+x_4=n \quad (\text{단 } x_i \geq i)$$

의 음이 아닌 정수해 (x_1, x_2, x_3, x_4)의 집합이라 하자.

$$c_n = \sum_{(x_1, x_2, x_3, x_4) \in S} \frac{n!}{x_1! x_2! x_3! x_4!}$$

09 숫자 1, 2, 3, 4, 5를 다음 규칙에 따라 일렬로 나열하여 n자리 자연수를 만들려고 할 때, 만들 수 있는 서로 다른 자연수의 개수를 a_n이라 하자.

(가) 1, 2, 3은 각각 홀수 번 사용한다. (나) 4와 5의 사용 횟수는 각각 음이 아닌 정수이다.

(1) 수열 $\{a_n\}$의 지수생성함수 $f(x)$를 구하여라.

(2) 위 (1)의 결과를 이용하여 일반항 a_8을 구하여라.

[2012년도 중등교사 임용시험]

10 집합 $\{1, 2, 3, \cdots, n\}$를 원소의 개수가 1 또는 2인 블록으로 분할하는 방법의 수를 a_n이라 하자. 예를 들어 $n=1$이면 분명히 $a_1=1$이고 $n=2$이면 그런 집합의 분할은 $\{1, 2\}$, $\{1\} \cup \{2\}$뿐이므로 $a_2=2$이다. 또, 집합 $\{1, 2, 3\}$을 원소의 개수가 1 또는 2인 블록으로 분할하는 방법은

$$\{1\} \cup \{2\} \cup \{3\}, \ \{1, 2\} \cup \{3\}, \ \{1, 3\} \cup \{2\}, \ \{1\} \cup \{2, 3\}$$

뿐이므로 $a_3=4$이다.

(1) a_n은 점화식

$$a_n = a_{n-1} + (n-1)a_{n-2} \ (n \geq 2), \ \ a_0=1, \ \ a_1=1$$

을 만족함을 보여라.

(2) a_n의 지수생성함수를 구하여라.

11* 집합 $\{1, 2, \cdots, n\}$에서 $\{1, 2, \cdots, n\}$으로 가는 일대일대응 f 중에서 $f \circ f$가 항등함수인 f의 개수를 a_n이라 할 때 a_n의 지수생성함수 $g(x)$를 구하여라.

12* 볼록$(n+1)$각형을 교차하지 않는 대각선으로 분할하려 한다.

(1) $(n-2)$개의 대각선으로 모두 삼각형이 되게 분할하는 방법의 수 a_n은 점화식

$$\sum_{k+l=n} a_k a_l = a_n \ (n \geq 2), \ \ a_0 = 0, \ \ a_1 = 1$$

을 만족함을 보여라.

(2) 수열 a_n의 생성함수를 $g(x)$라 하면 $g(x)$는 관계식

$$g(x) = x + g(x)^2, \quad g(0) = 0$$

을 만족함을 보여라.

(3) a_n을 구하여라.

13 집합 $\{1, 2, \cdots, n\}$에서 $\{1, 2, \cdots, n\}$으로 가는 일대일대응 f 중에서

$$f(i) \neq i \quad (i = 1, 2, \cdots, n)$$

인 함수의 개수를 D_n이라 하자. (단 $D_0 = 1$)

(1) 수열 D_n은 다음 점화식을 만족함을 보여라.

$$n! = \sum_{k=0}^{n} \binom{n}{k} D_{n-k}$$

(2) 위 (1)을 이용하여 D_n의 지수생성함수 $g(x)$를 구하여라.

(3) D_n의 지수생성함수를 이용하여 D_n을 구하여라.

14 점화식

$$a_0 = 1, \quad a_n = \frac{1}{2} a_{n-1} + \frac{1}{2^n} \quad (n \geq 1)$$

을 만족하는 수열 $\{a_n\}$에 대하여 다음 물음에 답하여라.

[2016년도 중등교사 임용시험]

(1) 수열 $\{a_n\}$의 생성함수 $f(x)$를 구하여라.

(2) $\sum_{n=0}^{\infty} n a_n$의 값을 구하여라.

| 제 3 장 |

그래프

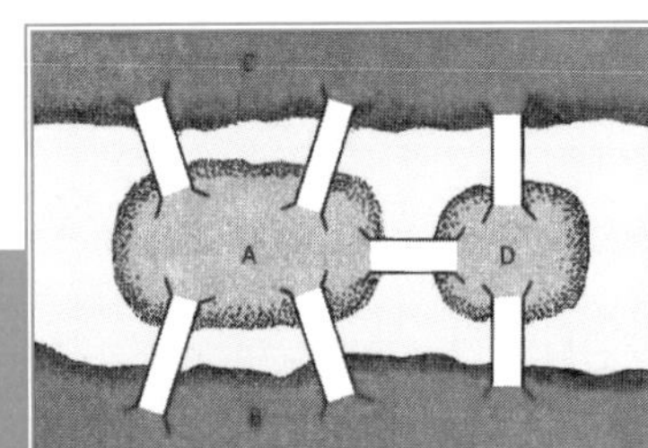

그래프는 수학의 여러 분야에서 자주 이용됨은 물론 컴퓨터공학, 화학, 심리학, 사회학, 생태학, 유전학 등의 학문에서도 널리 쓰이는 중요한 항목이다. 특히 반도체, 네트워크, 비행항로 등과 같이 컴퓨터과학과 관련된 분야에서는 여러 가지 복잡한 문제들을 그래프로 나타내고 그래프의 성질을 이용하여 해결하는 경우가 많다. 또 요즈음에는 도시계획이나 교통문제 등과 같은 현대생활의 중요한 문제에서도 그래프가 자주 쓰이고 있다. 이 단원에서는 그래프의 뜻과 그래프에서 나오는 용어를 이해하고 간단한 그래프의 성질을 익힌다. 또 실생활에서 일어나는 문제 중에서 그래프로 나타내어 쉽게 해결할 수 있는 문제를 알아본다.

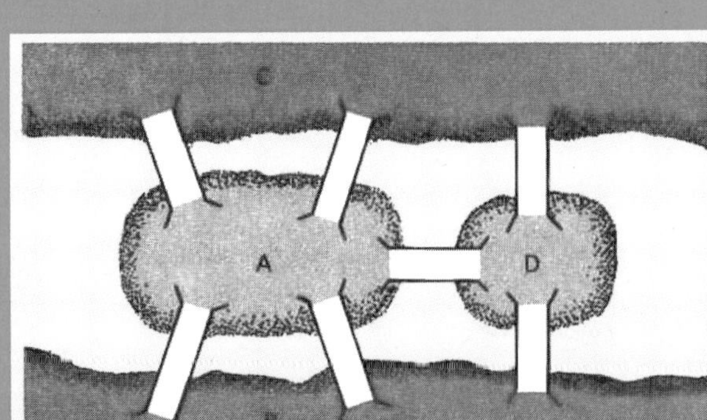

제1절

그래프

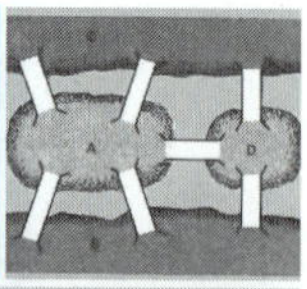

집합 안의 두 원소 사이의 관계를 나타낼 때는 그래프로 나타내면 편리하다. 이 절에서는 실생활에서 일어나는 여러 가지 문제를 그래프로 나타내는 방법과 장차 그래프를 공부할 때에 필요한 예와 용어, 간단한 성질에 대하여 알아본다.

예제 3.1.1 6개의 야구팀 A, B, C, D, E, F가 야구 시합을 하고 있다. 지금까지 각 팀의 경기는 아래와 같다.

A팀과 경기한 팀 : C, D, F
B팀과 경기한 팀 : C, E, F
C팀과 경기한 팀 : A, B
D팀과 경기한 팀 : A, E, F
E팀과 경기한 팀 : B, D, F
F팀과 경기한 팀 : A, B, D, E

각 팀을 점으로 나타내고, 지금까지 두 팀이 경기를 했으면 그 두 점을 선으로 이어라.

풀이

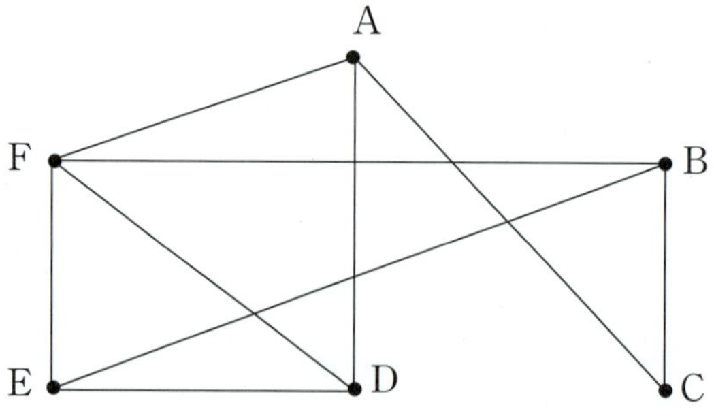

| 그림 3.1.1 |

문제 3.1.1 다섯 명 A_1, A_2, A_3, A_4, A_5가 참여한 모임에서 A_i가 악수를 교환한 사람은 다음과 같다.

$A_1 : A_3, A_4$
$A_2 : A_4, A_5$
$A_3 : A_1, A_4, A_5$
$A_4 : A_1, A_2, A_3$
$A_5 : A_2, A_3$

모임에 참석한 사람을 점으로 나타내고, 두 사람이 악수를 했으면 두 점을 선으로 이어라.

위의 그림 3.1.1과 같이 점과 선으로 이루어진 도형을 그래프라 한다. 그래프를 좀 더 정확히 정의하면 다음과 같다.

정의 3.1.1 **그래프**(graph) G는 유한개의 **꼭짓점**(vertex)의 집합 V와 두 꼭짓점을 원소로 갖는 **변**(edge)의 집합 E로 이루어져 있으며 $G(V, E)$로 나타낸다. 두 꼭짓점 u, v를 포함하는 변이 있으면 u와 v는 **인접**(adjacent)한다고 하며, 변 $e=\{u, v\}$는 u 또는 v와 **근접**(incident)한다고 한다.

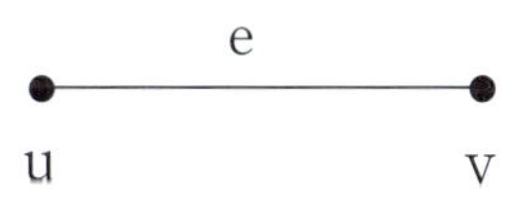

그림 3.1.2

또 꼭짓점 v와 근접한 변의 수를 v의 **차수**(degree)라고 하고 $d(v)$로 나타낸다.

예제 3.1.2 그림 3.1.3의 그래프에서 다음을 구하여라.

(1) 꼭짓점의 집합과 변의 집합
(2) 꼭짓점 A와 인접한 꼭짓점
(3) 변 e와 근접한 꼭짓점
(4) 각 꼭짓점의 차수

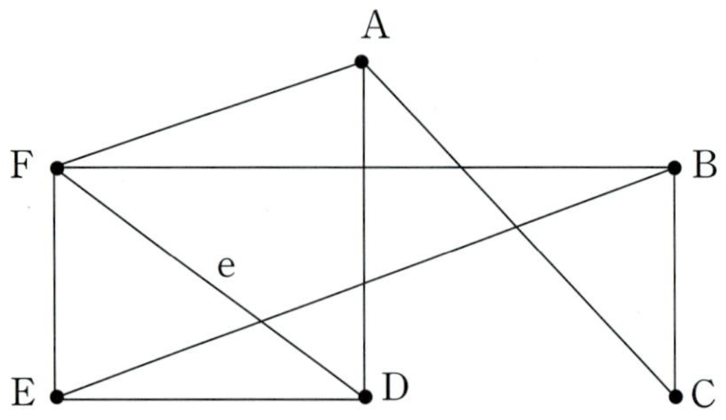

┃그림 3.1.3┃

풀 이 (1) 꼭짓점의 집합 : {A, B, C, D, E, F}

변의 집합 : {{A,C},{A,D},{A,F},{B,C},{B,E},{B,F},{D,E},{D,F},{E,F}}

(2) C, D, F

(3) D, F

(4) $d(\mathrm{A})=3,\ d(\mathrm{B})=3,\ d(\mathrm{C})=2,\ d(\mathrm{D})=3,\ d(\mathrm{E})=3,\ d(\mathrm{F})=4$ □

문제 3.1.2 다음 그래프에서 꼭짓점의 집합과 변의 집합, 그리고 각 꼭짓점의 차수를 구하여라.

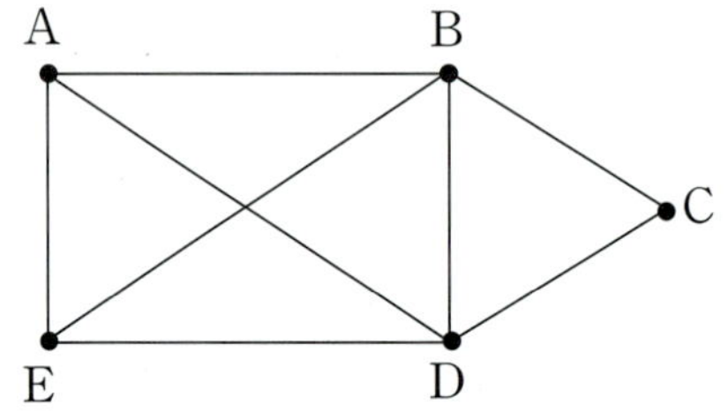

┃그림 3.1.4┃

그래프의 꼭짓점의 차수를 이용하여 간단히 해결할 수 있는 문제를 살펴보자.

예제 3.1.3 길이가 각각 8cm인 다섯 조각의 철사를 구부리거나 이어서 아래 그림과 같은 모양을 만들 수 있는가? (단, 아래 그림에서 한 칸의 간격은 1cm이다.)

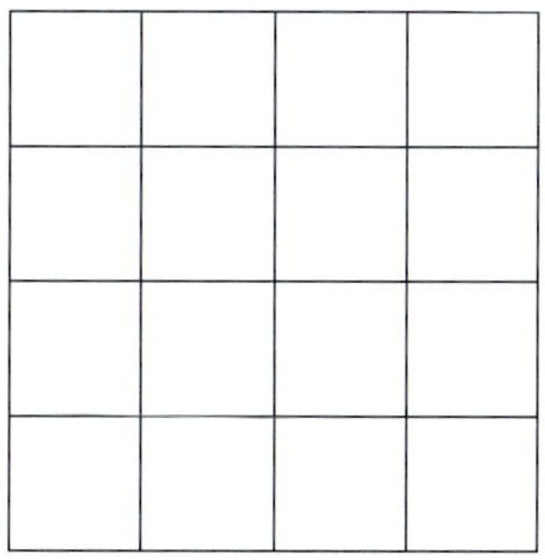

그림 3.1.5

풀이 다섯 조각의 철사를 구부리거나 이어서 만든 그래프를 생각하여 보자. 그런 그래프에는 차수가 홀수인 꼭짓점의 수는 다섯 조각의 철사 양 끝점의 수인 10을 넘을 수 없다. 그러나 그림 3.1.5의 그래프에는 차수가 홀수인 꼭짓점이 12개이므로 다섯 조각의 철사를 구부리거나 이어서 위 그림의 모양을 만들 수 없다. □

문제 3.1.3 길이가 각각 4cm인 세 조각의 철사를 구부리거나 이어서 아래 그림과 같은 한 변의 길이가 1cm인 정육면체 모양을 만들 수 있는가?

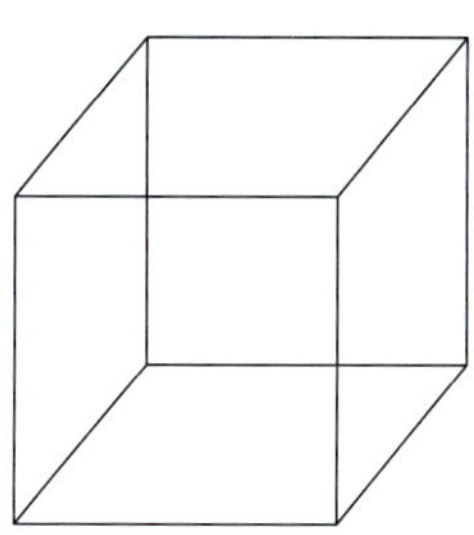

그림 3.1.6

그래프는 꼭짓점과 두 꼭짓점을 연결하는 변으로 이루어지므로 꼭짓점의 위치, 변을 나타내는 선의 모양이나 길이, 변의 교차점 등은 중요하지 않다. 예를 들어 그림 3.1.7에서 (a)와 (b)는 모양은 다르지만 꼭짓점의 집합과 변의 집합이 각각 같으므로 같은 그래프이나 (c)는 그 꼭짓점의 집합이 (a)나 (b)의 꼭짓점의 집합과 같지 않으므로 (a)나 (b)와는 다른 그래프이다.

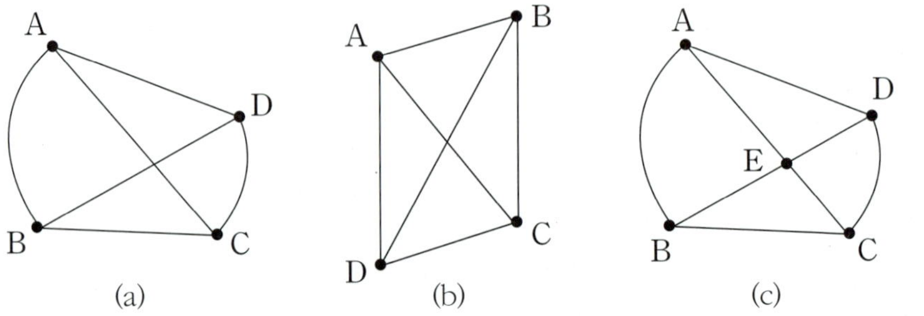

| 그림 3.1.7 |

정리 3.1.2

그래프 $G(V, E)$에서 모든 꼭짓점의 차수의 합은 $2|E|$이다. 즉,

$$\sum_{v \in V} d(v) = 2|E|$$

이다.

증명 1 그래프에서 변 e가 두 꼭짓점 u, v와 근접한다면 변 e는 u와 v의 차수를 구할 때 각각 1번씩 세어지므로 모든 꼭짓점의 차수의 합에서 두 번 세어진다. 따라서 모든 꼭짓점의 차수의 합은 $2|E|$이다.

증명 2 다음과 같은 집합 S의 원소의 개수를 두 가지 방법으로 세어보자.

$$S = \{(v, e) \in V \times E \mid v\text{는 변 }e\text{와 근접한 꼭짓점}\}$$

먼저 임의의 꼭짓점 v에 대하여 $(v, e) \in S$인 것의 개수는 $d(v)$개이므로

$$|S| = \sum_{v \in V} d(v)$$

이다. 한편, 임의의 변 e에 대하여 $(v, e) \in S$인 것의 개수는 두 개이므로

$$|S| = 2|E|$$

이다. 따라서 $\sum_{v \in V} d(v) = 2|E|$이다. □

예제 3.1.4 변의 수가 20이고 각 꼭짓점의 차수가 4인 그래프의 꼭짓점의 수를 구하여라.

풀이 꼭짓점의 수를 k라 하면 정리 3.1.2에 의해 $4k=2\times 20$이므로 꼭짓점의 수는 $k=10$이다. □

문제 3.1.4 꼭짓점의 차수가 각각 1, 1, 2, 2, 3, 4, 5인 그래프의 변의 수를 구하여라.

예제 3.1.5 어느 바둑 시합에 9명이 참가하였다. 각 참가자가 다른 사람과 정확히 다섯 판의 바둑을 둘 수 있도록 대진표를 작성할 수 있는가?

풀이 각 참가자가 다른 사람과 정확히 다섯 판의 바둑을 둘 수 있도록 대진표를 작성하였다고 하자. 시합에 참가한 사람을 꼭짓점으로 하고 두 사람이 경기를 하면 두 꼭짓점을 변으로 잇는 그래프를 생각하면, 이 그래프는 각 꼭짓점의 차수가 5이므로 모든 꼭짓점의 차수의 합은 45이다. 그러나 모든 꼭짓점의 차수의 합은 변의 수의 두 배이므로 홀수가 될 수 없다. 따라서 주어진 조건을 만족하는 대진표는 작성할 수 없다. □

문제 3.1.5 어떤 체스 시합에 일곱 명 A, B, C, D, E, F, G가 참가하였다. 다음 물음에 답하여라.

(1) 모든 참가자가 다른 참가자와 정확히 두 판의 체스 경기를 둘 수 있도록 대진표를 작성하여라.

(2) 모든 참가자가 다른 참가자와 정확히 세 판의 체스 경기를 둘 수 있도록 대진표를 작성할 수 있는가?

이제 그래프 이론에서 자주 이용되는 그래프에 대하여 알아보자.

(1) 모든 꼭짓점 사이에 항상 변이 있는 그래프를 **완전그래프**(complete graph)라 하며 꼭짓점의 수가 n인 완전그래프를 K_n으로 나타낸다. 예를 들어 K_3, K_4, K_5는 다음과 같다.

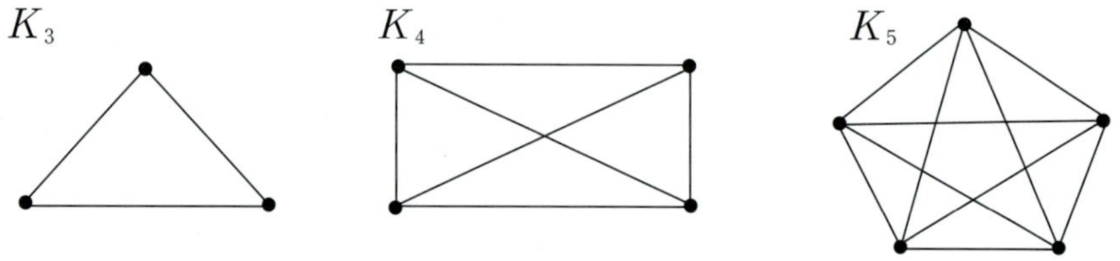

| 그림 3.1.8 |

(2) 다음의 조건 (i), (ii), (iii)을 만족하는 그래프 $G(V, E)$를 **이분그래프**(bipartite graph)라고 한다.

(i) $V = V_1 \cup V_2$, $V_1 \neq \emptyset$, $V_2 \neq \emptyset$, $V_1 \cap V_2 = \emptyset$이다.
(ii) 집합 V_1에 있는 꼭짓점 사이에는 변이 존재하지 않는다.
(iii) 집합 V_2에 있는 꼭짓점 사이에는 변이 존재하지 않는다.

특히, 이분그래프 G에서 V_1의 모든 꼭짓점이 V_2의 모든 꼭짓점과 인접하면 G를 **완전이분그래프**(complete bipartite graph)라고 한다. 여기서 $m = |V_1|$, $n = |V_2|$인 완전이분그래프를 $K_{m,n}$으로 나타낸다. 아래 그림에서 (a)는 이분그래프이며 (b)는 완전이분그래프 $K_{3,3}$이다.

| 그림 3.1.9 |

(3) 다음 그래프는 이제까지 살펴본 그래프와는 달리 꼭짓점 D와 E 사이에 두 개의 변

이 있으며 꼭짓점 A와 그 자신을 잇는 변(**루프**(loop)라고 함)이 있다. 이처럼 두 꼭짓점 사이에 여러 개의 변이 있거나 루프가 있는 그래프를 **다중그래프**(multigraph)라고 한다.

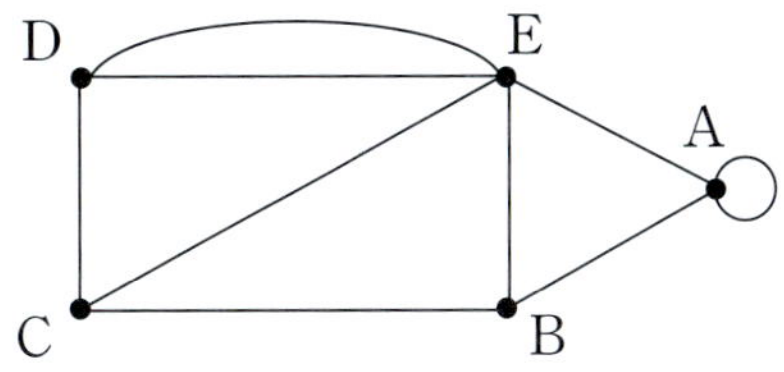

그림 3.1.10

다중그래프에서 변의 모임은 같은 원소가 여러 번 있을 수 있는 다중집합(multiset)으로 나타내어진다. 예를 들어, 위의 다중그래프에서

꼭짓점의 집합$=\{A, B, C, D, E\}$,

변의 모임$=\{\{A, A\}, \{A, B\}, \{A, E\}, \{B, C\}, \{B, E\}, \{C, D\}, \{C, E\}, \{D, E\}, \{D, E\}\}$,

$$d(A)=4,\ d(B)=3,\ d(C)=3,\ d(D)=3,\ d(E)=5$$

이다. (단, 루프는 차수를 구할 때 두 변으로 간주한다.)

(4) 다음 그림처럼 각 변에 방향이 있는 그래프를 **유향그래프**(directed graph, digraph)라 한다.

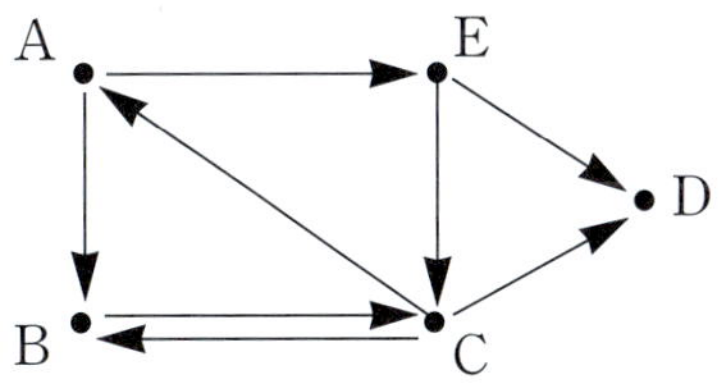

그림 3.1.11

유향그래프의 변은 두 꼭짓점으로 이루어진 순서쌍으로 나타낸다. 예를 들어 위의 유향그래프에서

꼭짓점의 집합={A, B, C, D, E},

변의 집합={(A,B), (A,E), (B,C), (C,A), (C,B), (C,D), (E,C), (E,D)}

이다.

(5) e={x, y}를 그래프 G의 한 변이라 하자. G에서 변 e만을 제거한 그래프를 $\boldsymbol{G-\mathbf{e}}$, G에서 변 e를 제거한 후 꼭짓점 x를 y와 일치시킨 그래프를 $\boldsymbol{G/\mathbf{e}}$로 나타낸다. 또, u, v가 G의 인접하지 않은 두 꼭짓점이라면 G에 변 e′={u, v}를 첨가한 그래프를 $\boldsymbol{G+\mathbf{e}'}$으로 나타낸다.

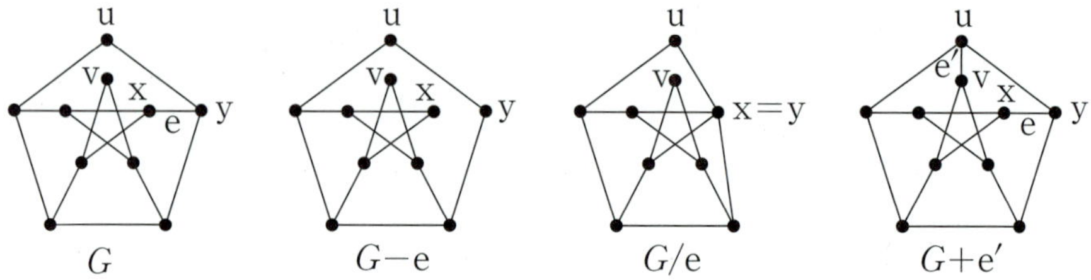

그림 3.1.12

(6) 그래프 $G(V, E)$에서 다음과 같이 V', E'이 결정되는 그래프 $G'(V', E')$를 그래프 G의 **여그래프**(complement of graph)라고 한다.

(i) $V=V'$

(ii) $e\in E \Leftrightarrow e\notin E'$

G의 여그래프 G'은 G와 똑같은 꼭짓점을 갖으며 G에서 두 꼭짓점 사이에 변이 있으면 G'에서는 그 두 꼭짓점 사이에는 변이 없고, G에서 두 꼭짓점 사이에 변이 없으면 G'에서는 그 두 꼭짓점 사이에 변이 존재하는 그래프이다.
예를 들어 그림 3.1.13의 두 그래프는 서로 여그래프이다.

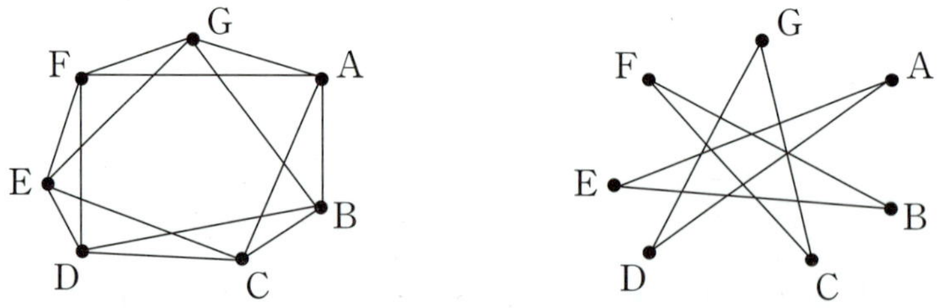

그림 3.1.13

(7) 두 그래프 $G(V, E)$와 $G'(V', E')$에서 $V' \subseteq V$이고 $E' \subseteq E$이면 $G'(V', E')$를 $G(V, E)$의 **부분그래프**(subgraph)라고 한다.

아래 그림에서 왼쪽 그래프를 $G(V, E)$, 오른쪽 그래프를 $G'(V', E')$라 하면

$V = \{A, B, C, D, E, F\}$
$V' = \{A, B, C, E, F\}$
$E = \{\{A, B\}, \{A, C\}, \{A, F\}, \{B, C\}, \{B, D\}, \{B, E\}, \{C, D\}, \{C, E\}, \{C, F\}, \{D, E\}, \{E, F\}\}$
$E' = \{\{A, C\}, \{A, F\}, \{B, C\}, \{B, E\}, \{C, E\}, \{C, F\}, \{E, F\}\}$

이므로 $V' \subseteq V$, $E' \subseteq E$이다. 따라서 그림 3.1.14 오른쪽 그래프 $G'(V', E')$는 왼쪽 그래프 $G(V, E)$의 부분그래프이다.

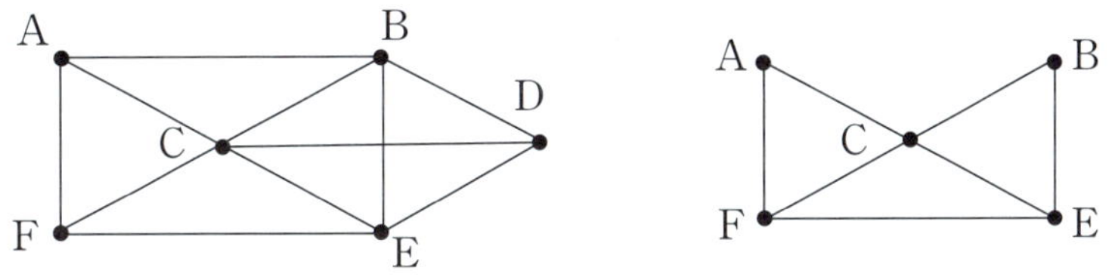

| 그림 3.1.14 |

유향그래프나 다중그래프와 비교하여 변에 방향이 없고 루프도 없으며 두 꼭짓점 사이에는 많아야 한 개의 변이 있는 그래프를 **단순그래프**(simple graph)라고 한다. 다음부터는 특별한 언급이 없으면 그래프는 모두 단순그래프를 뜻하는 것으로 약속한다.

예제 3.1.6 꼭짓점의 수가 n인 그래프에서 각 꼭짓점의 차수는 $n-1$ 이하임을 보여라.

풀이 단순그래프에서는 한 꼭짓점과 다른 꼭짓점을 잇는 변의 수는 많아야 한 개이므로 각 꼭짓점의 차수는 그와 다른 꼭짓점의 수인 $n-1$ 이하이다. □

문제 3.1.6 꼭짓점의 수가 둘 이상인 그래프에는 항상 차수가 같은 두 꼭짓점이 있음을 보여라.

예제 3.1.7 완전그래프 K_n와 완전이분그래프 $K_{m,n}$의 변의 수를 각각 구하여라.

풀이 K_n의 변의 수를 $|E|$라 하자. K_n는 꼭짓점의 수가 n이고 각 꼭짓점의 차수가 $(n-1)$인 단순그래프이므로, 정리 3.1.2에 의하여

$$2|E|=n(n-1)$$

이다. 따라서 $|E|=\dfrac{n(n-1)}{2}=\dbinom{n}{2}$이다.

한편 $K_{m,n}$에서는 m개의 꼭짓점 하나하나에 근접한 변이 n개씩 있으므로 K_{mn}에는 mn개의 변이 있다. □

문제 3.1.7 12개의 변을 갖고 있는 완전이분그래프를 모두 찾아라.

예제 3.1.8 다음 그래프는 이분그래프임을 보여라.

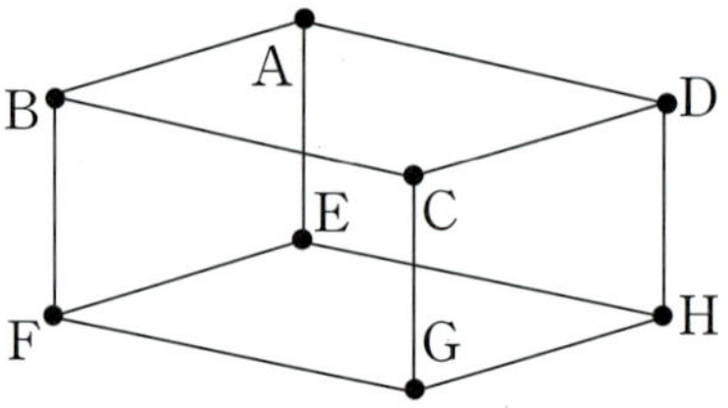

| 그림 3.1.15 |

풀이 꼭짓점 A는 꼭짓점 B, D, E와 인접하고, 꼭짓점 C, G, F, H와는 인접하지 않는다. 이 중 G는 꼭짓점 B, D, E와 인접하지 않으므로 위에 주어진 그래프는 다음 그림의 이분그래프와 같다.

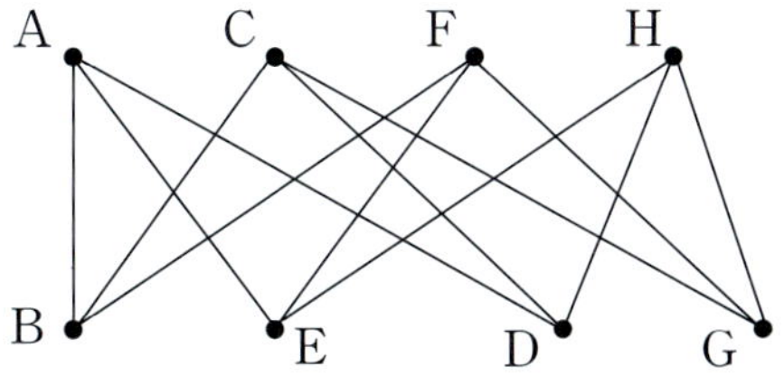

| 그림 3.1.16 |

□

문제 3.1.8 다음 그래프는 이분그래프임을 보여라.

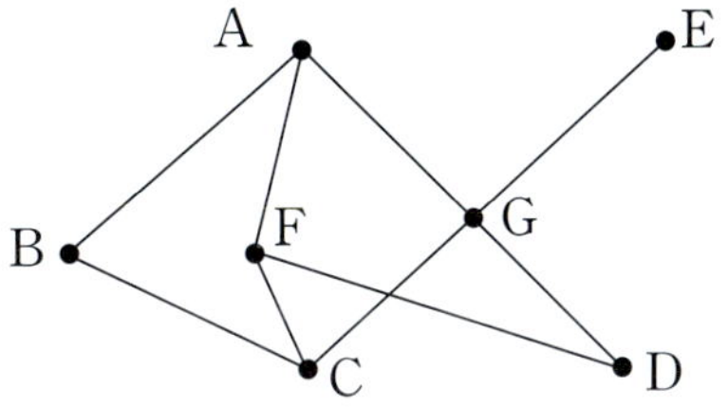

| 그림 3.1.17 |

예제 3.1.9 아래 그래프 G에 대하여 다음 물음에 답하여라.

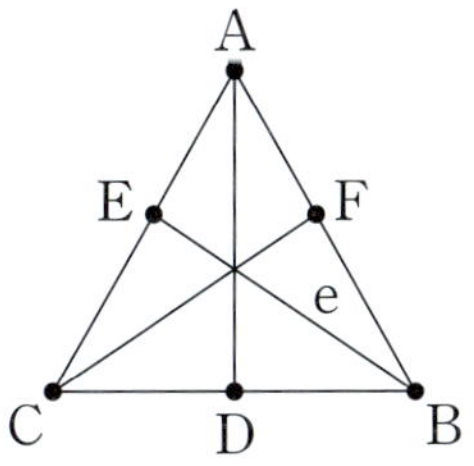

| 그림 3.1.18 |

□

(1) G의 여그래프 G'을 그려라.

(2) e$=${B, E}일 때 $G/$e를 그려라.

풀이

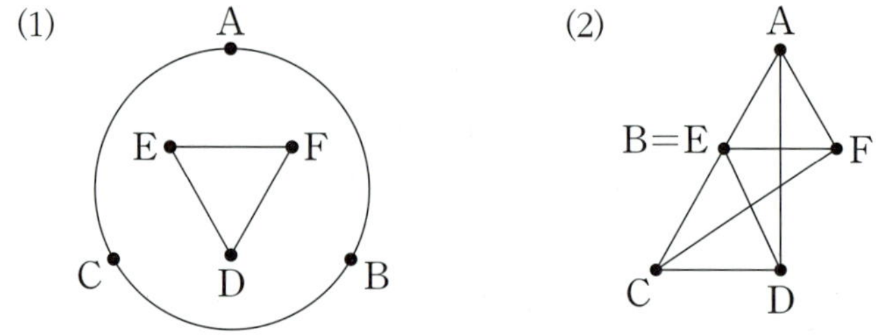

┃ 그림 3.1.19 ┃

경우에 따라서는 G가 단순그래프라 하더라도 G/e는 단순그래프가 아닌 다중그래프일 수도 있다.

문제 3.1.9 아래 그래프 G에 대하여 다음 물음에 답하여라.

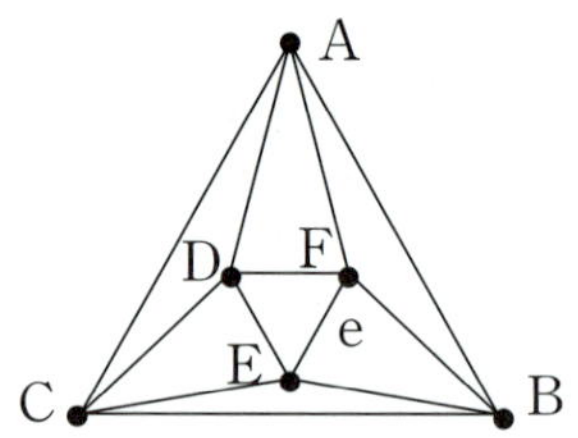

┃ 그림 3.1.20 ┃

(1) G의 여그래프 G'을 그려라.

(2) $\mathrm{e}=\{\mathrm{E}, \mathrm{F}\}$일 때 G/e를 그려라.

연습문제 3.1

01 다음은 평면에 9개의 직선 A, B, C, D, E, F, G, H, I를 그린 것이다.

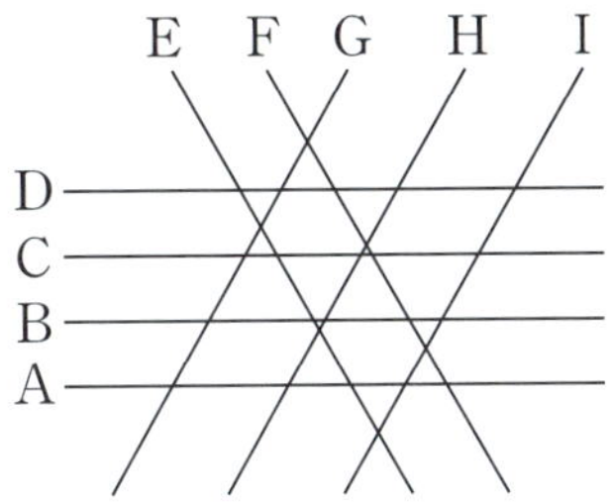

각 직선을 꼭짓점으로 나타내고 두 직선이 만나면 해당되는 두 꼭짓점이 인접한 그래프를 그려라.

02 집합 $C=\{L, M, N, O, P\}$를 다음과 같이 정의된 구간의 집합이라 하자.

$$L=[-4, 2],\ \ M=[0, 1],\ \ N=[-8, 2],\ \ O=[2, 4],\ \ P=[4, 10]$$

집합 C에 있는 구간을 꼭짓점으로 하고 두 구간 사이에 공통부분이 있으면 두 구간 사이에 변이 있는 그래프를 그려라.

03 다음은 일주일 동안의 프로농구 일정표이다.

요 일	경 기
화요일	동부 : KCC, LG : 삼성
수요일	오리온스 : 모비스, 전자랜드 : SK
목요일	KCC : LG, 동부 : KT
금요일	삼성 : SK, 모비스 : 전자랜드
토요일	동부 : KCC, 오리온스 : 모비스, KT : 삼성
일요일	전자랜드 : SK, LG : 오리온스, 동부 : KT

각 팀을 꼭짓점으로 나타내고 두 팀의 경기가 예정되어 있으면 그 두 팀에 해당하는 꼭짓점 사이에 예정된 경기 수만큼 변이 있는 다중그래프를 그려라.

04 다음은 6개 배구팀 A, B, C, D, E, F의 지난 전적을 나타낸 것이다.

날 짜	승리한 팀	패배한 팀
12월 3일	A	B
12월 4일	C	E
12월 10일	D	F
12월 11일	A	E
12월 17일	E	B
12월 18일	C	A
12월 24일	A	D
12월 25일	F	B
12월 31일	D	B
1월 1일	C	F

각 팀을 꼭짓점으로 나타내고 팀 Y가 팀 X에 승리했다면 순서쌍 (X, Y)가 변이 되는 유향그래프를 그려라.

05 토너먼트 방식으로 치러지는 어느 테니스 단식 경기에 12명의 선수 A, B, C, D, E, F, G, H, I, J, K, L이 출전하였다. 다음 그림은 출전한 선수들의 경기 대진표와 그 경기 결과를 나타낸 것이다. 각 선수를 꼭짓점으로 나타내고 Y가 X에 승리했다면 순서쌍 (X, Y)가 변이 되는 유향그래프를 그려라.

(단, 굵은 선에 해당되는 선수가 승자이다.)

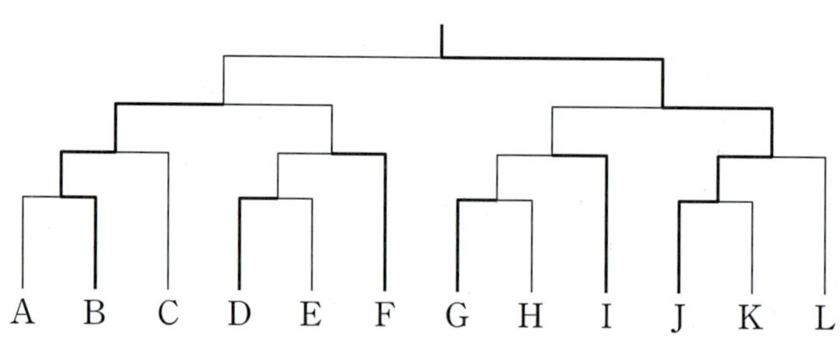

06 아래 그래프 G에서 꼭짓점의 집합, 변의 집합, 그리고 각 꼭짓점의 차수를 구하여라.

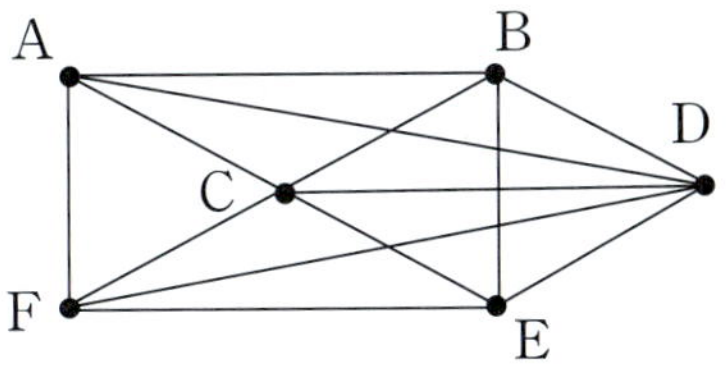

07 아래 두 그래프는 같은 그래프인가 아니면 다른 그래프인가?

(1)

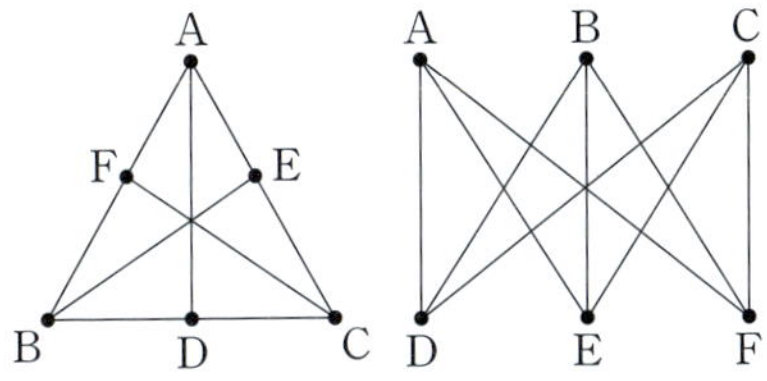

(2)

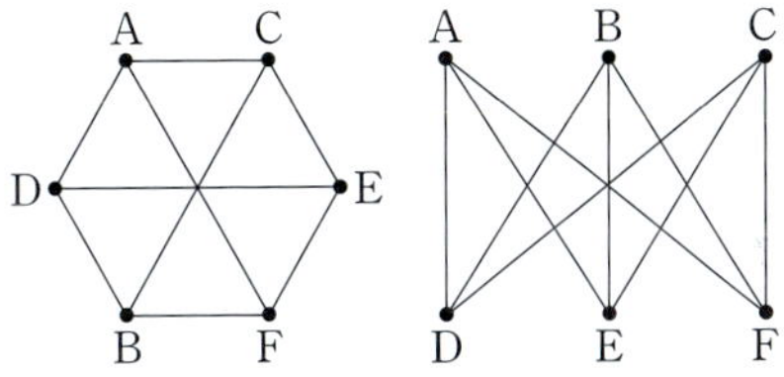

08 다음은 어떤 그래프의 꼭짓점의 차수를 나타낸 것이다. 이 그래프의 변의 수를 구하고 그래프를 그려라.

(1) 0, 1, 1, 2, 2

(2) 1, 1, 2, 3, 3, 4, 4, 6

(3) 1, 1, 2, 2, $\cdots$, n, n

09 아래 그래프는 이분그래프인가?

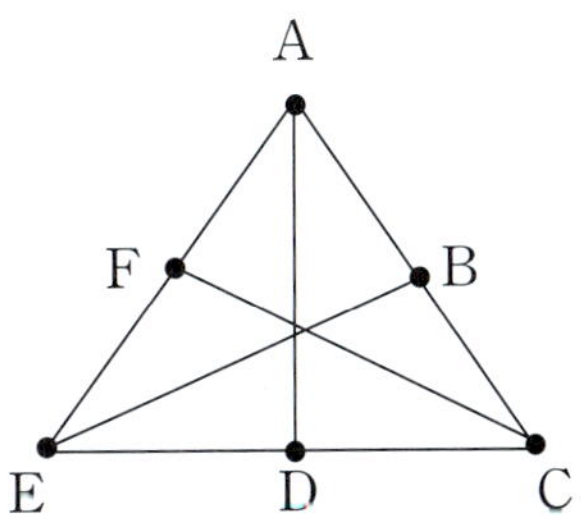

10 변의 수와 꼭짓점의 수가 같은 완전이분그래프를 모두 구하여라.

11 다음 명제가 참인지 거짓인지 알아보아라.

(1) 꼭짓점이 A, B, C, D, E이며 차수가 각각 4, 4, 4, 4, 2인 그래프는 존재한다.

(2) 꼭짓점이 A, B, C, D, E이며 차수가 각각 0, 1, 2, 3, 4인 그래프는 존재한다.

(3) 19명이 참석한 동창회에서 참석한 모든 사람이 각각 한 번씩 악수할 수 있다.

(4) 30명으로 이루어진 한 학급에서 9명은 3명의 친구를, 11명은 4명의 친구를, 10명은 5명의 친구를 가질 수 있다.

(5) 평면에 각 직선이 오직 다른 세 직선과만 만나도록 9개의 직선을 그릴 수 있다.

12 다음 물음에 답하여라.

(1) 꼭짓점이 A, B, C인 그래프를 모두 그려라.

(2) 꼭짓점이 A, B, C, D인 그래프는 모두 몇 개가 있는가?

(3) 꼭짓점이 $A_1, A_2, \cdots, A_n$인 그래프는 모두 몇 개가 있는가?

13 꼭짓점의 수가 6이고 각 꼭짓점의 차수가 3인 단순그래프를 두 개 찾아라.

14 꼭짓점의 수가 n인 그래프 G에서 차수가 홀수인 꼭짓점은 짝수 개 있음을 보여라.

15* 다음 물음에 답하여라.

(1) 영호의 부모님은 주말에 두 쌍의 부부를 집으로 초대하였다. 영호의 어머님이 다른 다섯 사람에게 각각 악수한 횟수를 물어 보니 그 답이 모두 달랐고 누구도 자신의 배우자와는 악수를 하지 않았다고 한다. 영호 아버님과 어머님은 각각 몇 번 악수를 하였을까?

(2) 위 (1)에서 n쌍의 부부를 초대하였고 영호 어머님을 제외하고 악수한 횟수가 모두 달랐다면 영호 아버님과 어머님은 각각 몇 번 악수를 하였는가?

16 꼭짓점의 수가 6인 단순그래프에 대하여 옳은 것을 모두 골라라.

[2013년도 중등교사 임용시험]

> 가. 꼭짓점의 차수가 4, 4, 3, 3, 2, 0인 그래프가 존재한다.
> 나. 꼭짓점의 차수가 2, 2, 2, 2, 2, 2인 단순그래프는 유일하다.
> 다. 꼭짓점의 차수가
> $$d_1, d_2, d_3, d_4, d_5, d_6 \ (d_1 > d_2 > d_3 > d_4 > d_5 > d_6)$$
> 인 단순그래프가 존재한다.

제2절 그래프의 동형

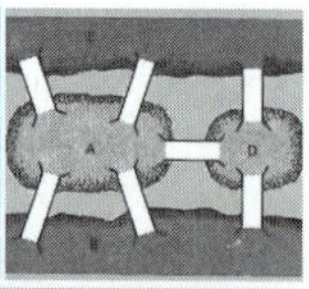

그래프는 꼭짓점과 두 꼭짓점의 연결 유무만을 결정하는 변으로 되어 있기 때문에 같은 성질의 그래프라 하더라도 꼭짓점의 위치, 변의 모양, 변의 교차점 유무, 꼭짓점에 붙여진 문자 등에 따라 서로 달라 보일 수 있다. 이 절에서는 주어진 두 그래프가 같은 성질을 갖는 그래프인지 아닌지를 판별하는 방법에 대하여 살펴본다.

예제 3.2.1 아래 그림의 왼쪽 그래프를 꼭짓점이나 변을 제거하거나 첨가하지 않고 꼭짓점만을 움직여 오른쪽 그래프로 만들 수 있는가?

그림 3.2.1

풀이 그림 3.2.1의 왼쪽 그래프에 아래와 같이 각 꼭짓점에 문자를 붙이자. 이제 꼭짓점 C를 꼭짓점 A, B, D로 이루어진 삼각형 안에 놓으면 오른쪽 그래프가 된다.

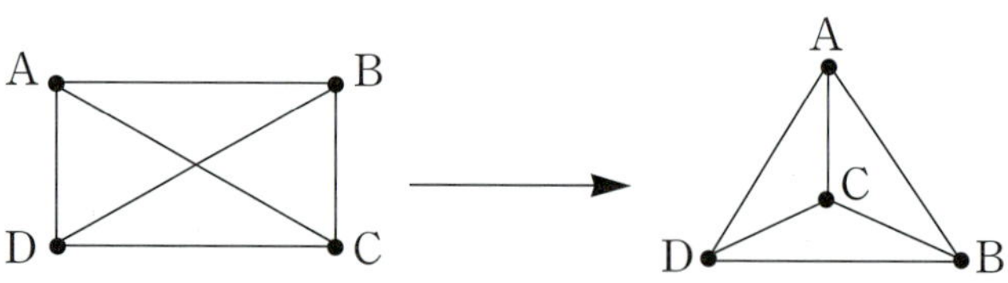

그림 3.2.2

문제 3.2.1 아래 그림에서 꼭짓점이나 변을 제거하거나 첨가하지 않고 꼭짓점만을 움직여 왼쪽 그래프를 오른쪽 그래프로 만들어라.

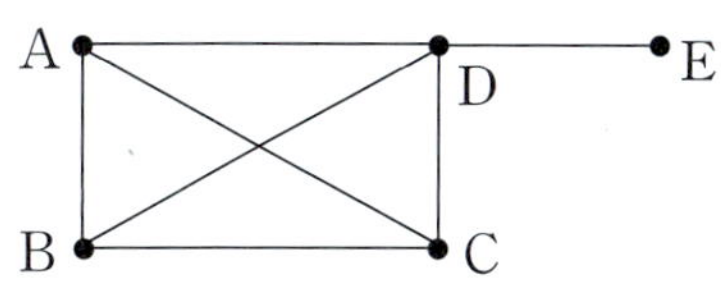

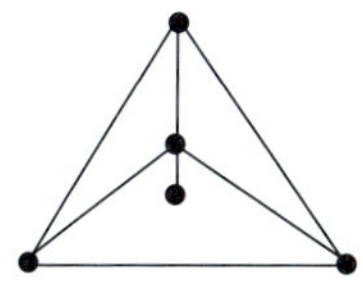

그림 3.2.3

앞에서 언급한 대로 그래프는 꼭짓점과 꼭짓점을 연결하는 변으로 이루어지므로 꼭짓점의 위치나 변의 모양, 변의 교차점 등은 중요하지 않다. 그렇기 때문에 경우에 따라서는 그림 3.2.1과 같이 서로 다른 그래프로 보이지만 같은 성질을 나타내는 그래프일 수 있다. 이처럼 같은 성질을 나타내는 두 그래프를 서로 동형이라 한다. 그래프의 동형의 수학적 정의는 다음과 같다.

정의 3.2.1 두 그래프 $G(V, E)$와 $G'(V', E')$에서 다음 두 조건 (i)과 (ii)를 만족하는 함수 $f: V \to V'$를 그래프 G에서 G'으로 가는 **동형사상**(isomorphism)이라고 한다.

(i) f는 일대일대응이고,

(ii) $\{\mathrm{v}, \mathrm{w}\} \in E \Leftrightarrow \{f(\mathrm{v}), f(\mathrm{w})\} \in E'$

즉, 함수 f가 동형사상이면 G에서 두 꼭짓점 v와 w사이에 변이 있을 때 G'에서도 $f(\mathrm{v})$와 $f(\mathrm{w})$ 사이에 변이 있으며 그 역도 참이다. 두 그래프 G와 G' 사이에 적어도 하나의 동형사상이 있으면 두 그래프는 **동형**(isomorphic)이라 하고 $G \cong G'$로 나타낸다.

예제 3.2.2 다음 두 그래프는 동형임을 보여라.

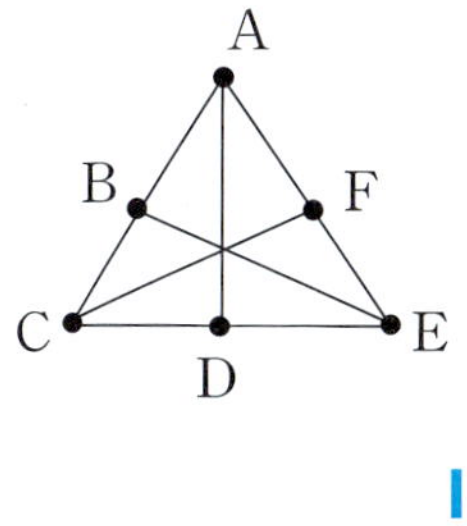

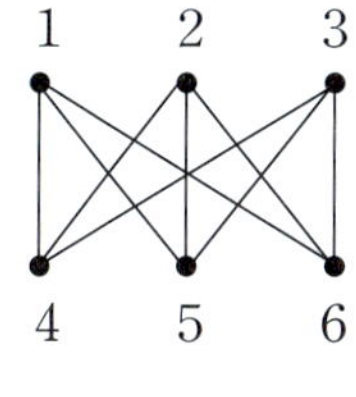

그림 3.2.4

풀이 위의 두 그래프를 각각 $G(V, E)$와 $G'(V', E')$이라 하고 함수 $f: V \to V'$를

$$\text{A} \leftrightarrow 1,\ \text{B} \leftrightarrow 4,\ \text{C} \leftrightarrow 2,\ \text{D} \leftrightarrow 5,\ \text{E} \leftrightarrow 3,\ \text{F} \leftrightarrow 6$$

으로 정의하면 G와 G'의 변은 각각

$$\begin{array}{lll} \{\text{A,B}\} \leftrightarrow \{1,4\}, & \{\text{A,D}\} \leftrightarrow \{1,5\}, & \{\text{A,F}\} \leftrightarrow \{1,6\}, \\ \{\text{B,C}\} \leftrightarrow \{4,2\}, & \{\text{B,E}\} \leftrightarrow \{4,3\}, & \{\text{C,D}\} \leftrightarrow \{2,5\}, \\ \{\text{C,F}\} \leftrightarrow \{2,6\}, & \{\text{D,E}\} \leftrightarrow \{5,3\}, & \{\text{E,F}\} \leftrightarrow \{3,6\} \end{array}$$

로 대응되므로 함수 f는 동형사상이고, 따라서 그래프 G는 G'과 동형이다. □

문제 3.2.2 다음 두 그래프는 동형임을 보여라.

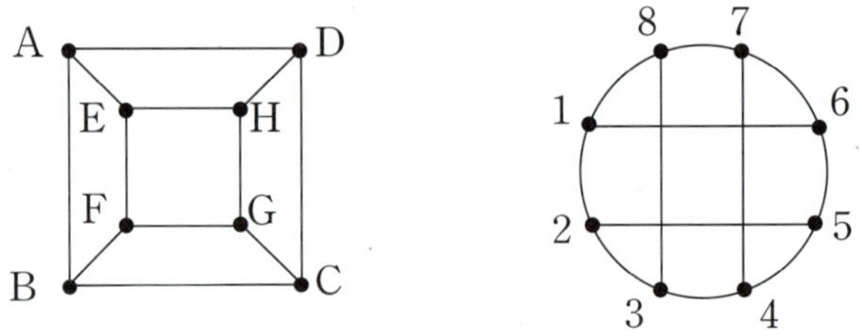

| 그림 3.2.5 |

예제 3.2.3 다음 두 그래프가 동형인지 아닌지 판별하여라.

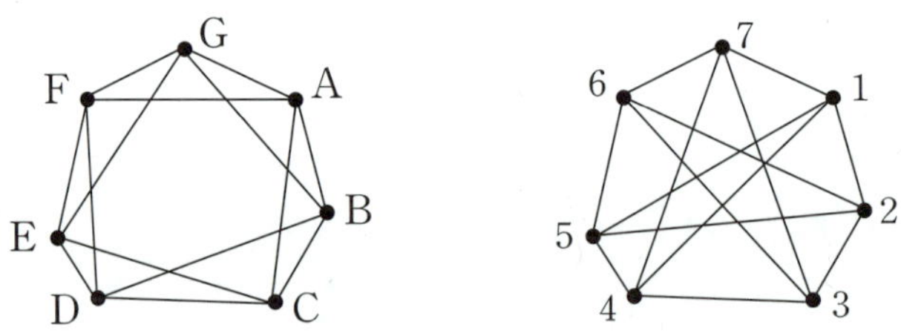

| 그림 3.2.6 |

풀이 위의 그래프에서는 변이 많아 동형사상을 찾기가 쉽지 않다. 이럴 경우 두 그래프가 동형이면 그것의 여그래프도 동형이며 그 역 또한 참이기 때문에 주어진 그래프의 여그래프를 살펴보면 좀 더 쉽게 동형 여부를 판단할 수 있다. 그림 3.2.6의 두 그래프의 여그래프는 각각 아래 그림의 두 그래프와 같다.

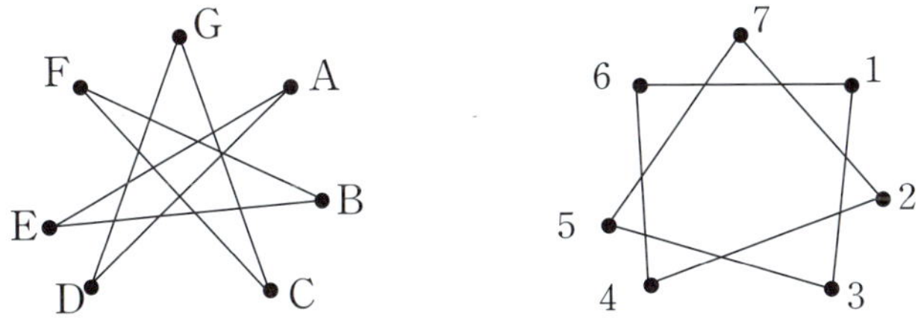

| 그림 3.2.7 |

이제 $A \leftrightarrow 1, B \leftrightarrow 4, C \leftrightarrow 7, D \leftrightarrow 3, E \leftrightarrow 6, F \leftrightarrow 2, G \leftrightarrow 5$로 대응시키면 이 함수는 동형사상이 되어 그림 3.2.7의 두 그래프는 동형이다. 따라서 그림 3.2.6의 두 그래프도 동형이다. □

문제 3.2.3 다음 두 그래프가 동형인지 아닌지를 판별하여라.

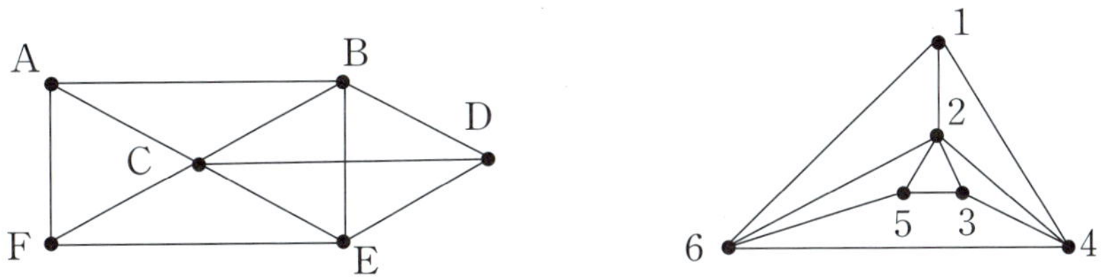

| 그림 3.2.8 |

주어진 두 그래프가 동형인지 아닌지를 결정하기 위해서는 우선 동형인지 아닌지를 먼저 추측하고 동형이라고 판단되면 두 그래프 사이에 적당한 동형사상을 찾아야 한다. 그렇지 않으면 두 그래프의 다른 성질을 찾아 동형이 아니라는 결론을 짓는다. 동형사상에 의하여 변하지 않는 성질들은 꼭짓점이나 변의 수, 같은 차수의 꼭짓점의 수 등이 있다. 또한 좀 더 복잡한 성질로 길이가 일정한 회로의 수, 연결성이나 평면성, 오일러회로나 해밀턴회로의 유무 등이 있다.

예제 3.2.4 다음 두 그래프가 동형인지 아닌지를 판별하여라.

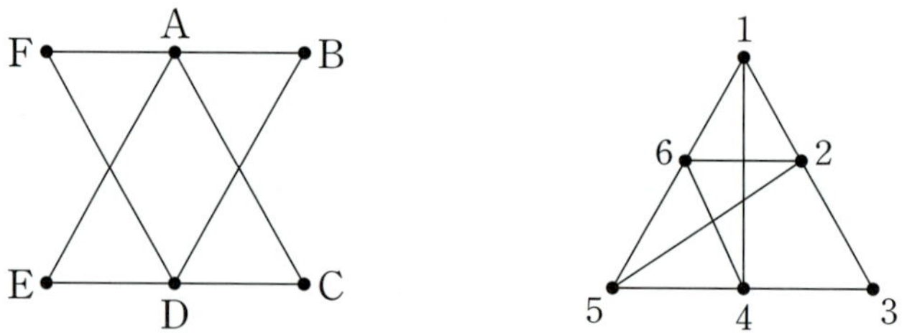

| 그림 3.2.9 |

풀이 두 그래프가 동형이면 차수가 2인 꼭짓점의 수가 같아야 한다. 그러나 위의 왼쪽 그래프에서 차수가 2인 꼭짓점은 A, C, D, F 네 개이고 오른쪽 그래프에서는 차수가 2인 꼭짓점이 3 하나뿐이다. 따라서 위의 두 그래프는 동형이 아니다. □

문제 3.2.4 다음 두 그래프가 동형인지 아닌지를 판별하여라.

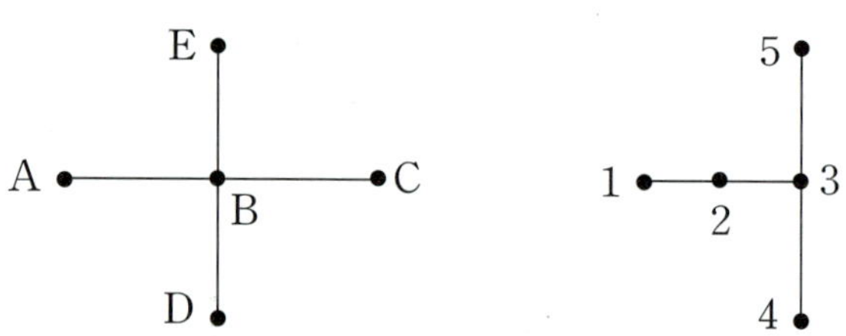

| 그림 3.2.10 |

예제 3.2.5 다음 두 그래프가 동형인지 아닌지를 판별하여라.

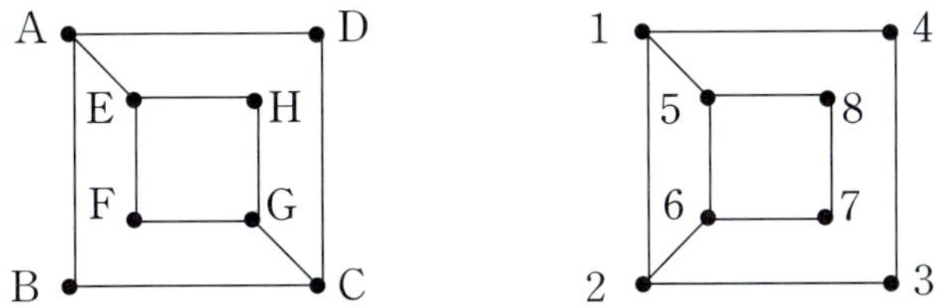

| 그림 3.2.11 |

풀이 두 그래프에서 차수가 3인 꼭짓점을 생각해보자. 왼쪽 그래프에서는 차수가 3인 꼭짓점 A, C, E, G가 두 부분으로 되어 있으나, 오른쪽 그래프에서는 차수가 3인 꼭짓점 1, 2, 5, 6이 한 부분으로 연결되어 있다. 따라서 두 그래프는 동형이 아니다. □

문제 3.2.5 다음 두 그래프가 동형인지 아닌지를 판별하여라.

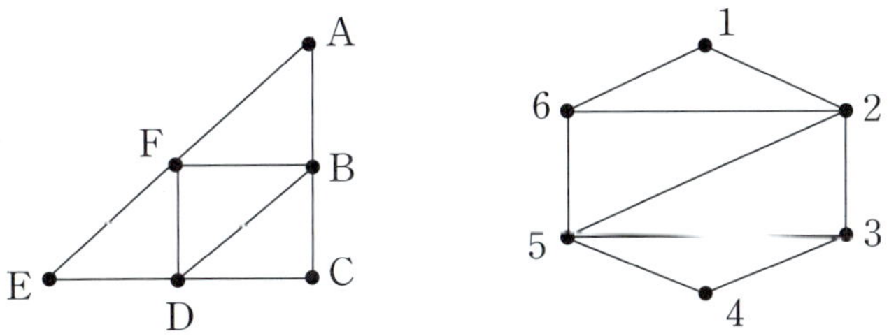

| 그림 3.2.12 |

지금까지 두 그래프의 동형 여부를 살펴보았다. 그러나 그래프의 꼭짓점의 수가 많아지면 두 그래프가 동형인지 아닌지를 결정하는 것은 현재까지도 효과적인 방법이 알려져 있지 않은 어려운 문제이다.

연습문제 3.2

01 다음 두 그래프는 동형인가?

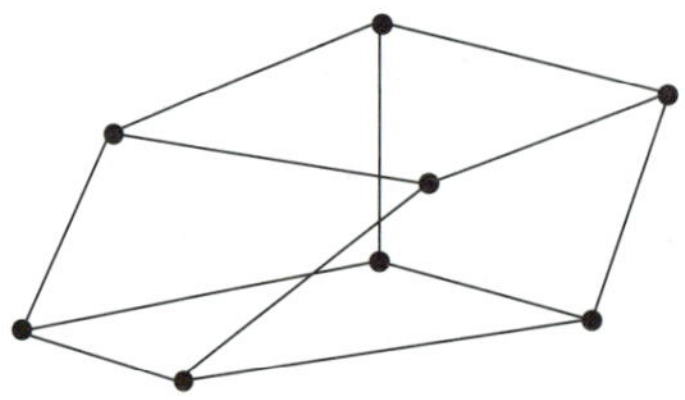

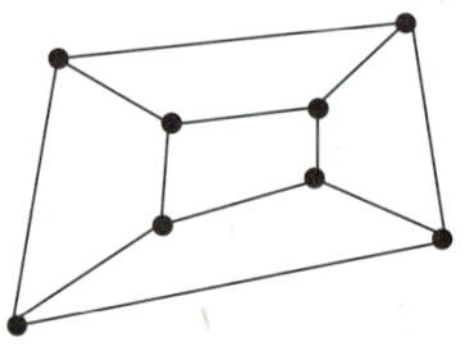

02 다음 두 그래프가 동형인지 아닌지를 판별하여라.

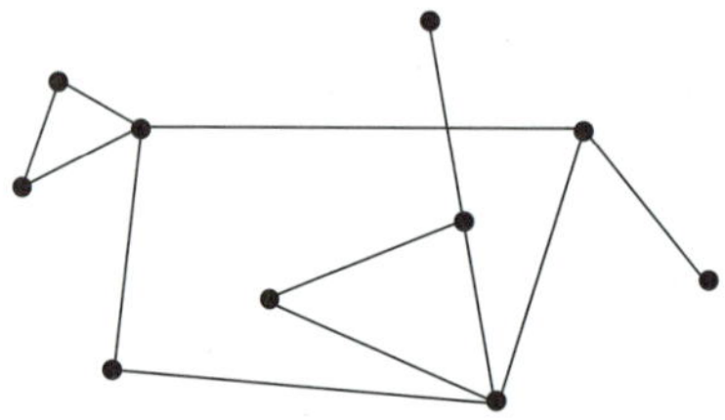

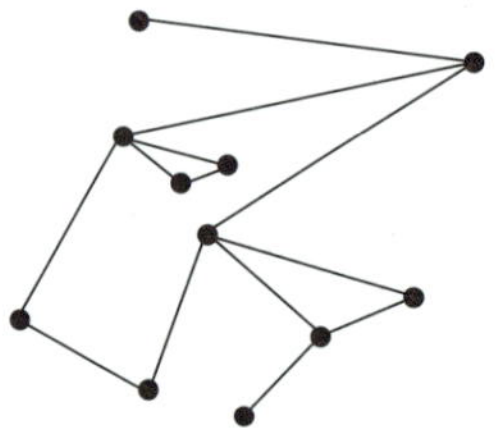

03 다음 두 그래프는 동형임을 보여라.

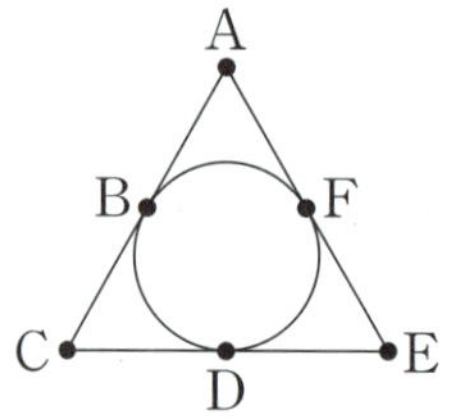

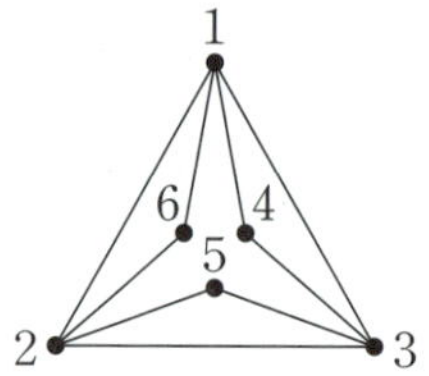

04 다음 두 그래프가 동형인지 아닌지를 판별하여라.

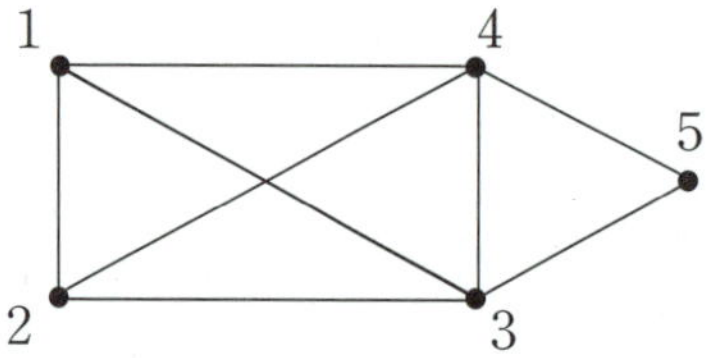

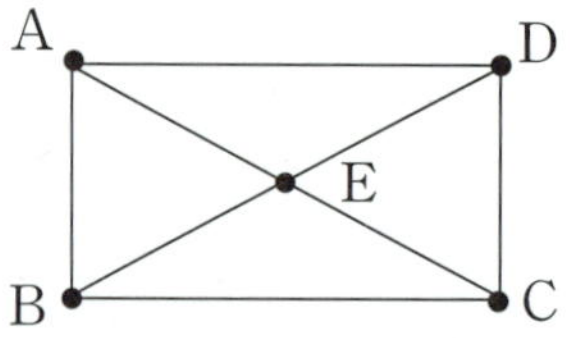

05 다음 두 그래프가 동형인지 아닌지를 판별하여라.

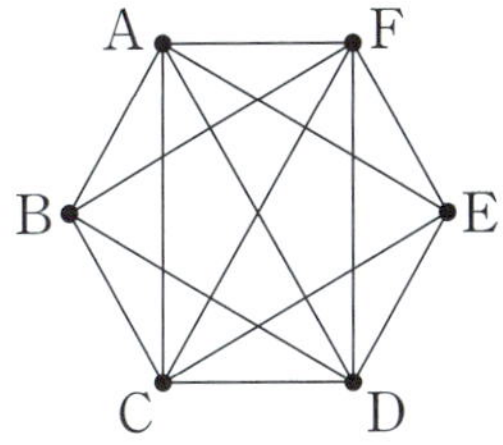

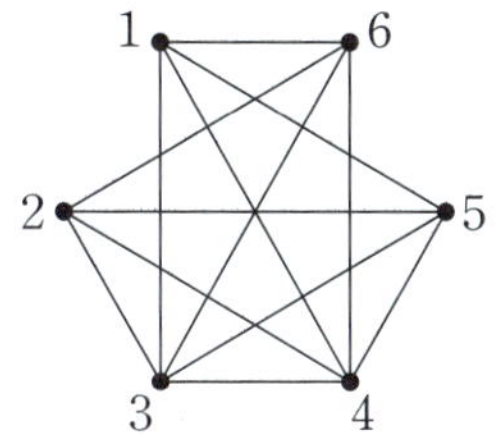

06 다음 두 그래프가 동형인지 아닌지를 판별하여라.

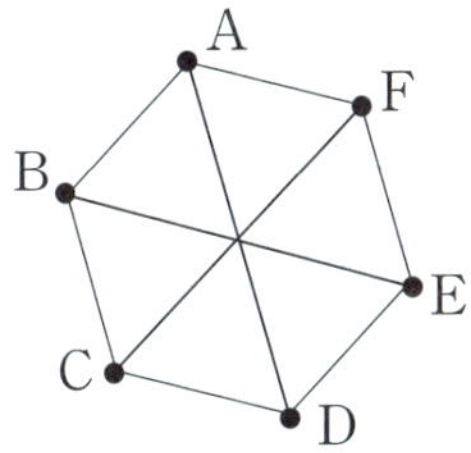

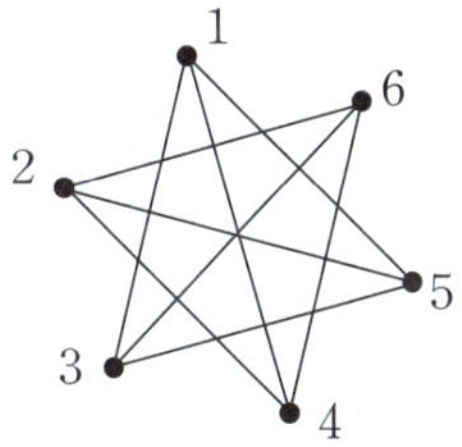

07 다음 두 그래프가 동형인지 아닌지를 판별하여라.

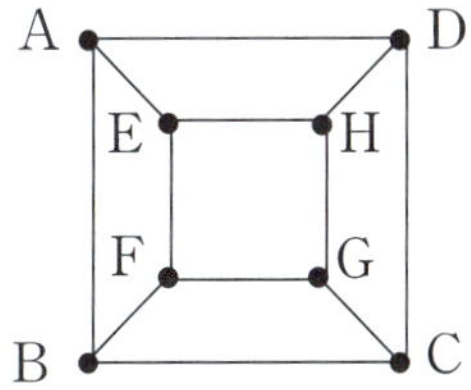

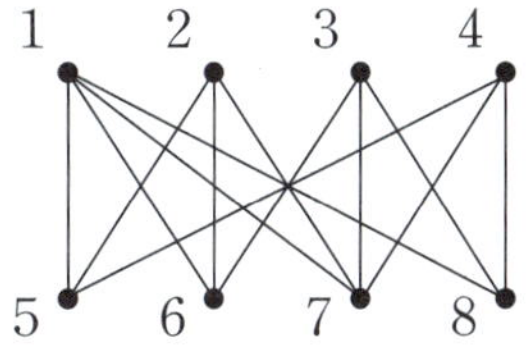

08 다음 그림은 네 꼭짓점을 갖는 동형이 아닌 모든 그래프를 변의 수에 따라 분류한 것이다. 다음 물음에 답하여라.

(1) 각 그래프의 여그래프를 그리고 그것과 동형인 그래프를 그림에서 찾아라.

(2) 여그래프가 본래의 그래프와 동형인 그래프를 찾아라.

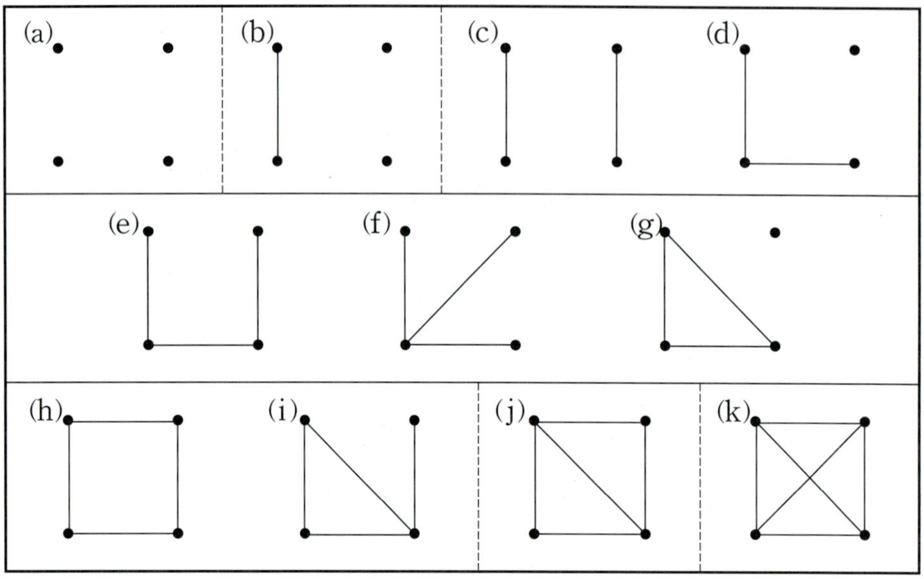

09 꼭짓점이 5개인 그래프 중에서 여그래프가 자기 자신과 동형인 것을 찾아라.

10 꼭짓점이 6개인 그래프 중에서 여그래프가 자기 자신과 동형인 것을 찾아라.

제3절 오일러 회로와 해밀턴 회로

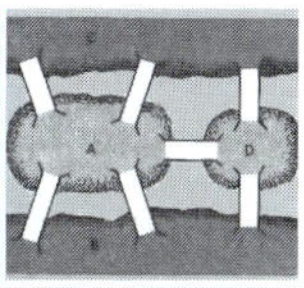

그래프에 관하여 가장 유명한 문제는 오일러가 해결한 다음과 같은 쾨니히스베르그의 다리 문제이다.
18세기 독일 쾨니히스베르그의 프레겔 강에는 오른쪽 그림처럼 두 개의 섬과, 섬과 섬 또는 섬과 육지를 연결하는 7개의 다리가 있었다. 섬이나 육지의 한 지점에서 출발하여 모든 다리를 정확히 한 번만 지나 원래 출발한 지점으로 돌아올 수 있는가?
이 절에서는 위의 다리 문제처럼 주어진 그래프에서 꼭짓점 또는 변을 모두 한 번만 지나 출발한 원래의 지점으로 돌아올 수 있는가 하는 문제에 대하여 살펴보도록 한다.

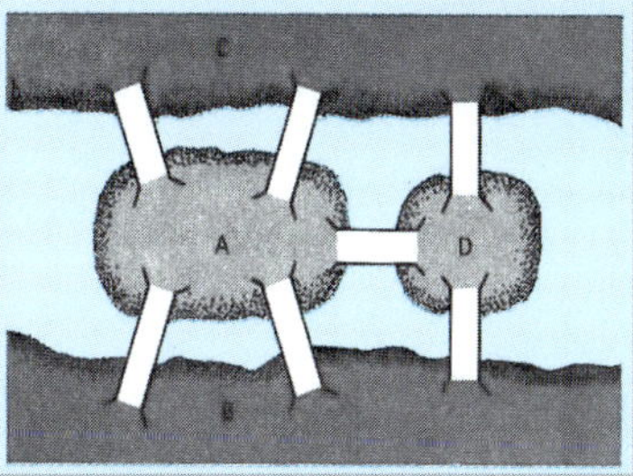

예제 3.3.1 아래 그래프를 보고 다음 물음에 답하여라.

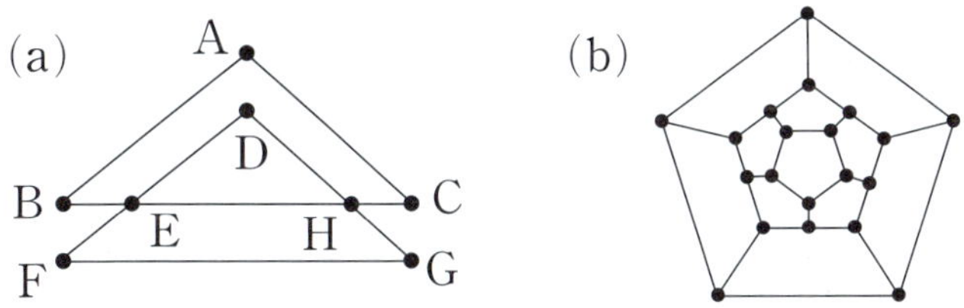

| 그림 3.3.1 |

(1) 그래프 (a)에서 한 꼭짓점에서 출발하여 연필을 떼지 않고 변을 따라 모든 변을 정확히 한 번만 지나 원래 출발했던 꼭짓점으로 돌아올 수 있는가?

(2) 그래프 (b)에서 한 꼭짓점에서 출발하여 연필을 떼지 않고 변을 따라 모든 꼭짓점을 정확히 한 번만 통과한 후에 원래 출발했던 꼭짓점으로 돌아올 수 있는가?

풀이 (1) A→B→E→H→D→E→F→G→H→C→A

(2) 다음 그림 3.3.2의 진하게 표시된 선을 따라가면 모든 꼭짓점을 정확히 한 번만 통과한 후에 원래 출발했던 꼭짓점으로 돌아올 수 있다.

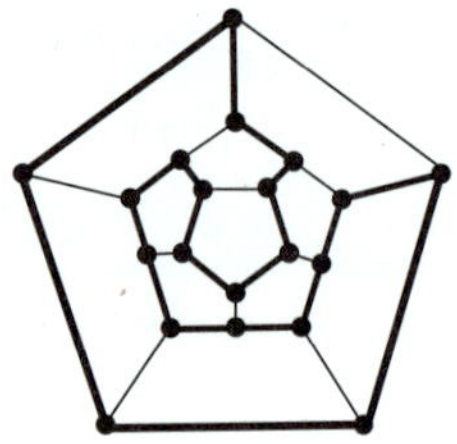

| 그림 3.3.2 |

문제 3.3.1 다음 그래프를 보고 물음에 답하여라.

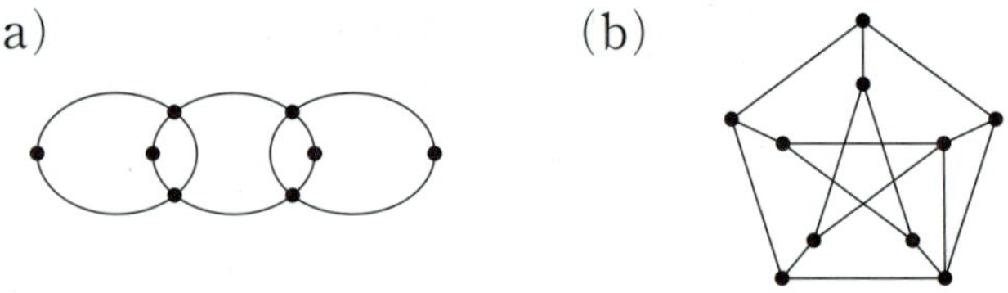

| 그림 3.3.3 |

(1) 그래프 (a)의 한 꼭짓점에서 출발하여 모든 변을 정확히 한 번만 통과한 후에 원래 출발했던 꼭짓점으로 돌아올 수 있는가?

(2) 그래프 (b)의 한 꼭짓점에서 출발하여 모든 꼭짓점을 정확히 한 번만 통과한 후에 원래 출발했던 꼭짓점으로 돌아올 수 있는가?

정의 3.3.1 k를 자연수라고 하자. 단순그래프 또는 다중그래프에서 꼭짓점 v_i와 v_{i+1}을 잇는 변을 e_i라 하면

$$v_1e_1v_2e_2\cdots e_{k-1}v_ke_kv_{k+1}$$

을 길이가 k인 **길**(walk)이라고 하며 v_1과 v_{k+1}을 각각 이 길의 **시작점**과 **끝점**이라 한다. 단순그래프에서는 인접한 두 꼭짓점이 주어지면 그 두 꼭짓점을 잇는 변은 자동적으로 결정되므로 $v_1e_1v_2e_2\cdots e_{k-1}v_ke_kv_{k+1}$에 나타난 변을 생략하여 이 길을

$$v_1 \rightarrow v_2 \rightarrow \cdots \rightarrow v_k \rightarrow v_{k+1}$$

로 나타내기도 한다. 또 변이 반복되지 않는 길을 **경로**(path)라 하며 시작점과 끝점이 같은 경로를 **회로**(cycle, circuit)라고 한다.

예를 들어 아래 그림에서 AbBeDeBcCdD는 시작점이 A이고 끝점이 D인 길이 5인 길이며, DaAbBcC는 시작점이 D이고 끝점이 C인 길이 3인 경로이고, AbBcCdDaA는 길이 4인 회로이다.

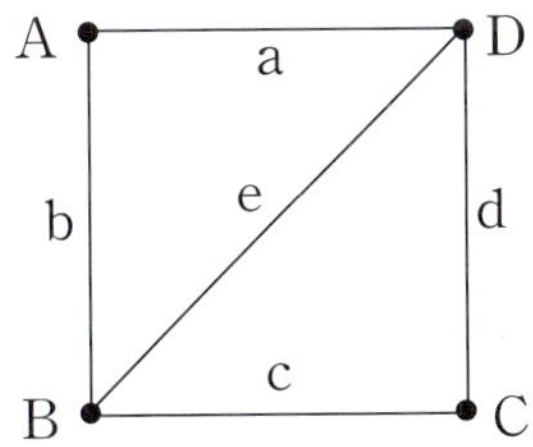

| 그림 3.3.4 |

정의 3.3.2 그래프 G에서 두 꼭짓점 u, v 사이에 경로가 있을 때 u, v는 **연결되어 있다**(connected)고 한다. 또 임의의 두 꼭짓점이 연결되어 있는 그래프를 **연결그래프**(connected graph)라 한다. 연결그래프가 아닌 그래프 G는 몇 개의 연결그래프로 이루어져 있으며 이런 각각의 연결그래프를 그래프 G의 **연결성분**(connected component)이라고 한다.

예를 들어, 아래 그림에서 (a)는 연결그래프이나 (b)는 연결그래프가 아니며 두 개의 연결성분으로 이루어져 있다.

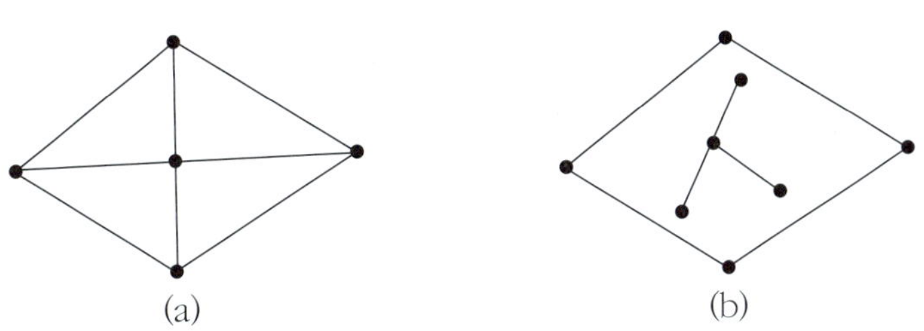

| 그림 3.3.5 |

예제 3.3.2 아래 그래프에서 다음 물음에 답하여라.

(1) 시작점이 A이고 끝점이 C이며 길이가 4인 길을 모두 찾아라.

(2) 시작점이 A이고 끝점이 C이며 길이가 4인 경로를 모두 찾아라.

(3) 이 그래프는 연결그래프인가?

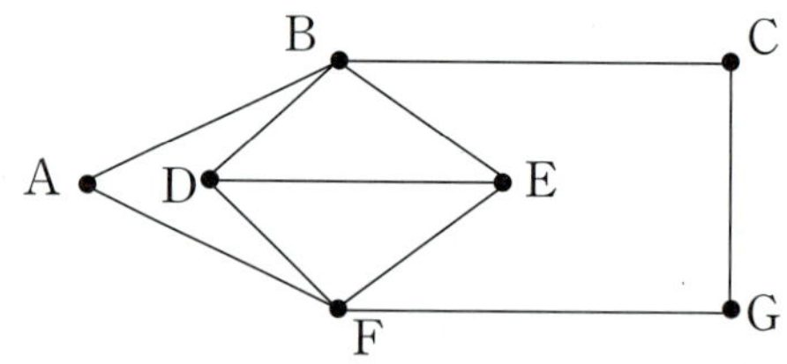

그림 3.3.6

풀이 (1) 길에 나타나는 꼭짓점만을 차례로 나타내면 다음과 같다.

A→B→A→B→C, A→B→C→B→C, A→B→D→B→C,
A→B→E→B→C, A→B→C→G→C, A→F→D→B→C,
A→F→E→B→C, A→F→A→B→C

(2) A→F→E→B→C, A→F→D→B→C

(3) 임의의 두 꼭짓점 사이에 항상 경로가 있으므로 이 그래프는 연결그래프이다. □

문제 3.3.2 아래 그래프를 보고 다음 물음에 답하여라.

(1) 시작점이 A이며 길이가 3인 경로를 모두 찾아라.

(2) 꼭짓점 A에서 출발하는 길이 4인 회로를 모두 찾아라.

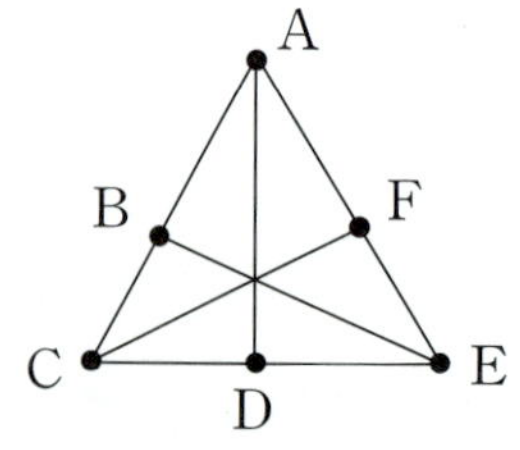

그림 3.3.7

예제 3.3.3 다음은 집을 짓기 위한 작업과 그 작업을 끝마치기 위해 필요한 작업일수와 작업의 순서 관계를 나타낸 것이다.

기호	작업	작업일수	먼저 행해져야 할 작업
A	집의 설계	3	없음
B	기초 및 골조공사	17	A
C	배관 공사	5	B
D	전기, 전화 공사	3	B
E	냉난방 공사	7	D
F	미장 공사	9	C, E
G	외부 공사	15	B
H	내부 공사	7	F
I	조경 공사	4	G

표 3.3.1

(1) 집짓기를 끝마치기 위하여 필요한 최소의 작업일수를 구하여라.

(2) 작업이 하루 늦어져도 전체 작업일수에는 지장을 주지 않는 작업은 무엇인가?

풀이 위의 표에 나타난 작업을 꼭짓점으로 나타내고 작업 X가 작업 Y 바로 전에 행해져야 한다면 꼭짓점 X와 Y가 인접하도록 그래프를 그리면 다음과 같다. 여기서 꼭짓점에 있는 수는 그 작업을 끝내기 위해 필요한 작업일수이다.

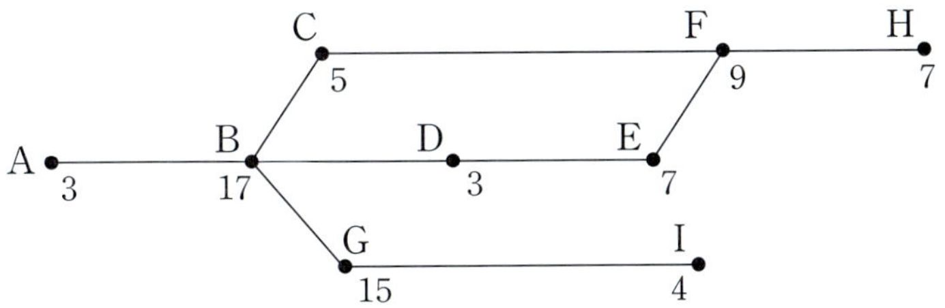

그림 3.3.8

(1) 집짓기에 필요한 모든 작업을 마치기 위해서는 A부터 시작하여 위의 그래프의 변을 따라 H와 I까지의 일을 마쳐야 한다. 따라서 주어진 문제는 위의 그래프에서 시작점이 A이고 끝점이 H나 I인 경로 중 꼭짓점에 있는 수의

합이 가장 큰 경로를 찾는 문제와 같다.

시작점이 A이고 끝점이 H나 I인 경로와 각 경로에 있는 꼭짓점에 있는 수의 합은 아래와 같다.

$$A \to B \to D \to E \to F \to H : 3+17+3+7+9+7=46$$
$$A \to B \to C \to F \to H : 3+17+5+9+7=41$$
$$A \to B \to G \to I : 3+17+15+4=39$$

따라서 집짓기를 모두 끝마치려면 적어도 46일이 필요하다.

(2) 위 (1)에서 알 수 있듯이 경로 P : A→B→D→E→F→H에 나타난 꼭짓점의 순서로 작업을 하게 되고 위의 작업을 하는 동안 P에 있지 않은 꼭짓점의 작업을 병행할 수 있다. 따라서 경로 P에 있는 꼭짓점의 작업이 늦어지면 전체 작업일수도 늦어지게 되나 P에 있지 않은 꼭짓점의 작업은 하루가 늦어져도 전체 일수에는 영향을 주지 않는다. 즉, 경로 P에 없는 작업 C, G, I는 작업일수가 하루 늦어져도 전체 작업일수에는 영향을 주지 않는다. □

문제 3.3.3 다음은 아파트 수리를 하기 위한 작업과 그 작업을 끝마치기 위해 필요한 작업시간, 작업의 순서 관계를 나타낸 것이다. 아파트 수리를 끝마치기 위하여 필요한 최소의 작업시간을 구하여라.

기호	작업	작업시간	먼저 행해져야 할 작업
B	화장실 청소	8	P
C	거실 청소	4	S, W
F	각종 필터 교환	1	P
G	침실 청소	8	B, F, K
K	부엌 청소	12	P
L	전구 청소 및 교환	1	없음
P	페인트 작업	32	L
S	각종 탐지기 청소 및 전지 교환	1	G
W	창문 닦기	4	G

표 3.3.2

정의 3.3.3 그래프나 다중그래프에서 모든 변을 정확히 한 번만 통과하는 경로를 **오일러경로**(Eulerian path)라고 하고 시작점과 끝점이 같은 오일러경로를 **오일러회로**(Eulerian circuit)라고 한다. 또 모든 꼭짓점을 정확히 한 번만 통과하는 회로를 **해밀턴회로**(Hamiltonian circuit)라고 한다.

예를 들어, 아래 그림에서

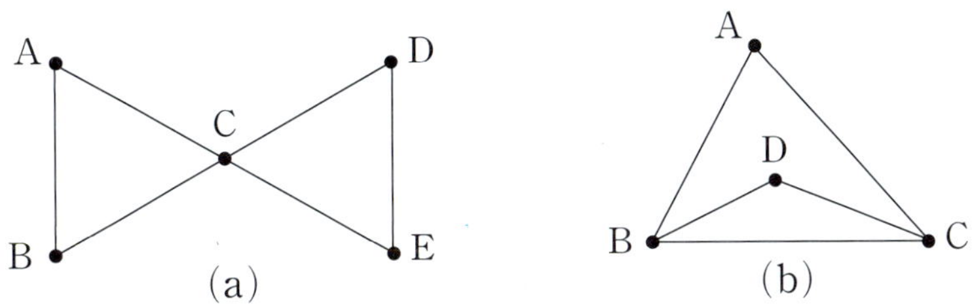

| 그림 3.3.9 |

(1) 그래프 (a)에서 A→B→C→D→E→C→A는 오일러회로이다.
(2) 그래프 (b)에서 A→B→D→C→A는 해밀턴회로이다.
(3) 그래프 (b)에서 B→A→C→D→B→C는 오일러경로이다.
(4) 그래프 (a)에는 해밀턴회로가 없고, (b)에는 오일러회로가 없다.

예제 3.3.4 다음 그래프에서 오일러회로를 찾아라.

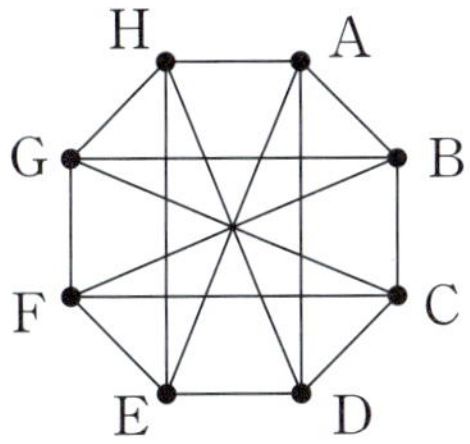

| 그림 3.3.10 |

풀이 회로 A→D→H→E→A→B→F→C→G→B→C→D→E→F→G→H→A는 그림 3.3.10의 그래프의 모든 변을 한 번만 통과하는 오일러회로이다. □

문제 3.3.4 다음 그래프에서 오일러회로를 찾아라.

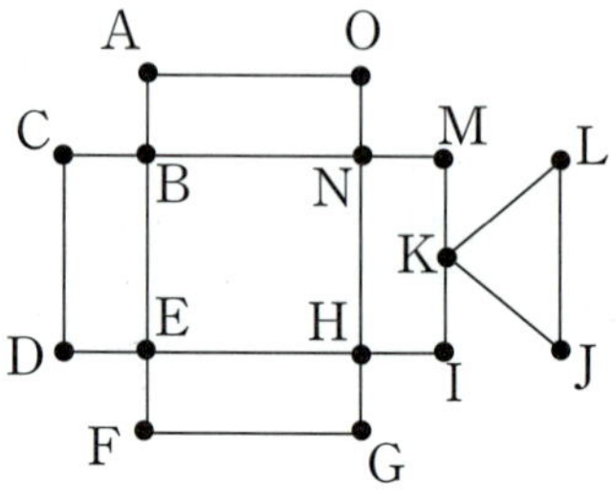

| 그림 3.3.11 |

예제 3.3.5 다음 그래프에서 해밀턴회로를 찾아라.

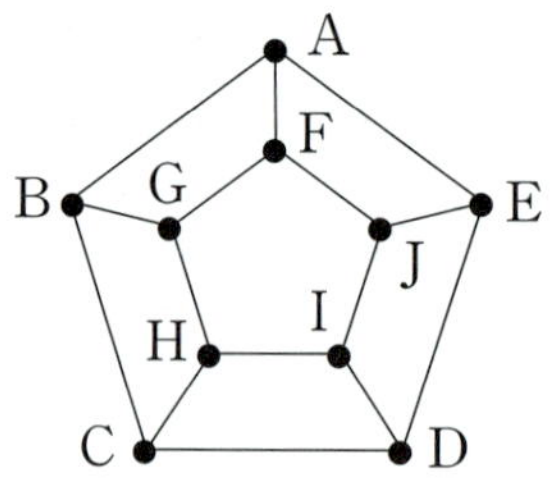

| 그림 3.3.12 |

풀이 회로 A→B→C→D→E→J→I→H→G→F→A는 위 그래프의 모든 꼭짓점을 한 번만 통과하는 해밀턴회로이다. □

문제 3.3.5 다음 그래프에서 해밀턴회로를 찾아라.

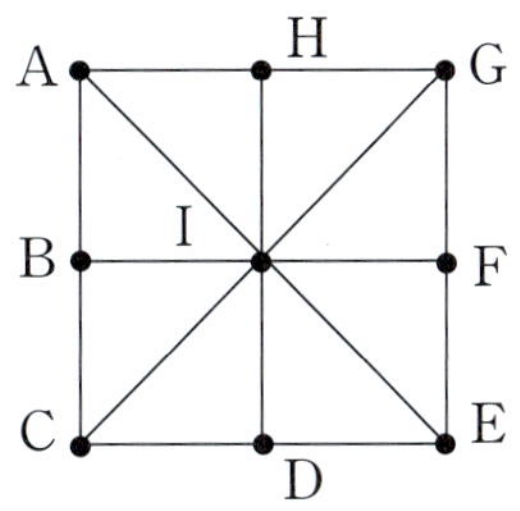

| 그림 3.3.13 |

정리 3.3.4

연결그래프(또는 연결다중그래프) G에서 오일러회로가 존재하기 위한 필요충분 조건은 모든 꼭짓점의 차수가 짝수이다.

증명 연결그래프 G가 오일러회로 C를 갖는다고 하자. v를 G의 임의의 꼭짓점 이라 하면 v는 C 위의 점이므로 어떤 꼭짓점에서 v로 연결하는 변이 있으며 또 v는 다른 변으로 연결되어야 한다. 즉 v로 들어오는 변이 있으면 v에서 나가는 변이 존재하므로 v의 차수는 짝수이다.

역으로, v_1을 G의 한 꼭짓점이라 하면 G는 연결그래프이므로 v_1은 다른 꼭짓점 v_2와 연결되어 있고, v_2의 차수는 짝수이므로 v_2는 다른 꼭짓점 v_3와 연결되어 있다. 계속하여 이런 과정을 되풀이 하면 꼭짓점의 수는 유한하므로 결국 이 경로는 출발점인 v_1으로 돌아와 회로 C를 이루게 된다. 이 회로 C가 G의 모든 변을 포함하고 있으면 C는 G의 오일러 회로가 된다.

만약 C가 G의 오일러회로가 아니라면 G에서 C의 모든 변을 지운 그래프 G'은 몇 개의 연결부분그래프로 나누어지고 G'의 모든 꼭짓점의 차수도 짝수이다.(그림 3.3.14 참조)

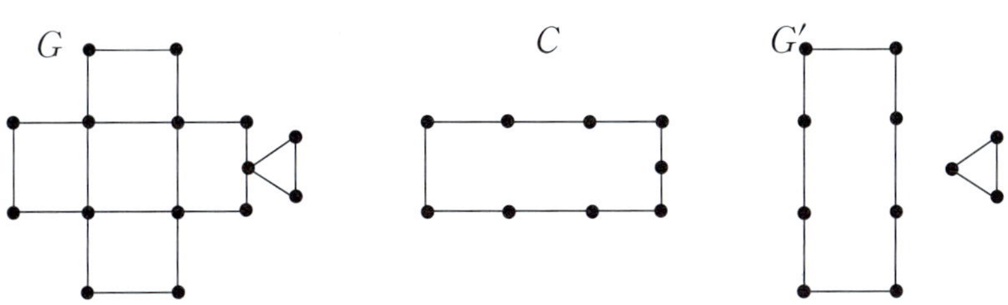

| 그림 3.3.14 |

원래 그래프 G가 연결그래프이므로 C와 G'은 적어도 한 개 이상의 꼭짓점을 공유한다. 그 꼭짓점 중 하나를 w라 하자. 앞의 C를 만드는 것과 같은 방법으로 w에서 시작하여 G'의 변을 이용하여 새로운 회로 C'을 만든다. 이제 아래 그림과 같이 회로 C와 C'을 결합하여 새로운 회로 C_1을 만든다.

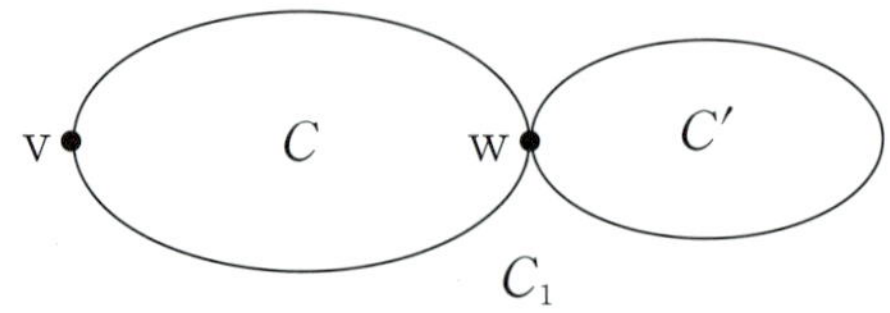

| 그림 3.3.15 |

즉, C_1은 회로 C의 한 꼭짓점 v에서 출발하여 C의 변을 따라 가다가 꼭짓점 w에 이르면 회로 C'의 변을 따르고 다시 꼭짓점 w에 이르면 C의 남은 변을 따라 원래 출발한 꼭짓점 v로 돌아오는 회로이다.

이렇게 만들어진 회로 C_1이 G의 모든 변을 포함하고 있으면 C_1은 G의 오일러회로가 된다. 만약 C_1이 G의 오일러회로가 아니라면 G에서 C_1의 모든 변을 지운 그래프 G''의 변을 이용하여 새로운 회로를 만들고 위 C_1과 결합시켜 더 큰 회로를 만든다. 남아 있는 G의 변이 없을 때까지 이런 과정을 계속하면 마지막에 얻어진 회로는 G의 오일러회로가 된다. □

예제 3.3.6 다음 그림은 이 절의 서두에 언급한 쾨니히스베르그에 있는 프레겔강의 섬과 다리를 간단히 나타낸 것이다.

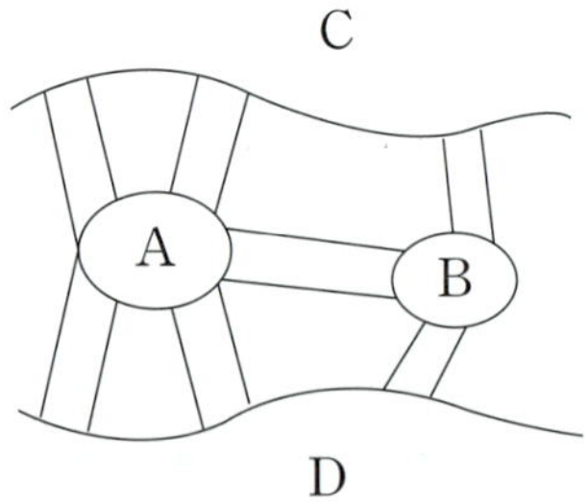

| 그림 3.3.16 |

이 경우 섬이나 육지의 한 지점에서 출발하여 모든 다리를 정확히 한 번만 지나 원래 출발한 지점으로 돌아올 수 있는가?

풀이 위의 그림에서 섬과 육지를 꼭짓점으로 나타내고 두 꼭짓점 사이에 다리 수만큼 변을 그리면 다음과 같은 다중그래프가 된다.

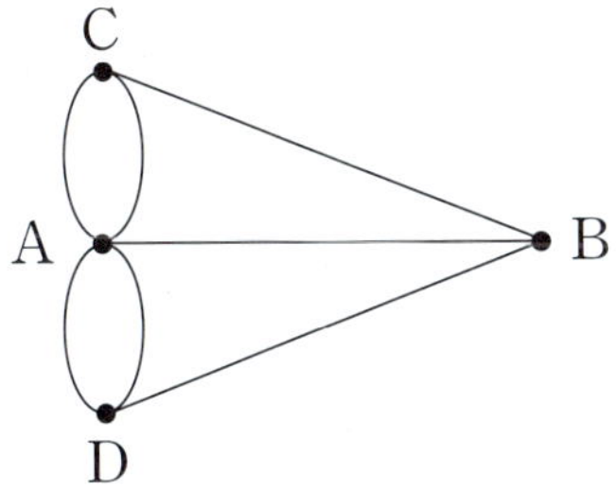

| 그림 3.3.17 |

그러면 주어진 문제는 위 다중그래프에서 오일러회로가 존재하는가 하는 문제와 같다.
그러나 위의 다중그래프에는 차수가 홀수인 꼭짓점이 A, B, C, D 넷이므로 정리 3.3.4에 의하여 오일러회로가 존재하지 않는다.
따라서 그림 3.3.16에서 모든 다리를 정확히 한 번만 지나 원래 출발한 지점으로 돌아올 수 있는 방법은 없다. □

문제 3.3.6 아래 그래프에는 오일러회로가 존재하는가? 오일러회로가 존재하는 경우에는 오일러회로를 찾아라.

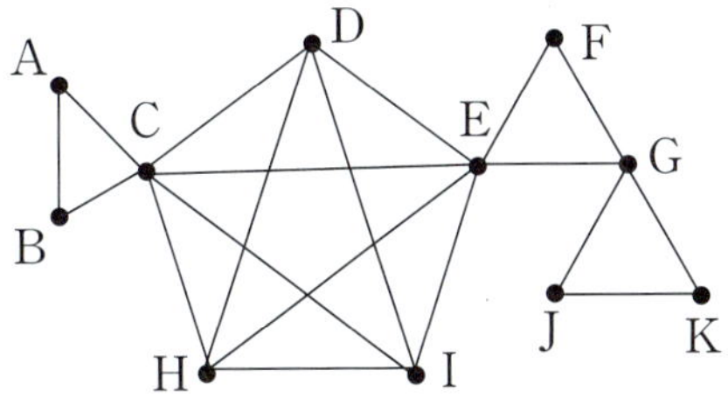

| 그림 3.3.18 |

예제 3.3.7 연결그래프(또는 연결다중그래프) G에서 오일러경로가 존재하기 위한 필요충분조건은 홀수 차수를 갖는 꼭짓점의 수가 0 또는 2임을 보여라.

풀이 그래프 G에서 오일러경로 $P: v_1 \to v_2 \to v_3 \to \cdots \to v_n$가 존재한다고 하자.

① $v_1 = v_n$이면 P는 G의 오일러회로가 되고 정리 3.3.4에 의하여 모든 꼭짓점의 차수는 짝수이다.

② $v_1 \neq v_n$이면 그래프 G에 변 $\{v_1, v_n\}$을 첨가한 그래프를 G'이라 하자. 그러면 경로 $P: v_1 \to v_2 \to v_3 \to \cdots \to v_n \to v_1$은 G'의 오일러회로가 되므로 G'에서의 모든 꼭짓점의 차수는 짝수이다. 따라서 그래프 G에서 v_1과 v_n의 차수는 홀수이고 나머지 모든 꼭짓점의 차수는 짝수이다.

역으로, 연결그래프 G의 홀수 차수를 갖는 꼭짓점의 수가 0 또는 2라 하자.

① 홀수 차수를 갖는 꼭짓점의 수가 0이라면 다시 정리 3.3.4에 의하여 G는 오일러회로를 갖고 이것은 분명히 오일러경로이다.

② 홀수 차수를 갖는 꼭짓점이 x, y 둘이라면 G에 변 $\{x, y\}$를 첨가한 그래프 $G' = G + \{x, y\}$의 모든 꼭짓점은 차수가 짝수이기 때문에 G'은 오일러회로 Q를 갖는다. 이제 Q에서 변 $\{x, y\}$를 제거하여 만든 경로 $Q - \{x, y\}$는 꼭짓점 x에서 y로 가는 G의 오일러경로이다. □

문제 3.3.7 아래 그래프에는 오일러경로가 있는가? 또, 오일러회로는 있는가? 오일러회로가 없는 경우에는 적당한 변을 첨가하여 오일러회로가 존재하도록 만들어라.

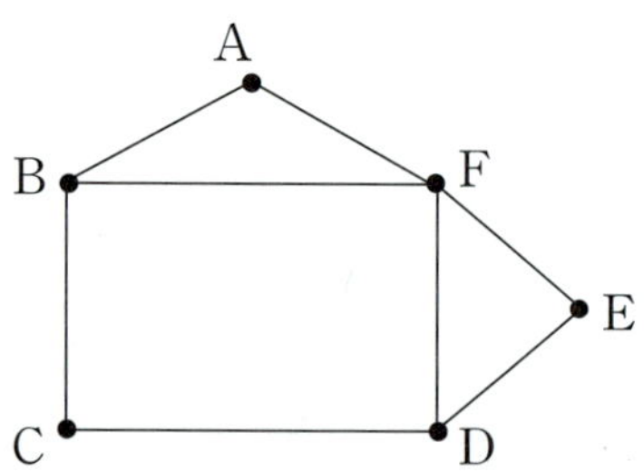

그림 3.3.19

정리 3.3.4에 의하여 연결그래프나 연결다중그래프에서 오일러회로의 존재 유무를 판단하기 위해서는 홀수 차수를 갖는 꼭짓점의 수를 알아보면 된다. 하지만 오일러회로 문제와는 달리 해밀턴회로의 존재 유무를 결정해 주는 일반적인 정리는 현재까지 알려져 있지 않다. 대체로 그래프의 꼭짓점의 수가 커지면 해밀턴회로의 존재 유무를 판단하기는 쉽지 않다. 그러나 해밀턴회로에 관한 다음 사실은 해밀턴회로의 존재 유무를 판단하는 데 커다란 도움이 된다.

정리 3.3.5

꼭짓점의 수가 n인 연결그래프 G가 해밀턴회로 C를 갖는다면 다음이 성립한다.

(1) C는 길이 n인 회로이다.

(2) 각 꼭짓점에 근접한 변 중 오직 두 변만이 C에 포함되어 있다. 따라서 차수가 2인 꼭짓점에 근접한 변은 모두 C에 포함된다.

(3) C의 일부분으로 이루어진 회로는 없다.

(4) 꼭짓점 v가 C에 포함되어 있다면 v에 근접한 변 중에서 C에 포함되어 있는 두 변을 제외한 나머지 변은 지워도 C를 찾는 데 아무런 지장이 없다.

예제 3.3.8 다음 각 그래프에 해밀턴회로가 있는지 판단하여라.

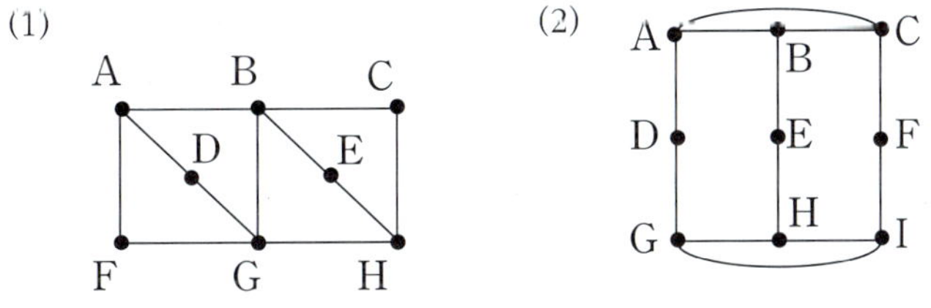

| 그림 3.3.20 |

풀이 (1) 해밀턴회로 C가 있다면 C와 E의 차수가 2이므로 C는 꼭짓점 C나 E에 근접한 변 {C, B}, {C, H}, {E, B}, {E, H}를 포함해야 한다.

따라서 C→B→E→H→C는 C의 일부분으로 이루어진 회로가 되며 이는 정리 3.3.5의 (3)에 모순이다. 그러므로 그림 3.3.20 (1)의 그래프에는 해밀턴회로가 존재하지 않는다.

(2) C가 주어진 그래프의 해밀턴회로라면 꼭짓점 D, E, F의 차수는 2이므로 C는 이 꼭짓점들과 근접한 변 {A, D}, {D, G}, {E, B}, {E, H}, {F, C}, {F, I}를 포함한다. 따라서 C는 다음 그림 3.3.21의 그래프를 포함한다.

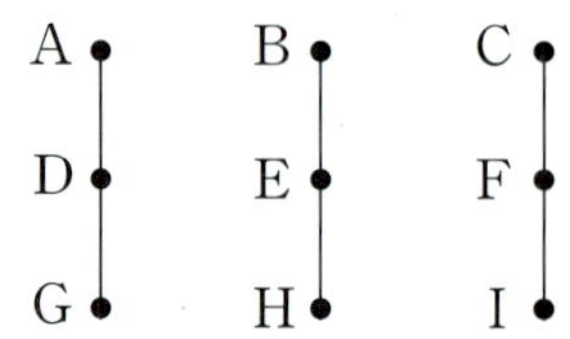

그림 3.3.21

한편, C는 연결되어 있으므로 그림 3.3.21의 세 부분을 잇는 변이 존재해야 한다. 이 변에 따라 다음 몇 경우로 나누어 생각하여 보자.

① C가 y={A, C}와 w={G, I}를 포함할 경우 (그림 3.3.22 참조)
C의 일부분으로 이루어진 회로 A→D→G→I→F→C→A가 있으므로 정리 3.3.5의 (3)에 모순이다.

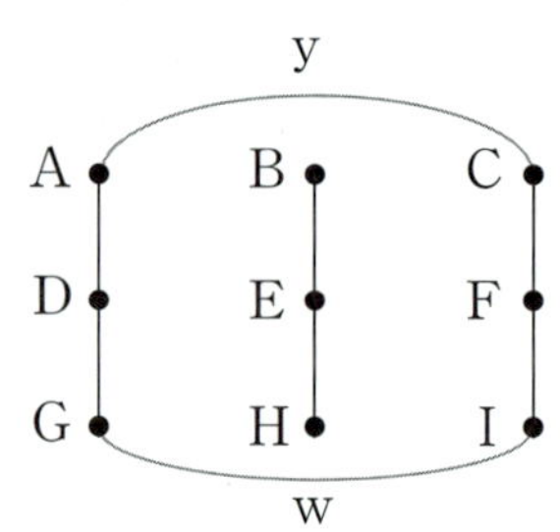

그림 3.3.22

② C가 y={A, C}와 z={G, H}를 포함할 경우 (그림 3.3.23 참조)
변 {A, B}, {B, C}, {G, I}, {H, I} 중에서 한 변이라도 C에 있으면 C의 일부가 회로를 이루므로 변 {A, B}, {B, C}, {G, I}, {H, I}는 C의 변이 아니다. 따라서 C는 해밀턴회로가 될 수 없다.

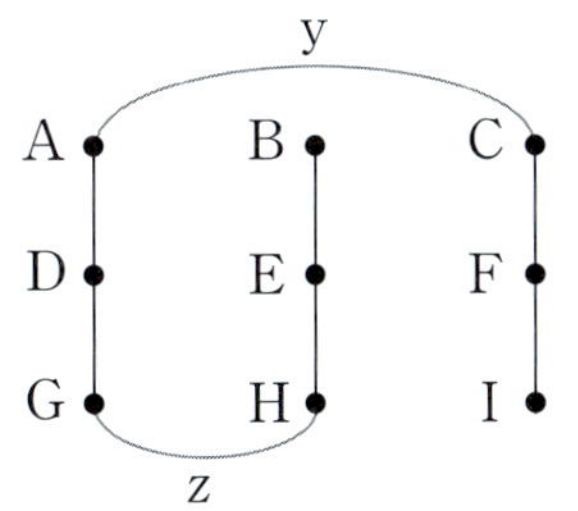

| 그림 3.3.23 |

③ 또 다른 경우에도 ①이나 ②와 같은 방법으로 해밀턴회로가 존재하지 않음을 보일 수 있다.

따라서 그림 3.3.20 (2)의 그래프에는 해밀턴회로가 존재하지 않음을 알 수 있다. □

문제 3.3.8 다음 그래프에서 해밀턴회로가 있는지 판단하여라.

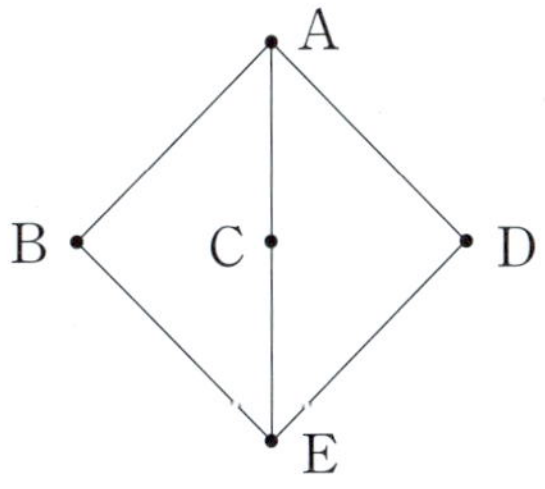

| 그림 3.3.24 |

일상생활에서 해밀턴회로가 이용되는 예를 살펴보자.

서울에서 근무하는 영업사원 철수는 지방의 여러 도시를 방문하고 다시 서울로 돌아오려고 한다. 가능한 한 적은 교통비로 위 도시를 모두 방문하려면 어떤 순서로 방문하여야 할까? 이런 종류의 문제는 영업사원에게는 물론 우유배달이나 쓰레기 수거 등 일상생활에서 빈번히 일어나는 문제로서 이를 통틀어 **영업사원 방문문제**(traveling-salesman problem)라고 한다.

예제 3.3.9 영수는 살고 있는 도시 A를 출발하여 친척들이 살고 있는 도시 B, C, D를 모두 방문하고 다시 A로 돌아오려고 한다. 도시 A, B, C, D 사이의 교통비가 아래 표와 같을 때, 되도록 교통비를 적게 하려면 위의 도시를 어떤 순서로 방문하여야 할까?

(단위 : 천원)

	A	B	C	D
A	*	38	18	12
B	38	*	22	10
C	18	22	*	8
D	12	10	8	*

표 3.3.3

풀이 도시 A, B, C, D를 꼭짓점으로 하는 완전그래프를 그리고 두 꼭짓점을 잇는 변에 두 도시 사이에 필요한 교통비를 적으면 다음과 같다.

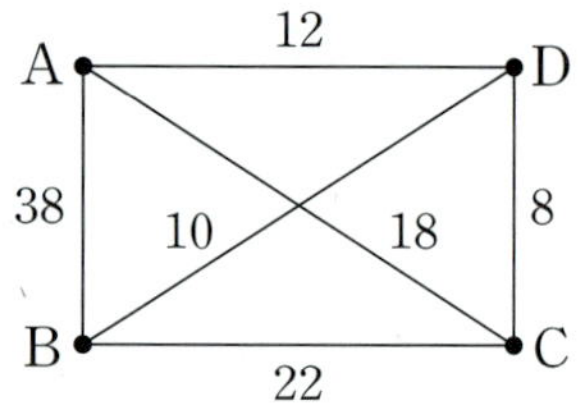

그림 3.3.25

A에서 출발하여 모든 도시를 한 번씩 방문하고 다시 A로 돌아오는 방법은 위 그래프에서 시작점이 A인 해밀턴회로를 찾는 것과 같고 그런 해밀턴회로는 아래와 같은 6가지 종류가 있다.

A→B→C→D→A　　A→B→D→C→A　　A→C→B→D→A
A→C→D→B→A　　A→D→B→C→A　　A→D→C→B→A

여기서 회로 A→D→C→B→A를 따라 방문하는 것은 A→B→C→D→A의 순서로 방문할 때와 방문 순서를 거꾸로 하는 것이기에 이 두 회로를 따라 방문할 때 필요한 교통비는 같다. 마찬가지로 A→B→D→C→A와 A→C→D→B→A, A→C→B→D→A와 A→D→B→C→A에 필요한 교통비도 각각 같으므로 아래 표와 같이 세 회로의 교통비만 비교하면 충분하다.

해밀턴회로	필요한 교통비	역순서의 해밀턴회로
A→B→C→D→A	38+22+8+12=80	A→D→C→B→A
A→B→D→C→A	38+10+8+18=74	A→C→D→B→A
A→C→B→D→A	18+22+10+12=62	A→D→B→C→A

| 표 3.3.4 |

따라서 A→C→B→D→A 또는 A→D→B→C→A의 순서로 방문할 때 교통비가 가장 적고 이 때 필요한 교통비는 62000원이다. □

문제 3.3.9 아래 표는 네 도시 A, B, C, D 사이의 거리를 나타낸 것이다. 도시 A를 출발하여 B, C, D를 모두 방문하고 다시 A로 돌아오려고 할 때, 가능한 한 방문 거리를 짧게 하려면 위의 도시를 어떤 순서로 방문하여야 할까?

단위 : km

	A	B	C	D
A	*	20	70	30
B	20	*	15	10
C	70	15	*	50
D	30	10	50	*

| 표 3.3.5 |

예제 3.3.9에서 살펴보듯이 영업사원 방문문제는 다음과 같은 과정을 통하여 해결할 수 있다.

① 출발할 도시와 방문할 도시를 꼭짓점으로 하는 완전그래프를 그리고 두 꼭짓점을 잇는 변에 두 도시 사이에 필요한 교통비를 적는다.
② 위 ①의 그래프에서 출발할 도시를 시작점으로 하는 모든 해밀턴회로를 찾는다.
③ 위 ②에서 구한 각 해밀턴회로에 대하여 그 회로를 따라 방문할 때 필요한 교통비를 계산한다.
④ 위 ③에서 계산한 교통비를 비교하여 교통비가 가장 적은 해밀턴회로를 찾는다.

n개의 도시를 방문한다면 ①에는 모두 $n!$개의 해밀턴회로가 있다. n이 커지면 $n!$은 엄청나게 커지고 그만큼 해밀턴회로가 무척 많아져 ③에서 각 회로에 필요한 교통비를 모두 계산하는 것이 불가능하다. 예를 들어, 50개의 도시를 방문한다면 $50!$개의 해밀턴회로가 있고 방문순서를 거꾸로 하는 것을 같은 것으로 보아도 $\frac{1}{2}\times 50!$의 해밀턴회로의 교통비를 계산해야 한다. 최신 슈퍼컴퓨터가 1초에 1조개의 해밀턴회로의 교통비를 계산한다면 모든 교통비를 계산하기 위해서는 대략 4.9×10^{44} 년이 걸리며 이는 우주 나이의 1.13×10^{35} 배에 해당한다. 따라서 n이 커지면 위의 방법으로는 영업사원 방문문제를 근본적으로 해결할 수 없다. 영업사원 방문문제가 일상생활에서 빈번하게 일어나는 문제임에도 불구하고 모든 해밀턴회로의 교통비를 계산하지 않고 영업사원 방문문제의 최적해를 구할 수 있는 방법은 현재까지 알려져 있지 않다.

다음에서 비록 최적해는 아니지만 짧은 시간에 비교적 만족할 만한 답을 얻을 수 있는 알고리즘을 살펴보자.

예제 3.3.10 도시 A를 출발하여 도시 B, C, D, E를 모두 방문하고 다시 A로 돌아오려고 한다. 다음 그림은 각 도시를 꼭짓점으로 하는 완전그래프의 변에 두 도시 사이에 필요한 교통비를 적은 것이다.

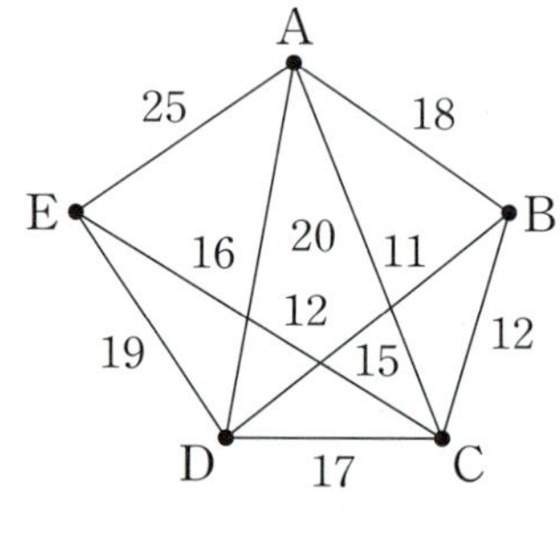

| 그림 3.3.26 |

아래와 같은 방법으로 방문할 도시의 순서를 정하고 그때 필요한 교통비를 구하라.

(단위 : 천원)

최근접선택 알고리즘(nearest-neighbor algorithm)

① A에서 교통비가 가장 싼 도시 중 임의의 한 도시로 방문한다.
② 한 도시에 이르면 그 도시에서 이미 방문한 도시를 제외하고 교통비가 가장 싼 다음 도시로 방문한다.
③ 위의 ②와 같은 방법으로 A를 제외한 모든 도시를 방문한 다음 A로 돌아온다.

풀이 (그림 3.3.27 참조)

- A에서 교통비가 가장 싼 C로 방문한다.
- C에서 A를 제외하고 교통비가 가장 싼 B나 E로 방문한다. 여기서는 B로 방문한다고 하자.
- B에서 이미 방문한 도시를 제외하고 교통비가 가장 싼 D로 방문한다.
- D에서 이미 방문한 도시를 제외하고 교통비가 가장 싼 E로 방문한다.
- 모든 도시를 방문하였으므로 E에서 처음 출발한 도시 A로 돌아온다.

따라서 해밀턴회로 A→C→B→D→E→A를 따라 방문하게 되며 이때 필요한 경비는 $11+12+15+19+25=82$(천원)이다.

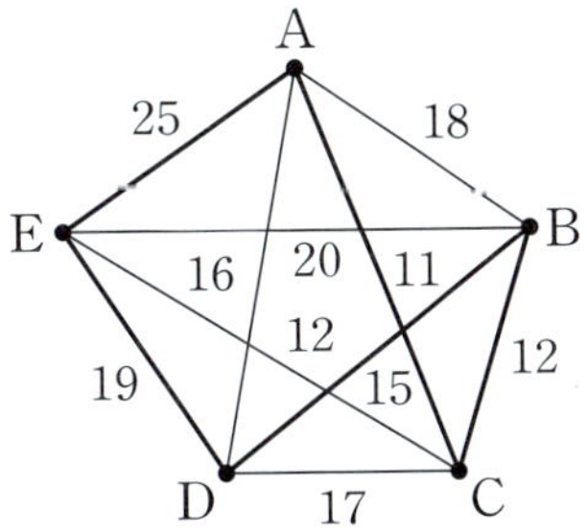

그림 3.3.27

문제 3.3.10 다음 표 3.3.6은 다섯 도시 A, B, C, D, E 사이의 거리를 나타낸 것이다. A에서 시작하여 최근접선택 알고리즘을 이용하여 방문할 도시의 순서를 정하고 그때 방문한 거리를 구하라. (단위 : km)

	A	B	C	D	E
A	*	15	30	12	11
B	15	*	14	40	13
C	30	14	*	13	23
D	12	40	13	*	22
E	11	13	23	22	*

표 3.3.6

예제 3.3.11 다음 그림은 예제 3.3.10에서 살펴본 영업사원 방문문제이다.

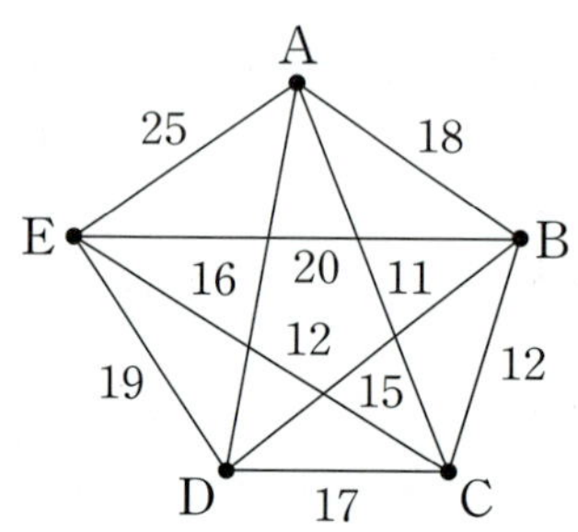

그림 3.3.28

아래의 방법으로 방문할 도시의 순서를 정하고 그때 필요한 교통비를 구하라.

(단위 : 천원)

최소변선택 알고리즘(sorted-edge algorithm)

① 완전그래프에서 가장 작은 값의 변을 선택한다.
② 다음을 제외한 변 중에서 가장 작은 값의 변을 임의로 선택한다.
- 먼저 선택된 변과 합쳐서 회로를 이루는 변
- 먼저 선택된 변과 합쳐서 차수가 3인 꼭짓점이 있게 하는 변

③ 더 이상 할 수 없을 때까지 ②의 과정을 반복한 다음 한 변을 첨가하여 해밀턴회로를 만든다.

풀이 (그림 3.3.29 참조)

- 가장 값이 작은 변 {A, C}를 선택한다.
- 그 다음 값이 작은 변 {C, E}를 선택한다.

- 다음으로 값이 작은 변은 {B, C}이나 이미 선택된 그래프와 합쳐서 차수가 3인 꼭짓점 C가 되므로 변 {B, C}는 제외한다. 그 다음으로 값이 작은 변 {B, D}를 선택한다.
- 다음으로 값이 작은 변 {A, D}를 선택한다.
- 마지막으로 꼭짓점 B와 E를 이어 해밀턴회로를 완성한다.

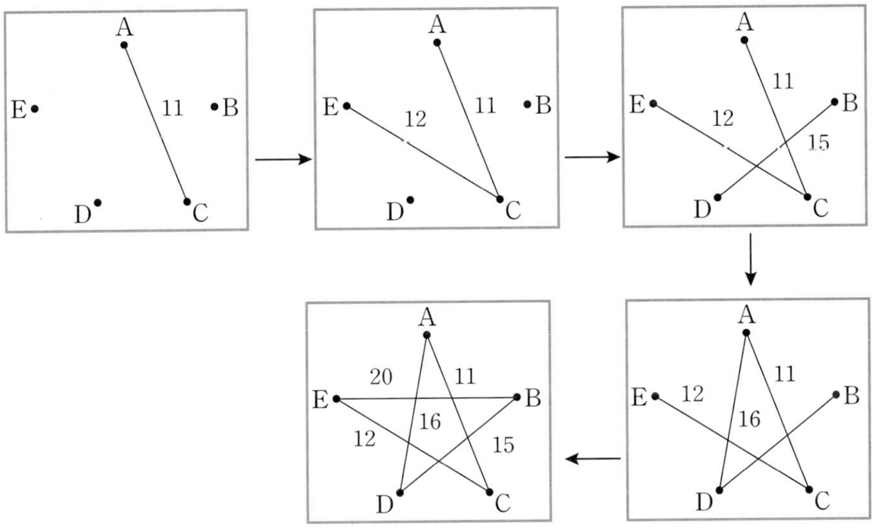

그림 3.3.29

따라서 회로 A→C→E→B→D→A를 따라 방문하게 되며 이때 필요한 교통비는 11+12+20+15+16=74(천원)이다.

문제 3.3.11 다음 표는 다섯 도시 A, B, C, D, E 사이의 거리를 나타낸 것이다. 최소변선택 알고리즘을 이용하여 방문할 도시의 순서를 정하고 그때 방문한 거리를 구하라. (단위 : km)

	A	B	C	D	E
A	*	7	9	4	2
B	7	*	12	5	1
C	9	12	*	8	3
D	4	5	8	*	6
E	2	1	3	6	*

표 3.3.7

연습문제 3.3

01 아래 그래프에서 꼭짓점 A에서 B로 가는 경로의 총 개수를 구하여라.

(1)

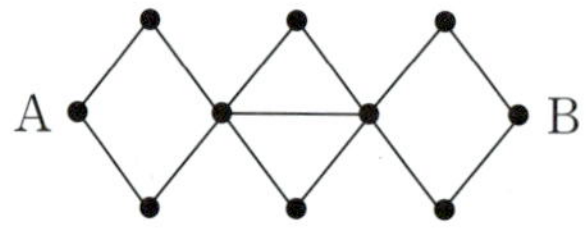

(2)

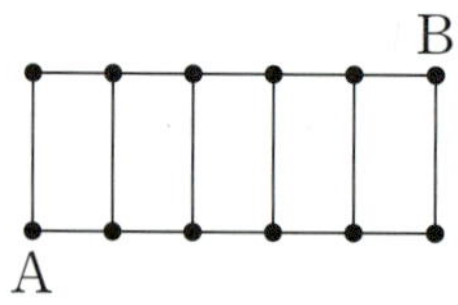

02 다음은 교지를 만들기 위한 필요한 작업과 작업 시간, 작업의 순서 관계를 나타낸 것이다.

작 업	작업시간	먼저 행해져야 할 작업
A	8	없음
B	6	A
C	9	B
D	4	C
E	5	B
F	3	E
G	5	없음
H	7	없음

교지를 만들기 위해서 필요한 최소의 작업시간을 구하여라.

03 어떤 나라에는 각 도시마다 다른 도시로 연결되는 100개의 도로가 있고 어느 도시에서도 다른 모든 도시로 여행이 가능하도록 도로가 설계되어 있다. 이런 도로 중에서 어떤 한 도로가 보수 관계로 폐쇄되었다면 여전히 어느 도시에서도 다른 모든 도시로 여행이 가능한가?

04 꼭짓점의 수가 n이고 각 꼭짓점의 차수가 적어도 $\frac{n-1}{2}$인 그래프 G는 연결그래프임을 보여라.

05 n개의 꼭짓점을 갖는 단순그래프 G에서 인접하지 않는 임의의 두 꼭짓점의 차수의 합이 $(n-1)$ 이상이면 G는 연결그래프임을 보여라.

06 다음 그래프에는 오일러회로가 있는가? 또 오일러경로가 존재하는가?

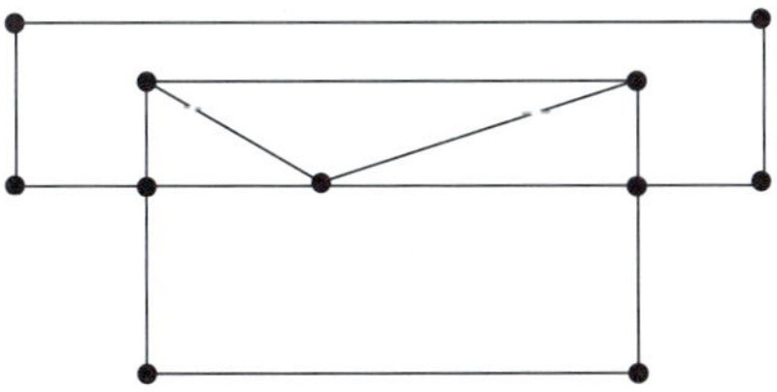

07 직사각형 모양의 철판을 용접기를 이용하여 아래 그림과 같이 조각을 내려고 한다. 용접기를 철판에서 떼지 않고 모든 조각을 잘라낼 수 있는지 판단하여라.

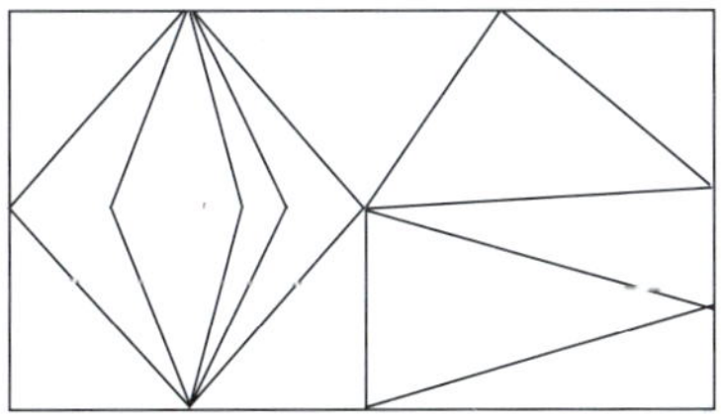

08 다음 그래프에서 해밀턴회로가 있는지 판단하여라.

(1) 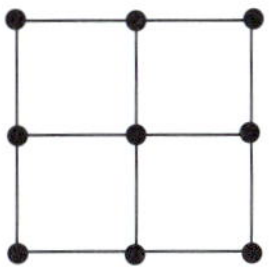 (2) 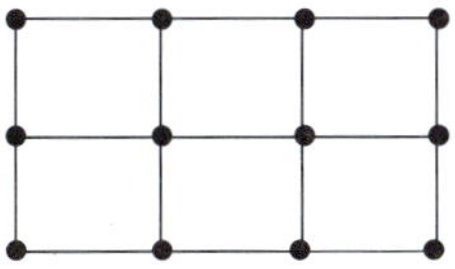 (3) 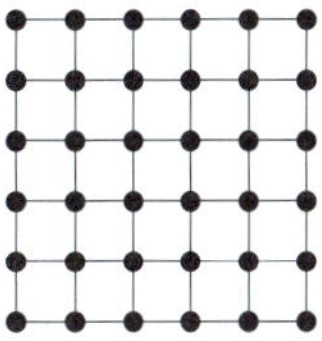

09 다음 그래프에서 오일러회로와 해밀턴회로가 있는지 판단하여라.

(1)

(2)
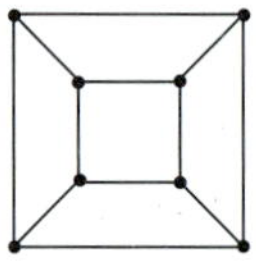
(3)
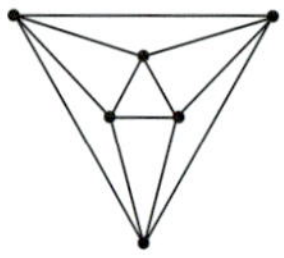
(4)
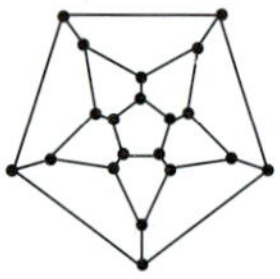
(5)
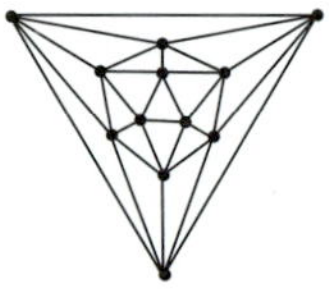

10 꼭짓점이 3 이상인 완전그래프에는 항상 해밀턴회로가 존재함을 보여라.

11 다음 물음에 답하여라.

(1) n이 $n \geq 2$인 자연수일 때 완전이분그래프 $K_{n,n}$에는 항상 해밀턴회로가 있음을 보여라.

(2) m, n이 서로 다른 자연수일 때 완전이분그래프 $K_{m,n}$에는 해밀턴회로가 없음을 보여라.

12 다음 물음에 답하여라.

(1) 오일러회로는 존재하지만 해밀턴회로는 존재하지 않는 그래프를 두 개 찾아라.

(2) 해밀턴회로는 존재하지만 오일러회로는 존재하지 않는 그래프를 두 개 찾아라.

13 G를 오일러회로가 있는 그래프라고 하자.

(1) G에서 임의의 한 변을 제거하고 남은 그래프는 연결그래프인가?

(2) G에서 임의의 한 변을 제거하고 남은 그래프에 오일러경로가 존재하는가?

14 n이 $n \geq 3$인 자연수일 때 G를 n개의 꼭짓점을 갖고 있는 연결그래프라고 하자.

(1)* G에서 인접하지 않는 임의의 두 꼭짓점의 차수의 합이 n 이상이면 G에는 해밀턴회로가 존재함을 보여라.

(2) n개의 꼭짓점을 갖고 모든 꼭짓점의 차수가 $\frac{n}{2}$ 이상인 그래프에는 해밀턴회로가 존재함을 보여라.

15 다음 그림은 어느 집의 방과 방 사이의 문을 나타낸 것이다. A, B, C, D, E, F를 꼭짓점으로 하고 두 꼭짓점 사이에 문이 있으면 그 두 꼭짓점이 인접하도록 그래프를 그려라. 이 그래프를 이용하여 한 지점에서 출발하여 모든 문을 오직 한 번 통과한 후 출발점으로 되돌아올 수 있는지 판단하여라. 또 한 지점에서 출발하여 모든 지점을 오직 한 번 통과한 후 출발점으로 되돌아 올 수 있는가?

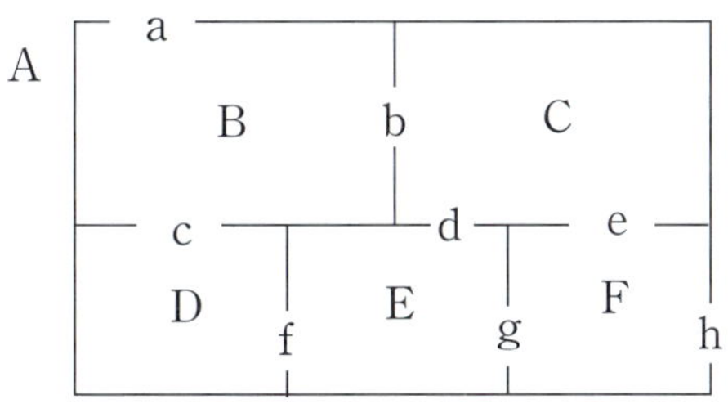

16 꼭짓점 수가 3이상인 그래프 G가 이분그래프가 되기 위한 필요충분조건은 G의 모든 회로의 길이가 짝수임을 보여라.

17 어떤 연결그래프 G에서 한 꼭짓점과, 그것에 인접한 모든 변을 제거하였더니 남은 그래프는 연결되어 있지 않았다. 그래프 G에는 해밀턴회로가 존재하지 않음을 보여라.

18 다음 그래프에서 모든 변을 지나 출발한 꼭짓점으로 돌아올 때 두 번 이상 지나는 변은 최소 몇 개인가?

(1)

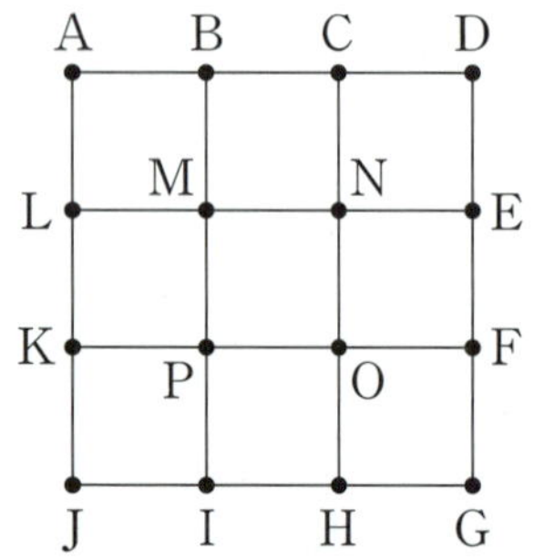

(2)

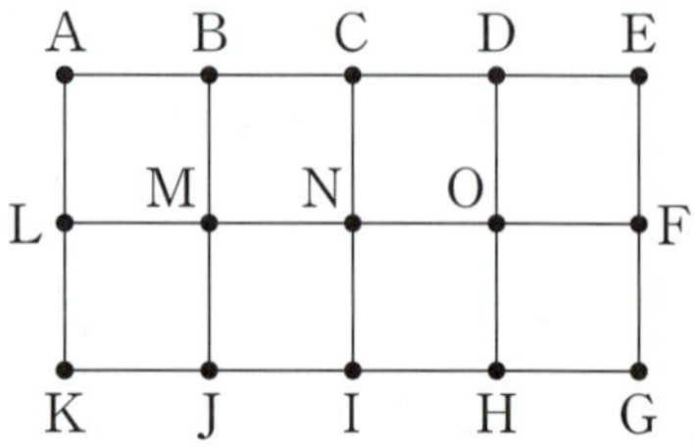

19 다음 표는 갑이 오늘 방문할 장소와 거리를 나타낸 것이다. 다음 방법을 이용하여 갑이 A에서 출발하여 B, C, D, E를 모두 방문하고 다시 A로 돌아올 때까지 갑이 걸은 총 거리를 구하여라.

(단위 : 100m)

	A	B	C	D	E
A	*	50	14	12	10
B	50	*	11	10	14
C	14	11	*	9	12
D	12	10	9	*	11
E	10	14	12	11	*

(1) 최근접선택 알고리즘

(2) 최소변선택 알고리즘

20 다음 표는 화성의 일곱 개의 지점 A, G, H, I, N, P, W 사이의 거리를 나타낸 것이다. 우주인 갑은 A를 출발하여 G, H, I, N, P, W를 모두 방문하고 다시 A로 돌아오려고 한다. 다음에 제시한 방법을 이용하여 갑이 방문한 총거리를 구하여라. (단위 : km)

	A	G	H	I	N	P	W
A	*	7500	5000	2800	3500	1500	2200
G	7500	*	3000	6000	8000	6500	5000
H	5000	3000	*	4000	4800	3500	2800
I	2800	6000	4000	*	2000	3000	2900
N	3500	8000	4800	2000	*	4000	3200
P	1500	6500	3500	3000	4000	*	1300
W	2200	5000	2800	2900	3200	1300	*

(1) 최근접선택 알고리즘

(2) 최소변선택 알고리즘

제4절 평면그래프

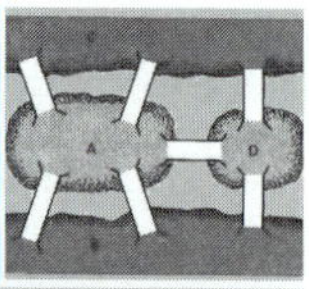

각종 전자제품의 회로도는 그 제품에 사용되는 반도체, 저항, 스위치, 전구 등의 연결 상태를 그래프로 나타낸 것이다. 이 그래프의 변이 꼭짓점이 아닌 곳에서 서로 교차하면 제품에서는 합선이 일어나기 때문에 이를 막기 위한 추가적인 조치가 필요하며 그 만큼 일손이나 비용도 더 들게 된다. 이 절에서는 이처럼 변이 서로 교차하지 않도록 그래프를 그릴 수 있는가 하는 문제에 대하여 살펴보기로 하자.

예제 3.4.1 아래 그림과 같이 세 집과 세 우물이 있다. 각 집에서 교차하지 않고 세 우물에 이르는 길을 찾아라.

| 그림 3.4.1 |

풀이 위의 집과 우물을 각각 꼭짓점 A, B, C, D, E, F로 나타내고 길을 변으로 나타내면 다음 그림 3.4.2와 같으며 주어진 문제는 이 그래프를 변이 서로 교차하지 않도록 다시 그리는 문제와 같다.

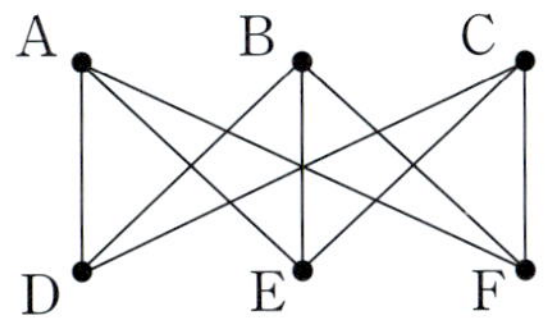

| 그림 3.4.2 |

이제 가능한 한 변이 교차하지 않도록 위의 그래프를 다시 그려보자.

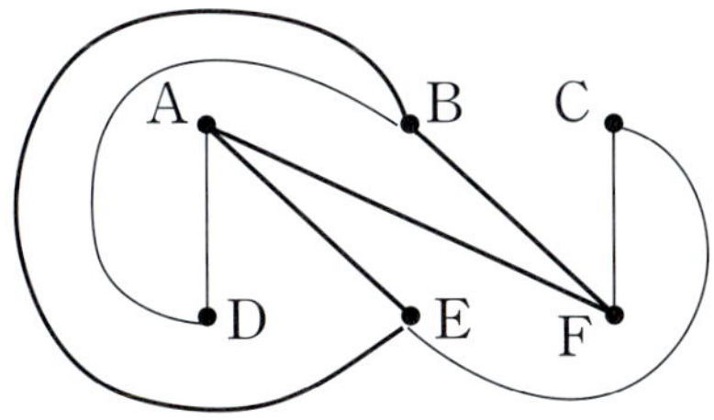

| 그림 3.4.3 |

위 그림에서 꼭짓점 C와 D를 생각하여 보자. 변 {C, D}를 만들기 위해 C와 D를 이어야 하나 C와 D는 각각 꼭짓점 B, E, A, F, B로 이루어진 단일폐곡선의 외부와 내부에 있는 점이므로 변을 교차하지 않고서는 그 두 점을 이을 수 없다. 따라서 각 집에서 길을 교차하지 않고 세 우물에 이르는 방법은 없다. □

문제 3.4.1 다음 그래프를 변이 서로 교차되지 않도록 다시 그려라.

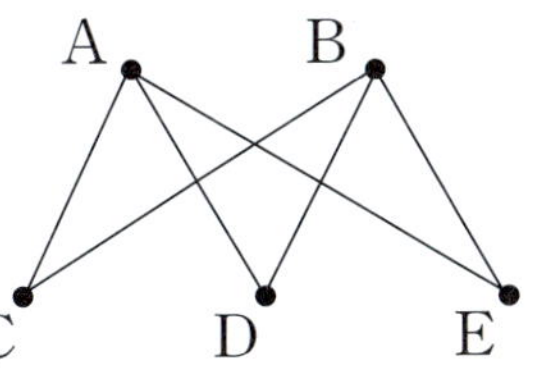

| 그림 3.4.4 |

정의 3.4.1 변이 서로 교차하지 않도록 그래프 G를 평면에 그릴 수 있으면 G를 **평면그래프**(planar graph)라고 한다. 한편 평면그래프에서 교차하지 않는 변에 의하여 나누어지는 영역을 그 평면그래프의 **면**(face)이라 한다.

예를 들어 그림 3.4.4의 완전이분그래프 $K_{2,3}$은 평면그래프이지만, 그림 3.4.2의 완전이분그래프 $K_{3,3}$은 평면그래프가 아니다.

예제 3.4.2 다음 그래프를 변이 서로 교차하지 않게 평면에 다시 그리고, 꼭짓점의 수, 변의 수, 면의 수를 구하여라.

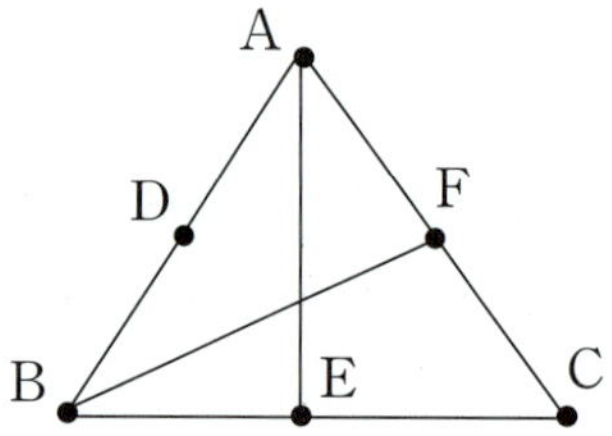

| 그림 3.4.5 |

풀이 그림 3.4.5의 그래프는 그림 3.4.6과 같이 변이 서로 교차하지 않게 평면에 그릴 수 있는 평면그래프이다.

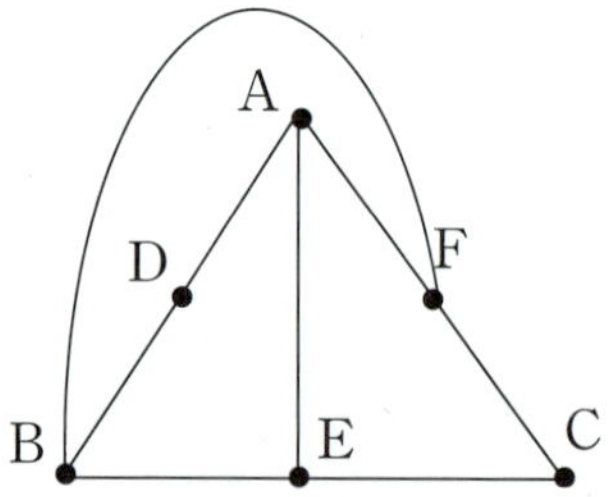

| 그림 3.4.6 |

여기서

$$\text{꼭짓점의 수}=6,$$
$$\text{변의 수}=8,$$
$$\text{면의 수}=4$$

이다. 특히 닫혀있지 않은 바깥 영역도 하나의 면이다. □

문제 3.4.2 다음 평면그래프에서 꼭짓점의 수를 v, 변의 수를 e, 면의 수를 f라 할 때 v, e, f를 각각 구하고 그 관계를 유추하여라.

| 그림 3.4.7 |

정리 3.4.2 (오일러공식, Euler's formula)
연결된 평면그래프 G에서 꼭짓점의 수를 v, 변의 수를 e, 면의 수를 f라 하면

$$v-e+f=2$$

이다.

증명 (변의 수 e에 대한 수학적 귀납법)

(i) $e=1$이면 $v=2$, $f=1$이며 $v-e+f=2$이다.

(ii) 변의 수가 n보다 작은 모든 연결된 평면그래프에서 $v-e+f=2$라고 하자.

(iii) 이제 G를 n개의 변을 갖는 연결된 평면그래프라고 하자.

① G 안에 회로가 있는 경우 (그림 3.4.8 참조)

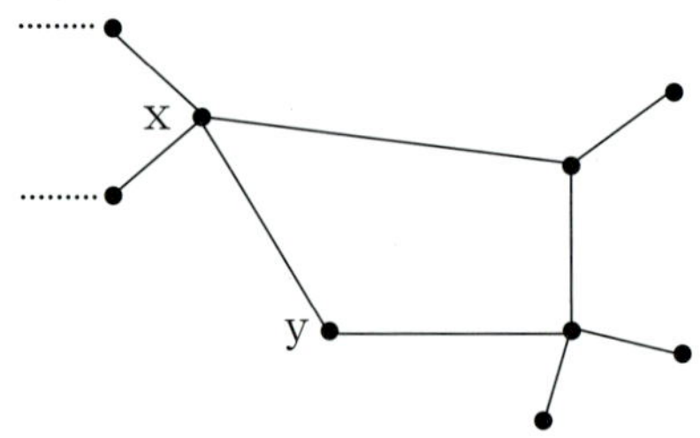

| 그림 3.4.8 |

G의 회로의 한 변 $\{x, y\}$를 제거하고 남은 그래프 $G'=G-\{x, y\}$는 여전히 연결된 평면그래프이다. 그래프 G'의 꼭짓점의 수, 변의 수, 면의 수를 각각 v', e', f'이라 하면

$$e'=e-1<n$$
$$v'=v$$
$$f'=f-1$$

이므로 (ii)에 의해 $v'-e'+f'=2$이고, 따라서

$$v-e+f=v'-(e'+1)+(f'+1)=2$$

이다.

② G 안에 회로가 없는 경우 (그림 3.4.9 참조)

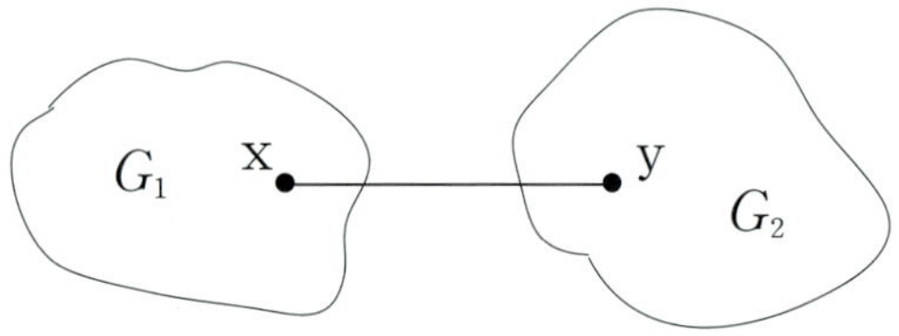

| 그림 3.4.9 |

G의 임의의 한 변 $\{x, y\}$를 제거하면 남은 그래프 $G'=G-\{x, y\}$는 두 개의 연결된 평면그래프 G_1, G_2로 나눠진다.

G_1의 꼭짓점의 수, 변의 수, 면의 수를 각각 v_1, e_1, f_1이라 하고 G_2의 꼭짓점의 수, 변의 수, 면의 수를 각각 v_2, e_2, f_2라 하자. G_1, G_2의 변의 수는 G의

변의 수보다 작으므로 (ii)에 의하여

$$v_1-e_1+f_1=2,$$
$$v_2-e_2+f_2=2$$

이다. 그래프 G는 G'보다 변이 하나 많고 꼭짓점 수는 같으며 G, G_1, G_2에는 회로가 없으므로 $f=f_1=f_2=1$이다.

따라서

$$v=v_1+v_2,$$
$$e=e_1+e_2+1,$$
$$f=f_1+f_2-1$$

이고

$$\begin{aligned} v-e+f &= (v_1+v_2)-(e_1+e_2+1)+(f_1+f_2-1) \\ &= (v_1-e_1+f_1)+(v_2-e_2+f_2)-2 \\ &= 2+2-2=2 \end{aligned}$$

이다.

그러므로 수학적 귀납법에 의해 모든 연결된 평면그래프 G에서 $v-e+f=2$이다. □

예제 3.4.3 꼭짓점의 수가 10이고 각 꼭짓점의 차수가 3인 연결된 평면그래프의 면의 수를 구하여라.

풀이 꼭짓점의 차수의 합이 $10\times3=30$이므로 정리 3.1.2에 의하여 변의 수는 15이다. 따라서 오일러공식에 의하여 $10-15+f=2$이고 $f=7$이다. □

문제 3.4.3 다음 그림과 같이 정다면체의 한 면을 크게 늘리고 나머지 면을 늘려진 면으로 누르면 평면그래프가 된다. 꼭짓점의 수가 12인 정이십면체의 변의 수를 구하여라.

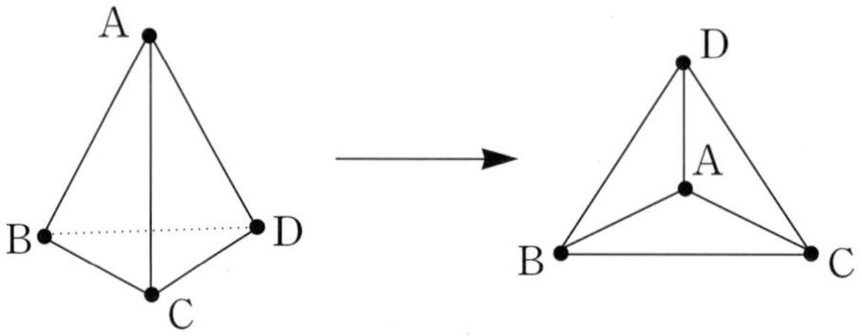

| 그림 3.4.10 |

문제 3.4.3과 같이 볼록다면체에서도 오일러공식이 성립함을 알 수 있다.

정리 3.4.3

연결된 평면그래프 G에서 꼭짓점의 수를 v, 변의 수를 e라 하면

$$e \leq 3v-6$$

이다. (단 $v \geq 3$)

증명 $v=3$이면 $e \leq 3$이므로 위의 부등식이 성립한다. 이제 $v \geq 4$라고 하자. G의 면의 수를 f라 하면 오일러공식에서 $f=2+e-v$이다. 한편, 한 면은 적어도 세 변을 포함하고, 한 변은 많아야 두 면에서 이용되므로 $3f \leq 2e$이다. 따라서

$$3f=3(2+e-v) \leq 2e$$

이다. 곧,

$$e \leq 3v-6$$

이다. □

예제 3.4.4 완전그래프 K_5는 평면그래프가 아님을 보여라.

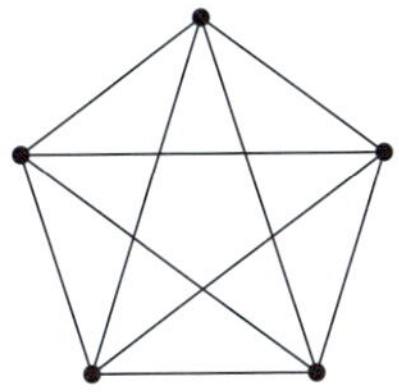

| 그림 3.4.11 |

풀이 K_5가 평면그래프라면 $e \leq 3v-6$이다. 그러나 K_5에서 $v=5, e=10$이고

$$3v-6=9<10=e$$

이므로 K_5는 평면그래프가 아니다. □

문제 3.4.4 다음 그래프는 평면그래프인가?

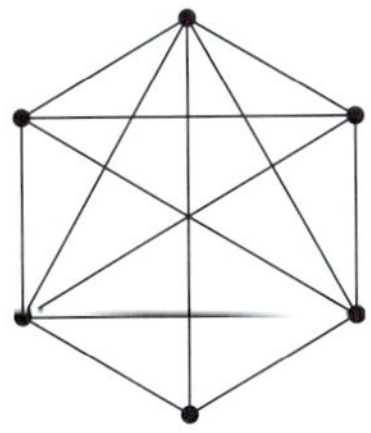

| 그림 3.4.12 |

예제 3.4.5 G를 길이 3인 회로를 포함하지 않는 연결된 평면그래프라 하자. 꼭짓점의 수를 v, 변의 수를 e라 하면

$$e \leq 2v-4$$

임을 보여라. (단 $v \geq 3$)

풀이 $v=3$이면 $e \leq 2$이므로 자명하다. 이제 $v \geq 4$라고 하자. G의 면의 수를 f라 하면

오일러공식에서 $f=2+e-v$이다. 한편, 길이 3인 회로를 포함하지 않으므로 한 면은 적어도 네 변을 포함하고, 한 변은 많아야 두 면에서 이용되므로 $4f \leq 2e$이다. 따라서

$$4f=4(2+e-v) \leq 2e$$

이므로

$$e \leq 2v-4$$

이다. □

문제 3.4.5 위 예제 3.4.5를 이용하여 완전이분그래프 $K_{3,3}$는 평면그래프가 아님을 보여라.

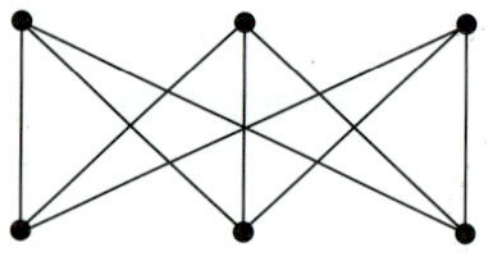

그림 3.4.13

정리 3.4.4 평면그래프 G에는 차수가 5 이하인 꼭짓점이 적어도 하나 있다.

증명 G의 꼭짓점과 변의 수를 각각 v와 e라 하고 모든 꼭짓점의 차수가 6 이상이라 하자. 그러면 차수의 합은 적어도 $6v$이고 정리 3.1.2에 의하여 $2e \geq 6v$, 즉 $e \geq 3v$이다. 이것은 정리 3.4.3의 $e \leq 3v-6$에 모순이다. 따라서 모든 평면그래프에는 차수가 5 이하인 꼭짓점이 적어도 하나 있다. □

정의 3.4.5 그래프 $G(V, E)$의 변에 꼭짓점을 첨가하고, 그에 따라 분할된 모든 변을 첨가한 그래프를 G의 **부분분할그래프**(subdivision of graph)라 한다.

예를 들어 아래 오른쪽 그래프는 왼쪽 그래프의 부분분할그래프이다.

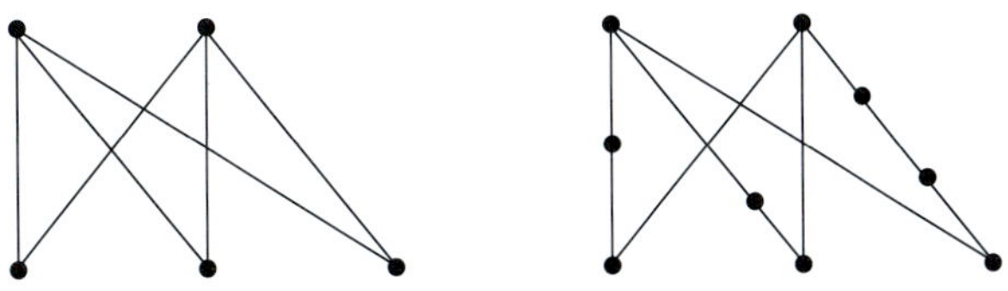

| 그림 3.4.14 |

예제 3.4.6 다음 그래프는 완전이분그래프 $K_{3,3}$의 부분분할그래프임을 보여라.

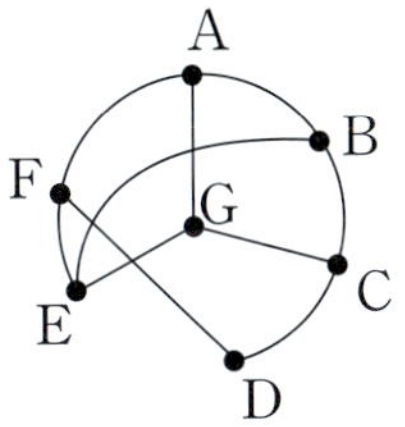

| 그림 3.4.15 |

풀이 앞의 그림 3.4.15의 그래프를 다시 그리면 아래 그림의 왼쪽 그래프와 같으며 그것은 오른쪽 $K_{3,3}$의 부분분할그래프이다.

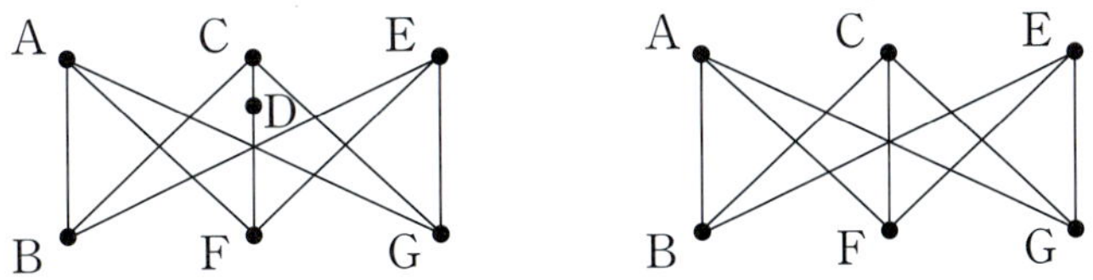

| 그림 3.4.16 | □

문제 3.4.6 다음 그래프는 완전그래프 $K_{3,3}$의 부분분할그래프를 포함하고 있음을 보여라.

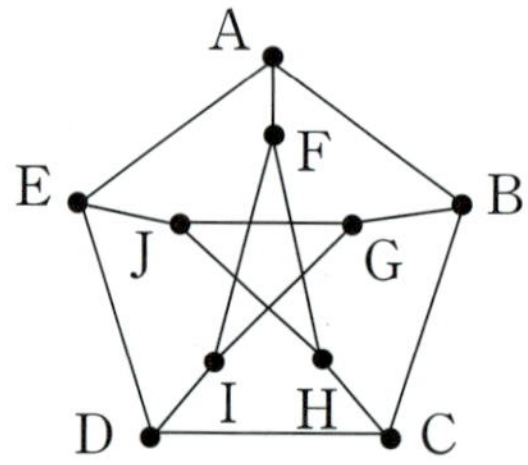

| 그림 3.4.17 |

그래프의 꼭짓점과 변이 많아지면 주어진 그래프가 평면그래프인지 아닌지를 판단하는 것은 쉽지 않다. 이 책의 수준을 넘어 여기서 증명할 수는 없지만 다음 정리를 이용하면 보다 쉽게 평면그래프인지 아닌지를 판단할 수 있다.

정리 3.4.6 (쿠라토프스키 정리, Kuratowski's Theorem)
그래프 G가 평면그래프가 아닐 필요충분조건은 G가 K_5나 $K_{3,3}$의 부분분할그래프와 동형인 부분그래프를 포함하는 것이다. □

예제 3.4.7 다음 그래프 G가 평면그래프인지 아닌지를 판단하여라.

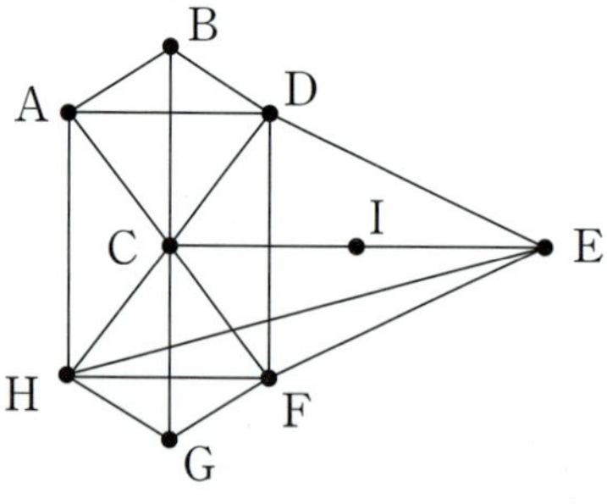

| 그림 3.4.18 |

풀이 아래 그림의 왼쪽 그래프는 G의 부분그래프이고 이것은 그림과 같이 오른쪽에 있는 완전이분그래프 $K_{3,3}$의 부분분할그래프이다. 따라서 쿠라토프스키 정리에 의하여 G는 평면그래프가 아니다.

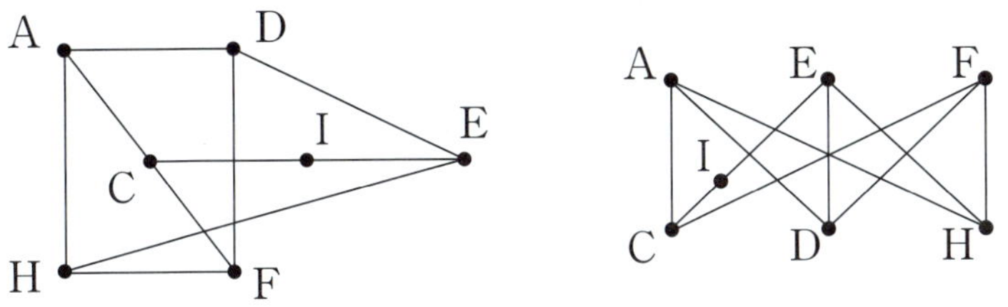

| 그림 3.4.19 | □

문제 3.4.7 다음 그래프 G가 평면그래프인지 아닌지를 판단하여라.

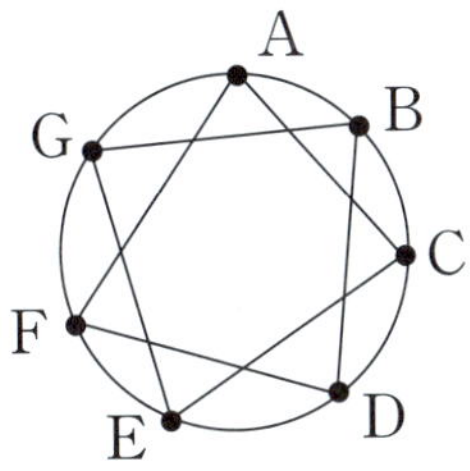

| 그림 3.4.20 |

정의 3.4.7 각 면이 모두 합동인 정다각형이고 각 꼭짓점에 모이는 면의 수가 같은 다면체를 **정다면체**(regular polyhedron)라고 한다.

정리 3.4.8

정다면체는 정사면체, 정육면체, 정팔면체, 정십이면체, 정이십면체의 다섯 종류뿐이다.

증명 정다면체 P의 꼭짓점, 변, 면의 수를 각각 v, e, f라 하면 오일러공식에 의하여 $v-e+f=2$이다. 한 꼭짓점에 모인 면의 수를 r, 정다면체의 한 면의 모양을 정n각형이라 하자.

이때 한 꼭짓점에 적어도 세 면이 모이고 한 꼭짓점에 모인 각의 합이 360° 보다 작아야 한다.

결국 정다면체의 한 면은 정삼각형, 정사각형, 정오각형 중의 하나이며 각 꼭짓점에 모이는 면의 수 r는 많아야 5이다. 따라서 다면체가 정다면체이기 위해서는 다음 다섯 가지 경우 밖에 없다.

① $r=3, n=3$인 경우
$3f=2e, 3v=2e, v-e+f=2$에서 $f=4$이므로 P는 정사면체이다.

② $r=3, n=4$인 경우
$4f=2e, 3v=2e, v-e+f=2$에서 $f=6$이므로 P는 정육면체이다.

③ $r=3, n=5$인 경우
$5f=2e, 3v=2e, v-e+f=2$에서 $f=12$이므로 P는 정십이면체이다.

④ $r=4, n=3$인 경우
$3f=2e, 4v=2e, v-e+f=2$에서 $f=8$이므로 P는 정팔면체이다.

⑤ $r=5, n=3$인 경우
$3f=2e, 5v=2e, v-e+f=2$에서 $f=20$이므로 P는 정이십면체이다.

따라서 정다면체는 정사면체, 정육면체, 정팔면체, 정십이면체, 정이십면체의 다섯 종류뿐이다. □

정리 3.4.8의 증명에서 얻은 결과를 간단하게 표로 나타내면 다음과 같다.

정다면체	정사면체	정육면체	정팔면체	정십이면체	정이십면체
면의 모양	정삼각형	정사각형	정삼각형	정오각형	정삼각형
면의 수	4	6	8	12	20
꼭짓점의 수	4	8	6	20	12
모서리의 수	6	12	12	30	30
한 꼭짓점에서 만나는 면의 수	3	3	4	3	5

| 표 3.4.1 |

그림 3.4.21에서 (a)는 다섯 종류의 정다면체를 나타낸 것이고, (b)는 정다면체의 한 면을 크게 늘리고 나머지 면을 늘려진 면에 눌러 평면그래프로 나타낸 것이다.

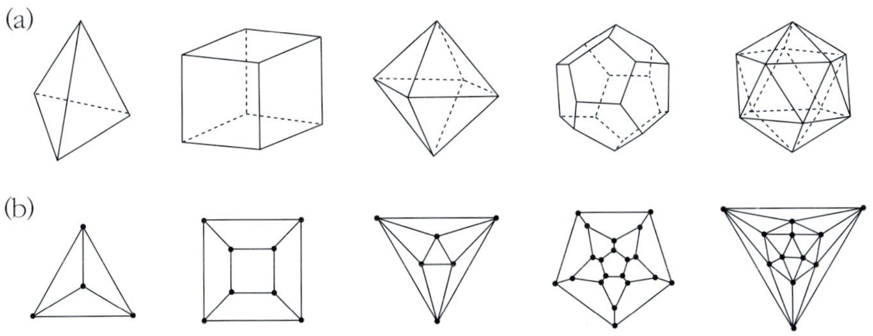

| 그림 3.4.21 |

문제 3.4.8 과거의 축구공은 정이십면체의 각 꼭짓점을 같은 모양으로 도려내어 만들어진 정오각형과 정육각형으로 이루어져 있다. 이 다면체의 꼭짓점, 변, 면의 수를 각각 구하여라.

연습문제 3.4

01 다음 그래프를 변이 교차하지 않도록 다시 그려라.

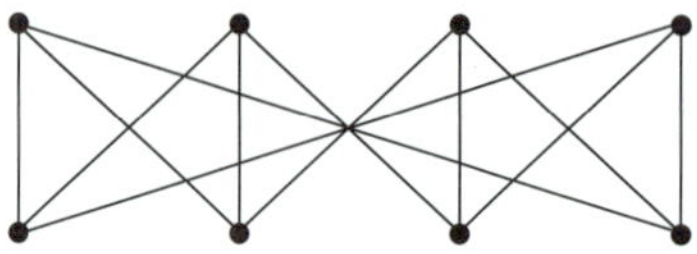

02 아래 그래프는 평면그래프가 아님을 보여라.

(1)

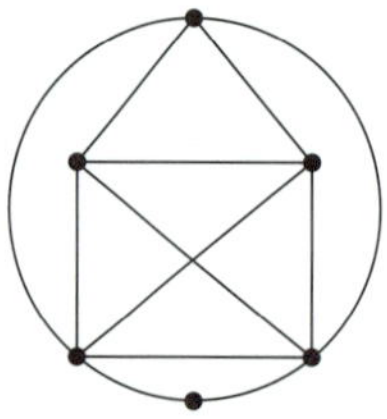

(2)

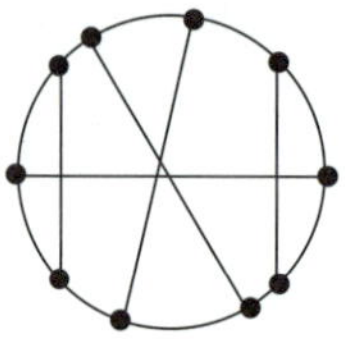

03 각 꼭짓점의 차수가 모두 4이고 면의 수가 10인 연결된 평면그래프에서 꼭짓점의 수를 구하여라.

04 완전그래프 K_6에서 두 변을 제거하여 얻어진 그래프는 평면그래프인가?

05 연결평면그래프 G는 다음 조건을 모두 만족한다고 한다.

a) G의 모든 꼭짓점의 차수는 3이다.
b) G의 변의 수와 꼭짓점의 수의 차는 40이다
c) G에 포함되는 회로의 길이는 5 또는 6이다.

이 때 G에 포함되는 길이 6인 회로의 개수를 구하여라.

06 연결평면그래프 G는 다음 조건을 모두 만족한다고 한다.

> a) G의 모든 꼭짓점의 차수는 4이다.
> b) G의 면은 3개 또는 5개의 변으로 이루어진다.
> c) 3개의 변으로 이루어진 면은 모두 20개이다.

이 때 G의 꼭짓점의 수를 구하여라.

07 다음 물음에 답하여라.

(1) 모든 꼭짓점의 차수가 5 이상인 평면그래프를 찾아라.

(2) n개의 꼭짓점을 갖는 연결 평면그래프에는 차수가 5이하인 꼭짓점이 적어도 2개 있음을 보여라. (단 $n \geq 2$)

(3) 평면그래프의 꼭짓점의 평균 차수는 6보다 작음을 보여라.

08 다음 물음에 답하여라.

(1) 평면그래프 G를 길이가 k 미만인 회로를 포함하지 않는 연결그래프라고 하자. G의 꼭짓점의 수를 v, 변의 수를 e라 하면

$$e \leq \frac{(v-2)k}{k-2}$$

임을 보여라. (단 $k \geq 3$)

(2) 위 (1)을 이용하여 아래 그래프는 평면그래프가 아님을 보여라.

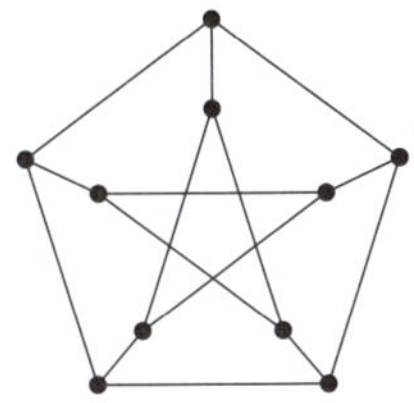

09 각 꼭짓점의 차수가 적어도 3인 연결 평면그래프 G에는 5개 이하의 변을 포함하는 면이 적어도 하나 있음을 보여라.

10 꼭짓점의 수가 11 이하인 연결 평면그래프에는 차수가 4 이하인 꼭짓점이 적어도 하나 있음을 보여라.

11 평면그래프 G는 k개의 연결성분 $G_1, G_2, \cdots, G_k$로 이루어져 있다. G의 꼭짓점의 수를 v, 변의 수를 e, 면의 수를 f라 할 때 $v-e+f$의 값을 구하여라.

12 G가 n개의 꼭짓점을 갖는 연결 평면그래프라면 G는 적어도 $n-1$개의 변을 갖고 있음을 보여라.

13 원 위에 n개의 점이 있다. 이 점을 모두 선분으로 이을 때 어느 세 선분도 원 내부의 한 점에서 만나지 않는다고 한다. 연습문제 1.3의 23의 (1), (2)와 오일러공식을 이용하여 원의 내부에 있는 선분의 개수를 구하여라.

14 e를 그래프 G의 한 변이라 하자. 이때 그래프 G가 평면그래프이면 G/e도 평면그래프이다. 이 사실을 이용하여 다음 그래프가 평면그래프가 아님을 보여라. (단 e$=\{$A, D$\}$)

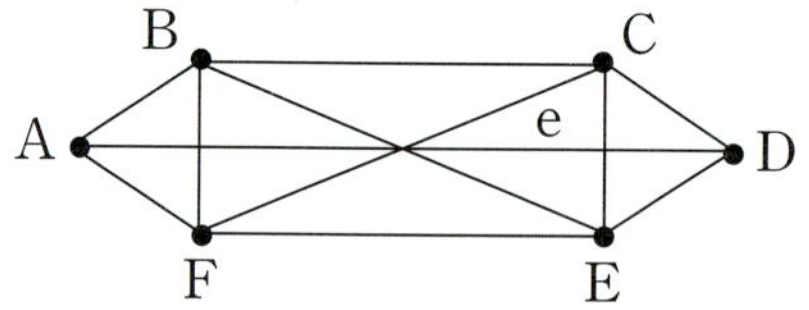

15 사각형 R의 내부에 7개의 점이 찍혀 있다. 사각형 R의 네 개의 꼭짓점을 포함한 11개의 점 중에서 두 점씩 적당히 선택하여 두 점을 양 끝점으로 하는 선분을 그리되, 어떤 두 선분도 교차하지 않게 하면서 사각형 R을 삼각형과 사각형만으로 분할하였다. 각 점의 차수가 4라고 하면 이 분할의 결과로 생긴 삼각형의 개수는 얼마인가? (단, 사각형 R의 네 변도 선분으로 생각한다.)

[2009년도 중등교사 임용시험]

16 평면그래프에 관한 다음의 명제가 참인지 거짓인지 판단하여라.

[2010년도 중등교사 임용시험]

(1) 완전이분그래프 $K_{3,4}$는 평면그래프가 아니다.

(2) 모든 꼭짓점의 차수가 6 이상인 평면그래프가 존재한다.

(3) 꼭짓점의 개수가 30인 평면그래프를 변이 교차하지 않게 평면에 그렸을 때, 하나의 면만 사각형이고 나머지 면은 모두 삼각형이면 변의 개수는 83이다. (여기서 삼각형(사각형)이라 함은 3(4)개의 변으로 둘러싸인 면을 의미하고 외부영역도 면으로 간주한다.)

제5절 수형도

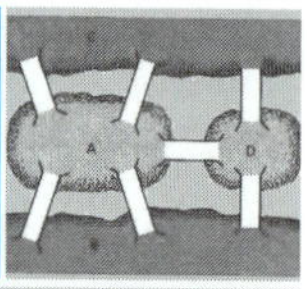

어떤 도시에 되도록 적은 비용으로 지하철을 건설하려고 한다. 필요한 지역에 역을 만들어 각 역을 철로로 연결하고, 연결된 철로에는 회로가 없어야 건설 비용을 줄일 수 있다. 이처럼 회로가 없는 연결그래프를 **수형도**라 한다. 실제로 수형도는 수학은 물론 화학이나 생물학 등의 여러 분야에서 자주 이용되며, 특히 컴퓨터 공학에서는 정보를 체계적으로 탐색하고 자료를 분류하는 프로그램에서 수형도를 이용한다. 이 절에서는 수형도의 기본적인 성질과 그 활용 방법에 대하여 살펴보자.

예제 3.5.1 아래 그림은 수소와 탄소로 이루어진 탄화수소를 나타낸 것으로 탄소와 수소를 꼭짓점으로 하는 그래프로 생각하면 탄소의 차수는 4이고, 수소의 차수는 1인 회로가 없는 연결그래프이다. 각 그래프의 꼭짓점과 변의 수를 구하고 이를 이용하여 꼭짓점 수 v와 변의 수 e 사이의 관계를 유추하여라.

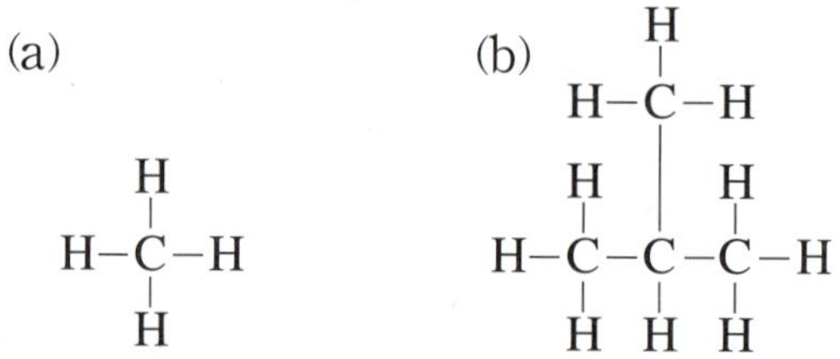

| 그림 3.5.1 |

풀이 (a)에서 꼭짓점의 수 $v=5$, 변의 수 $e=4$이고 (b)에서 꼭짓점의 수 $v=14$, 변의 수 $e=13$이다. 따라서 $e=v-1$임을 추측할 수 있다. □

문제 3.5.1 회로가 없는 연결 평면그래프에서 꼭짓점의 수 v와 변의 수 e 사이의 관계식을 오일러 공식을 써서 구하여라.

정의 3.5.1 회로를 갖지 않는 연결그래프를 **수형도**(tree)라 한다.

예를 들어 아래 그림에서 (a)는 회로가 없는 연결그래프이므로 수형도이지만, (b)는 연결되어 있지 않고, 또 (c)는 회로를 가지므로 (b)와 (c)는 수형도가 아니다.

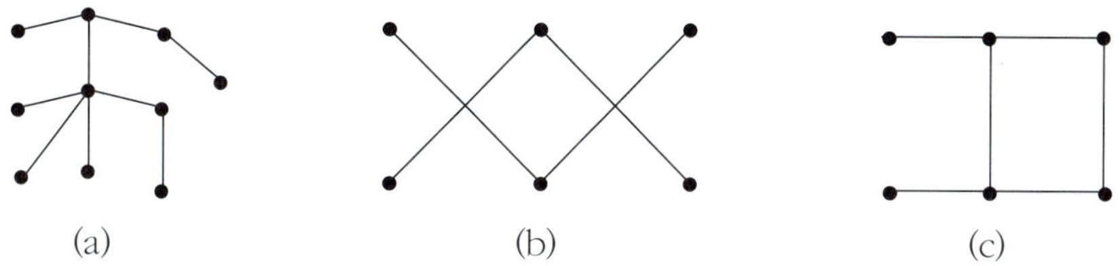

| 그림 3.5.2 |

예제 3.5.2 6개의 꼭짓점을 가지며 동형이 아닌 수형도를 모두 찾아라.

풀이 꼭짓점의 수가 6이며 서로 동형이 아닌 수형도는 다음과 같이 여섯 가지 종류가 있다.

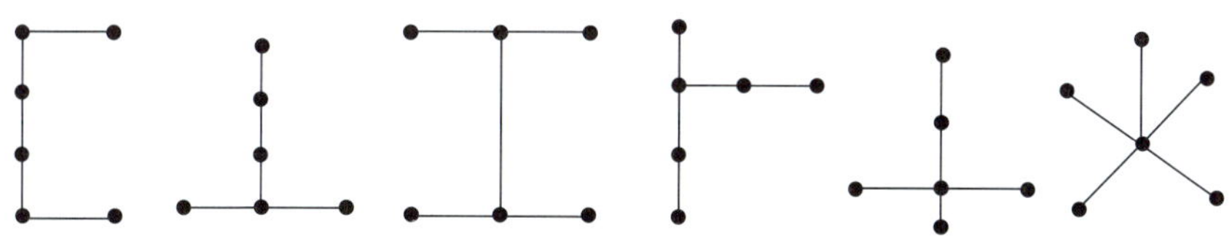

| 그림 3.5.3 |

문제 3.5.2 5개의 꼭짓점을 갖는 동형이 아닌 수형도를 모두 찾아라.

정리 3.5.2

수형도 G에서 꼭짓점의 수를 v, 변의 수를 e라 하면 다음이 성립한다.

$$e = v - 1$$

증명 (꼭짓점 수 v에 관한 수학적 귀납법)

(i) $v=1$이면 $e=0$이므로 $e=v-1$이다.

(ii) 꼭짓점의 수가 n보다 작은 모든 수형도에서 $e=v-1$이라고 하자.

(iii) 이제 G를 꼭짓점의 수가 n인 수형도라고 하자. G에서 임의의 변 $\{x, y\}$를 제거하면 남은 그래프 $G-\{x, y\}$는 그림 3.5.4처럼 두 개의 수형도 G_1, G_2로 분리된다.

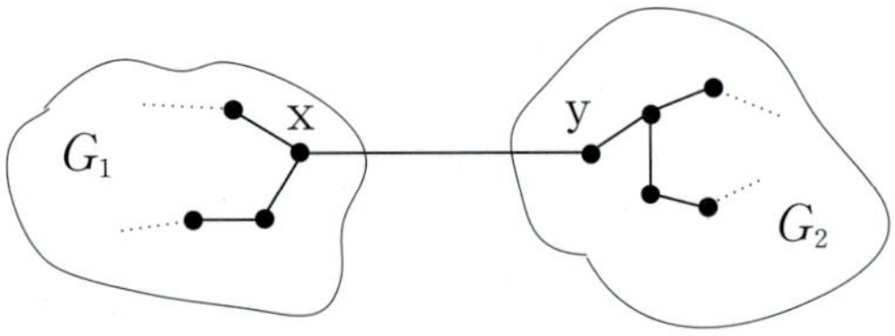

| 그림 3.5.4 |

그래프 G, G_1, G_2의 꼭짓점의 수를 각각

$$v, v_1, v_2$$

라 하고 변의 수를 각각

$$e, e_1, e_2$$

라 하자. G_1, G_2의 꼭짓점 수는 모두 n보다 작으므로 (ii)에 의하여

$$e_1=v_1-1,$$
$$e_2=v_2-1$$

이다.

이제 $v=v_1+v_2$이므로

$$\begin{aligned} e&=e_1+e_2+1 \\ &=(v_1-1)+(v_2-1)+1 \\ &=v_1+v_2-1=v-1 \end{aligned}$$

이다.

그러므로 수학적 귀납법에 의하여 모든 수형도에서 $e=v-1$이다. □

예제 3.5.3 모든 탄화수소의 그래프는 수형도이다. 어떤 탄화수소에 포함된 탄소 원자의 수가 k일 때 수소 원자의 수 m을 k로 나타내어라.

풀이 탄화수소를 나타내는 그래프는 수형도이므로 변의 수는 $k+m-1$이다. 한편, 탄소의 차수는 4이고 수소의 차수는 1이므로 모든 꼭짓점의 차수의 합은 $4k+m$이다. 정리 3.1.2에 의하여 꼭짓점의 차수의 합은 변의 수의 2배이므로 $4k+m=2(k+m-1)$이고 $m=2k+2$이다. □

문제 3.5.3 수형도 T의 모든 꼭짓점은 차수가 1 또는 m이라고 한다. 이때 다음 물음에 답하여라.

(1) 차수가 m인 꼭짓점의 수가 k일 때, 차수가 1인 꼭짓점의 수를 m, k로 나타내어라.

(2) 차수가 1인 꼭짓점의 수가 n일 때, 수형도 T의 변의 수를 m, n으로 나타내어라.

예제 3.5.4 두 개 이상의 꼭짓점을 갖는 수형도에는 차수가 1인 꼭짓점이 적어도 둘 이상 있음을 보여라.

풀이 수형도의 꼭짓점의 수를 v라고 하면 변의 수는 $v-1$이다. 따라서 차수의 합은 $2(v-1)$이다. 만일 모든 꼭짓점의 차수가 2 이상이면 차수의 합은 $2v$ 이상이 되어 모순이므로 차수가 1인 꼭짓점이 반드시 존재해야 한다.

차수가 1인 꼭짓점이 오직 하나라면 차수의 합은 $2(v-1)+1$ 이상이 되어 역시 모순이다. 그러므로 수형도에는 차수가 1인 꼭짓점이 적어도 둘 이상 존재한다. □

문제 3.5.4 n개의 꼭짓점을 갖는 연결그래프 G의 변의 수 e의 범위를 구하여라.

정리 3.5.3

G를 n개의 꼭짓점을 갖는 연결그래프라 하자. 그러면 다음 명제는 모두 동치이다.

(1) G는 수형도이다.

(2) 임의의 두 꼭짓점 u, v에 대하여 u에서 v로 가는 유일한 경로가 있다.

(3) G에서 임의의 한 변을 제거하면 남은 그래프는 연결그래프가 아니다.

(4) G는 $n-1$개의 변을 갖고 있다.

증명 (1)⇒(2) G를 수형도라 하고 u, v를 G의 두 꼭짓점이라 하자. G는 연결그래프이므로 u에서 v로 가는 경로가 적어도 하나 존재한다. 만약 P_1, P_2가 아래와 같이 u에서 v로 가는 서로 다른 경로라 하자.

$$P_1 : \mathrm{u} = \mathrm{v}_1 \to \mathrm{v}_2 \to \cdots \to \mathrm{v}_{n-1} \to \mathrm{v}_n \to \mathrm{v}$$
$$P_2 : \mathrm{u} = \mathrm{w}_1 \to \mathrm{w}_2 \to \cdots \to \mathrm{w}_{m-1} \to \mathrm{w}_m \to \mathrm{v}$$

그러면 P_1과 P_2를 합하면 아래와 같이 회로가 생기므로 G는 수형도가 아니다. (그림 3.5.5 참조)
따라서 꼭짓점 u에서 v로 가는 경로는 유일하다.

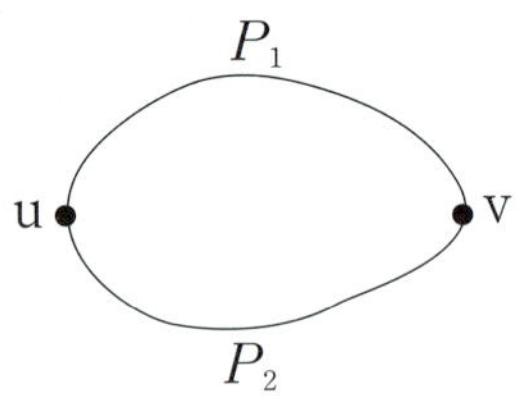

그림 3.5.5

(2)⇒(3) G에서 임의의 한 변 $\{\mathrm{x}, \mathrm{y}\}$를 제거한 그래프 $G' = G - \{\mathrm{x}, \mathrm{y}\}$가 연결그래프라면 G'에는 x에서 y로 가는 경로 P가 있다. 따라서 경로 P와 $\mathrm{x} \to \mathrm{y}$는 그래프 G의 x에서 y로 가는 서로 다른 경로이다. 그러므로 G에서 임의의 한 변을 제거하면 남은 그래프는 연결그래프가 아니다.

(3)⇒(1) (3)의 성질을 만족하는 G가 수형도가 아니라면 G에는 회로가 있고

회로의 한 변을 제거해도 여전히 연결그래프이므로 (3)에 모순이다. 따라서 (3)의 성질을 만족하는 연결그래프는 수형도이다.

(1)⇒(4) 정리 3.5.2

(4)⇒(1) G가 $n-1$개의 변을 갖는다고 하자. 만약 G가 수형도가 아니라면 G에는 적어도 하나의 회로가 존재한다. 이제 G에서 변을 제거하여 회로가 더 이상 존재하지 않는 연결그래프를 만들면 남은 그래프는 변의 수가 $n-1$보다 작은 수형도가 되어 정리 3.5.2에 모순이다. 따라서 G는 수형도이다. □

예제 3.5.5 수형도 G에서 인접하지 않는 두 꼭짓점 x, y를 임의로 선택하자. 이때 G에 변 {x, y}를 첨가하여 만들어진 그래프 $G+\{x, y\}$에는 단 하나의 회로가 있음을 보여라.

증명 ① **존재성**

G가 n개의 꼭짓점을 갖는 수형도라면 G는 $n-1$개의 변을 갖고 있다. 만약 $G+\{x, y\}$에 회로가 없다면 $G+\{x, y\}$는 꼭짓점과 변의 수가 모두 n인 수형도가 되어 모순이다. 그러므로 $G+\{x, y\}$는 적어도 하나의 회로를 갖고 있다.

② **유일성**

$G+\{x, y\}$에 서로 다른 두 개의 회로 C_1, C_2가 있다고 하자. C_1, C_2는 모두 {x, y}를 포함해야 하므로 C_1, C_2에서 각각 변 {x, y}를 제거한 두 그래프

$$P_1 : C_1-\{x, y\}$$
$$P_2 : C_2-\{x, y\}$$

는 G에서 x에서 y로 가는 서로 다른 두 경로가 되어 정리 3.5.3에 의해 모순이다. 따라서 $G+\{x, y\}$에는 단 하나의 회로가 있다. □

문제 3.5.5 n개의 꼭짓점으로 이루어진 수형도가 갖는 길이가 1 이상인 서로 다른 경로의 총 개수를 구하여라.

정의 3.5.4 그래프 $G(V, E)$의 부분그래프 $G'(V', E')$이 다음의 두 조건을 만족할 때, G'을 G의 **생성수형도**(spanning tree)라고 한다.

(i) $V'=V$

(ii) G'은 수형도

즉, 그래프 G의 생성수형도는 G의 모든 꼭짓점과 G의 변의 일부를 이용하여 만든 수형도이다.

예를 들어, 아래 그림에서 (b)는 (a)의 생성수형도이다. 그러나 (c)는 (a)의 부분그래프인 수형도이지만 (a)의 꼭짓점인 F를 갖고 있지 않기 때문에 (a)의 생성수형도가 아니다.

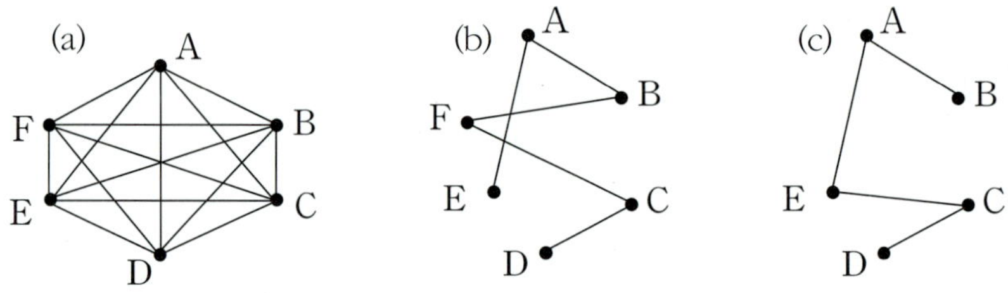

| 그림 3.5.6 |

예제 3.5.6 $K_{4,2}$의 생성수형도의 개수를 구하여라.

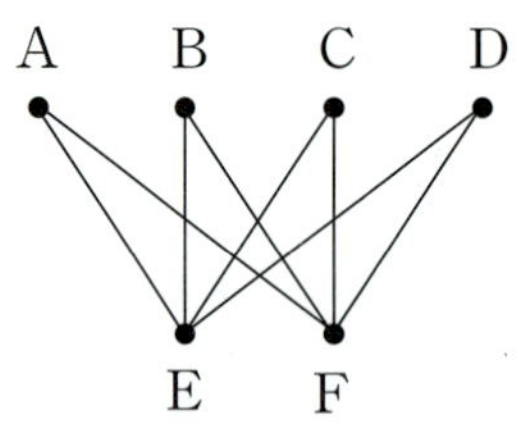

| 그림 3.5.7 |

풀이 위 그래프의 생성수형도는 A, B, C, D 중 하나만 E와 F에 동시에 인접하고, 나머지는 E나 F 중 한 꼭짓점과만 인접한다. 따라서 곱의 법칙에 의하여

$$4 \cdot 2^3 = 32$$

개의 생성수형도가 존재한다. □

문제 3.5.6 다음 그래프의 생성수형도의 개수를 구하여라.

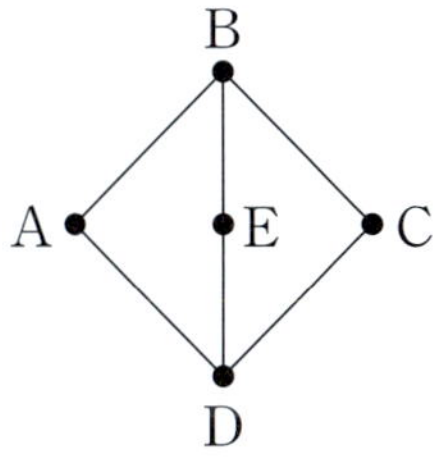

| 그림 3.5.8 |

정리 3.5.5

연결그래프 G에는 항상 생성수형도가 있다.

증명 (회로의 개수 n에 대한 수학적 귀납법)

(i) $n=0$이면 G는 회로가 없는 연결그래프이므로 수형도이고, 따라서 G가 자신의 생성수형도이다.

(ii) 이제 회로의 개수가 n보다 작은 연결 그래프에는 생성수형도가 있다고 가정하자.

(iii) 연결그래프 G가 n개의 회로를 갖는다고 하자. $\{x, y\}$가 G에 있는 한 회로의 변이라면 G에서 변 $\{x, y\}$를 제거한 그래프 $G-\{x, y\}$는 $n-1$개 이하의 회로를 갖는 연결그래프이다. (ii)에 의하여 $G-\{x, y\}$는 생성수형도 T를 갖고 있으며 T는 또한 G의 생성수형도이다.

따라서 수학적 귀납법에 의해 연결그래프에는 항상 생성수형도가 있다. □

꼭짓점이 n개인 수형도의 개수를 생각하여 보자.

세 꼭짓점 A, B, C를 갖는 수형도는 다음과 같이 세 가지가 있다.

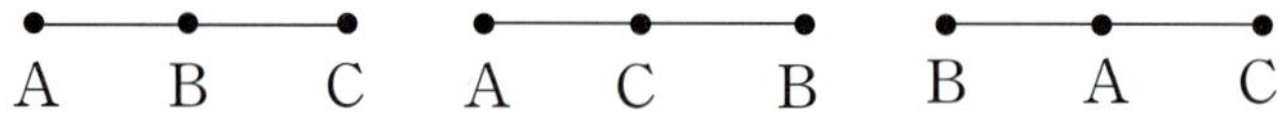

그림 3.5.9

한편, 네 개의 꼭짓점 A, B, C, D를 갖는 수형도는 그림 3.5.10과 같이 16가지가 있다.

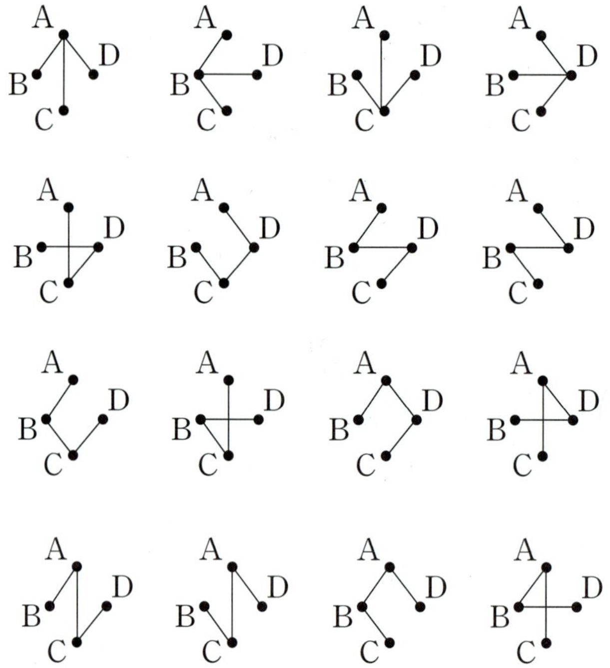

그림 3.5.10

1889년 케일리(Cayley)는 n개의 꼭짓점 $1, 2, \cdots, n$을 갖는 수형도의 개수는 n^{n-2}임을 보였다. 이를 증명하기 위하여 프뤼퍼(Prüfer)가 고안한 다음 두 집합 X, Y 사이의 일대일대응을 살펴보기로 하자.

$$X = \{T \mid T\text{는 꼭짓점이 } 1, 2, \cdots, n\text{인 수형도}\}$$

$$Y=\{(a_1, a_2, \cdots, a_{n-2}) \mid 1 \leq a_1, a_2, \cdots, a_{n-2} \leq n\}$$

① T를 집합 X 안에 있는 수형도라고 하자. T에서 차수가 1인 꼭짓점 중 그 값이 가장 큰 것을 k라고 하고 k와 인접한 꼭짓점을 a_1이라고 하자. 다시 T에서 꼭짓점 k를 제거한 수형도 $T-k$에서 차수가 1인 꼭짓점 중 가장 큰 것 l을 고르고 그것에 인접한 꼭짓점을 a_2라고 하자. 이와 같은 과정을 두 꼭짓점이 남을 때까지 반복하면 $(a_1, a_2, \cdots, a_{n-2})$가 얻어지고 이는 집합 Y의 원소이다. 따라서 $\varphi(T)=(a_1, a_2, \cdots, a_{n-2})$로 정의하면 φ는 X에서 Y로 가는 함수이다.

② 이제 $(a_1, a_2, \cdots, a_{n-2})$를 집합 Y의 원소라고 하자. $a_{n-1}=1$이라 놓고
집합 $\{1, 2, 3, \cdots, n\}-\{a_1, a_2, \cdots, a_{n-2}, a_{n-1}\}$에서 가장 큰 원소를 b_1,
집합 $\{1, 2, 3, \cdots, n\}-\{a_2, \cdots, a_{n-2}, a_{n-1}, b_1\}$에서 가장 큰 원소를 b_2라고 하자.
일반적으로 $2 \leq i \leq n-1$인 각 i에 대하여 집합

$$\{1, 2, 3, \cdots, n\}-\{a_i, a_{i+1}, \cdots, a_{n-2}, a_{n-1}, b_1, b_2, \cdots, b_{i-1}\}$$

에서 가장 큰 원소를 b_i라고 하자. 그러면 변 $\{a_1, b_1\}, \{a_2, b_2\}, \cdots, \{a_{n-1}, b_{n-1}\}$로 이루어진 수형도 S는 집합 X의 원소이다. 따라서 $\psi(a_1, a_2, \cdots, a_{n-2})=S$로 정의하면 ψ는 Y에서 X로 가는 함수이다.

여기서 $\psi(\varphi(T))=T$이고 $\varphi(\psi(a_1, a_2, \cdots, a_{n-2}))=(a_1, a_2, \cdots, a_{n-2})$임을 알 수 있으므로 φ는 ψ를 역함수로 가진다. 따라서 φ는 일대일대응이다.

예제 3.5.7 위에서 살펴본 φ와 ψ에 대하여, 다음 물음에 답하여라.

(1) 수형도 T가 다음과 같을 때 $\varphi(T)$를 구하여라.

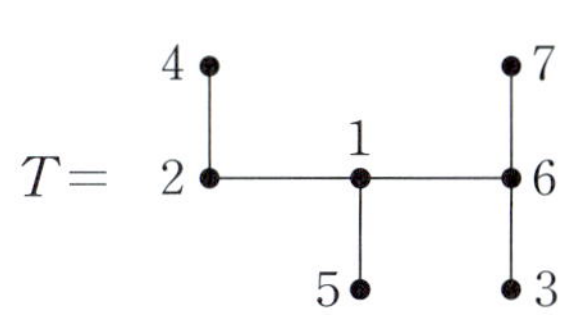

| 그림 3.5.11 |

(2) $\psi(6, 1, 2, 6, 1)$을 구하라.

풀이 (1) T에서 차수가 1인 꼭짓점 중 가장 큰 것은 7이고 이와 인접한 꼭짓점은 6이므로 $a_1=6$이다. T에서 꼭짓점 7을 제거한 수형도 T_1은 다음과 같다.

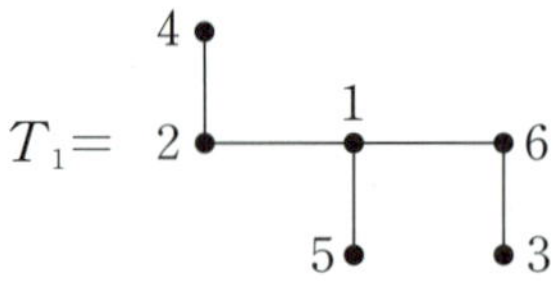

| 그림 3.5.12 |

다시 T_1에서 차수가 1인 꼭짓점 중 가장 큰 것은 5이고 이와 인접한 꼭짓점은 1이므로 $a_2=1$이다. 이와 같은 과정을 두 꼭짓점이 남을 때까지 반복하면 아래와 같다. 따라서 $\varphi(T)=(6, 1, 2, 6, 1)$이다.

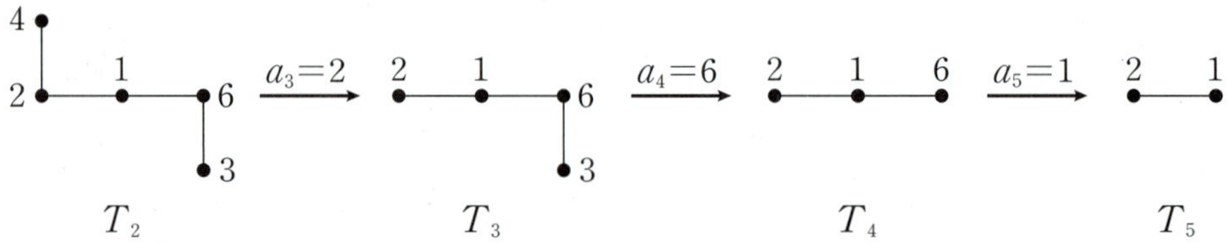

| 그림 3.5.13 |

(2) $(a_1, a_2, \cdots, a_{n-2})=(6, 1, 2, 6, 1)$이므로 $n=7$이고 $a_6=1$이다. 집합 $\{1, 2, 3, 4, 5, 6, 7\}-\{6, 1, 2, 6, 1, 1\}$의 최대 원소는 7이므로 $b_1=7$이다. 다시 집합 $\{1, 2, 3, 4, 5, 6, 7\}-\{1, 2, 6, 1, 1, 7\}$의 최대 원소는 5이므로 $b_2=5$이며, 집합 $\{1, 2, 3, 4, 5, 6, 7\}-\{2, 6, 1, 1, 7, 5\}$의 최대 원소는 4이므로 $b_3=4$이다. 이런 과정을 반복하면 $b_4=3$, $b_5=6$, $b_6=2$이다. 이제 $\{6, 7\}, \{1, 5\}, \{2, 4\}, \{6, 3\}, \{1, 6\}, \{1, 2\}$을 변으로 하는 수형도를 S라고 하면 $\psi(6, 1, 2, 6, 1)=S$이다.

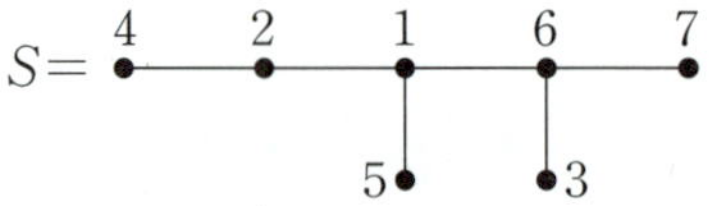

| 그림 3.5.14 |

문제 3.5.7 앞에서 살펴본 φ와 ψ에 대하여 다음 물음에 답하여라.

(1) 수형도 T가 다음과 같을 때 $\varphi(T)$를 구하라.

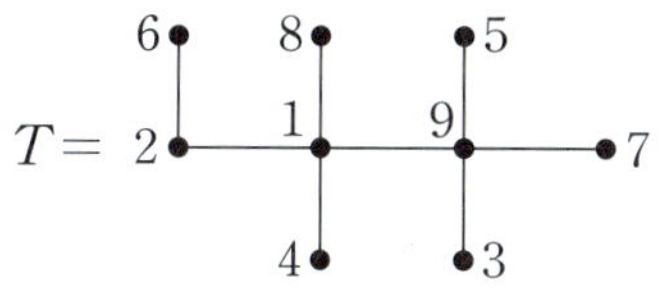

그림 3.5.15

(2) $\psi(5, 1, 2, 2, 6, 6, 5)$을 구하라.

정리 3.5.6 (케일리의 수형도 공식)
n개의 꼭짓점 $A_1, A_2, \cdots, A_n$을 갖는 서로 다른 수형도의 개수는 n^{n-2}이다.

$n=1$ 또는 2일 때에는 분명하다. 이제 $n \geq 3$이라 하자. $A_1, A_2, \cdots, A_n$을 각각 $1, 2, \cdots, n$으로 놓자. 그러면 $A_1, A_2, \cdots, A_n$을 꼭짓점으로 갖는 수형도의 개수는 앞에서 살펴본 일대일대응 φ의 정의역 X의 원소의 개수와 같고 이는 φ가 일대일대응이므로 집합 Y의 원소의 개수와 같은 n^{n-2}이다. □

예제 3.5.8 n개의 꼭짓점 $A_1, A_2, \cdots, A_n$을 갖는 완전그래프 K_n의 생성수형도의 개수를 구하여라. (단 $n \geq 2$)

풀이 꼭짓점이 $A_1, A_2, \cdots, A_n$인 완전그래프 K_n의 생성수형도의 개수는 꼭짓점이 $A_1, A_2, \cdots, A_n$인 수형도의 개수와 같으므로 정리 3.5.6에 의하여 n^{n-2}이다. □

문제 3.5.8 다음 그래프의 생성수형도의 개수를 구하여라.

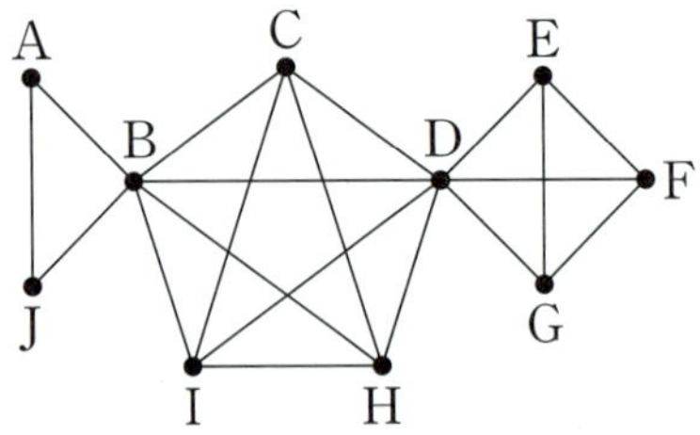

| 그림 3.5.16 |

예제 3.5.9 다음은 연결그래프의 생성수형도를 찾는 방법이다.

깊이 우선 탐색(depth-first search) 방법

① 그래프에서 한 꼭짓점을 잡아 현재 꼭짓점으로 둔다.

② 현재 꼭짓점에 인접한 꼭짓점 중에서

- 아직 선택되지 않은 꼭짓점이 있으면 그 중 한 꼭짓점과 그 두 꼭짓점을 잇는 변을 택하고, 새로 선택된 꼭짓점을 현재 꼭짓점으로 한다.
- 모든 꼭짓점이 이미 선택되었다면 현재 꼭짓점 바로 전에 선택된 꼭짓점으로 되돌아가서 그 꼭짓점을 현재 꼭짓점으로 한다.

③ 더 이상 선택할 꼭짓점이 없으면 과정을 끝내고 그렇지 않으면 위 ②의 과정을 반복한다.

너비 우선 탐색(width-first search) 방법

① 그래프에서 한 꼭짓점을 잡는다.

② 위 ①의 꼭짓점에 인접한 모든 꼭짓점과 그 두 꼭짓점을 잇는 변을 선택한다.

③ 차례차례로 위 ②에서 선택한 꼭짓점에 인접한 꼭짓점 중 아직 사용하지 않은 모든 꼭짓점과 그 변을 선택한다.

④ 사용하지 않은 꼭짓점이 없을 때까지 ③의 과정을 반복한다.

아래에 제시한 방법으로 다음 그래프 G의 생성수형도를 찾아라.

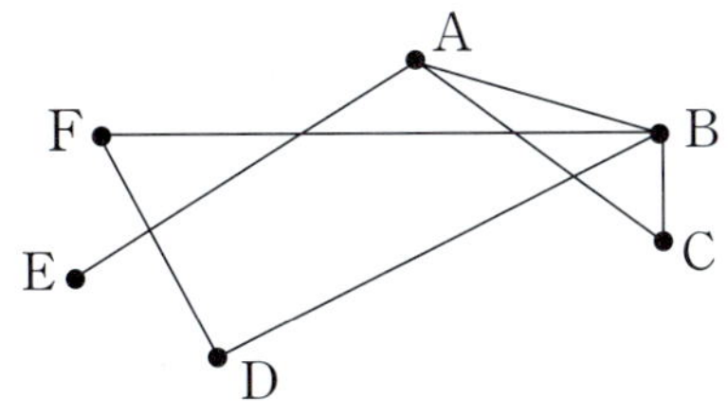

| 그림 3.5.17 |

(1) 깊이 우선 탐색 방법을 이용하여

(2) 너비 우선 탐색 방법을 이용하여

풀이 (1) ● 그림 3.5.17의 그래프에서 한 꼭짓점 A 선택

- A와 인접한 한 꼭짓점 B와 변 {A, B} 선택
- B와 인접한 꼭짓점 중 아직 사용하지 않은 꼭짓점 C와 변 {B, C} 선택
- C와 인접한 꼭짓점은 모두 사용하였으므로 바로 전 꼭짓점인 B로 돌아감
- B와 인접한 꼭짓점 중 아직 사용하지 않은 꼭짓점 D와 변 {B, D} 선택
- D와 인접한 꼭짓점 중 아직 사용하지 않은 꼭짓점 F와 변 {D, F} 선택
- F와 인접한 꼭짓점은 모두 사용하였으므로 바로 전 꼭짓점인 D로 돌아감
- D와 인접한 꼭짓점은 모두 사용하였으므로 바로 전 꼭짓점인 B로 돌아감
- B와 인접한 꼭짓점은 모두 사용하였으므로 바로 전 꼭짓점인 A로 돌아감
- A와 인접한 꼭짓점 중 아직 사용하지 않은 꼭짓점 E와 변 {A, E} 선택

그래프 G의 모든 꼭짓점이 선택되었으므로 지금까지 선택된 꼭짓점과 변으로 만들어진 부분그래프가 G의 생성수형도이다. (그림 3.5.18 참조)

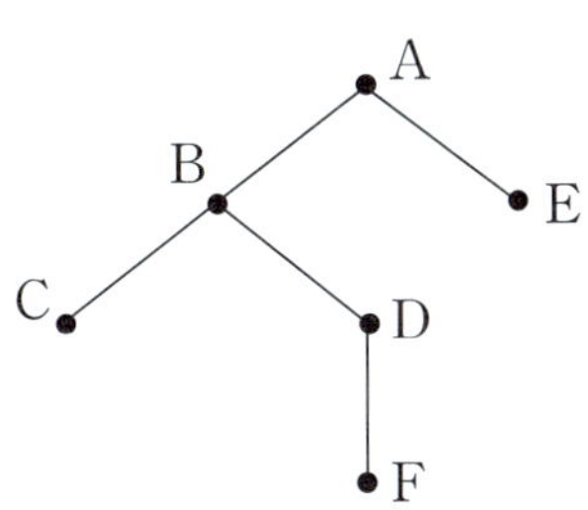

| 그림 3.5.18 |

(2) ● 그림 3.5.17의 그래프에서 한 꼭짓점 A 선택

● A와 인접한 모든 꼭짓점 B, C, E와 변 {A, B}, {A, C}, {A, E} 선택

● B와 인접한 꼭짓점 중 아직 사용하지 않은 꼭짓점 D, F와 변 {B, D}, {B, F} 선택

그래프 G의 모든 꼭짓점이 선택되었으므로 지금까지 선택된 꼭짓점과 변으로 만들어진 부분그래프가 G의 생성수형도이다. (그림 3.5.19 참조)

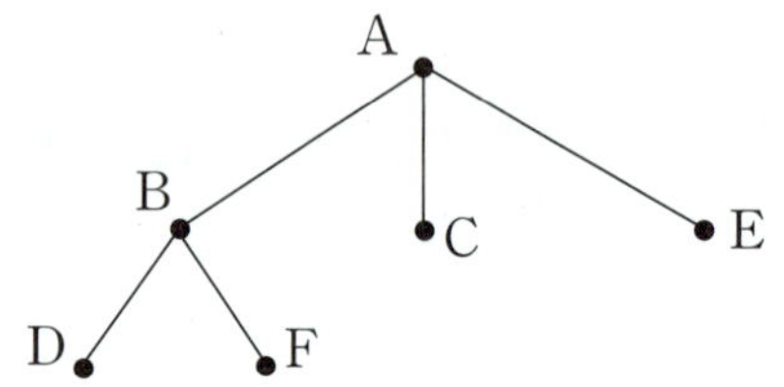

| 그림 3.5.19 |

문제 3.5.9 깊이 우선 탐색 방법과 너비 우선 탐색 방법을 각각 이용하여 다음 그래프의 생성수형도를 구하여라.

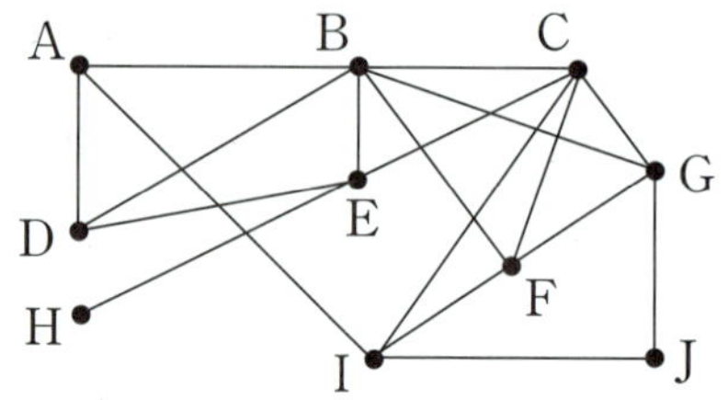

| 그림 3.5.20 |

예제 3.5.10 농촌의 다섯 주택 A, B, C, D, E에 수돗물 공급을 위하여 배관 작업을 하려고 한다. 각 주택 사이의 거리에 따른 배관작업 비용이 아래 표와 같을 때, 각 주택에 수돗물이 공급되도록 최소의 비용으로 배관 작업을 하려면 어떻게 연결하여야 할까?

단위 : 10만원

	A	B	C	D	E
A	×	2	4	3	2
B	2	×	3	1	3
C	4	3	×	2	3
D	3	1	2	×	5
E	2	3	3	5	×

표 3.5.1

풀이 최소의 비용으로 모든 주택에 수돗물을 공급하기 위해서는 모든 주택이 수도관으로 서로 연결되어야 하며, 이렇게 연결된 수도관에는 회로가 없어야 한다. 이제 주택 A, B, C, D, E를 꼭짓점으로 하는 완전그래프 G의 변 위에 그 변에 해당하는 배관 작업에 필요한 비용을 나타내면 그림 3.5.21과 같고 주어진 문제는 이 그래프에서 변의 값의 합이 최소인 생성수형도를 찾는 문제와 같다.

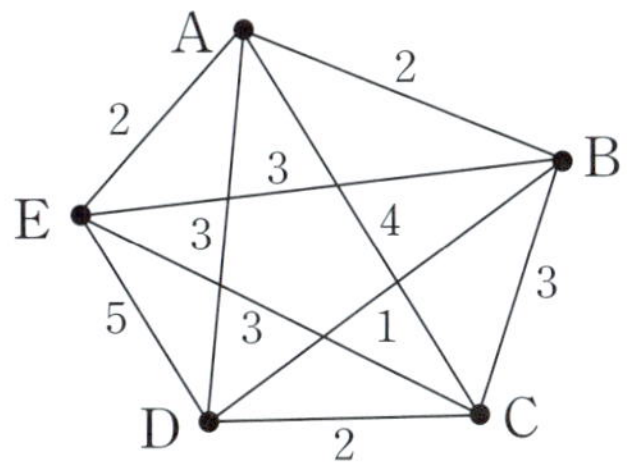

그림 3.5.21

방법 1 greedy 알고리즘

① 그래프에서 변을 제거하여도 남은 그래프가 여전히 연결그래프인 변 중 가장 큰 값을 갖는 변을 제거한다. 단, 같은 값을 갖는 변이 있으면 그 중 임의로 한 변을 제거한다.

② 남은 그래프가 G의 생성수형도인지를 살펴본다.

1) 생성수형도가 아니면 ①로 되돌아간다.

2) 생성수형도이면 이 과정을 끝낸다.

Greedy 알고리즘을 이용하여 그래프 G의 생성수형도 중에서 변의 값의 합이 최소인 생성수형도를 구해보자. (그림 3.5.22)

- 값이 가장 큰 변 {E, D}를 제거하여도 연결그래프가 되므로 변 {E, D}를 제거한다.
- 남은 그래프가 G의 생성수형도가 아니므로, 제거하여도 연결그래프가 되는 변 중에서 가장 큰 값을 갖는 변 {A, C}를 제거한다.
- 남은 그래프가 G의 생성수형도가 아니므로, 제거하여도 연결그래프가 되는 변 중에서 가장 큰 값을 갖는 한 변을 제거한다. 아래에서는 변 {B, E}를 제거한다.

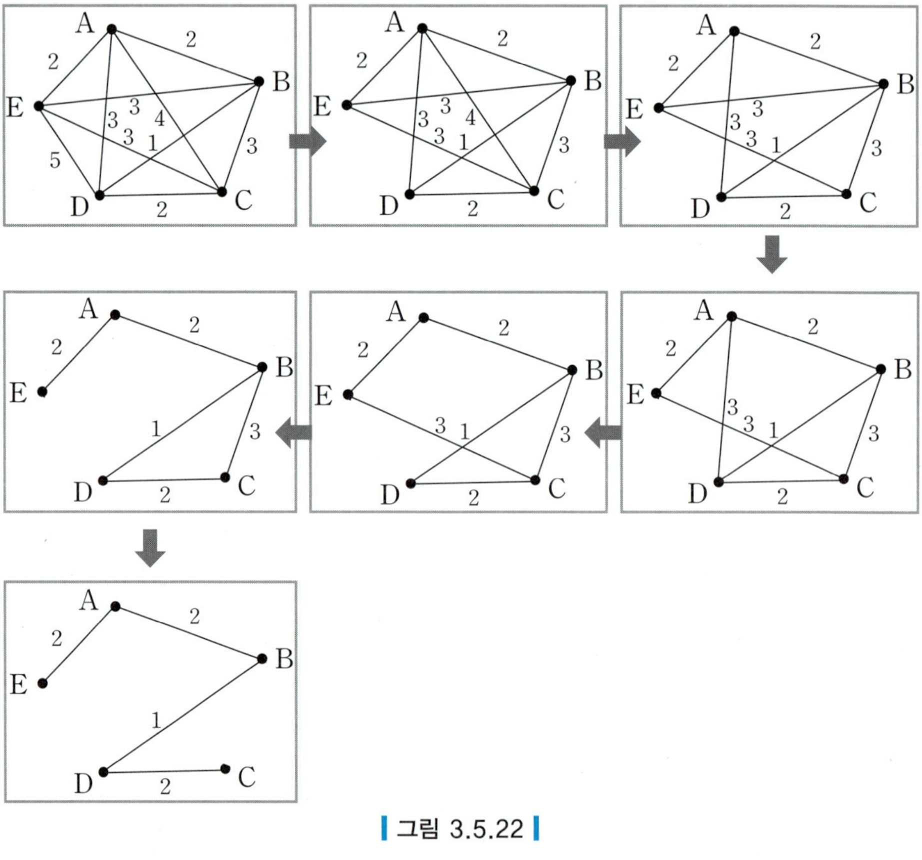

| 그림 3.5.22 |

- 위의 방법을 계속하면 그림 3.5.22의 마지막에 나와 있는 생성수형도를 얻게 된다. 따라서

$$E \to A \to B \to D \to C$$

의 경로를 따라 배관하고, 이때 필요한 경비는 칠십만 원이다.

방법 2 크루스컬(Kruskal) 알고리즘

① 가장 작은 값을 갖는 변을 선택한다. 단, 같은 값을 갖는 변이 있으면 그 중 임의로 한 변을 선택한다.

② 나머지 변 중에서 이미 선택된 부분그래프와 회로를 이루지 않으면서 변의 값이 최소인 변을 선택한다.

③ 이미 선택된 변으로 만들어진 그래프가 G의 생성수형도인지 살펴본다.

1) 생성수형도가 아니면 ②로 되돌아간다.

2) 생성수형도이면 이 과정을 끝낸다.

크루스컬 알고리즘을 이용하여 그래프 G의 생성수형도 중에서 변의 값의 합이 최소인 생성수형도를 구해보자. (그림 3.5.23)

- 먼저 값이 가장 작은 변 {B, D}를 선택한다.
- 선택된 그래프가 G의 생성수형도가 아니므로, 앞의 그래프와 회로를 이루지 않는 변 중 최소값을 갖는 한 변 {A, E}를 선택한다.
- 선택된 그래프가 G의 생성수형도가 아니므로, 앞의 그래프와 회로를 이루지 않는 변 중 최소값을 갖는 한 변 {A, B}를 선택한다.
- 선택된 그래프가 G의 생성수형도가 아니므로, 앞의 그래프와 회로를 이루지 않는 변 중 최소값을 갖는 한 변 {D, C}를 선택한다.
- 선택된 그래프가 G의 생성수형도이므로 그림 3.5.23의 마지막에 있는 그래프가 변의 값의 합이 최소인 G의 생성수형도이다.

  따라서 이 때 필요한 경비는 칠십만 원이다.

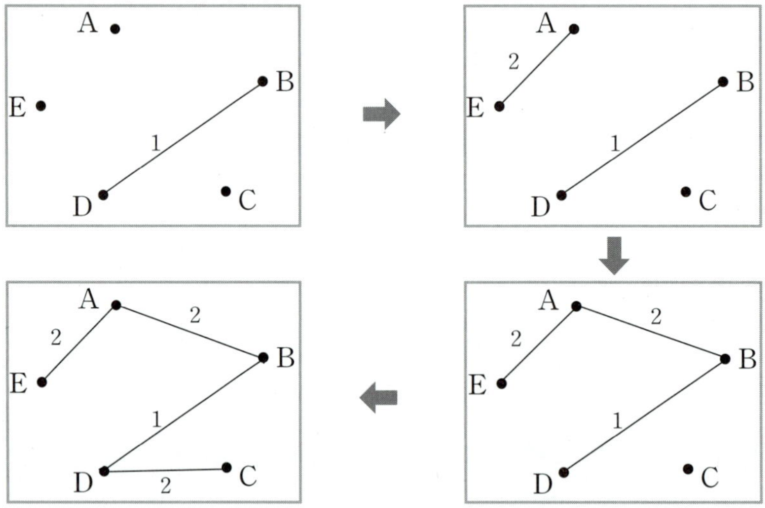

| 그림 3.5.23 |

□

문제 3.5.10 Greedy 알고리즘과 크루스컬 알고리즘을 이용하여 다음 그래프의 변의 값의 합이 최소인 생성수형도를 각각 찾아라.

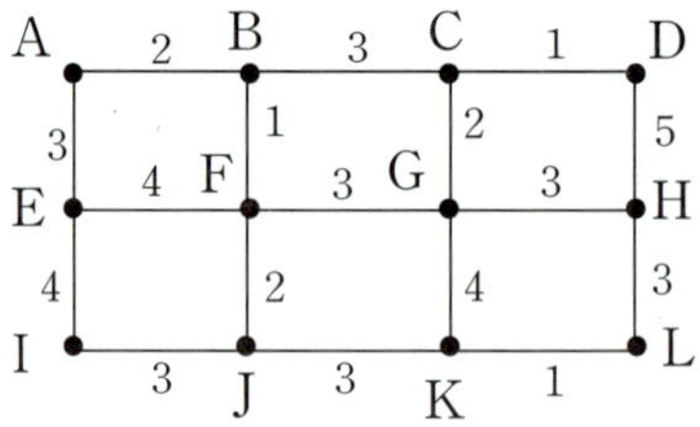

| 그림 3.5.24 |

연습문제 3.5

01 다음 그래프가 수형도인지 아닌지를 판별하여라.

(1)

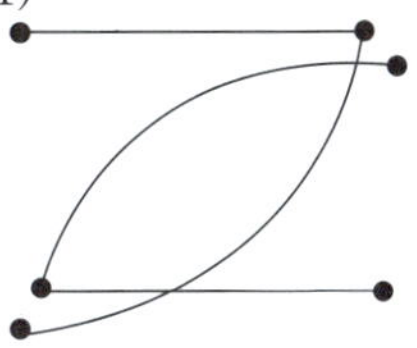

(2)

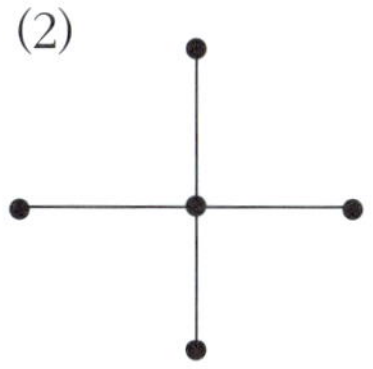

(3)

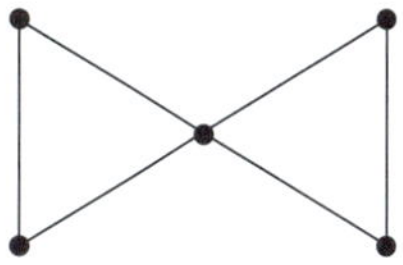

02 수형도에서 한 꼭짓점 v와, v에 근접한 모든 변을 삭제하였더니 남은 그래프도 수형도가 되었다. 꼭짓점 v의 차수를 구하여라.

03 수형도 $G(V, E)$의 한 꼭짓점을 v라고 할 때

$$A=\{x \in V \mid v\text{에서 } x\text{까지의 경로의 길이가 짝수}\}$$
$$B=\{x \in V \mid v\text{에서 } x\text{까지의 경로의 길이가 홀수}\}$$

라고 하자.

(1) 집합 A에 있는 두 꼭짓점 사이에는 변이 있는가? 또, 집합 B에 있는 두 꼭짓점 사이에는 변이 있는가?

(2) 위 (1)의 결과를 이용하여 수형도는 이분그래프임을 보여라.

04 서로 연결되어 있지 않은 k개의 수형도 $T_1, T_2, \cdots, T_k$로 이루어진 그래프를 G라 하자. G의 꼭짓점의 수가 n일 때 G의 변의 수를 구하여라.

05 수형도는 평면그래프임을 보여라.

06 꼭짓점의 수보다 변의 수가 더 작은 연결그래프는 수형도임을 보여라.

07 n개의 꼭짓점을 갖는 그래프 G의 꼭짓점의 차수를 각각 $d_1, d_2, \cdots, d_n$이라 하자. 그래프 G가 수형도이기 위한 필요충분조건은 G가 연결그래프이고

$$\sum_{i=1}^{n} d_i = 2(n-1)$$

임을 보여라.

08 수형도에서 길이가 가장 긴 경로의 양 끝 꼭짓점의 차수는 1임을 보여라. 또, 이 사실을 이용하여 꼭짓점의 수가 2 이상인 수형도에는 차수가 1인 꼭짓점이 적어도 두 개 있음을 보여라.

09 꼭짓점이 $\mathrm{v}_1, \mathrm{v}_2, \cdots, \mathrm{v}_n$인 수형도에서 차수가 1인 꼭짓점의 수는

$$1 + \frac{1}{2}\sum_{i=1}^{n} |d(\mathrm{v}_i) - 2|$$

임을 보여라. 여기서 $d(\mathrm{v}_i)$는 꼭짓점 v_i의 차수이다.

10 프뤼퍼의 일대일대응에 대하여 다음 물음에 답하여라.

(1) 수형도 T가 다음과 같을 때 대응되는 순서쌍 $\varphi(T)$를 구하여라.

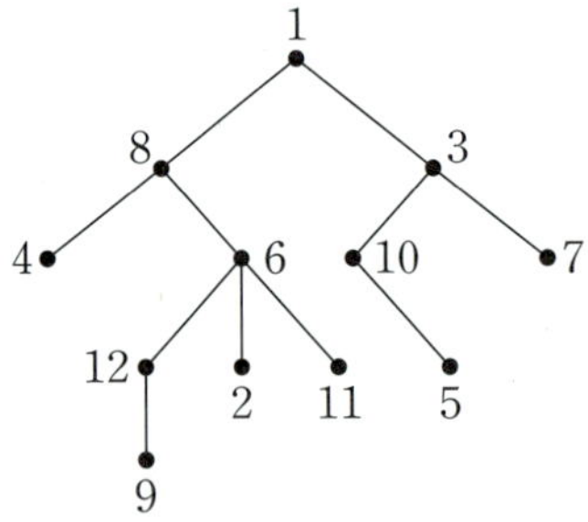

(2) 순서쌍 $(5, 2, 6, 6, 1, 2)$에 대응되는 수형도 $\psi(5, 2, 6, 6, 1, 2)$를 구하여라.

11 다음 각 그래프에서 서로 다른 생성수형도의 총 개수를 구하여라.

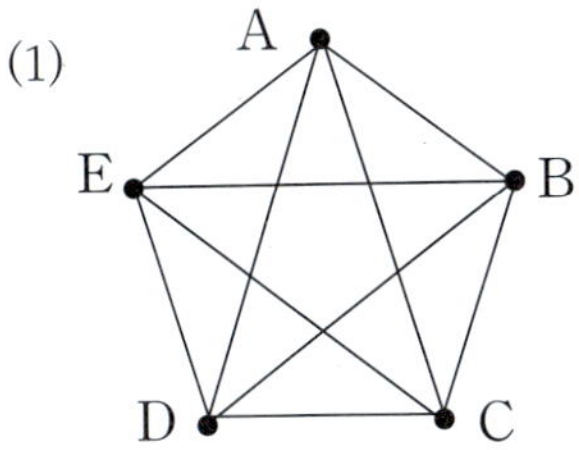

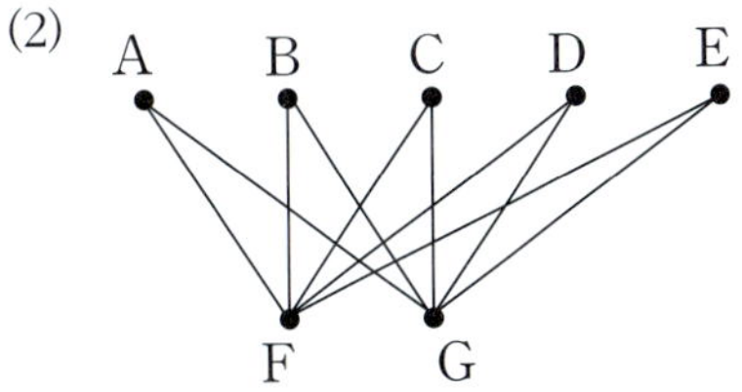

12 $n_T(G)$를 그래프 G의 생성수형도의 개수라고 하자.

e를 G의 한 변이라 할 때 다음 물음에 답하여라.

(1) $n_T(G)=n_T(G-\mathrm{e})+n_T(G/\mathrm{e})$임을 보여라.

(2) 위 (1)의 식을 이용하여 다음 그래프의 생성수형도의 개수를 구하여라.

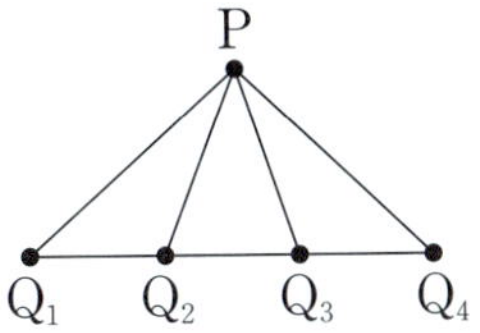

13 꼭짓점이 $\mathrm{A}_1, \mathrm{A}_2, \cdots, \mathrm{A}_n$인 완전그래프 K_n의 한 변을 e라고 할 때, $K_n-\mathrm{e}$의 생성수형도의 개수를 구하여라.

14 다음은 수형도의 모든 꼭짓점을 탐색하는 순서를 예시한 것이다.

(1) 깊이 우선 탐색

(2) 너비 우선 탐색

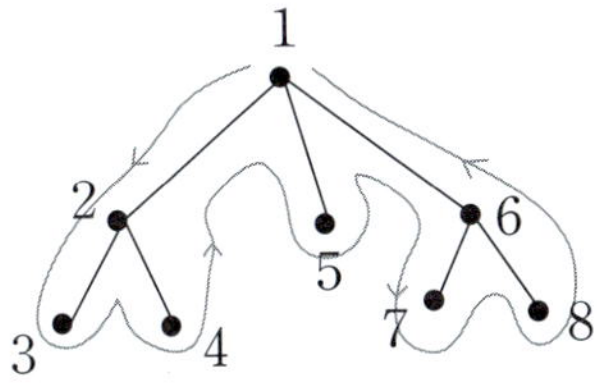

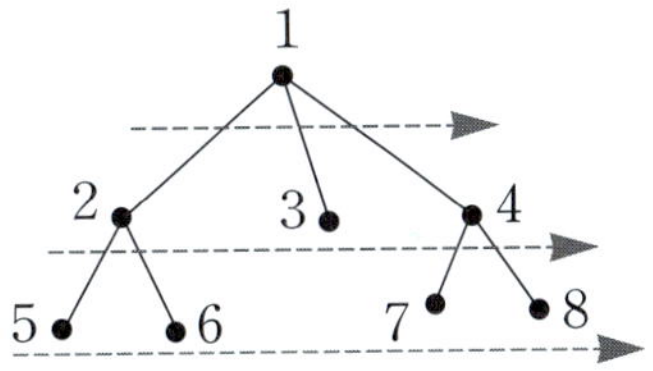

각각 위의 방법을 이용하여 다음 수형도에서 모든 꼭짓점을 꼭짓점 A부터 시작하여 탐색할 때 탐색되는 꼭짓점을 순서대로 나열하여라.

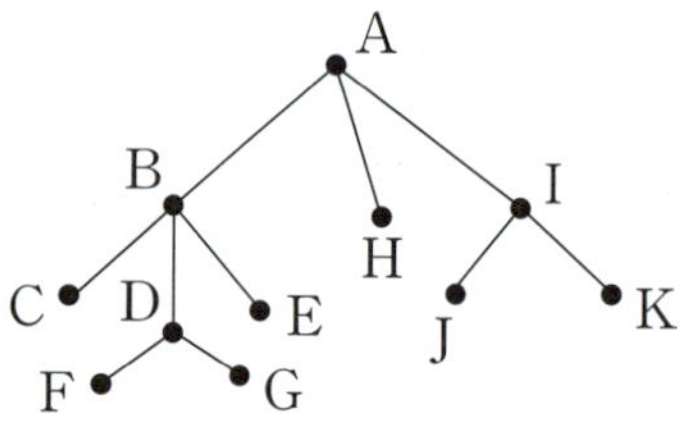

15 다음의 탐색방법을 이용하여 주어진 그래프의 생성수형도를 찾아라. (단, 꼭짓점 A부터 시작한다.)

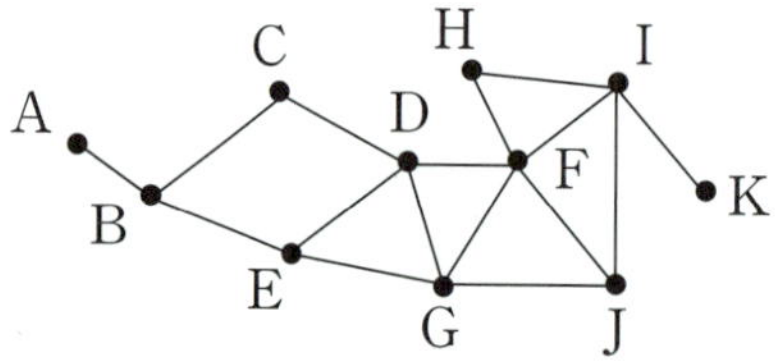

(1) 깊이 우선 탐색

(2) 너비 우선 탐색

16 다음과 같은 문제를 생각하여 보자.

> 용량이 각각 10 리터, 7 리터, 4 리터인 세 양동이가 있다. 10 리터의 양동이엔 물이 가득 차 있고 7 리터, 4 리터의 두 양동이는 비어 있다고 하자. 이제 세 양동이를 이용하여 물을 채우고 비우는 작업을 반복하여 7 리터 양동이나 4 리터 양동이에 2리터의 물을 남기려 한다. 비우고 채우는 횟수를 가장 적게 하여 7 리터의 양동이나 4 리터의 양동이에 2 리터의 물을 남기려면 어떻게 하여야 할까? 단, 물을 채우고 비울 때는 더 이상 채울 수 없거나 비울 수 없을 때까지 계속 채우거나 비우도록 하기로 한다.

위에서 10 리터, 7 리터, 4 리터의 양동이에 물이 각각 x 리터, y 리터, z 리터 들어 있다면 (x, y, z)로 나타내자. 그러면 물을 비우고 채울 때 각 경우에 나타나는 물의 양은 아래와 같이 수형도로 나타낼 수 있다.

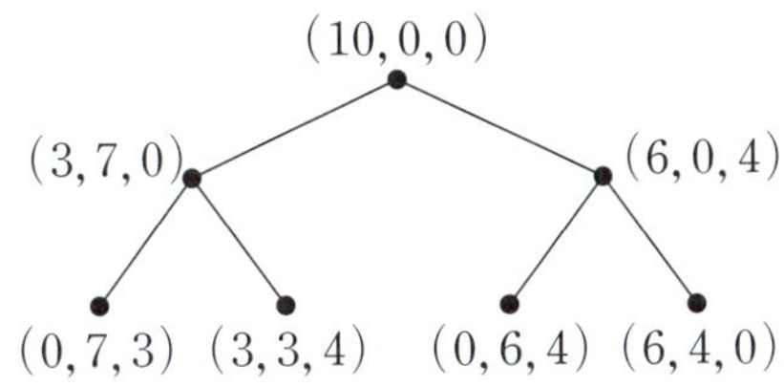

너비 우선 탐색을 이용하여 위의 수형도를 확장시켜 주어진 위 문제를 해결하여라.

17 다음 그림과 같은 미로에서 깊이 우선 탐색을 활용하여 입구로 들어가서 출구로 나오는 길을 찾아라.

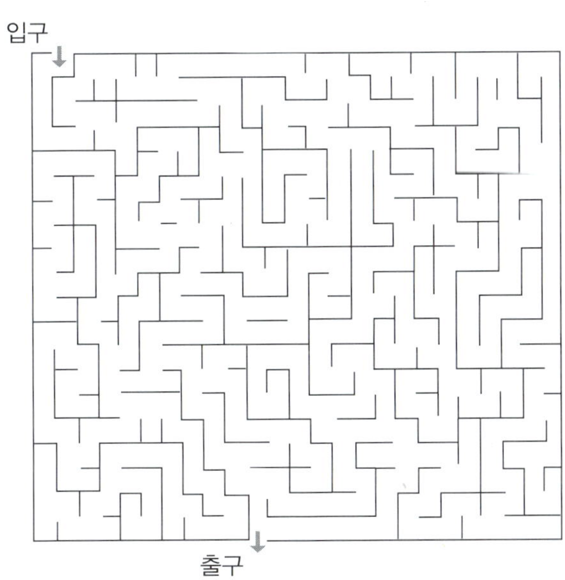

18 다음 연결그래프에서 크루스컬 알고리즘을 이용하여 변의 값의 합이 최소인 생성수형도를 찾아라.

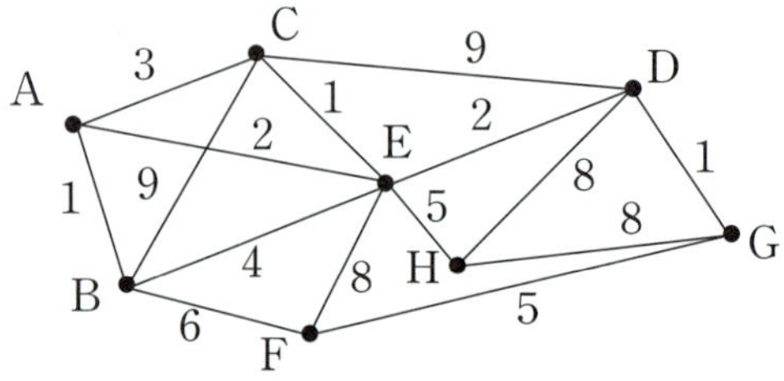

19 아래에 기술된 프림 알고리즘을 이용하여 다음 그래프의 변의 값의 합이 최소인 생성수형도를 찾아라.

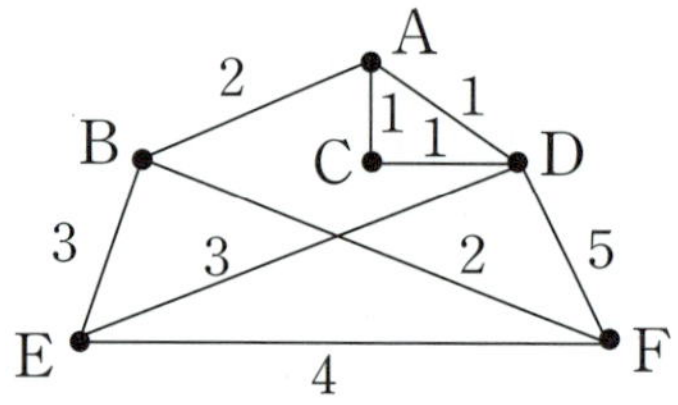

프림(Prim) 알고리즘

① 가장 작은 값을 갖는 변을 선택한다. 단, 같은 값을 갖는 변이 있으면 그 중 임의로 한 변을 선택한다.

② 이미 선택된 그래프의 꼭짓점에 근접하는 변 중에서 사용되지 않은 값이 가장 작은 변을 선택한다.

③ 이미 선택된 그래프가 원래 그래프의 생성수형도인지 살펴본다.

1) 생성수형도가 아니면 ②로 되돌아간다.

2) 생성수형도이면 이 과정을 끝낸다.

제6절 색칠문제

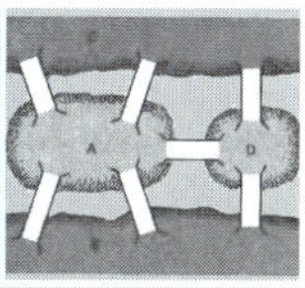

인접한 지역은 서로 다른 색이 되도록 지도의 모든 지역을 네 가지 색으로 색칠할 수 있을까? 이 문제는 1976년 아펠과 하켄이 해결할 때까지 100여 년간 미해결 문제로 남아 있던 사색문제이다. 지도에 나타난 각 지역을 꼭짓점으로 하고 두 지역 사이에 경계선이 있으면 그 지역을 나타내는 꼭짓점을 변으로 연결한 그래프를 생각하여 보자. 그러면 사색문제는 인접한 꼭짓점은 서로 다른 색을 갖도록 꼭짓점을 색칠할 때 모든 평면그래프의 꼭짓점은 네 가지 색으로 색칠될 수 있는가 하는 문제가 된다. 이 절에서는 그래프의 꼭짓점을 색칠할 때 필요한 색의 최소수를 구하고 이를 이용하여 해결할 수 있는 실생활의 문제를 살펴보기로 하자.

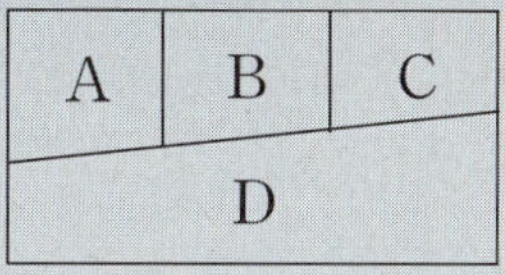

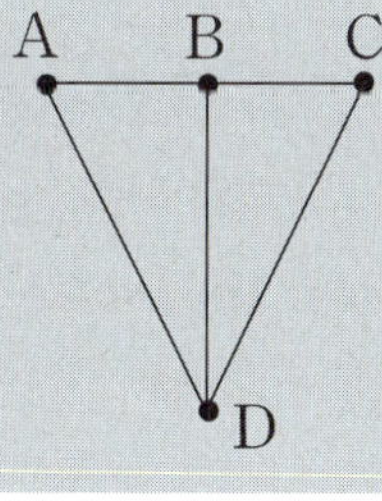

예제 3.6.1 다섯 명의 연사 A, B, C, D, E가 한 시간씩 강연하는 강연회가 있다. 다음 표처럼 연사들도 다른 연사들의 강연을 듣고 싶어 한다. 연사들이 듣고 싶은 강연을 모두 들을 수 있도록 시간을 배정한다고 할 때 이 강연회가 끝나려면 최소한 몇 시간이 필요한가?

연사 A가 듣고 싶어 하는 강연의 연사	B, C
연사 B가 듣고 싶어 하는 강연의 연사	C, D
연사 C가 듣고 싶어 하는 강연의 연사	A
연사 D가 듣고 싶어 하는 강연의 연사	C
연사 E가 듣고 싶어 하는 강연의 연사	C, D

| 표 3.6.1 |

풀이 세 연사 A, B, C는 어느 두 사람도 같은 시간에 배정할 수 없으므로 적어도 세 시간은 필요하며, 아래 표와 같이 시간을 배정하면 모두 원하는 강의를 들을 수 있으므로 필요한 최소 시간은 세 시간이다.

첫째 시간	A, D
둘째 시간	B, E
셋째 시간	C

표 3.6.2

문제 3.6.1 아래 그림은 어떤 지역의 라디오 방송국 A, B, C, D, E, F의 위치를 나타낸 것이다. 방송국 사이의 거리가 40km 미만인 방송국이 같은 주파수를 이용하면 서로 전파 간섭을 일으켜 제대로 방송을 할 수 없다고 한다. 이 지역의 모든 방송국이 전파 간섭 없이 방송을 하려면 적어도 몇 개의 주파수가 필요한가? (단, 그림에서 한 칸의 거리는 10km이다.)

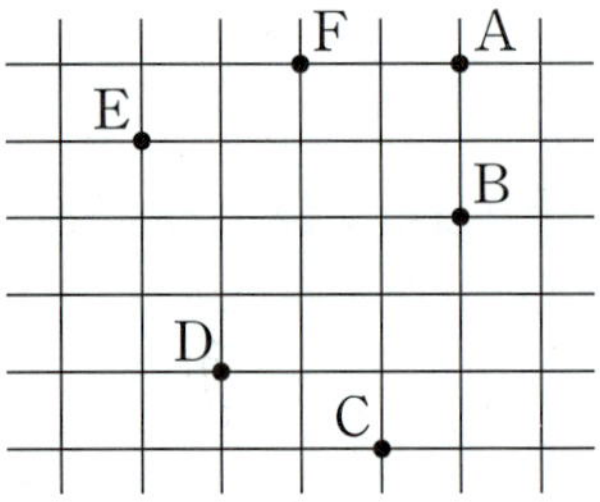

그림 3.6.1

그래프를 이용하여 위와 같은 문제를 간단하게 해결할 수 있는 방법을 살펴보자.

정의 3.6.1 인접한 꼭짓점은 서로 다른 색을 갖도록 그래프 G의 모든 꼭짓점을 색칠할 때, 필요한 색의 최소수를 G의 **채색수**(chromatic number)라 하고 $\chi(G)$로 나타낸다.

예제 3.6.2 다음 그래프의 채색수를 구하여라.

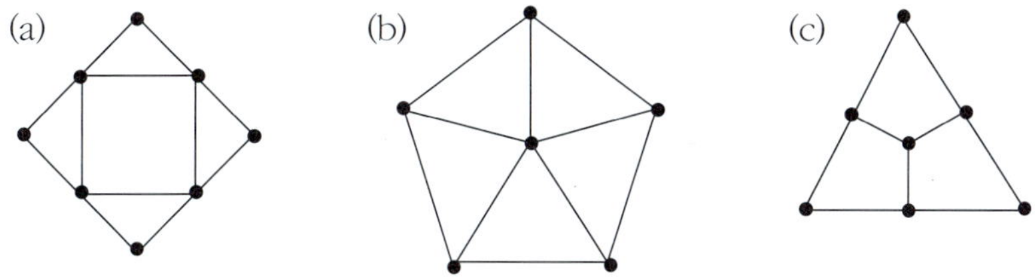

| 그림 3.6.2 |

풀이 그래프에서 삼각형을 이루는 세 꼭짓점은 서로 다른 세 색으로 색칠되어야 한다. 이 사실을 이용하여 각 그래프의 꼭짓점에 배정되는 색을 번호를 나타내면 그림 3.6.3과 같고, 따라서 위 그래프의 채색수는 각각 3, 4, 2이다.

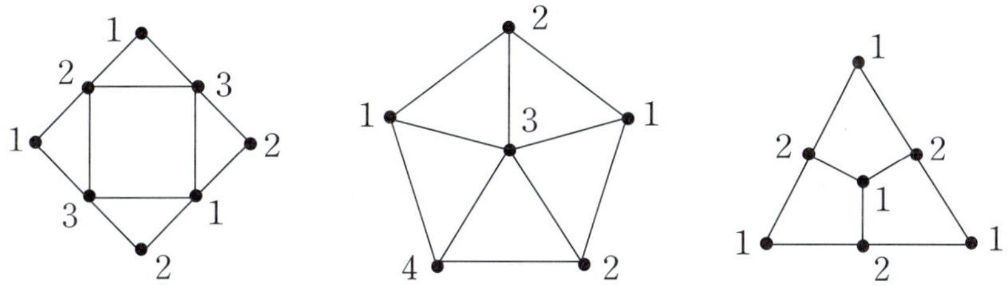

| 그림 3.6.3 | □

문제 3.6.2 다음 그래프의 채색수를 구하여라.

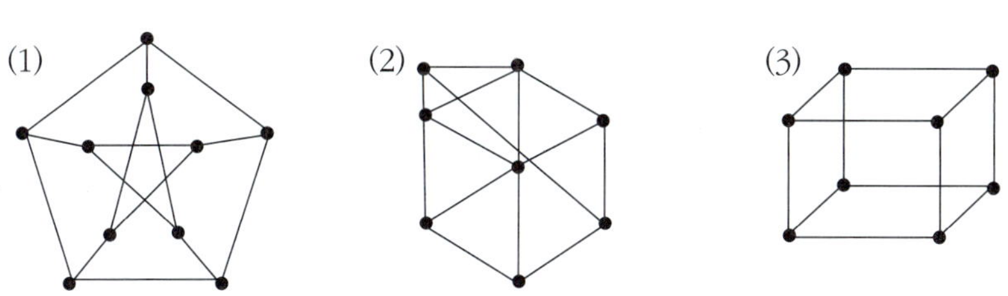

| 그림 3.6.4 |

예제 3.6.3 어느 대학은 여름 계절학기에 A, B, C, D, E, F, G, H의 8과목을 개설하고 있다. 다음 표는 과목 X와 과목 Y를 모두 수강하는 학생이 있으면 과목 X와 과목 Y가 만나는 칸에 ◯표로 표시한 것이다.

	A	B	C	D	E	F	G	H
A		◯		◯	◯	◯		◯
B	◯				◯	◯		
C						◯	◯	◯
D	◯							◯
E	◯	◯				◯		
F	◯	◯	◯		◯		◯	
G			◯			◯		
H	◯		◯	◯				

표 3.6.3

(1) 계절학기를 수강하는 모든 학생이 중복되지 않게 각 과목마다 한 시간 동안 시험을 보게 하려면 최소 몇 시간이 필요한가?

(2) 냉방 시설이 되어 있는 강의실이 두 강의실 P, Q 밖에 없다. 위 (1)에서 구한 최소 시간 동안에 모든 학생들이 냉방 시설이 되어 있는 강의실에서 시험을 보게 강의실에 배정할 수 있는가?

풀이 (1) 각 과목을 꼭짓점으로 나타내고 과목 X와 Y를 모두 수강하는 학생이 있으면 꼭짓점 X와 Y 사이에 변이 있는 그래프를 그리면 그림 3.6.5의 (a)와 같다. 여기서 인접한 두 꼭짓점의 과목은 같은 시간에 시험 시간을 배정할 수 없으므로 중복되지 않게 각 과목마다 한 시간 동안 시험을 볼 때 필요한 최소 시간은 이 그래프의 채색수와 같고, 이 그래프의 채색수는 그림 3.6.5의 (b)에서 알 수 있듯이 4이므로 최소 4시간이 필요하다.

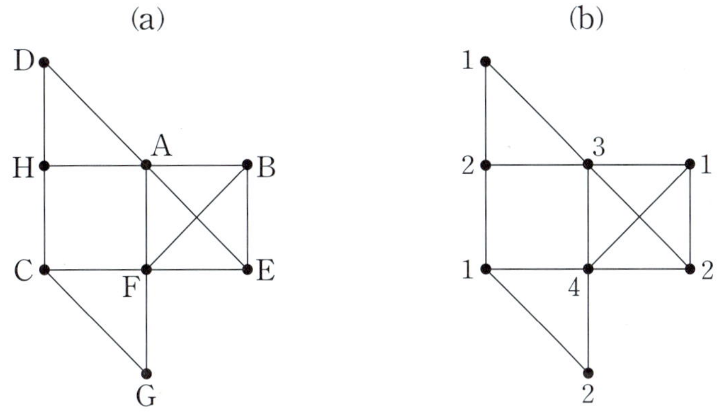

| 그림 3.6.5 |

(2) 그림 3.6.5(b)를 이용하여 같은 번호를 갖는 과목은 같은 시간에 배정하면 다음과 같다.

	과목
첫째 시간	B, C, D
둘째 시간	E, G, H
셋째 시간	A
넷째 시간	F

| 표 3.6.4 |

첫째 시간과 둘째 시간에는 세 과목의 시험이 있으므로 적어도 세 강의실이 필요하다. 그러나 그림 3.6.5의 (b)에서 꼭짓점 D의 1을 4로 바꾸고 G의 2를 3으로 바꾸면 아래와 같이 4시간 동안 모든 과목의 시험을 냉방 시설이 되어 있는 강의실 P, Q에 배정할 수 있다.

	P	Q
첫째 시간	B	C
둘째 시간	E	H
셋째 시간	A	G
넷째 시간	D	F

| 표 3.6.5 |

문제 3.6.3 어느 대학 수학과에는 10명의 교수 A, B, C, D, E, F, G, H, I, J가 재직하고 있고 교수들은 다음과 같이 8개의 위원회에 소속되어 있다.

수학과의 모든 교수가 소속된 위원회에 참석하여 한 시간 동안 회의할 수 있도록 시간을 배정하려면 최소 몇 시간이 필요한가?

위원회	교수	위원회	교수
인사위원회	A, B, C, D	교양교육위원회	D, E
도서관위원회	A, E, F, G	교과과정위원회	C, A
홍보위원회	G, H, I, J	출판위원회	I, G
복지위원회	H, B, F	대학원위원회	J, C

| 표 3.6.6 |

예제 3.6.4 모든 평면 그래프 G에 대해

$$\chi(G) \leq 6$$

임을 보여라.

증명 (꼭짓점의 수에 대한 수학적 귀납법)

(i) G가 6개 이하의 꼭짓점을 가지면 분명히 $\chi(G) \leq 6$이다.

(ii) $n \geq 7$이고 꼭짓점의 수가 n보다 작은 모든 평면 그래프 G에 대해

$$\chi(G) \leq 6$$

라고 하자.

(iii) 이제 G가 꼭짓점의 수가 n인 평면그래프라고 하자. 정리 3.4.4에 의하여 G에는 차수가 5 이하인 꼭짓점 v가 있다. G에서 v와 근접한 모든 변과 꼭짓점 v를 제외한 그래프 G'은 꼭짓점의 수가 $n-1$이므로 (ii)에 의하여

$$\chi(G') \leq 6$$

이다. v의 차수를 5라 하고 그와 인접한 꼭짓점을 A, B, C, D, E라 하자.

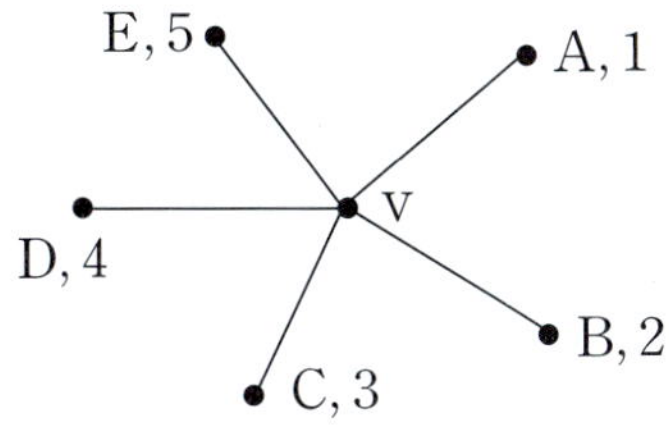

❙ 그림 3.6.6 ❙

위의 그림처럼 그래프 G'에서 꼭짓점 A, B, C, D, E가 각각 1, 2, 3, 4, 5의 색으로 색칠되었다면 꼭짓점 v를 6으로 색칠하여 G의 모든 꼭짓점을 6가지 색으로 색칠할 수 있다. 따라서 $\chi(G) \le 6$이다. □

문제 3.6.4 그래프 G의 모든 꼭짓점의 차수가 3 이하이면 $\chi(G) \le 4$임을 보여라.

다음의 왼쪽 그림은 인접한 꼭짓점이 다른색이 되도록 모든 꼭짓점을 1, 2, 3, 4의 색으로 색칠한 그래프이다. 이 그래프에서 1, 2로 색칠된 연결부분그래프 중에서 가장 꼭짓점이 많은 그래프의 꼭짓점의 색을 1은 2로, 2는 1로 바꾸면 다음의 오른쪽 그림과 같다.

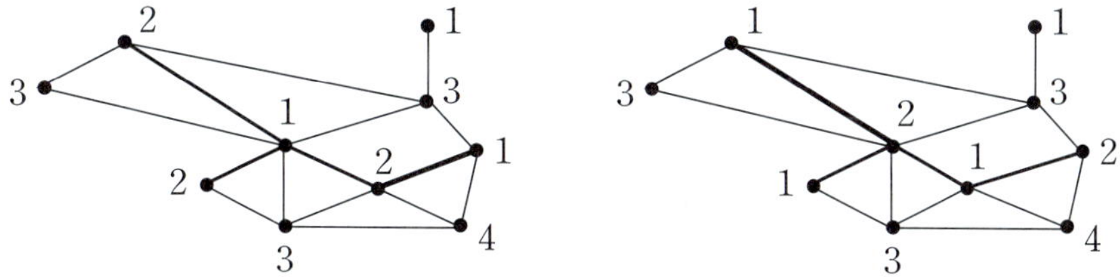

❙ 그림 3.6.7 ❙

위의 그림에서 보듯이 1과 2만으로 색칠된 연결 부분그래프 중 꼭짓점의 수가 가장 많은 연결부분그래프의 꼭짓점의 색을 1은 2로, 2는 1로 바꾸어도 여전히 인접한 두 꼭짓점은 서로 다른 색을 갖는다. 이 사실을 이용하여 다음 정리를 증명하여 보자.

정리 3.6.2

모든 평면그래프 G에 대해 $\chi(G) \leq 5$이다.

증명 (꼭짓점의 수에 대한 수학적 귀납법)

(i) G가 5개 이하의 꼭짓점을 가지면 분명히 $\chi(G) \leq 5$이므로 위의 정리가 성립한다.

(ii) $n \geq 6$이고 꼭짓점의 수가 n보다 작은 모든 평면그래프 G에 대해

$$\chi(G) \leq 5$$

라고 하자.

(iii) 이제 G를 꼭짓점의 수가 n인 평면그래프라고 하자. 정리 3.4.4에 의하여 G는 차수가 5 이하인 꼭짓점 v를 갖고 있다. G에서 꼭짓점 v와 그와 근접한 모든 변을 제외한 그래프 G'은 꼭짓점의 수가 $n-1$이므로 (ii)에 의하여

$$\chi(G') \leq 5$$

이다. v의 차수를 5라 하고 그와 인접한 꼭짓점을 A, B, C, D, E라 하자.

경우 1 G'에서 꼭짓점 A, B, C, D, E가 다섯 미만의 색으로 색칠되는 경우 : 그림 3.6.8처럼 G'에서 꼭짓점 A, B, C, D, E가 네 색 1, 2, 3, 4로 색칠해졌다면 G에서 v를 5로 색칠하여 G를 5가지 색으로 색칠할 수 있다.

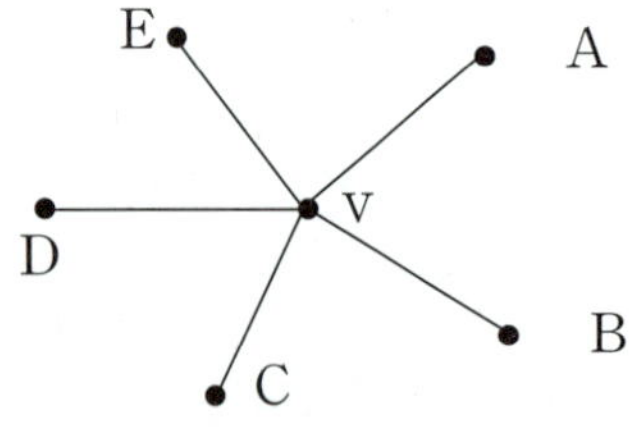

| 그림 3.6.8 |

경우 2 G'에서 꼭짓점 A, B, C, D, E가 다섯 색으로 색칠되는 경우 :

그림 3.6.9처럼 G'에서 꼭짓점 A, B, C, D, E가 각각 다섯 색 1, 2, 3, 4, 5로 칠해졌다고 하자.

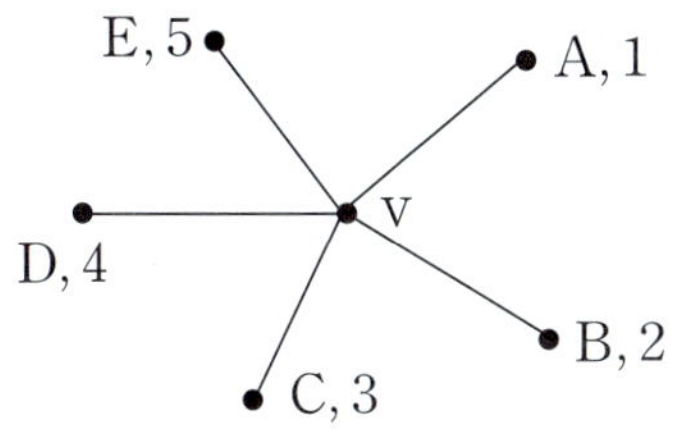

그림 3.6.9

꼭짓점 A를 포함하며 1과 3만으로 색칠된 G의 부분그래프 중 꼭짓점의 수가 가장 많은 연결부분그래프 C_A와 꼭짓점 C를 포함하며 1과 3만으로 색칠된 G의 부분그래프 중 꼭짓점의 수가 가장 많은 연결부분그래프 C_C를 생각하여 보자.

① 두 부분그래프 C_A와 C_C가 꼭짓점을 공유하지 않을 때 :
C_A에 있는 꼭짓점의 색을 1은 3으로, 3은 1로 바꾸어 색칠하여 꼭짓점 A를 3으로 색칠할 수 있다.

② 두 부분그래프 C_A와 C_C가 꼭짓점을 공유할 때 :
다시 꼭짓점 B를 포함하며 2와 4로 색칠된 G의 부분그래프 중 꼭짓점의 수가 가장 많은 연결부분그래프 C_B와 D를 포함하며 2와 4로 색칠된 G의 부분그래프 중 꼭짓점의 수가 가장 많은 연결부분그래프 C_D를 생각하여 보자.

- C_B와 C_D가 꼭짓점을 공유하지 않는다면 C_B에 있는 꼭짓점의 색을 2는 4로, 4는 2로 바꾸어 색칠하여 꼭짓점 B를 4로 색칠할 수 있다.
- C_B와 C_D가 꼭짓점을 공유한다면 $C_B = C_D$이다. 한편 $C_A = C_C$이므로 C_A는 1과 3으로 색칠해진 A와 C를 잇는 경로 P를 포함하며 C_B는 2와 4로 색칠해진 B와 D를 잇는 경로 P'을 포함한다. G는 평면그래프이므로 P와 P'은 반드시 한 꼭짓점에서 만나고 그 꼭짓점은 두 가지 색으로 색칠되므로

모순이다.

따라서 어느 경우에도 꼭짓점 A, B, C, D, E는 네 색으로 색칠할 수 있고 이제 v를 나머지 색으로 색칠하면 G는 5가지 색으로 색칠할 수 있다. □

예제 3.6.5 꼭짓점의 수가 6인 평면그래프 G에 대하여 $\chi(G) \leq 4$임을 보여라.

풀이 꼭짓점의 차수에 따라 다음 세 경우로 나누어 생각하여 보자.

① G의 모든 꼭짓점의 차수가 3 이하이면 당연히 $\chi(G) \leq 4$이다.
② G의 한 꼭짓점 A의 차수가 4라고 하자.

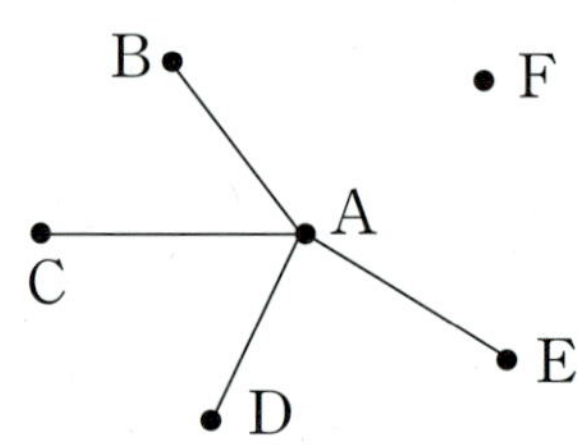

| 그림 3.6.10 |

G는 평면그래프이므로 꼭짓점 A, B, C, D, E로 이루어진 G의 어떤 부분그래프도 K_5는 아니다. 따라서 B, C, D, E 중 어떤 두 꼭짓점은 서로 인접하지 않는다.
이 인접하지 않은 두 꼭짓점을 1로, A와 F는 2로, 나머지 두 꼭짓점은 각각 3과 4로 색칠한다.
③ G의 한 꼭짓점 A의 차수가 5라고 하자.

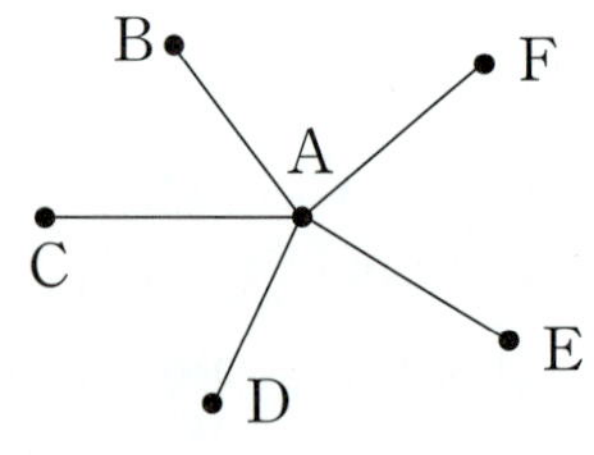

| 그림 3.6.11 |

G는 평면그래프이므로 K_5를 포함하지 않는다. 따라서 B, C, D, E, F 중 어떤 두 꼭짓점은 서로 인접하지 않는다. 그 두 꼭짓점을 B, C라 하자.
마찬가지로 꼭짓점 A, B, D, E, F 중 어떤 두 꼭짓점은 서로 인접하지 않는다. 인접하지 않는 두 꼭짓점을 D와 E라고 하면 A를 1로, B와 C를 2로, D와 E를 3으로, F를 4로 칠한다.
한편, 인접하지 않는 두 꼭짓점을 B와 E라고 하면 A를 1로, B와 C와 E를 2로, D를 3으로, F를 4로 칠한다.

위의 어떤 경우에도 4가지 이하의 색으로 색칠할 수 있으므로 $\chi(G) \le 4$이다. □

문제 3.6.5 꼭짓점의 수가 5인 평면그래프 G에 대하여 $\chi(G) \le 4$임을 보여라.

1852년 오스트리아의 수학자 드모르간(De morgan)의 한 학생이던 구트리(Guthrie)는 그의 스승에게 모든 평면 그래프 G에 대해 $\chi(G) \le 4$인지를 묻는 사색문제(Four color problem)를 제기하였다. 그 이후로 사색문제는 잘못 풀이된 것만도 책 한권이 넘을 정도로 100년 넘게 해결하지 못한 유명한 문제가 되었다. 마침내, 1976년 미국의 아펠(Appel)과 하켄(Haken)은 가능한 모든 경우를 컴퓨터로 확인하여 사색문제를 해결하였다. 그러나 그들의 증명은 경우의 수가 너무 많아 컴퓨터로 확인하는 시간만도 그 당시에 1200시간 가까이 걸렸을 정도로 매우 복잡하다.

정리 3.6.3 (사색문제, Four color problem)
모든 평면그래프 G에 대하여

$$\chi(G) \le 4$$

이다.

정의 3.6.4 인접한 두 꼭짓점은 서로 다른 색을 갖도록 그래프 G의 모든 꼭짓점을 k가지 색으로 색칠할 수 있는 방법의 수를 $c_k(G)$로 나타내고 이를 그래프 G의 **채색다항식**(chromatic polynomial)이라 한다.

예제 3.6.6 다음 그래프 G의 채색다항식 $c_k(G)$를 구하여라.

(1) $G=K_n$

(2) G는 꼭짓점의 수가 n이고 변의 수가 0인 그래프

풀이 (1) G의 꼭짓점을 $A_1, A_2, \cdots, A_n$이라 하자. 꼭짓점 A_1은 k가지, A_2는 A_1에 색칠된 색을 제외한 $(k-1)$가지로 색칠할 수 있다. 일반적으로 A_i는 $A_1, A_2, \cdots, A_{i-1}$에 색칠된 색을 제외한 $(k-i+1)$가지로 색칠할 수 있으므로 $A_1, A_2, \cdots, A_n$을 색칠할 수 있는 방법의 수는 곱의 법칙에 의해

$$c_k(G)=k(k-1)\cdots(k-n+1)$$

이다.

(2) 어느 두 꼭짓점 사이에도 변이 존재하지 않으므로 모든 꼭짓점은 k가지로 색칠할 수 있다. 따라서 곱의 법칙에 의해 $c_k(G)=k^n$이다. □

문제 3.6.6 꼭짓점의 수가 n인 수형도 G의 채색다항식 $c_k(G)$를 구하여라.

정리 3.6.5

$\mathrm{e}=\{\mathrm{u}, \mathrm{v}\}$를 그래프 G의 한 변이라 하자. 그러면

$$c_k(G)=c_k(G-\mathrm{e})-c_k(G/\mathrm{e})$$

이다.

증명 인접한 꼭짓점은 서로 다른 색을 갖도록 $G-\mathrm{e}$를 k가지 색으로 색칠하였다고 하자.

① 두 꼭짓점 u, v가 서로 다른 색일 경우

$G-\mathrm{e}$를 색칠했던 방법 그대로 그래프 G를 색칠할 수 있고 반대로 G에서 색칠한 방법과 같게 $G-\mathrm{e}$를 색칠할 수 있으므로 이 경우 k가지 색으로 색칠할 수 있는 방법의 수는 $c_k(G)$이다.

② 두 꼭짓점 u, v가 같은 색일 경우

v를 제외하고 $G-\mathrm{e}$를 색칠했던 방법 그대로 그래프 G/e를 색칠할 수 있고 반대로 G/e에서 색칠한 방법으로 $G-\mathrm{e}$를 색칠할 수 있으므로 이 경우 k가지 색으로 색칠할 수 있는 방법의 수는 $c_k(G/\mathrm{e})$이다.

위에서 ①과 ②는 동시에 일어나지 않으므로 합의 법칙에 의하여

$$c_k(G-\mathrm{e})=c_k(G)+c_k(G/\mathrm{e})$$

이다. 즉, $c_k(G)=c_k(G-\mathrm{e})-c_k(G/\mathrm{e})$이다. □

예제 3.6.7 다음 그래프 G에 대하여 물음에 답하여라.

(1) 채색다항식 $c_k(G)$를 구하여라.

(2) 위에서 구한 채색다항식을 이용하여 채색수 $\chi(G)$를 구하여라.

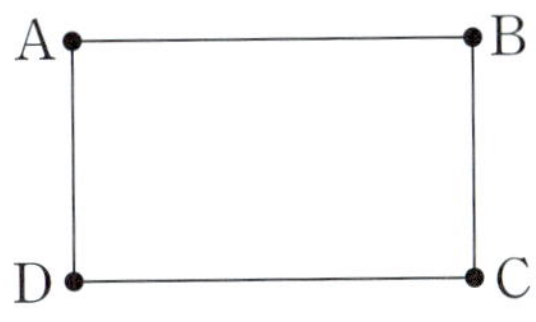

| 그림 3.6.12 |

풀이 (1) $\mathrm{e}=\{\mathrm{C}, \mathrm{D}\}$라 하면 $G-\mathrm{e}$와 G/e는 각각 다음과 같다.

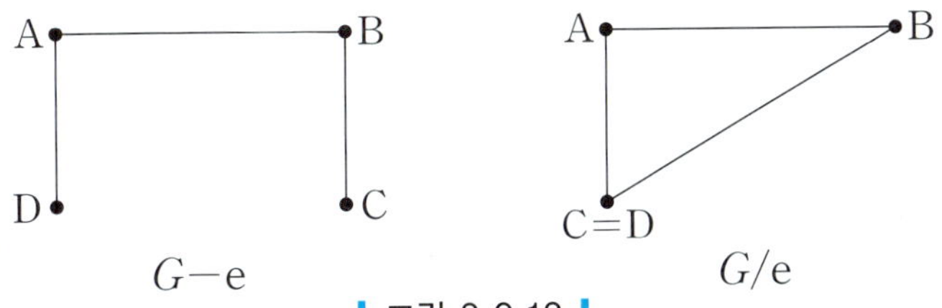

| 그림 3.6.13 |

$G-\text{e}$에서 꼭짓점 D는 k가지 색으로 칠할 수 있고 꼭짓점 A, B, C를 차례로 칠할 수 있는 방법은 각각 $(k-1)$ 가지이므로 곱의 법칙에 의하여

$$c_k(G-\text{e})=k(k-1)(k-1)(k-1)=k(k-1)^3$$

이다.

마찬가지로 G/e는 완전그래프 K_3이고 예제 3.3.6에 의하여 $c_k(G/\text{e})=k(k-1)(k-2)$이다. 따라서

$$\begin{aligned} c_k(G)=c_k(G-\text{e})-c_k(G/\text{e})&=k(k-1)^3-k(k-1)(k-2) \\ &=k(k-1)(k^2-3k+3) \end{aligned}$$

이다.

(2) $c_1(G)=0, c_2(G)=2>0$이므로 $\chi(G)=2$이다. □

문제 3.6.7 다음 그래프 G의 채색다항식 $c_k(G)$를 구하여라.

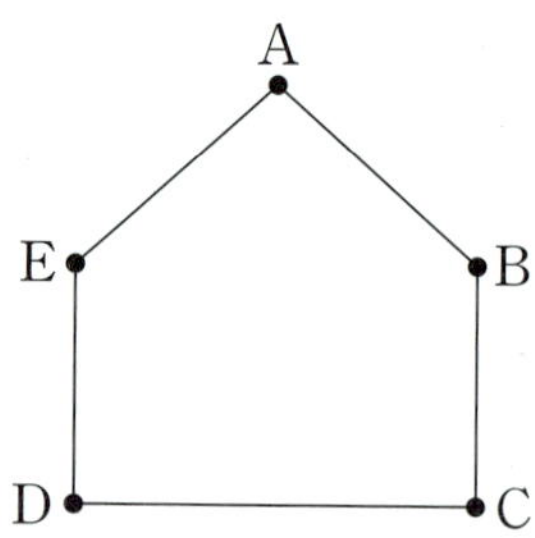

그림 3.6.14

예제 3.6.8 꼭짓점의 수가 n인 그래프 G의 채색다항식 $c_k(G)$는 다음과 같은 형태의 n차 다항식임을 보여라.

$$c_k(G)=k^n-mk^{n-1}+a_{n-2}k^{n-2}+a_{n-3}k^{n-3}+\cdots+a_2k^2+a_1k$$

여기서 $a_1, a_2, \cdots, a_{n-2}$는 정수이고 m은 G의 변의 수이다.

증명 (G의 변의 수에 관한 수학적 귀납법)

(i) G가 변이 하나도 없다면 $c_k(G)=k^n$이므로 위의 정리가 성립한다.

(ii) 변의 수가 m보다 작은 모든 그래프는 위 정리의 성질을 모두 만족한다고 하자.

(iii) G를 m개의 변을 갖는 그래프라 하고 e를 G의 한 변이라 하자.

두 그래프 $G-\mathrm{e}$와 G/e는 모두 $(m-1)$개의 변을 갖고 있으므로 (ii)에 의하여

$$c_k(G-\mathrm{e})=k^n-(m-1)k^{n-1}+\sum_{i=1}^{n-2}r_ik^i \quad (\text{각 } r_i\text{는 정수}),$$

$$c_k(G/\mathrm{e})=k^{n-1}-(m-1)k^{n-2}+\sum_{i=1}^{n-3}s_ik^i \quad (\text{각 } s_i\text{는 정수})$$

로 나타낼 수 있다. 정리 3.6.5에 의해

$$\begin{aligned}c_k(G)&=c_k(G-\mathrm{e})-c_k(G/\mathrm{e})\\&=k^n-mk^{n-1}+(r_{n-2}+m-1)k^{n-2}+\sum_{i=1}^{n-3}(r_i-s_i)k^i\end{aligned}$$

이다. □

문제 3.6.8 꼭짓점의 수가 n인 그래프 G의 채색다항식 $c_k(G)$가

$$c_k(G)=k^n-mk^{n-1}+a_{n-2}k^{n-2}+a_{n-3}k^{n-3}+\cdots+a_2k^2+a_1k$$

이면,

$$a_{n-2}\geq 0,\ a_{n-3}\leq 0,\ a_{n-4}\geq 0,\ a_{n-5}\leq 0,\ \cdots$$

임을 보여라.

연습문제 3.6

01 다음 그래프 G의 채색수 $\chi(G)$를 구하여라.

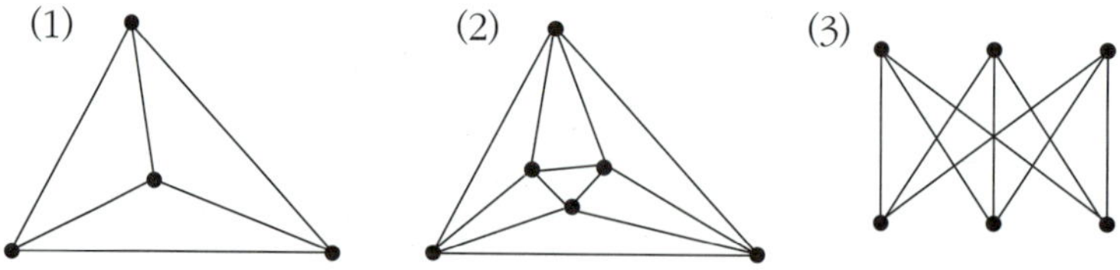

02 다음 그래프 G의 채색수 $\chi(G)$를 구하여라.

(1) G는 꼭짓점의 수가 n인 다각형 모양의 회로

(2) G는 완전이분그래프 $K_{m,n}$

(3) G는 꼭짓점의 수가 n인 수형도

03 어느 동물원에서는 동물원 홍보를 위하여 다음과 같은 동물 먹이주기 투어를 계획하고 있다.

투어 1 : 사자, 코끼리, 버팔로

투어 2 : 원숭이, 코뿔소, 사슴

투어 3 : 코끼리, 얼룩말, 기린

투어 4 : 코뿔소, 악어, 곰

투어 5 : 캥거루, 원숭이, 바다사자

동물원에서는 하루에 한 번 먹이를 주며, 먹이 주는 시간에는 한 여행 팀이 한 투어에만 들어갈 수 있다. 이 동물원은 월요일, 수요일, 금요일에 모든 투어를 계획할 수 있을까?

04 주어진 자연수 k에 대해, 그래프 G가 $\chi(G) \leq k$이기 위한 필요충분조건은 $c_k(G) > 0$임을 보여라.

05 그래프 G가 아래와 같을 때, 다음 물음에 답하여라.

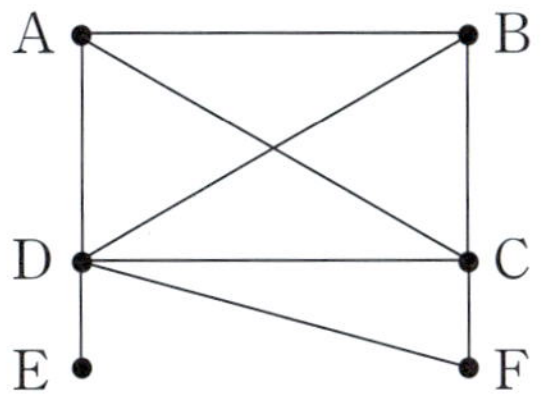

(1) 그래프 G의 채색다항식 $c_k(G)$를 구하여라.

(2) G에서 인접한 두 꼭짓점은 서로 다른 색이 되도록 칠할 때, 다섯 가지 색을 모두를 사용하여 색칠할 수 있는 방법의 수를 구하여라.

06 다음 그래프 G의 채색다항식 $c_k(G)$를 구하여라.

(1) $G=K_4-\mathrm{e}$ (e는 K_4의 한 변)

(2) G는 길이가 n인 다각형 모양의 회로

07 아래 그림의 모든 면을 k가지 색으로 색칠하려고 한다. 이웃한 면은 서로 다르게 색칠할 수 있는 방법의 수를 구하여라. (단, 원 내부의 면만 칠한다.)

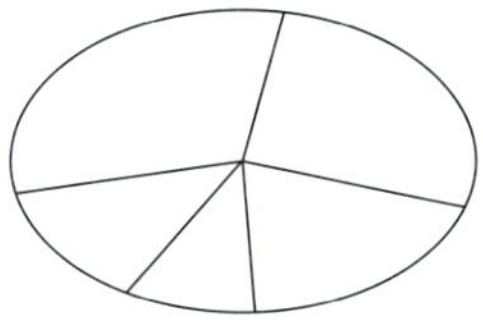

08 다음 물음에 답하여라.

(1) 채색수가 4인 평면그래프를 하나 찾아라.

(2)* 채색수가 4인 그래프 중, 길이 3인 회로를 갖지 않는 그래프를 하나 찾아라.

09 꼭짓점의 수가 2 이상인 연결그래프 G가 이분그래프이기 위한 필요충분조건은 $\chi(G)=2$임을 보여라.

10 n개의 원으로 이루어진 지도는 2가지 색으로 경계가 구분되게 색칠할 수 있음을 보여라.

11 그래프 G의 꼭짓점의 최고 차수가 d라면 $\chi(G) \leq d+1$임을 보여라. 또 $\chi(G)=d+1$인 그래프 G를 찾아라.

12 그래프 G에 대하여 다음 물음에 답하여라.

(1) $\chi(G)=2$이면 G는 길이가 홀수인 회로를 포함하지 않음을 보여라.

(2) G가 길이가 홀수인 회로를 포함하지 않으면 $\chi(G)=2$임을 보여라.

13 G가 8개의 꼭짓점과 13개의 변을 갖는 연결평면그래프라면

$$\chi(G) \neq 2$$

임을 보여라.

14 정리 3.6.4를 이용하지 않고 꼭짓점의 수가 11 이하인 평면그래프 G는

$$\chi(G) \leq 4$$

임을 보여라.

15 다음 그래프 G에 대하여 다음 물음에 답하여라.

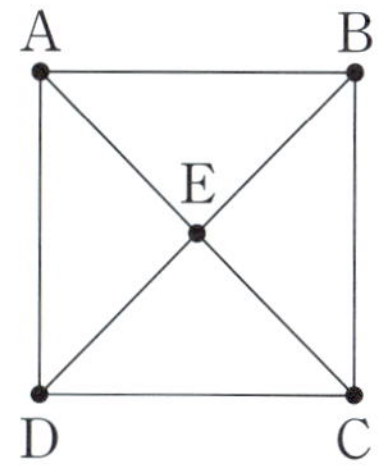

(1) G의 채색수 $\chi(G)$를 구하여라.

(2) G의 채색다항식 $c_k(G)$를 구하여라.

(3) G의 꼭짓점을 4가지 색으로 칠하되, 인접한 꼭짓점끼리는 모두 다른 색이 되는 경우의 수를 구하여라. (단, 4가지 색을 모두 사용해야 함)

16 다음과 같은 $2m$개의 꼭짓점을 갖는 그래프 H_m에 대하여 물음에 답하여라.

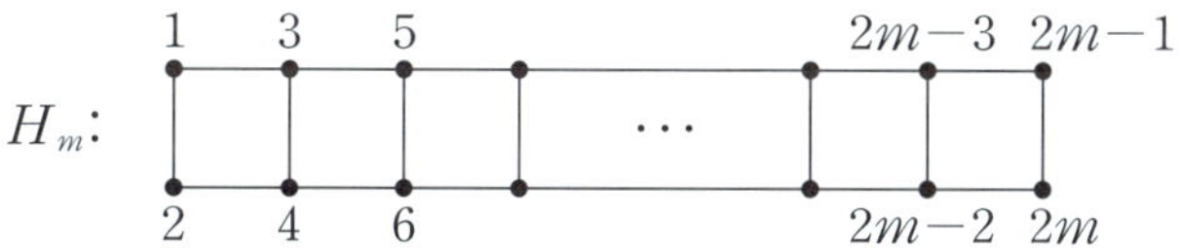

(1) 채색다항식 $c_k(H_m)$을 구하여라.

(2) 위 (1)에서 구한 채색다항식을 이용하여 H_m의 채색수 $\chi(H_m)$을 구하여라.

17 n이 $n \geq 2$인 자연수일 때 완전이분그래프 $K_{n,2}$에 대하여 다음 물음에 답하여라.

(1) 꼭짓점의 집합이 $V(K_{n,2})=\{\mathrm{v}_1, \mathrm{v}_2, \cdots, \mathrm{v}_n\} \cup \{\mathrm{w}_1, \mathrm{w}_2\}$일 때 채색다항식 $c_k(K_{n,2})$를 구하여라.

(2) 위 $K_{n,2}$에서 인접한 두 꼭짓점은 서로 다른 색이 되도록 칠할 때, 네 가지 색 모두를 사용하여 색칠할 수 있는 방법의 수를 구하여라.

18 다섯 마리의 물고기 A, B, C, D, E가 있다. A는 B를, B는 C를, C는 D를, D는 E와 A를 잡아먹는다. 잡아먹히는 물고기가 생기지 않도록 이 다섯 마리의 물고기를 서로 다른 어항 4개에 넣는 방법의 수를 구하여라. (단, 빈 어항이 남아 있어도 된다.) [2009년도 중등교사 임용모의시험]

19 다음 조건 ①, ②에 의하여 정의된 그래프에 대하여 다음 물음에 답하여라.

[2015년도 중등교사 임용시험]

> ① 그래프 G의 꼭짓점의 집합은 아홉 개의 원소로 구성된
> $$V(G)=\{v_2, v_3, v_4, v_5, v_6, v_7, v_8, v_9, v_{10}\}$$
> 이다.
> ② 두 꼭짓점 v_a와 v_b는 두 정수 a와 b가 서로소일 때만 인접하다. 예를 들어 v_2와 v_7는 인접하지만 v_4와 v_{10}는 인접하지 않는다.

(1) G의 변의 개수를 구하여라.

(2) G는 평면그래프가 아님을 보여라.

(3) G의 채색수 $\chi(G)$를 구하여라.

20 꼭짓점을 공유하지 않는 두 그래프, 회로 C_5와 완전이분그래프 $K_{3,3}$에 대하여 다음 조건을 만족하는 그래프를 G라고 하자. [2012년도 중등교사 임용시험]

> (가) $V(G)=V(C_5)\cup V(K_{3,3})$
> (나) $E(G)=E(C_5)\cup E(K_{3,3})\cup\{\{x, y\}\mid x\in V(C_5), y\in V(K_{3,3})\}$

(단, 그래프 H에 대하여 $V(H)$는 H의 꼭짓점의 집합, $E(H)$는 H의 변의 집합이고 $\{x, y\}$는 두 꼭짓점 x와 y가 양 끝점인 변이다.)

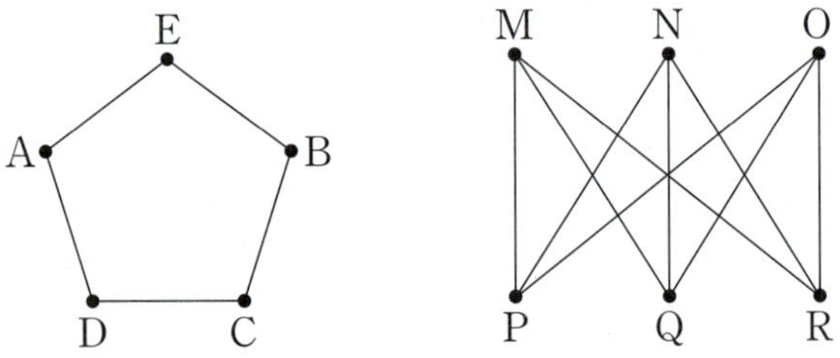

C_5　　　　$K_{3,3}$

(1) G의 모든 꼭짓점의 차수의 합을 구하여라.

(2) G의 채색수 $\chi(G)$를 구하여라.

제7절 행렬과 그래프

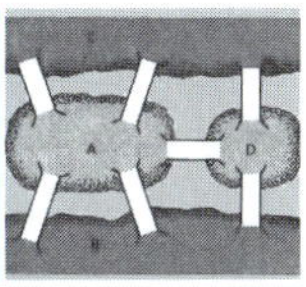

이제까지 우리는 주로 그림을 그려 그래프를 표현하였다. 그런데 이런 그림 표현 외에도 그래프를 표현하는 여러 다른 방법이 있다. 이 절에서는 행렬을 이용하여 그래프를 표현하고, 행렬의 기본연산으로부터 얻어지는 그래프의 성질에 대하여 살펴보기로 하자.

정의 3.7.1 n개의 꼭짓점 $v_1, v_2, \cdots, v_n$을 갖는 (다중)그래프 G에서 a_{ij}를 두 꼭짓점 v_i와 v_j를 잇는 변의 수라고 할 때, $n \times n$ 행렬 $A(G) = (a_{ij})_{n \times n}$를 그래프 G의 **인접행렬**(adjacency matrix)이라고 한다.

예제 3.7.1 다음 그래프 G의 인접행렬 $A(G)$를 구하여라.

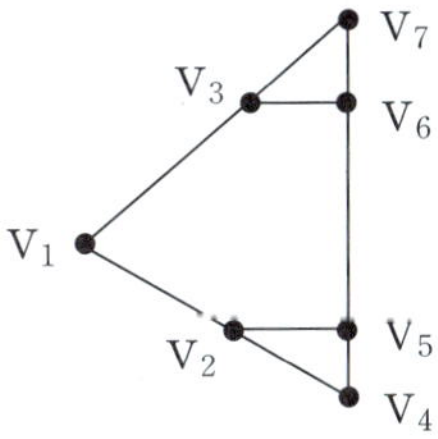

| 그림 3.7.1 |

풀이 $v_1, v_2, v_3, v_4, v_5, v_6, v_7$의 순서로 그래프 G의 인접행렬을 구하여 보자. 먼저 v_1과 인접한 꼭짓점은 v_2와 v_3뿐이므로 첫째행에서 v_2, v_3에 해당되는 둘째, 셋째 성분만 1이고 나머지는 모두 0이다. 같은 방법으로 꼭짓점 v_2에 인접한 꼭짓점은 v_1, v_4, v_5뿐이므로 둘째행의 첫째, 넷째, 다섯째 성분만 1이고 나머지는 모두 0이다. 이런 방법으로 G의 인접행렬을 완성하면 $A(G)$는

$$A(G)=\begin{array}{c} \\ v_1 \\ v_2 \\ v_3 \\ v_4 \\ v_5 \\ v_6 \\ v_7 \end{array}\begin{array}{c} \begin{array}{ccccccc} v_1 & v_2 & v_3 & v_4 & v_5 & v_6 & v_7 \end{array} \\ \begin{pmatrix} 0 & 1 & 1 & 0 & 0 & 0 & 0 \\ 1 & 0 & 0 & 1 & 1 & 0 & 0 \\ 1 & 0 & 0 & 0 & 0 & 1 & 1 \\ 0 & 1 & 0 & 0 & 1 & 0 & 0 \\ 0 & 1 & 0 & 1 & 0 & 1 & 0 \\ 0 & 0 & 1 & 0 & 1 & 0 & 1 \\ 0 & 0 & 1 & 0 & 0 & 1 & 0 \end{pmatrix} \end{array}$$

이다. □

문제 3.7.1 다음 그래프 G의 인접행렬 $A(G)$를 구하여라.

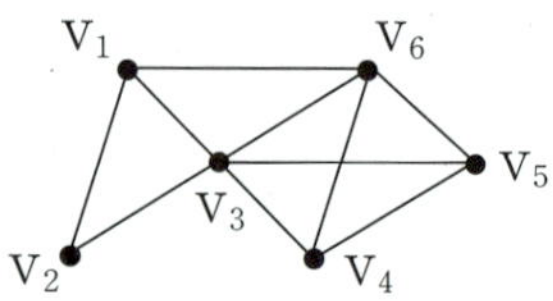

그림 3.7.2

예제 3.7.2 아래의 $A(G)$는 꼭짓점이 v_1, v_2, v_3, v_4, v_5인 그래프 G의 인접행렬이다.

$$A(G)=\begin{pmatrix} 0 & 1 & 1 & 0 & 1 \\ 1 & 0 & 1 & 1 & 0 \\ 1 & 1 & 0 & 1 & 0 \\ 0 & 1 & 1 & 0 & 0 \\ 1 & 0 & 0 & 0 & 0 \end{pmatrix}$$

(1) v_1과 인접한 꼭짓점을 구하여라.

(2) 각 꼭짓점의 차수를 구하여라.

(3) 그래프 G의 변의 수를 구하여라.

(4) 그래프 G를 그려라.

풀이 (1) 꼭짓점 v_1과 인접한 꼭짓점은 v_2, v_3, v_5이다.

(2) i번째 행의 성분의 합은 v_i의 차수 $d(v_i)$이다. 따라서

$$d(v_1)=3,\ \ d(v_2)=3,\ \ d(v_3)=3,\ \ d(v_4)=2,\ d(v_5)=1$$

(3) G의 변의 수를 e라 하면 꼭짓점의 차수의 합은 $2e$이므로 $12=2e$, 즉 $e=6$ 이다.

(4) 그래프 G는 다음과 같다.

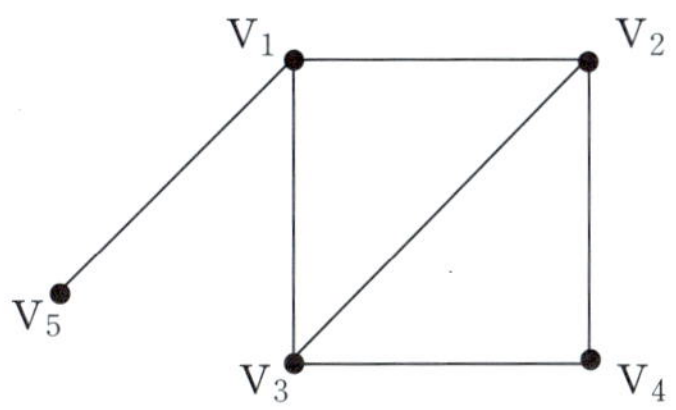

그림 3.7.3 □

문제 3.7.2 꼭짓점 $v_1, v_2, v_3, v_4, v_5, v_6, v_7$을 갖는 그래프 G의 인접행렬 $A(G)$가 다음과 같을 때 물음에 답하여라.

$$A(G)=\begin{pmatrix} 0&0&0&0&1&1&1\\ 0&0&0&0&1&1&1\\ 0&0&0&0&1&1&1\\ 0&0&0&0&1&1&1\\ 1&1&1&1&0&0&0\\ 1&1&1&1&0&0&0\\ 1&1&1&1&0&0&0 \end{pmatrix}$$

(1) v_2와 인접한 꼭짓점을 구하여라.

(2) 각 꼭짓점의 차수를 구하여라.

(3) 그래프 G의 변의 수를 구하여라.

(4) 그래프 G를 그려라.

정리 3.7.2

꼭짓점이 $v_1, v_2, \cdots, v_n$인 그래프 G의 인접행렬을 $A=A(G)$라 하자. 그러면 행렬 A^p의 (i, j)성분은 꼭짓점 v_i에서 꼭짓점 v_j로 가는 길이가 p인 길의 개수이다.

증명 (길이 p에 대한 수학적 귀납법)

(i) $p=1$일 때는 분명히 위의 정리가 성립한다.

(ii) $A^{p-1}=(a_{ij}{}^{(p-1)})$라 하고 $a_{ij}{}^{(p-1)}$가 꼭짓점 v_i에서 꼭짓점 v_j로 가는 길이가 $p-1$인 길의 개수라고 하자.

(iii) 이제 $A^p=(a_{ij}{}^{(p)})$라고 하면 $A^p=A^{p-1}A$이므로

$$a_{ij}{}^{(p)}=\sum_{k=1}^{n}a_{ik}{}^{(p-1)}a_{kj}$$

이다. v_i에서 v_j로 가는 길이가 p인 길은 v_i에서 v_k로 가는 길이가 $p-1$인 길과 v_k에서 v_j로 가는 길이가 1인 길을 붙인 것이기에 $a_{ij}{}^{(p)}=\sum_{k=1}^{n}a_{ik}{}^{(p-1)}a_{kj}$는 v_i에서 v_j로 가는 길이가 p인 길의 개수이다.

따라서 수학적 귀납법에 의하여 A^p의 (i, j)의 성분 $a_{ij}{}^{(p)}$는 v_i에서 v_j로 가는 길이가 p인 길의 개수이다. □

예제 3.7.3 꼭짓점이 $v_1, v_2, v_3, v_4, v_5, v_6$인 그래프 G의 인접행렬을 A라고 할 때 A^2과 A^3은 다음과 같다고 하자.

$$A^2=\begin{pmatrix}4&1&1&4&1&1\\1&3&2&1&2&2\\1&2&3&1&2&2\\4&1&1&4&1&1\\1&2&2&1&3&2\\1&2&2&1&2&3\end{pmatrix}\qquad A^3=\begin{pmatrix}4&9&9&4&9&9\\9&4&5&9&4&4\\9&5&4&9&4&4\\4&9&9&4&9&9\\9&4&4&9&4&5\\9&4&4&9&5&4\end{pmatrix}$$

(1) 각 꼭짓점의 차수를 구하여라.

(2) G의 변의 수를 구하여라.

(3) v_2에서 v_6로 가는 길이가 2인 길은 몇 개인가?

(4) v_2에서 v_6로 가는 길이가 3인 길은 몇 개인가?

(5) G에 있는 삼각형의 개수를 구하여라.

풀이 (1) A^2의 (i, i) 성분은 v_i에서 v_i로 가는 길이가 2인 길의 수이므로 곧 v_i의 차수 $d(v_i)$이다. 따라서

$$d(v_1)=4,\ d(v_2)=3,\ d(v_3)=3,\ d(v_4)=4,\ d(v_5)=\ 3,\ d(v_6)=3$$

이다.

(2) 모든 꼭짓점의 차수의 합은 변의 수 e의 2배이므로

$$e = \frac{4+3+3+4+3+3}{2} = 10$$

이다.

(3) v_2에서 v_6로 가는 길이가 2인 길의 개수는 정리 3.7.2에 의하여 A^2의 $(2, 6)$ 성분인 2이다.

(4) v_2에서 v_6로 가는 길이가 3인 길의 개수는 정리 3.7.2에 의하여 A^3의 $(2, 6)$ 성분인 4이다.

(5) 정리 3.7.2에 의하여 A^3의 (i, i)의 성분은 v_i에서 v_i로 가는 길이가 3인 길의 개수이다. 한편, G에서 꼭짓점 v_j, v_k, v_l가 삼각형을 이루면 아래 그림에서 알 수 있듯이 이 삼각형은

$$v_j \to v_k \to v_l \to v_j,\ \ v_j \to v_l \to v_k \to v_j,\ \ v_k \to v_j \to v_l \to v_k,$$
$$v_k \to v_l \to v_j \to v_k,\ \ v_l \to v_j \to v_k \to v_l,\ \ v_l \to v_k \to v_j \to v_l$$

처럼 길이가 3인 서로 다른 6개의 길로 나타내어진다.

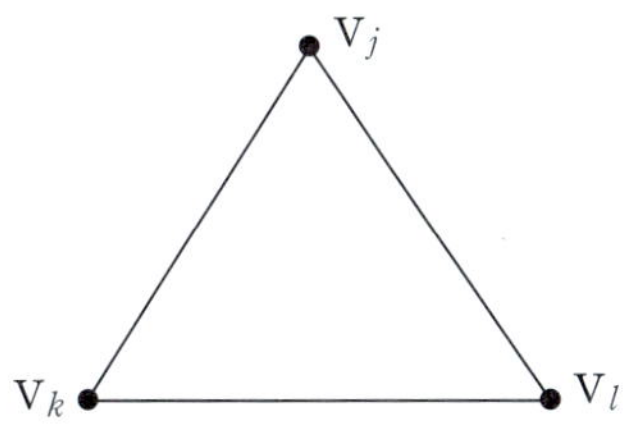

그림 3.7.4

따라서 G 안에 있는 삼각형의 개수는 A^3의 주대각선의 성분을 모두 합한 수를 6으로 나눈 4이다. □

문제 3.7.3 꼭짓점이 $v_1, v_2, v_3, v_4, v_5, v_6$인 그래프 G의 인접행렬을 A라고 할 때 A^2과 A^3은 다음과 같을 때 물음에 답하여라.

$$A^2=\begin{pmatrix} 3&0&1&1&2&2\\ 0&3&1&3&1&1\\ 1&1&2&1&1&1\\ 1&3&1&4&1&1\\ 2&1&1&1&3&2\\ 2&1&1&1&2&3 \end{pmatrix} \qquad A^3=\begin{pmatrix} 2&7&4&8&3&3\\ 7&2&3&3&7&7\\ 4&3&2&5&3&3\\ 8&3&5&4&8&8\\ 3&7&3&8&4&5\\ 3&7&3&8&5&4 \end{pmatrix}$$

(1) 각 꼭짓점의 차수를 구하여라.

(2) 그래프 G의 변의 수를 구하여라.

(3) v_2에서 v_6로 가는 길이가 2인 길은 몇 개인가?

(4) v_2에서 v_6로 가는 길이가 3인 길은 몇 개인가?

(5) G 안에 있는 삼각형의 개수를 구하여라.

1847년 키르히호프(Kirchhoff)는 인접행렬을 이용하여 주어진 그래프의 생성수형도의 개수를 알려주는 Matrix-Tree 정리를 발표하였다. 이를 나타내기 위해서 다음과 같은 행렬에 관한 정의를 살펴보자.

정의 3.7.3 M을 $n\times n$ 행렬이라 하자. 각 (i,j)에 대하여, M의 i번째 행과 j번째 열을 지우고 남은 $(n-1)\times(n-1)$ 부분행렬을 M_{ij}로 나타내자.

M_{ij}의 행렬식

$$\det M_{ij}$$

를 M의 (i,j)에서의 **소행렬식**(minor)이라 하며

$$(-1)^{i+j}\det M_{ij}$$

를 M의 (i,j)에서의 **여인수**(cofactor)라 한다.

예제 3.7.4 다음 행렬 M의 $(2,3)$에서의 부분행렬, 소행렬식, 여인수를 각각 구하여라.

$$M=\begin{bmatrix} 1 & 2 & -1 & 0 \\ 3 & -1 & 5 & 4 \\ 6 & 1 & 0 & -2 \\ 3 & 4 & -2 & 7 \end{bmatrix}$$

풀이 M의 $(2,3)$에서의 M의 부분행렬 M_{23}은 M의 둘째 행, 셋째 열을 지워서 얻어진

$$M_{23}=\begin{bmatrix} 1 & 2 & 0 \\ 6 & 1 & -2 \\ 3 & 4 & 7 \end{bmatrix}$$

이다. 따라서 M의 $(2,3)$에서의 소행렬식 $\det M_{23}$은

$$\det M_{23}=(1\cdot1\cdot7+2\cdot(-2)\cdot3+0\cdot6\cdot4)-(0\cdot1\cdot3+2\cdot6\cdot7+1\cdot4\cdot(-2))=-81$$

이고 여인수는 $(-1)^{2+3}\det M_{23}=81$이다. □

문제 3.7.4 위 예제 행렬 M의 $(3,4)$에서의 여인수를 구하여라.

꼭짓점이 $\mathrm{v}_1, \cdots, \mathrm{v}_n$인 그래프 G에서 다음과 같이 정의된 행렬 $D=(d_{ij})_{n\times n}$를 G의 **차수행렬**(degree matrix)이라고 한다.

$$d_{ij}=\begin{cases} d(\mathrm{v}_i) & (i=j) \\ 0 & (i\neq j) \end{cases}$$

정리 3.7.4 (Matrix-Tree 정리)
그래프 G의 인접행렬을 A, 차수행렬을 D라고 할 때, G의 생성수형도의 개수는 행렬 $D-A$의 임의의 (i,j)에서의 여인수와 같다.

예제 3.7.5 다음 그래프 G의 인접행렬 A와 차수행렬 D를 구하고 이를 이용하여 G의 서로 다른 생성수형도의 개수를 구하여라.

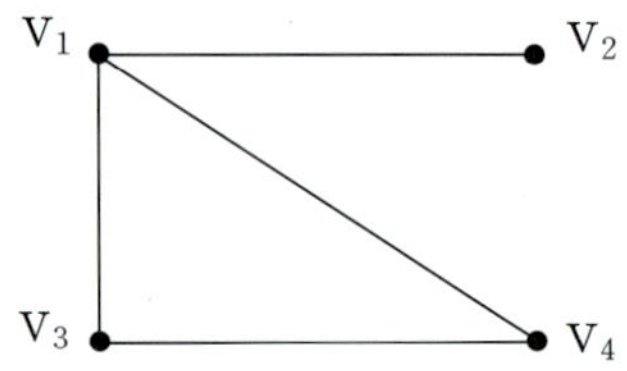

| 그림 3.7.5 |

풀이 그래프 G의 인접행렬 A와 차수행렬 D는 각각 다음과 같다.

$$A=\begin{pmatrix} 0&1&1&1 \\ 1&0&0&0 \\ 1&0&0&1 \\ 1&0&1&0 \end{pmatrix} \qquad D=\begin{pmatrix} 3&0&0&0 \\ 0&1&0&0 \\ 0&0&2&0 \\ 0&0&0&2 \end{pmatrix}$$

따라서

$$D-A=\begin{pmatrix} 3&-1&-1&-1 \\ -1&1&0&0 \\ -1&0&2&-1 \\ -1&0&-1&2 \end{pmatrix}$$

이고 $D-A$의 $(1,1)$에서의 여인수는

$$(-1)^{1+1}\det(D-A)_{11}=\det\begin{pmatrix} 1&0&0 \\ 0&2&-1 \\ 0&-1&2 \end{pmatrix}=3$$

이다. 따라서 Matrix-Tree 정리에 의해 주어진 그래프는 오직 세 개의 생성수형도를 갖는다. 사실 G의 생성수형도는 아래와 같은 세 가지뿐이다.

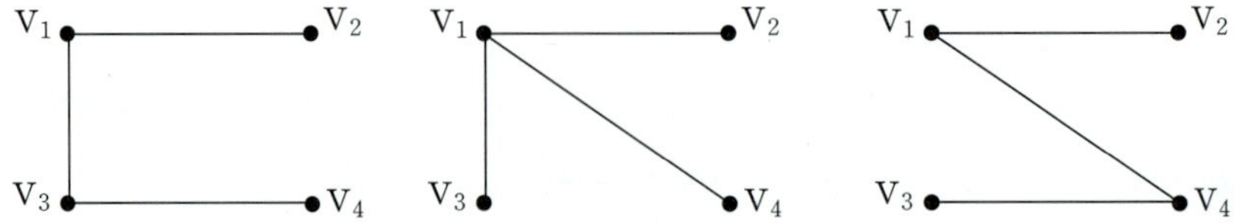

| 그림 3.7.6 | □

문제 3.7.5 다음 그래프 G의 인접행렬 A와 차수행렬 D를 구하고, 이를 이용하여 G의 서로 다른 생성수형도의 개수를 구하여라.

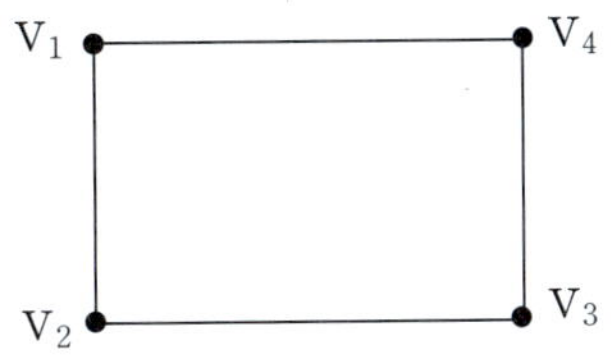

| 그림 3.7.7 |

정의 3.7.5 그래프 $G(V, E)$에서 $V=\{v_1, v_2, \cdots, v_p\}$, $E=\{e_1, e_2, \cdots, e_q\}$라고 하면 그래프 G의 **근접행렬**(incidence matrix) $B(G)=(b_{ij})_{p\times q}$는 다음과 같이 정의된다.

$$b_{ij}=\begin{cases} 1 & (\text{꼭짓점 } v_i\text{와 변 } e_j\text{가 근접할 때}) \\ 0 & (\text{그 외의 경우}) \end{cases}$$

예제 3.7.6 다음 그래프 G의 근접행렬 $B(G)$를 구하여라.

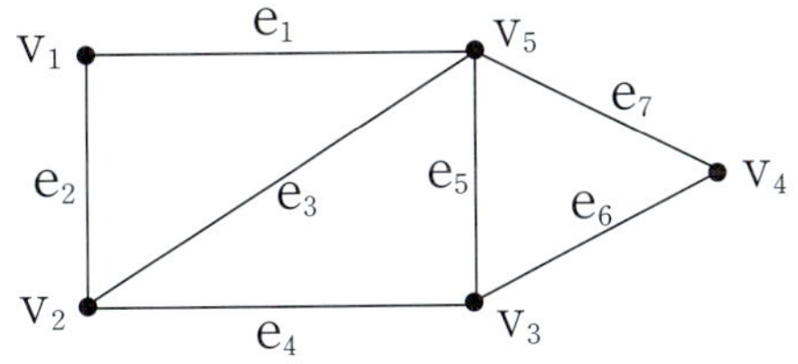

| 그림 3.7.8 |

풀이 $B(G)=(b_{ij})_{5\times 7}$를 G의 근접행렬이라 하면 꼭짓점 v_1과 변 e_1, e_2는 근접하므로 $b_{11}=b_{12}=1$이다. 그러나 변 e_3, e_4, e_5, e_6, e_7은 꼭짓점 v_1과 근접하지 않으

므로 $b_{13}=b_{14}=b_{15}=b_{16}=b_{17}=0$이다. 이런 방법으로 $B(G)$의 모든 성분을 구하면

$$B(G)=\begin{pmatrix} 1&1&0&0&0&0&0 \\ 0&1&1&1&0&0&0 \\ 0&0&0&1&1&1&0 \\ 0&0&0&0&0&1&1 \\ 1&0&1&0&1&0&1 \end{pmatrix}$$

이다. □

문제 3.7.6 다음 그래프 G의 근접행렬 $B(G)$를 구하여라.

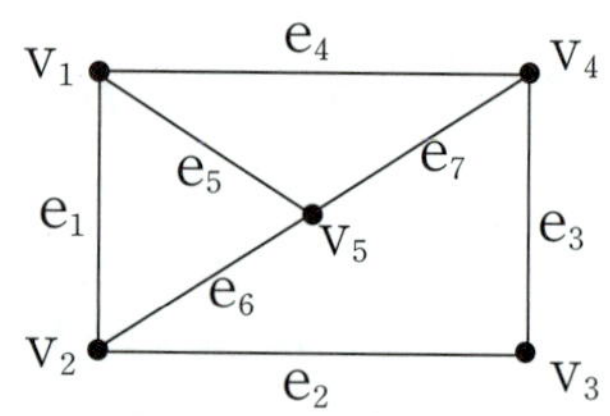

| 그림 3.7.9 |

근접행렬의 정의에 따라 단순그래프의 근접행렬 B는 다음 성질을 갖고 있음을 쉽게 알 수 있다.

(i) B는 0과 1로만 이루어진 행렬이다.
(ii) B의 임의의 열의 합은 2이다.
(iii) B의 어느 두 열도 같지 않다.

예제 3.7.7 변의 수가 양수이고 꼭짓점 $v_1, v_2, \cdots, v_n$인 단순그래프 G의 인접행렬, 근접행렬, 차수행렬을 각각 $A=(a_{ij}), B=(b_{ij}), D=(d_{ij})$라고 하자. 그러면

$$BB^T=A+D$$

임을 보여라.

증명 근접행렬 B의 모든 성분은 0 또는 1이며 i행의 합이 꼭짓점 v_i의 차수이므로

$$d(v_i) = \sum_{k=1}^{m} b_{ik} = \sum_{k=1}^{m} b_{ik}b_{ik} = (BB^T)_{ii} \quad (\text{단, } m\text{은 변의 수})$$

이다.

$i \neq j$이고 $\{v_i, v_j\}$가 G의 변이면 G는 단순그래프이므로 B에서 변 $\{v_i, v_j\}$에 해당하는 열의 i행과 j행의 성분은 모두 1이고, 그 이외의 다른 열은 i행의 성분이 0이거나 j행의 성분이 0이다. 따라서 $1 = \sum_{k=1}^{m} b_{ik}b_{jk} = (BB^T)_{ij}$이다.

이제 $i \neq j$이고 $\{v_i, v_j\}$가 G의 변이 아니라면 B의 i행과 j행의 각 열에는 적어도 하나의 0이 있다. 따라서 $0 = \sum_{k=1}^{m} b_{ik}b_{jk} = (BB^T)_{ij}$이다.

위의 결과를 종합하면 행렬 BB^T는 대각성분은 D의 대각성분과 같고, 대각성분을 제외하면 인접행렬 A와 같다. 한편, 인접행렬 A의 대각성분은 모두 0이고 차수행렬 D는 대각성분을 제외하면 모두 0이므로 $BB^T = A + D$이다. □

문제 3.7.7 아래의 행렬 B는 어떤 그래프 G의 근접행렬이다. 위의 예제를 이용하여 G의 차수행렬과 인접행렬을 각각 구하여라.

$$B = \begin{pmatrix} 1 & 1 & 1 & 0 & 1 & 0 & 0 & 0 \\ 1 & 0 & 0 & 1 & 0 & 0 & 0 & 0 \\ 0 & 0 & 1 & 1 & 0 & 0 & 1 & 1 \\ 0 & 0 & 0 & 0 & 1 & 1 & 0 & 1 \\ 0 & 1 & 0 & 0 & 0 & 1 & 1 & 0 \end{pmatrix}$$

지금까지 단순그래프 또는 다중그래프를 행렬로 나타내는 방법에 대하여 알아보았다. 이제 유향그래프를 행렬로 나타내는 방법에 대하여 알아보자.

정의 3.7.6 G를 n개의 꼭짓점 $v_1, v_2, \cdots, v_n$을 갖는 유향그래프라고 하자. 유향그래프 G의 **인접행렬** $A(G)=(a_{ij})_{n\times n}$은 다음과 같이 정의된다.

$$a_{ij}=\begin{cases} 1 & ((v_i, v_j)\text{가 } G\text{의 변일 때}) \\ 0 & (\text{그 외의 경우}) \end{cases}$$

예제 3.7.8 다음 유향그래프 G의 인접행렬 $A(G)$를 구하여라.

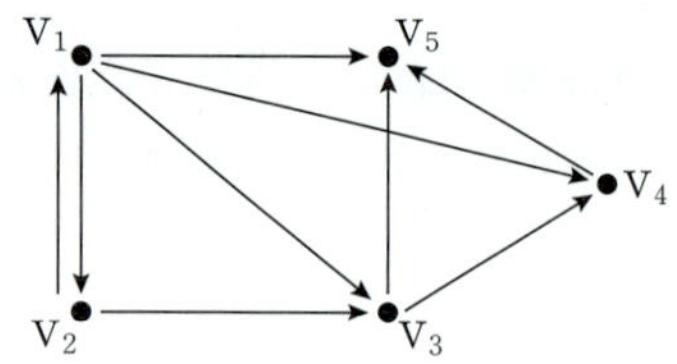

| 그림 3.7.10 |

풀이 꼭짓점 v_1, v_2, v_3, v_4, v_5의 순서로 그래프 G의 인접행렬 $A(G)$를 구하여 보자. $(v_1, v_2), (v_1, v_3), (v_1, v_4), (v_1, v_5)$이 G의 변이므로 $A(G)$의 첫째 행에서 v_2, v_3, v_4, v_5에 해당되는 둘째, 셋째, 넷째, 다섯째 성분만 1이고 나머지는 모두 0이다. 같은 방법으로 $(v_2, v_1), (v_2, v_3)$가 G의 변이므로 $A(G)$의 둘째 행에서 v_1, v_3에 해당되는 첫째와 셋째 성분만 1이고 나머지는 모두 0이다. 이런 방법으로 인접행렬을 완성하면

$$A(G)=\begin{pmatrix} 0 & 1 & 1 & 1 & 1 \\ 1 & 0 & 1 & 0 & 0 \\ 0 & 0 & 0 & 1 & 1 \\ 0 & 0 & 0 & 0 & 1 \\ 0 & 0 & 0 & 0 & 0 \end{pmatrix}$$

이다. □

문제 3.7.8 다음 유향그래프 G의 인접행렬 $A(G)$를 구하여라.

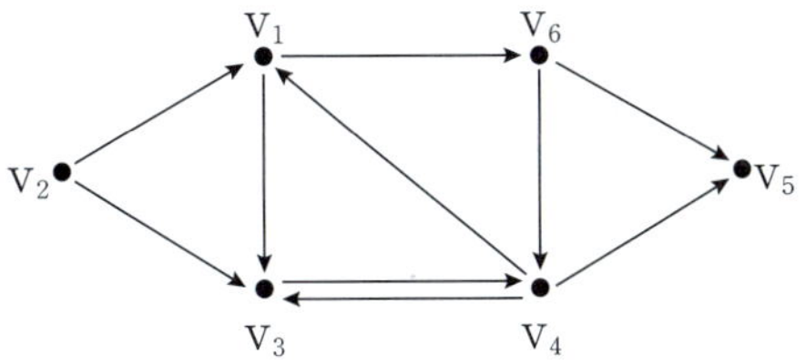

| 그림 3.7.11 |

앞의 정리 3.7.2에서 단순그래프나 다중그래프의 인접행렬을 이용하여 길이가 p인 길의 개수를 구하는 방법을 알아보았다. 비슷하게 유향그래프에서도 인접행렬을 이용하면 길의 개수를 쉽게 구할 수 있다.

정리 3.7.7

꼭짓점이 $v_1, v_2, \cdots, v_n$인 유향그래프 G의 인접행렬을 $A=(a_{ij})$라고 하자. 그러면 행렬 A^p의 (i, j)의 성분은 그래프 G의 꼭짓점 v_i에서 꼭짓점 v_j로 가는 길이가 p인 길의 개수이다.

예제 3.7.9 아래 유향그래프 G에서 꼭짓점 v_1에서 꼭짓점 v_3으로 가는 길이가 3인 길의 개수를 구하여라.

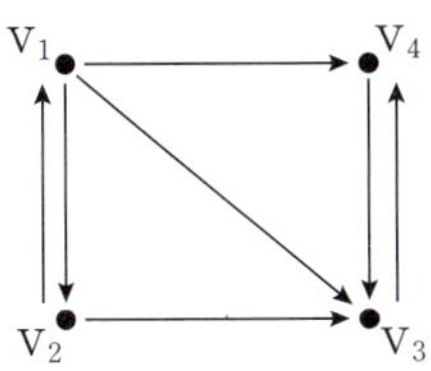

| 그림 3.7.12 |

풀이 꼭짓점 v_1, v_2, v_3, v_4의 순서로 위 그래프 G의 인접행렬 A와 A^3을 구하면 다음과 같다.

$$A=\begin{pmatrix} 0\,1\,1\,1 \\ 1\,0\,1\,0 \\ 0\,0\,0\,1 \\ 0\,0\,1\,0 \end{pmatrix}, \qquad A^3=\begin{pmatrix} 0\,1\,2\,3 \\ 1\,0\,3\,0 \\ 0\,0\,0\,1 \\ 0\,0\,1\,0 \end{pmatrix}$$

따라서 꼭짓점 v_1에서 꼭짓점 v_3으로 가는 길이가 3인 길의 개수는 행렬 A^3의 $(1,3)$성분인 2이다. □

문제 3.7.9 그림 3.7.12의 유향그래프 G에서 꼭짓점 v_2에서 꼭짓점 v_4으로 가는 길이가 4인 길의 개수를 구하여라.

이제 유향그래프의 근접행렬에 대하여 알아보자.

정의 3.7.8 G를 꼭짓점 $v_1, v_2, \cdots, v_n$과 변 $e_1, e_2, \cdots, e_m$을 갖는 유향그래프라고 하자. 유향그래프 G의 **근접행렬** $B(G)=(b_{ij})_{n\times m}$은 다음과 같이 정의된다.

$$b_{ij}=\begin{cases} 1 & (v_i\text{가 } e_j\text{의 시작점일 때}) \\ -1 & (v_i\text{가 } e_j\text{의 끝점일 때}) \\ 0 & (\text{그 외의 경우}) \end{cases}$$

예제 3.7.10 다음 유향그래프 G의 근접행렬 $B(G)$를 구하여라.

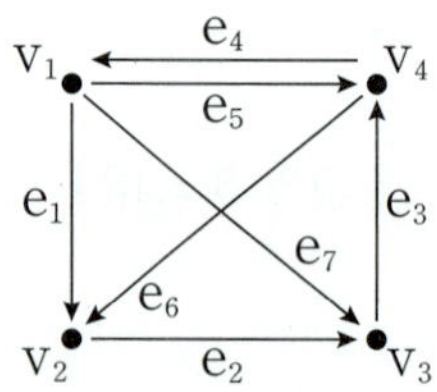

| 그림 3.7.13 |

풀이 $B(G)=(b_{ij})_{4\times 7}$를 G의 근접행렬이라 하자. 꼭짓점 v_1은 변 e_1, e_5, e_7의 시작점이므로 $b_{11}=b_{15}=b_{17}=1$이고, 변 e_4의 끝점이므로 $b_{14}=-1$이며 변 e_2, e_3, e_6의 시작점도 아니고 끝점도 아니므로 $b_{12}=b_{13}=b_{16}=0$이다. 이런 방법으로 $B(G)$의 모든 성분을 구하면

$$B(G)=\begin{pmatrix} 1 & 0 & 0 & -1 & 1 & 0 & 1 \\ -1 & 1 & 0 & 0 & 0 & -1 & 0 \\ 0 & -1 & 1 & 0 & 0 & 0 & -1 \\ 0 & 0 & -1 & 1 & -1 & 1 & 0 \end{pmatrix}$$

이다. □

문제 3.7.10 다음 유향그래프 G의 근접행렬 $B(G)$를 구하여라.

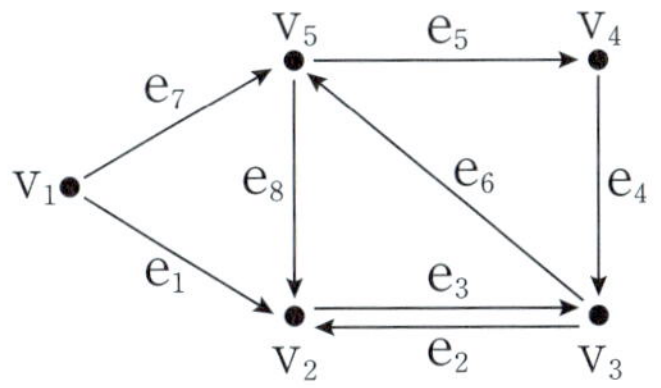

그림 3.7.14

유향그래프의 근접행렬 $B(G)$는 다음 성질을 갖고 있음을 쉽게 알 수 있다.

(i) $B(G)$는 $0, 1, -1$로만 이루어진 행렬이다.

(ii) $B(G)$의 임의의 열은 1과 -1을 하나씩 포함하며 나머지는 0이다.

(iii) $B(G)$의 어느 두 열도 같지 않다.

유향그래프에 대해서도 예제 3.7.7과 비슷한 식이 성립한다. (연습문제 11 참조)

연습문제 3.7

01 다음 그래프의 인접행렬 A, 근접행렬 B, 차수행렬 D를 구하여라.

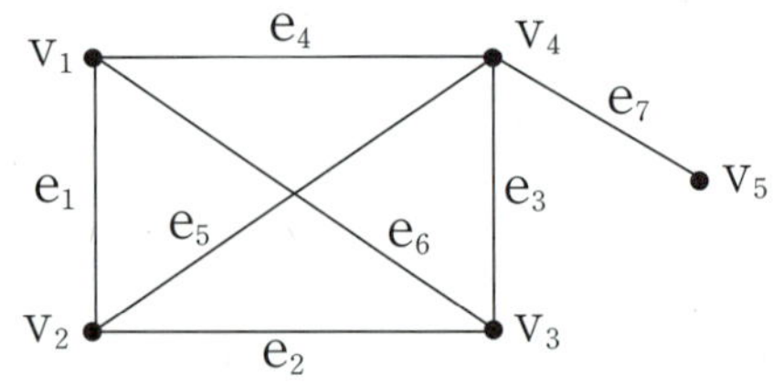

02 아래의 행렬 $A(G)$는 $v_1, \cdots, v_5$를 꼭짓점으로 갖는 그래프 G의 인접행렬이다.

$$A(G)=\begin{pmatrix} 0&1&0&0&1\\ 1&0&1&0&0\\ 0&1&0&1&0\\ 0&0&1&0&1\\ 1&0&0&1&0 \end{pmatrix}$$

(1) 각 꼭짓점의 차수를 구하여라.

(2) 그래프 G를 그려라.

03 v_1, v_2, v_3, v_4, v_5를 꼭짓점으로 갖는 그래프 G의 인접행렬을 A라고 할 때 A^2, A^3와 A^4는 다음과 같다고 하자.

$$A^2=\begin{pmatrix} 3&1&1&3&0\\ 1&3&2&1&2\\ 1&2&3&1&2\\ 3&1&1&3&0\\ 0&2&2&0&2 \end{pmatrix},\quad A^3=\begin{pmatrix} 2&7&7&2&6\\ 7&4&5&7&2\\ 7&5&4&7&2\\ 2&7&7&2&6\\ 6&2&2&6&0 \end{pmatrix},\quad A^4=\begin{pmatrix} 20&11&11&20&4\\ 11&19&18&11&14\\ 11&18&19&11&14\\ 20&11&11&20&4\\ 4&14&14&4&12 \end{pmatrix}$$

(1) G의 각 꼭짓점의 차수를 구하여라.

(2) 그래프 G의 변의 수를 구하여라.

(3) v_2에서 v_5로 가는 길이가 3인 길은 몇 개인가?

(4) v_2에서 v_5로 가는 길이가 4인 길은 몇 개인가?

(5) G 안에 있는 삼각형의 개수를 구하여라.

04 X가 행렬일 때 $tr(X)$는 X의 모든 (i, i) 성분의 합이다. 다음 물음에 답하여라.

(1) 꼭짓점이 v_1, v_2, v_3, v_4, v_5인 완전그래프 K_5에 대한 인접행렬을 A라고 할 때 $tr(A^3)$을 구하여라.

(2) 꼭짓점의 집합이 $\{v_1, v_2, v_3\} \cup \{w_1, w_2\}$인 완전이분그래프 $K_{3,2}$에 대한 근접행렬을 B라고 할 때 행렬 BB^T의 성분의 합을 구하여라.

(3) 꼭짓점의 집합이 $\{v_1, v_2, v_3, v_4\} \cup \{w_1, w_2\}$인 완전이분그래프 $K_{4,2}$에 대한 인접행렬을 A라고 할 때 $tr(A^2)+tr(A^3)$을 구하여라.

05 인접행렬과 근접행렬이 같은 연결그래프 G를 찾아라.

06 그래프 G가 이분그래프일 때 G의 꼭짓점을 적당히 나열하면 G의 인접행렬 $A(G)$는 다음과 같은 형태가 될 수 있음을 보여라.

$$A(G)=\begin{bmatrix} O & A_{12} \\ A_{12}{}^T & O \end{bmatrix}$$

여기서 A_{12} 는 $A(G)$의 부분행렬이며 $A_{12}{}^T$는 A_{12} 의 **전치행렬**이다.

07 n개의 꼭짓점을 갖는 그래프 G의 인접행렬을 A라고 하자. 이때 G가 연결그래프이기 위한 필요충분조건은 행렬 $\sum_{k=1}^{n-1} A^k$의 모든 성분이 자연수임을 보여라.

(단 $n \geq 2$)

08 아래 그래프 G에서 다음 물음에 답하여라.

(1) 인접행렬 A를 구하여라.

(2) 차수행렬 D를 구하여라.

(3) Matrix-Tree 정리를 이용하여 G의 서로 다른 생성수형도의 개수를 구하여라.

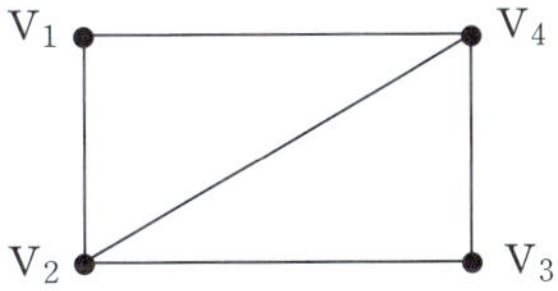

09 완전그래프 K_n의 인접행렬과 차수행렬을 구하여라. 또 Matrix-Tree 정리를 이용하여 케일리의 수형도 공식을 증명하여라.

10 다음 그래프는 어떤 도시의 A, B, C, D 네 지점 사이에서 자동차로 곧 바로 갈 수 있는 경우를 화살표로 나타낸 것이다. 다음 물음에 답하여라.

[2002년도 중등교사 임용시험]

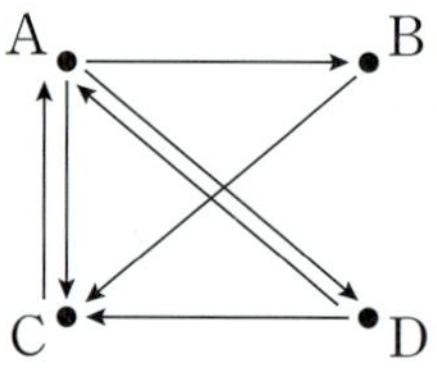

(1) 주어진 그래프의 인접행렬 A를 구하여라.

(2) 어떤 지점에서 다른 지점으로 갈 때, '곧바로 또는 한 지점을 거쳐서' 갈 수 있는지 없는지를 알 수 있는 행렬을 인접행렬 A를 이용하여 나타내어라.

11 꼭짓점이 $v_1, v_2, \cdots, v_n$이고 변이 $e_1, e_2, \cdots, e_m$인 유향그래프 G의 근접행렬을 B라고 하자. 또, G의 모든 변의 방향을 제거한 그래프(또는 다중그래프)를 $\widetilde{G}$라 하고 $\widetilde{G}$의 인접행렬, 차수행렬을 각각 A, D라고 하자. 그러면

$$BB^T = D - A$$

임을 보여라.

12 G는 꼭짓점이 $v_1, v_2, \cdots, v_n$ $(n \geq 3)$이고 변의 개수가 $m(m \geq 1)$인 단순그래프이다. G의 인접행렬과 근접행렬을 각각 A와 B라고 할 때, 다음 보기 중에서 옳은 것을 모두 골라라. [2011년도 중등교사 임용시험]

가. A^2의 대각합(trace), 즉 모든 (i, i) 성분의 합은 $2m$이다.
나. 자연수 $k \geq 3$에 대하여 A^k의 대각합(trace)은 G에서 길이가 k인 회로(cycle)의 개수이다.
다. BB^T의 (i, i) 성분은 꼭짓점 v_i의 차수(degree)와 같다.
(단, B^T는 행렬 B의 전치행렬이다.)

문제 및 연습문제 해답

문제 해답

〉〉 1장 1절

[문제 1.1.1] (1) 4 (2) 5

[문제 1.1.2] 두 과목 모두 수강하는 학생 수를 x라고 하면 $22 \leq x \leq 32$

[문제 1.1.3] aabc는 첫째 경우와 둘째 경우 모두에 속하므로 3단계는 참이 아니다.

[문제 1.1.4] 40

[문제 1.1.5] 다음의 36개가 있다.

(1, 1) (1, 2) (1, 3) (1, 4) (1, 5) (1, 6)
(2, 1) (2, 2) (2, 3) (2, 4) (2, 5) (2, 6)
(3, 1) (3, 2) (3, 3) (3, 4) (3, 5) (3, 6)
(4, 1) (4, 2) (4, 3) (4, 4) (4, 5) (4, 6)
(5, 1) (5, 2) (5, 3) (5, 4) (5, 5) (5, 6)
(6, 1) (6, 2) (6, 3) (6, 4) (6, 5) (6, 6)

[문제 1.1.6] $2 \times 2 \times 2 = 8$

[문제 1.1.7] (1) $1 \times 2 \times \cdots \times 2 = 2^{n-1}$ (2) $1 \times 1 \times 2 \times \cdots \times 2 = 2^{n-2}$

[문제 1.1.8] (1) 17 (2) $17 \times 17 = 289$

[문제 1.1.9] 20

〉〉 1장 2절

[문제 1.2.1] 다음의 20개가 있다.

ab, ac, ad, ae
ba, bc, bd, be
ca, cb, cd, ce
da, db, dc, de
ea, eb, ec, ed

[문제 1.2.2] ${}_{26}P_4=26\times25\times24\times23$

[문제 1.2.3] 힌트 : 서로 다른 n개에서 서로 다른 r개를 뽑아 일렬로 배열할 때, n개에서 1개를 뽑아 맨 앞에 배열하고 나머지 $n-1$개에서 서로 다른 $r-1$개를 뽑아 그 뒤에 일렬로 배열할 수 있다.

[문제 1.2.4] 다음의 16가지가 있다.

1111, 1112, 1121, 1211, 2111, 1122, 1212, 1221

2112, 2121, 2211, 1222, 2122, 2212, 2221, 2222

[문제 1.2.5] $3\times3\times\cdots\times3=3^8$

[문제 1.2.6] 459

[문제 1.2.7] $\dfrac{11!}{2!2!2!}$

[문제 1.2.8] (1) $\dfrac{{}_{20}P_{10}}{10}$ (2) $\dfrac{19!}{2}$

[문제 1.2.9] $2!\times3!\times5!$

[문제 1.2.10] $20!\times{}_{21}P_5$

[문제 1.2.11] $\dfrac{7!}{3!}$

〉〉1장 3절

[문제 1.3.1] 다음의 10가지가 있다.

abc, abd, abe, acd, ace

ade, bcd, bce, bde, cde

[문제 1.3.2] (1) ${}_{10}C_2=\dfrac{10\times9}{2!}=45$ (2) ${}_{10}C_3=\dfrac{10\times9\times8}{3!}=120$

(3) 힌트 : A의 모든 부분집합의 개수를 두 가지 방법으로 계산한다.

[문제 1.3.3] (1) ${}_7C_2\times{}_6C_2=315$ (2) 70

[문제 1.3.4] 서로 다른 n개에서 r개를 뽑으면 나머지 $n-r$개는 자동적으로 결정되므로 $\binom{n}{r}=\binom{n}{n-r}$이다.

[문제 1.3.5] 66

[문제 1.3.6] (1) 힌트: 예제 1.3.6에서 위로 1만큼 이동 $\leftrightarrow$ 1, 오른쪽으로 1만큼 이동 $\leftrightarrow$ -1로 대응

(2) 힌트: 예제 1.3.6에서 원점부터 경로의 변에 1부터 $2n$까지 번호를

매긴 후 위로 1만큼 이동하는 변의 번호로 증가하는 첫째 행을 만들고 오른쪽으로 1만큼 이동하는 변의 번호로 증가하는 둘째 행을 만듦

[문제 1.3.7] 다음의 10가지가 있다.
aaa, aab, aac, abb, abc
acc, bbb, bbc, bcc, ccc

[문제 1.3.8] B의 원소 : X에 2개, Y에 4개, Z에 1개의 공을 넣음
C의 원소 : (2, 4, 1)
D의 원소 : ○○|○○○○|○
E의 원소 : 1, 2, 4, 5, 6, 7, 9

[문제 1.3.9] (1) ${}_4H_{12}={}_{15}C_{12}={}_{15}C_3=455$
(2) ${}_nH_{r-3n}={}_{r-2n-1}C_{r-3n}={}_{r-2n-1}C_{n-1}$

[문제 1.3.10] $\binom{n}{k}$

[문제 1.3.11] $\binom{n-2k+2}{k}$

〉〉 1장 4절

[문제 1.4.1] n명 중에 k명을 뽑아 사탕을 주고 사탕을 받은 k명 중에 1명을 뽑아 사과를 주는 방법의 수는 $\binom{n}{k}\binom{k}{1}=k\binom{n}{k}$이다. 한편, 위의 n명 중에 1명을 뽑아 사탕과 사과를 주고 나머지 $n-1$명 중에 $k-1$명을 뽑아 사탕을 주어도 마찬가지 결과이고, 이런 방법의 수는
$\binom{n}{1}\binom{n-1}{k-1}=n\binom{n-1}{k-1}$이므로 $n\binom{n-1}{k-1}=k\binom{n}{k}$이다.

[문제 1.4.2] 힌트 : $\{1, 2, \cdots, n, n+1, \cdots, 2n\}$에서 두 원소를 뽑는 방법을 다음과 같이 두 경우로 나누어 생각한다.
① 두 집합 $\{1, 2, \cdots, n\}$과 $\{n+1, \cdots, 2n\}$에서 각각 한 원소씩 뽑을 때
② 집합 $\{1, 2, \cdots, n\}$나 $\{n+1, \cdots, 2n\}$ 중 한 집합에서 두 원소를 모두 뽑을 때

[문제 1.4.3] 힌트 : 아래 도로망에서 A에서 B로 가는 최단경로는 반드시 점 C, D, E 중 한 곳을 지남을 이용한다.

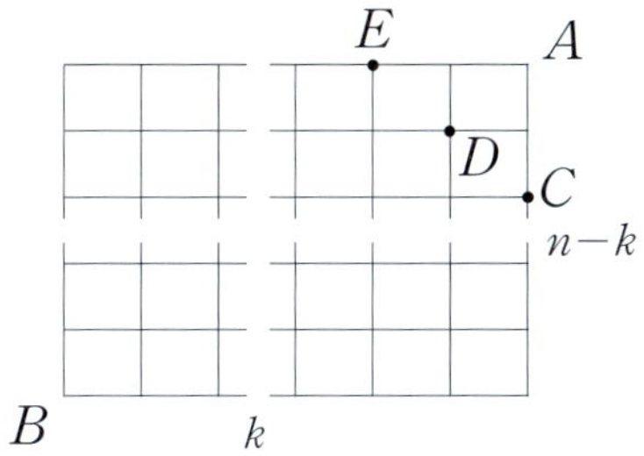

[문제 1.4.4] (1) $243x^5+810x^4+1080x^3+720x^2+240x+32$

(2) $\binom{8}{2}2^6(-1)^2=1792$

(3) 각 문자에 1을 대입한 값 7^6

(4) $\sum_{k=0}^{4}\binom{4}{k}\binom{8}{5-k}2^k3^{4-k}=34568$

[문제 1.4.5] (1) $\binom{10}{4,4,2}=\dfrac{10!}{4!4!2!}=3150$

(2) $\binom{n}{n_1,n_2,\cdots,n_k}$는 n_1개의 a_1, n_2개의 a_2, $\cdots$, n_k개의 a_k를 일렬로 배열하는 방법의 수이다. 먼저 n자리 중 n_1 곳을 선택하여 a_1으로 채우고 나머지 $n-n_1$개의 자리에 n_2개의 a_2, $\cdots$, n_k개의 a_k를 일렬로 배열하면 되므로

$$\binom{n}{n_1,n_2,\cdots,n_k}=\binom{n}{n_1}\binom{n-n_1}{n_2,n_3,\cdots,n_k}$$

[문제 1.4.6] (1) $\binom{7}{2\ 3\ 2}\cdot 4^2=\left(\dfrac{7!}{2!3!2!}\right)\cdot 4^2=3360$

(2) $(x+y+z)^n=\sum_{(n_1,n_2,n_3)}\binom{n}{n_1\ n_2\ n_3}x^{n_1}y^{n_2}z^{n_3}$에서 $x=y=z=1$을 대입하여

$$\sum_{(n_1,n_2,n_3)}\binom{n}{n_1,n_2,n_3}=3^n$$

(3) ${}_3H_4={}_6C_4=15$

[문제 1.4.7] 140

[문제 1.4.8] 일반화된 이항계수의 정의에 의하여

$(-1)^n\binom{-1/2}{n}2^{2n}$

$$=(-1)^n \frac{(-\frac{1}{2})(-\frac{1}{2}-1)\cdots(-\frac{1}{2}-n+1)}{n!}2^{2n}$$

$$=\frac{1\cdot 3\cdot \cdots (2n-1)}{n!}2^n=\frac{1\cdot 2\cdot 3\cdot 4\cdot \cdots (2n-1)(2n)}{n!n!}$$

$$=\frac{(2n)!}{n!n!}=\binom{2n}{n}$$

[문제 1.4.9] (1) $\sum_{n=0}^{\infty} x^n$ (2) $\sum_{n=0}^{\infty}\binom{2n}{n}x^n$

[문제 1.4.10] (1) 힌트 :

$$\binom{2n+1}{0}+\binom{2n+1}{1}+\cdots+\binom{2n+1}{n}+\binom{2n+1}{n+1}+\cdots+\binom{2n+1}{2n+1}=2^{2n+1}$$

을 이용한다.

(2) 힌트 : 이항정리 $x=2,\ y=1$을 대입한다.

(3) 힌트 : 등식 $(1+x)^n=\binom{n}{0}+\binom{n}{1}x+\cdots+\binom{n}{k}x^k+\cdots+\binom{n}{n}x^n$

와 미분을 이용한다.

[문제 1.4.11] $(1+x)^{2n}$에서 x^n의 계수는 $\binom{2n}{n}$이고, $(1+x)^n(1+x)^n$에서 x^n의 계수는

$$\binom{n}{0}\binom{n}{n}+\binom{n}{1}\binom{n}{n-1}+\binom{n}{2}\binom{n}{n-2}+\cdots+\binom{n}{n}\binom{n}{0}$$

$$=\binom{n}{0}^2+\binom{n}{1}^2+\binom{n}{2}^2+\cdots+\binom{n}{n}^2$$

[문제 1.4.12] (1) 힌트 : $\binom{m}{k}=\binom{m}{m-k}$과 예제 1.4.12의 (3)을 이용

(2) 힌트 : $\binom{n}{k}=\binom{n}{n-k}$과 예제 1.4.12의 (2)를 이용

[문제 1.4.13] (1) $k+1$ (2) $2n-k-1$

[문제 1.4.14] $(2^k-1)^n$

〉〉 1장 5절

[문제 1.5.1]　7

[문제 1.5.2]

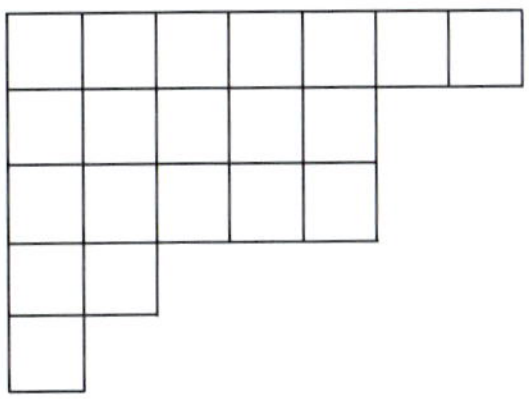

[문제 1.5.3]　(1) $p(5,1)+p(5,2)+p(5,3)=1+2+2=5$

(2) $p(5,1)+p(5,2)+p(5,3)=5$

[문제 1.5.4]　$(5)\leftrightarrow(1,1,1,1,1)$, $(4,1)\leftrightarrow(2,1,1,1)$, $(3,2)\leftrightarrow(2,2,1)$,

$(3,1,1)\leftrightarrow(3,1,1)$

[문제 1.5.5]　힌트 : 분할 λ를 공액분할 λ'로 대응시키는 함수는 일대일대응임을 이용한다.

[문제 1.5.6]

n	$p(n,1)$	$p(n,2)$	$p(n,3)$	$p(n,4)$	$p(n,5)$	$p(n,6)$	$p(n,7)$	$p(n,8)$	$p(n,9)$	$p(n,10)$	$\cdots$	$p(n)$
1	1										$\cdots$	1
2	1	1									$\cdots$	2
3	1	1	1								$\cdots$	3
4	1	2	1	1							$\cdots$	5
5	1	2	2	1	1						$\cdots$	7
6	1	3	3	2	1	1					$\cdots$	11
7	1	3	4	3	2	1	1				$\cdots$	15
8	1	4	5	5	3	2	1	1			$\cdots$	22
9	1	4	7	6	5	3	2	1	1		$\cdots$	30
10	1	5	8	9	7	5	3	2	1	1	$\cdots$	42
$\vdots$	$\vdots$	$\vdots$	$\vdots$	$\vdots$	$\vdots$	$\vdots$	$\vdots$	$\vdots$	$\vdots$	$\vdots$	$\ddots$	$\vdots$

[문제 1.5.7]　2개

[문제 1.5.8]　(1) $p(6)=11$　　(2) $p(6,1)+p(6,2)+p(6,3)=1+3+3=7$

〉〉 1장 6절

[문제 1.6.1] (i) 한 블록을 갖는 A의 분할 : $\{\{1,2,3\}\}$

(ii) 두 블록을 갖는 A의 분할 : $\{\{1\},\{2,3\}\}$, $\{\{2\},\{1,3\}\}$, $\{\{3\},\{1,2\}\}$

(iii) 세 블록을 갖는 A의 분할 : $\{\{1\},\{2\},\{3\}\}$

따라서 $S(3,1)=1,\ S(3,2)=3,\ S(3,3)=1,$

$$B(3)=S(3,1)+S(3,2)+S(3,3)=1+3+1=5$$

[문제 1.6.2] (1) $S(4,2)=7$ (2) $S(4,1)+S(4,2)=1+7=8$

[문제 1.6.3]

n	$S(n,1)$	$S(n,2)$	$S(n,3)$	$S(n,4)$	$S(n,5)$	$S(n,6)$	$S(n,7)$	$S(n,8)$	$\cdots$	$B(n)$
1	1								$\cdots$	1
2	1	1							$\cdots$	2
3	1	3	1						$\cdots$	5
4	1	7	6	1					$\cdots$	15
5	1	15	25	10	1				$\cdots$	52
6	1	31	90	65	15	1			$\cdots$	203
7	1	63	301	350	140	21	1		$\cdots$	877
8	1	127	966	1701	1050	266	28	1	$\cdots$	4140
$\vdots$	$\vdots$	$\vdots$	$\vdots$	$\vdots$	$\vdots$	$\vdots$	$\vdots$	$\vdots$	$\ddots$	$\vdots$

[문제 1.6.4] 힌트 : $\{1, 2, \cdots, n\}$을 $n-1$ 블록으로 나누면 한 블록만 두 원소를 갖고 나머지 블록은 모두 한 원소만 포함함을 이용한다.

[문제 1.6.5] $3!S(8,3)=6\times 966=5796$

[문제 1.6.6] (1) $5!S(8,5)$ (2) $3!\binom{5}{3}S(8,3)$

[문제 1.6.7]

11111 12111 12112 12121 12211 12122
12212 12221 12222 11211 11212 11221
11222 11121 11122 11112

[문제 1.6.8] (1) $\Phi(f)=\{\{1,5\}, \{2,3,7\}, \{4\}, \{6\}, \{8\}\}$

(2) $\Psi(X)=12133122$

[문제 1.6.9] (a) ${}_n\Pi_n=n^n$

(b) $n!S(n,n)=n!$

(c) ${}_nH_n=\binom{2n-1}{n}$

(d) ${}_nH_0=\binom{n-1}{0}=1$

(e) $S(n,1)+S(n,2)+\cdots+S(n,n)=B(n)$

(f) $S(n,n)=1$

(g) $p(n,1)+p(n,2)+\cdots+p(n,n)=p(n)$

(h) $p(n,n)=1$

〉〉 1장 7절

[문제 1.7.1] 5

[문제 1.7.2] 24

[문제 1.7.3] 180

[문제 1.7.4] 1560

[문제 1.7.5] 44

[문제 1.7.6] 30

[문세 1.7.7] $n^5-5n^4+10n^3-9n^2+3n$

〉〉 1장 8절

[문제 1.8.1] 힌트 : 솔잎의 수가 모두 다르다면 숲에는 많아야 육십만 그루의 소나무가 있다.

[문제 1.8.2] 힌트 : 구슬을 비둘기로, 색을 비둘기 집으로 생각하여 비둘기집의 원리를 이용

[문제 1.8.3] 힌트 : 정사각형을 한 변의 길이가 1인 네 개의 정사각형으로 나눈다.

[문제 1.8.4] 힌트 : $n+1$개의 수 5, 55, 555, 5555, 55555, $\cdots$, $5555\cdots55$를 n으로 나눌 때 나머지를 이용한다.

[문제 1.8.5] 힌트 : A의 부분집합 S에 대하여

$$\sum_{x \in S} x \le (91+92+\cdots+100)=955$$

임을 이용한다.

[문제 1.8.6] 힌트 : 참가자의 악수한 횟수를 각각 $a_1, a_2, \cdots, a_{100}$이라 할 때, 다음과 같이 두 가지 경우로 나누어 생각하고 각 경우에 비둘기집의 원리를 적용한다.

① $a_1, a_2, \cdots, a_{100}$ 중 어느 것도 0이 아닐 때

② $a_1, a_2, \cdots, a_{100}$ 중에 하나가 0일 때

[문제 1.8.7] (1) 힌트 : A에서 꺼낸 원소를 $a_1, a_2, \cdots, a_{101}$이라 할 때, 각 a_k를

$$a_k = 2^{c_k} b_k \ (c_k : \text{음이 아닌 정수}, b_k : \text{홀수})$$

꼴로 나타내고 $b_1, b_2, \cdots, b_{101}$에 비둘기집의 원리를 적용한다.

(2) $101, 102, 103, \cdots, 200$

[문제 1.8.8] 힌트 : 첫날부터 i째 날까지 연습한 횟수의 총합을 a_i라 하고,

$$a_1, a_2, \cdots, a_{77}, a_1+15, a_2+15, \cdots, a_{77}+15$$

에 비둘기집의 원리를 적용한다.

[문제 1.8.9] 반대로 모든 i에 대하여 i달에 생일인 사람이 i명보다 적다고 하면 사람의 수는 많아야 $0+1+2+\cdots+11=66$이므로 모순이다.

[문제 1.8.10] 힌트 : 주어진 정사각형을 한 변의 길이가 $\frac{1}{2}$인 4개의 정사각형으로 나눈다.

[문제 1.8.11] 힌트 : 피보나치수열에는 10^n으로 나누면 나머지가 모두 1인 연속된 두 항 F_k, F_{k+1}이 있음을 이용한다.

〉〉 2장 1절

[문제 2.1.1] $a_n = 3a_{n-1} \ (n>1),\ a_1=3$

따라서 $a_1=3,\ a_2=3^2,\ a_3=3^3,\ a_4=3^4,\ a_5=3^5,\ a_6=3^6$

[문제 2.1.2] $a_n = a_{n-1}+a_{n-2} \ (n>2),\ a_1=1,\ a_2=2$

[문제 2.1.3] $a_n = a_{n-1}+2(n-1) \ (n>1),\ a_1=2$

[문제 2.1.4] $a_n = a_{n-1}+2a_{n-2} \ (n>2),\ a_1=1,\ a_2=3$

[문제 2.1.5] $a_n = a_{n-1}+a_{n-2}+a_{n-4} \ (n>4),\ a_1=1,\ a_2=2,\ a_3=3,\ a_4=6$

[문제 2.1.6] $x_1 \cdot (x_2 \cdot (x_3 \cdot (x_4 \cdot x_5)))$ $\quad x_1 \cdot (x_2 \cdot ((x_3 \cdot x_4) \cdot x_5))$

$x_1 \cdot ((x_2 \cdot x_3) \cdot (x_4 \cdot x_5))$ $\quad x_1 \cdot ((x_2 \cdot (x_3 \cdot x_4)) \cdot x_5)$

$x_1\cdot(((x_2\cdot x_3)\cdot x_4)\cdot x_5)$ $(x_1\cdot x_2)\cdot(x_3\cdot(x_4\cdot x_5))$

$(x_1\cdot x_2)\cdot((x_3\cdot x_4)\cdot x_5))$ $(x_1\cdot(x_2\cdot x_3))\cdot(x_4\cdot x_5)$

$((x_1\cdot x_2)\cdot x_3)\cdot(x_4\cdot x_5)$ $(x_1\cdot(x_2\cdot(x_3\cdot x_4)))\cdot x_5$

$(x_1\cdot((x_2\cdot x_3)\cdot x_4))\cdot x_5$ $((x_1\cdot x_2)\cdot(x_3\cdot x_4))\cdot x_5$

$((x_1\cdot(x_2\cdot x_3))\cdot x_4)\cdot x_5$ $(((x_1\cdot x_2)\cdot x_3)\cdot x_4)\cdot x_5$

[문제 2.1.7] $a_{n,k}=a_{n-1,k-1}+a_{n-1,k}$ $a_{0,0}=1,\ a_{1,0}=1,\ a_{1,1}=1$

[문제 2.1.8] (1) $a_n=3(\frac{1}{2})^n$ $(n\geq 0)$ (2) $a_n=(-1)^n-(-2)^n$ $(n\geq 0)$

[문제 2.1.9] $a_n=n\cdot 3^{n-1}$ $(n\geq 0)$

[문제 2.1.10] $a_n=\frac{1}{2}(i^{n-1}+(-i)^{n-1})$ $(n\geq 0)$

[문제 2.1.11] (1) $a_n=\frac{13}{16}(-3)^n+\frac{1}{4}n+\frac{3}{16}$ $(n\geq 0)$

(2) $a_n=1-\frac{2}{3}n+\frac{1}{2}n^2+\frac{1}{6}n^3$ $(n\geq 0)$

[문제 2.1.12] (1) $a_n=3^{n+1}-2^{n+1}$ $(n\geq 0)$

(2) $a_n=(1+n)3^n$ $(n\geq 0)$

[문제 2.1.13] (1) $b_n=(n+2)a_n$이라 놓으면 $b_n=b_{n-1}$

(2) $b_n=n!a_n$이라 놓으면 $b_{n+1}=b_n+b_{n-1}$

(3) $b_n=a_n^2$이라 놓으면 $b_n=b_{n-1}+b_{n-2}$

(4) $a_n=\frac{b_{n-1}}{b_n}$라 놓으면 $b_n=\frac{2}{3}b_{n-1}+\frac{1}{3}b_{n-2}$

〉〉 2장 2절

[문제 2.2.1] $f(x)=(1+x+x^2+x^3)(1+x+x^2+x^3+x^4)^2$

[문제 2.2.2] (1) $\frac{1}{1-x^2}$ (2) $(1+x)^m$ (3) e^x

[문제 2.2.3] (1) $a_n=\frac{1}{n}$ $(n\geq 1)$, $a_0=0$ (2) $a_n=\binom{c}{n}$

[문제 2.2.4] (1) $\sum_{n=0}^{\infty}c_nx^n=\sum_{n=0}^{\infty}da_nx^n=d\sum_{n=0}^{\infty}a_nx^n=df(x)$

(2) $\frac{2x^2}{(1-x)^3}$ (3) $\frac{2x^2}{(1-x)^4}$

[문제 2.2.5] $\frac{x^3}{(1-x)^3}$, $a_n=\binom{n-1}{2}$ $(n\geq 3)$, $a_0=a_1=a_2=0$

[문제 2.2.6] $\binom{10}{0}{}_{10}H_{15}-\binom{10}{1}{}_{10}H_{9}+\binom{10}{2}{}_{10}H_{3}$

[문제 2.2.7] $\dfrac{x^6}{(1-x)(1-x^2)(1-x^3)}$

[문제 2.2.8] (1) $f(x)=(1+x)(1+x^2)(1+x^4)(1+x^8)(1+x^{16})\cdots$

(2) $(1-x)f(x)$

$=(1-x)(1+x)(1+x^2)(1+x^4)(1+x^8)(1+x^{16})\cdots$

$=\dfrac{1-x}{1}\ \dfrac{1-x^2}{1-x}\ \dfrac{1-x^4}{1-x^2}\ \dfrac{1-x^8}{1-x^4}\cdots=1$

이므로

$$f(x)=\frac{1}{1-x}$$

(3) 위 (1)과 (2)로부터

$$\sum_{n=0}^{\infty}a_nx^n=f(x)=\frac{1}{1-x}=1+x+x^2+x^3+\cdots$$

이므로 $a_n=1$이다. 즉, 임의의 자연수 n에 대하여 n을 서로 다른 2의 거듭제곱의 합으로 나타내는 방법은 유일하다.

[문제 2.2.9] $\dfrac{x}{1-x+2x^2}$

[문제 2.2.10] (1) $\dfrac{1-x}{1-2x+x^2-3x^3}$ (2) $\dfrac{1-2x+x^2}{1-3x+3x^2-x^3}$

[문제 2.2.11] $f(x)=(\dfrac{x^0}{0!}+\dfrac{x^1}{1!}+\dfrac{x^2}{2!}+\dfrac{x^3}{3!})(\dfrac{x^0}{0!}+\dfrac{x^1}{1!}+\dfrac{x^2}{2!}+\dfrac{x^3}{3!}+\dfrac{x^4}{4!})^2$

[문제 2.2.12] (1) $f(x)=\displaystyle\sum_{n=0}^{\infty}a_n\frac{x^n}{n!}=1+\frac{x^2}{2!}+\frac{x^4}{4!}+\frac{x^6}{6!}+\cdots$

$=\dfrac{e^x+e^{-x}}{2}$

(2) $f(x)=\displaystyle\sum_{n=0}^{\infty}a_n\frac{x^n}{n!}=x+\frac{2x^2}{2!}+\frac{3x^3}{3!}+\frac{4x^4}{4!}+\cdots$

$=x(1+\dfrac{x}{1!}+\dfrac{x^2}{2!}+\dfrac{x^3}{3!}+\cdots)=xe^x$

(3) $f(x)=\displaystyle\sum_{n=0}^{\infty}a_n\frac{x^n}{n!}=1+x+x^2+x^3+\cdots=\frac{1}{1-x}$

[문제 2.2.13] (1) $\displaystyle\sum_{n=0}^{\infty}c_n\frac{x^n}{n!}=\sum_{n=0}^{\infty}da_n\frac{x^n}{n!}=d\sum_{n=0}^{\infty}a_n\frac{x^n}{n!}=df(x)$

(2) $\sum_{n=0}^{\infty} c_n \frac{x^n}{n!} = \sum_{n=0}^{\infty} (\sum_{k=0}^{n} \binom{n}{k} a_k \cdot 1) \frac{x^n}{n!} = (\sum_{n=0}^{\infty} a_n \frac{x^n}{n!})(\sum_{n=0}^{\infty} \frac{x^n}{n!}) = e^x f(x)$

[문제 2.2.14] $f(x) = \sum_{n \geq 0} \frac{c_n}{n!} x^n = (1+x)^2 (1+x+\frac{x^2}{2!}+\frac{x^3}{3!}+\cdots)^2$

$= (1+x)^2 e^{2x} = (1+2x+x^2) e^{2x}$

$= \sum_{n \geq 0} \frac{2^n}{n!} x^n + \sum_{n \geq 0} \frac{2^{n+1}}{n!} x^{n+1} + \sum_{n \geq 0} \frac{2^n}{n!} x^{n+2}$

따라서

$c_n = 2^n + n2^n + n(n-1)2^{n-2} = 2^{n-2}(n^2+3n+4) \ (n \geq 2)$

$c_0 = 1,\ c_1 = 4$

[문제 2.2.15] (1) $B(n+1)$은 집합 $\{1, 2, \cdots, n, n+1\}$의 모든 분할의 개수이다. $n+1$이 포함된 블록 B_1의 원소의 개수를 $k+1$라고 하면 블록 B_1의 다른 k개의 원소를 선택하는 방법의 수는 $\binom{n}{k}$이고 블록 B_1을 제외한 나머지 블록은 원소의 개수가 $n-k$인 집합의 분할이다. 따라서

$$B(n+1) = \sum_{k=0}^{n} \binom{n}{k} B(n-k)$$

(2) 힌트 : $\sum_{n \geq 0} B(n+1) \frac{x^n}{n!} = \sum_{n \geq 0} (\sum_{k=0}^{n} \binom{n}{k} 1 \cdot B(n-k)) \frac{x^n}{n!} = e^x f(x)$을 이용

〉〉 3장 1절

[문제 3.1.1]

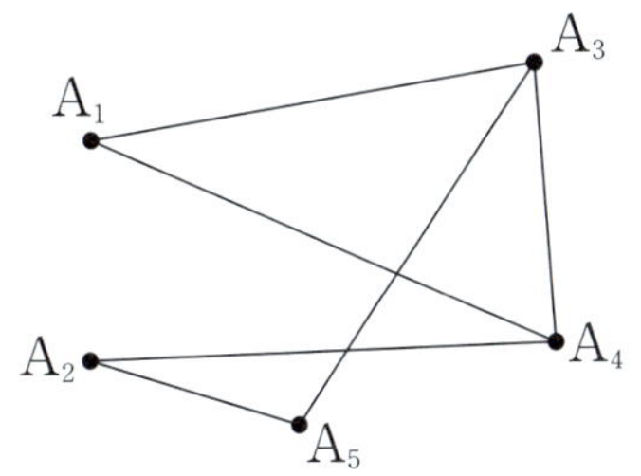

[문제 3.1.2]

꼭짓점의 집합 $V = \{A, B, C, D, E\}$

변의 집합 $E=\{\{A, B\}, \{A, D\}, \{A, E\}, \{B, C\}, \{B, D\}, \{B, E\}, \{C, D\}, \{D, E\}\}$

꼭짓점의 차수 : d(A)=3, d(B)=4, d(C)=2, d(D)=4, d(E)=3

[문제 3.1.3] 힌트 : 세 조각의 철사를 구부리거나 이어서 만든 그래프에는 차수가 홀수인 꼭짓점이 많아야 6개임을 이용한다.

[문제 3.1.4] 9

[문제 3.1.5]

(1) A와 경기할 사람 : B, G　　B와 경기할 사람 : A, C
　C와 경기할 사람 : B, D　　D와 경기할 사람 : C, E
　E와 경기할 사람 : D, F　　F와 경기할 사람 : E, G
　G와 경기할 사람 : F, A (다른 답도 가능)

(2) 힌트 : 그래프에는 차수가 홀수인 꼭짓점이 홀수 개일 수 없음을 이용한다.

[문제 3.1.6] 힌트 : 각 꼭짓점의 차수에 대하여 비둘기집의 원리를 적용

[문제 3.1.7] $K_{12,1}$, $K_{6,2}$, $K_{4,3}$, $K_{1,12}$, $K_{2,6}$, $K_{3,4}$

[문제 3.1.8] 주어진 그래프는 아래처럼 다시 그릴 수 있으므로 이분그래프이다.

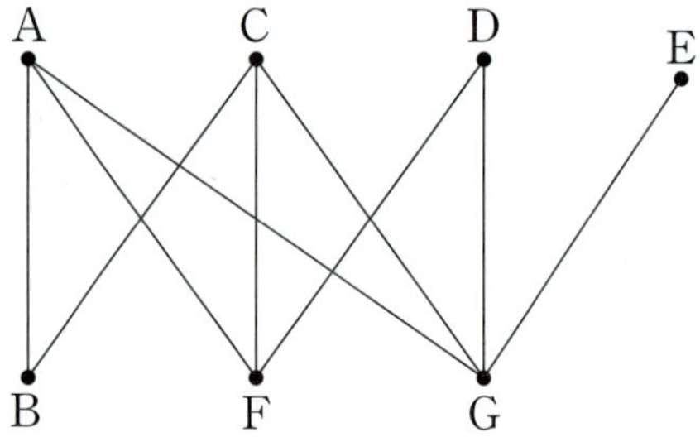

[문제 3.1.9] (1) 여그래프 G' :

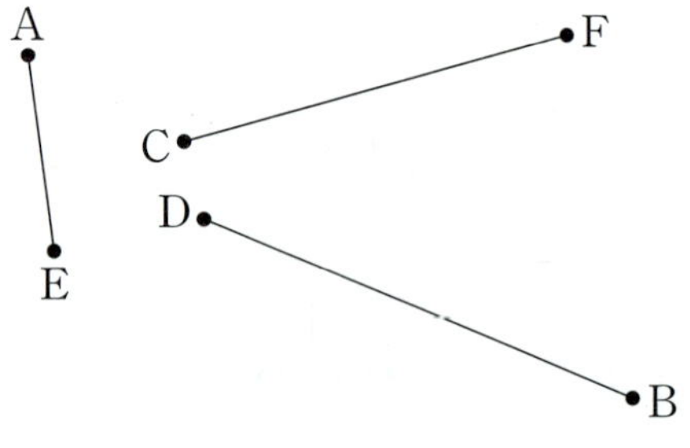

(2) G/e :

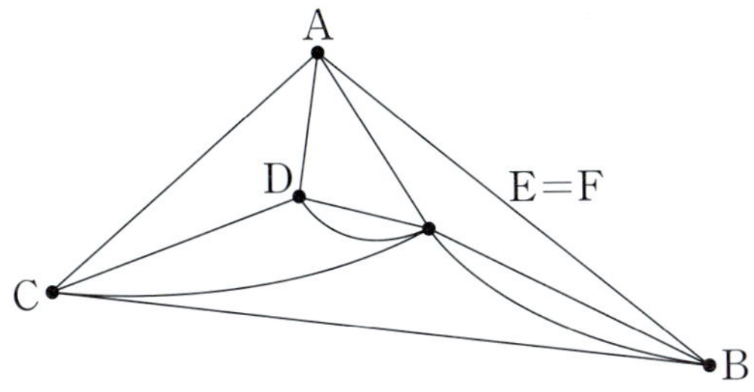

〉〉 3장 2절

[문제 3.2.1]

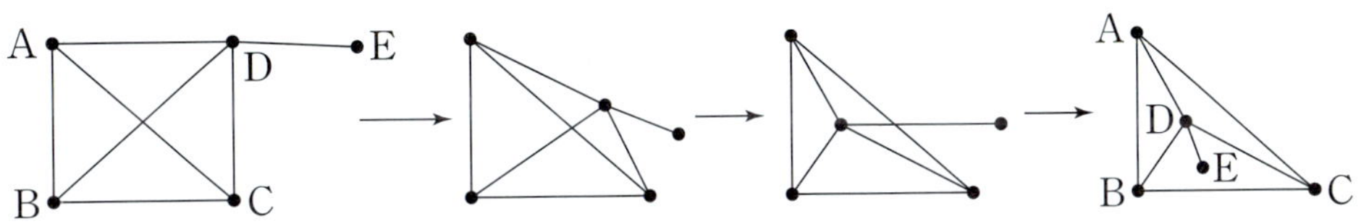

[문제 3.2.2] A ↔ 8, E ↔ 1, F ↔ 2, B ↔ 3, D ↔ 7, H ↔ 6, G ↔ 5, C ↔ 4로 대응시키는 함수는 동형사상이므로 주어진 두 그래프는 동형이다.

[문제 3.2.3] 주어진 두 그래프의 여그래프는 각각 아래와 같다.

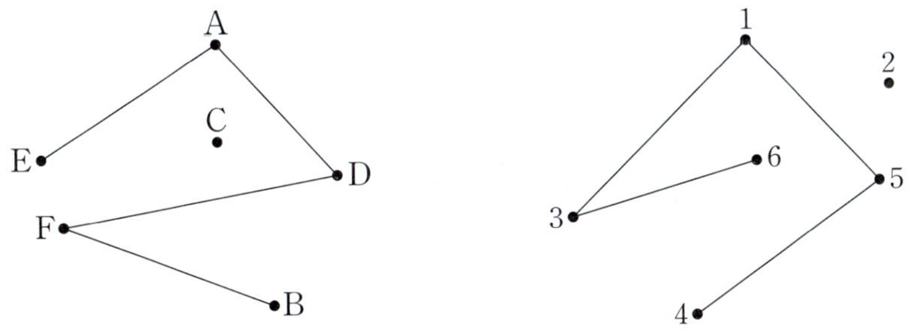

두 여그래프에서 A ↔ 3, E ↔ 6, F ↔ 5, B ↔ 4, D ↔ 1, C ↔ 2로 대응시키는 함수는 동형사상이므로 위의 두 그래프는 동형이고 원래 주어진 두 그래프도 동형이다.

[문제 3.2.4] 힌트 : 차수가 4인 꼭짓점을 비교한다. 동형이 아님

[문제 3.2.5] 힌트 : 차수가 2인 꼭짓점을 비교한다. 동형이 아님

〉〉 3장 3절

[문제 3.3.1] (1) 가능 (2) 가능

[문제 3.3.2] (1) A → B → C → D, A → B → C → F,
A → B → E → D, A → B → E → F
A → D → C → B, A → D → C → F,
A → D → E → B, A → D → E → F
A → F → C → B, A → F → C → D,
A → F → E → B, A → F → E → D
(2) A → B → C → D → A, A → B → C → F → A,
A → B → E → D → A, A → B → E → F → A
A → D → C → B → A, A → D → C → F → A,
A → D → E → B → A, A → D → E → F → A
A → F → C → B → A, A → F → C → D → A,
A → F → E → B → A, A → F → E → D → A

[문제 3.3.3] 61시간

[문제 3.3.4] 아래 그래프에서 번호를 따라 변을 이으면 오일러회로가 된다.

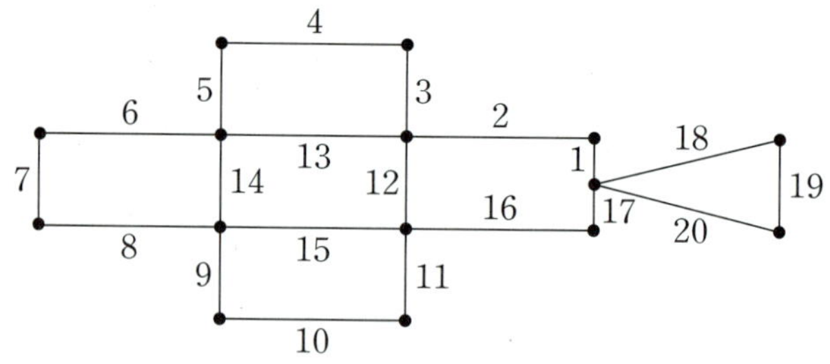

[문제 3.3.5] 해밀턴회로 A → B → C → D → E → F → I → G → H → A

[문제 3.3.6] 꼭짓점의 차수가 모두 짝수이므로 오일러회로가 존재한다. 아래 그래프에서 번호를 따라 변을 이으면 오일러회로가 된다.

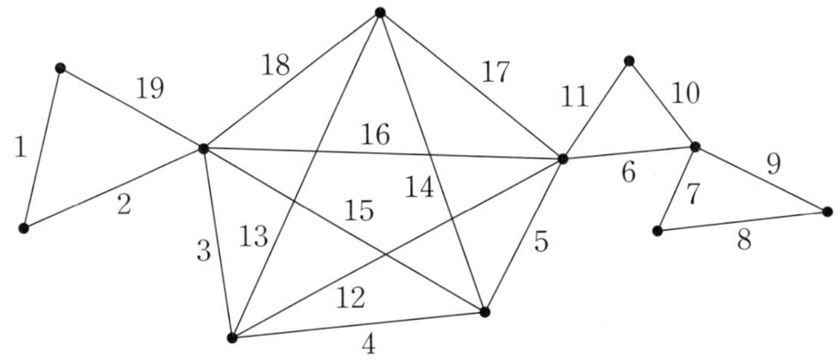

[문제 3.3.7] B와 D를 제외한 모든 꼭짓점의 차수가 짝수이므로 시작점이 B이고 끝점이 D인 오일러경로가 있다. 한편, 홀수점이 존재하므로 오일러회로는 존재하지 않는다. 두 꼭짓점 B와 D를 잇는 변을 첨가하면 새로 만들어진 그래프에는 모든 꼭짓점의 차수가 짝수이므로 오일러회로가 존재한다.

[문제 3.3.8] 주어진 그래프의 해밀턴회로가 있다면 그 회로는 차수가 2인 B, C, D의 모든 근접한 변을 포함한다. 이럴 경우 회로 A → B → E → C → A는 해밀턴회로의 일부로 만들어진 회로이므로 모순이다. 따라서 주어진 그래프에는 해밀턴회로가 존재하지 않는다.

[문제 3.3.9] A → B → C → D → A의 순서로 방문할 때 최소 방문 거리는 115 km

[문제 3.3.10] A → E → B → C → D → A의 순서로 방문하고 방문 거리는 630 km

[문제 3.3.11] A → D → C → B → E → A의 순서로 방문하고 방문 거리는 27 km

〉〉 3장 4절

[문제 3.4.1]

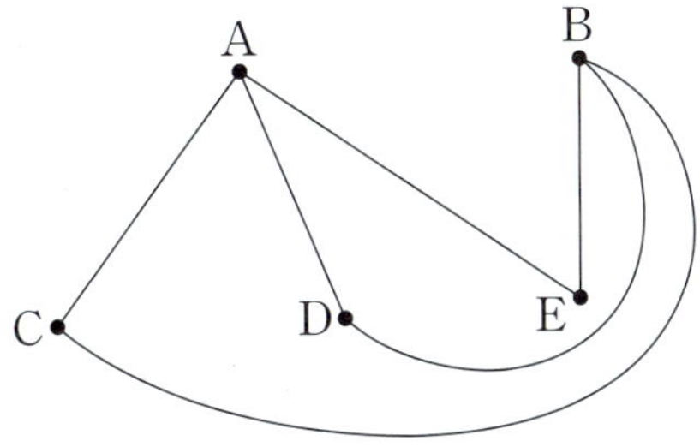

[문제 3.4.2] (1) $v=5$, $e=5$, $f=2$ (2) $v=5$, $e=9$, $f=6$

$v-e+f=2$임을 유추할 수 있다.

[문제 3.4.3] 30

[문제 3.4.4] 평면그래프라면 $e \leq 3v-6$이나 이 그래프에서는 $e > 3v-6$이므로 주어진 그래프는 평면그래프가 아니다.

[문제 3.4.5] $K_{3,3}$가 평면그래프라면 $K_{3,3}$에는 길이가 3인 회로가 없으므로 $e \leq 2v-4$이다. 그러나 $e > 2v-4$이므로 $K_{3,3}$는 평면그래프가 아니다.

[문제 3.4.6] 주어진 그래프는 아래와 같은 $K_{3,3}$의 부분분할그래프를 포함한다.

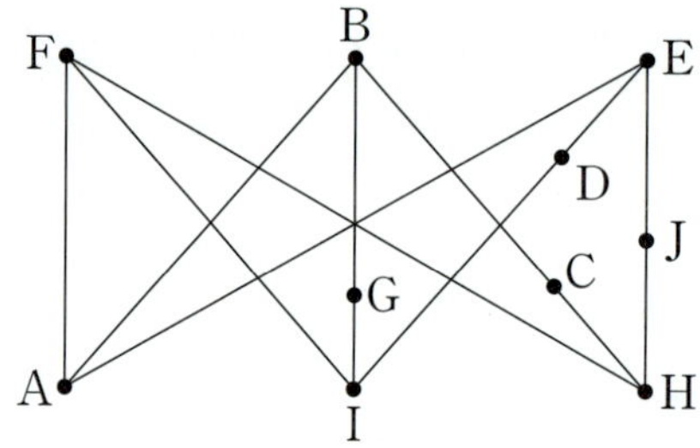

[문제 3.4.7] 그래프 G는 아래와 같은 $K_{3,3}$의 부분분할그래프를 포함하므로 쿠라토프스키 정리에 의하여 평면그래프가 아니다.

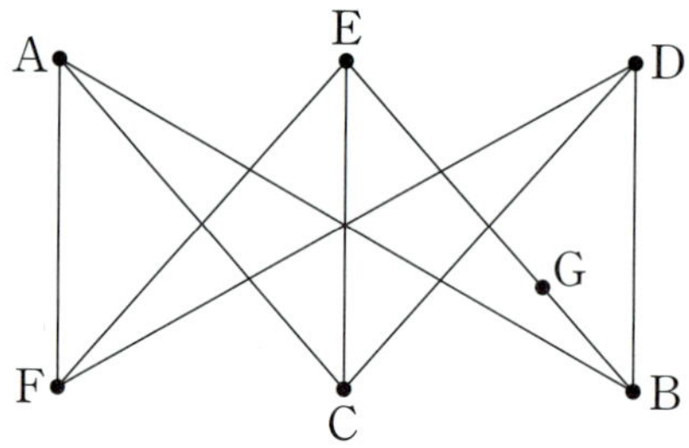

[문제 3.4.8] 꼭짓점 수 : 60, 변의 수 : 90, 면의 수 : 32

〉〉 3장 5절

[문제 3.5.1] 오일러공식 $v-e+f=2$에서 $f=1$이므로 $e=v-1$이다.

[문제 3.5.2]

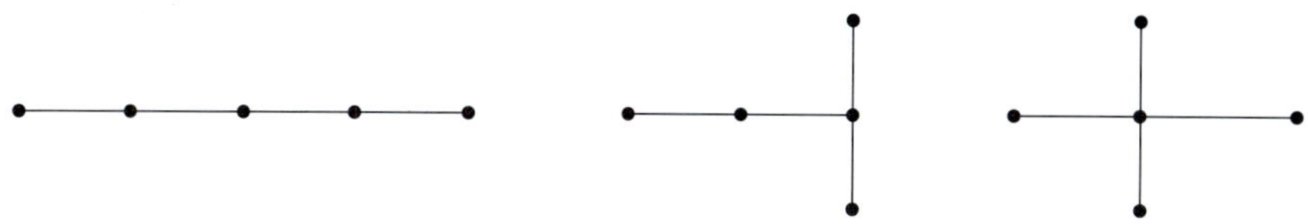

[문제 3.5.3] (1) $mk-2k+2$ (2) $\dfrac{n-2}{m-2}+n-1$

[문제 3.5.4] $n-1 \leq e \leq \dfrac{n(n-1)}{2}$

[문제 3.5.5] $n(n-1)$

[문제 3.5.6] $3 \cdot 2^2 = 12$

[문제 3.5.7] (1) $\varphi(T)=(1,9,2,9,1,9,1)$

(2)

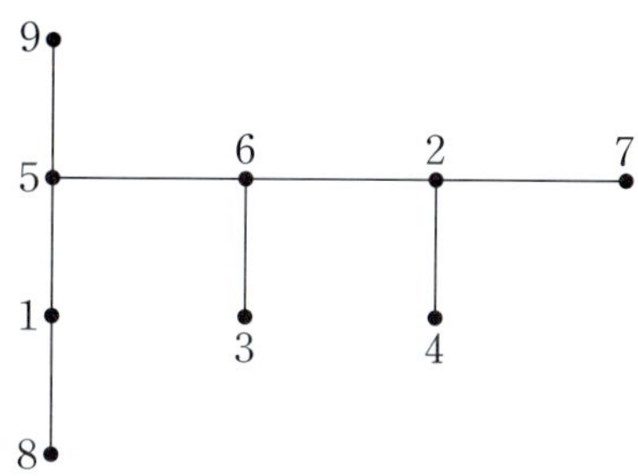

[문제 3.5.8] $3^{3-2} \cdot 4^{4-2} \cdot 5^{5-2} = 3 \cdot 16 \cdot 125 = 6000$

[문제 3.5.9]

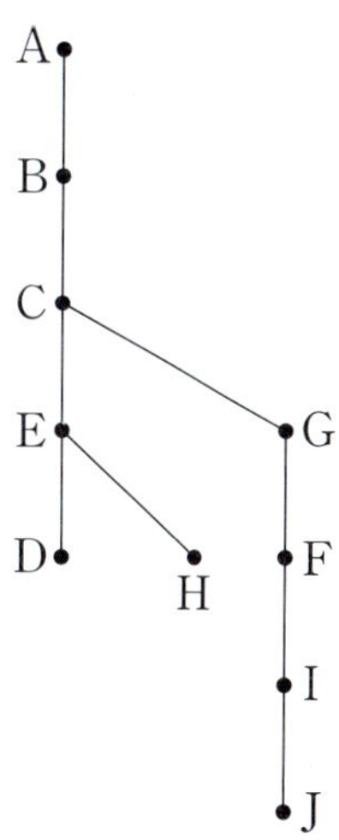

깊이 우선 탐색

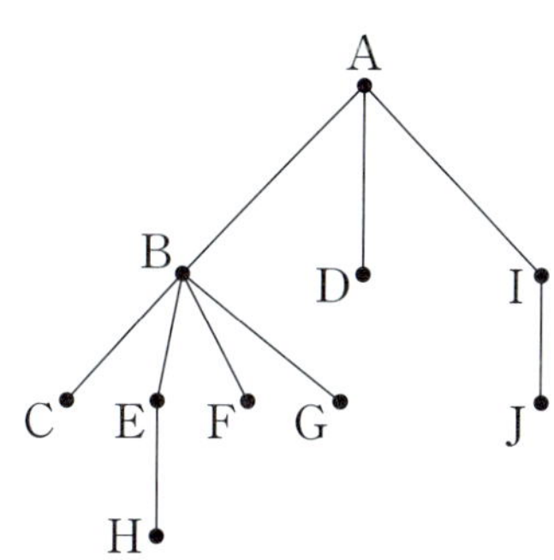

너비 우선 탐색

[문제 3.5.10]

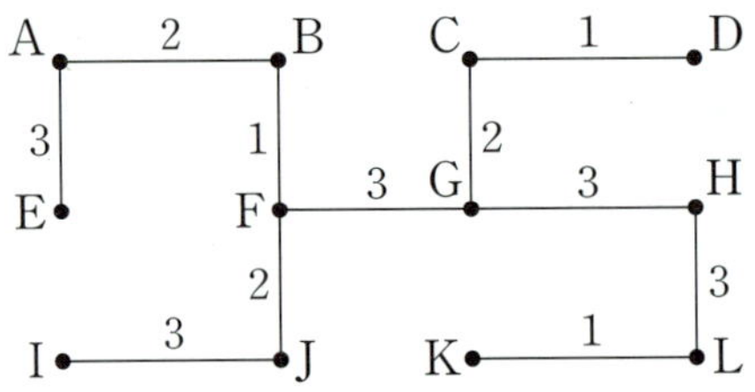

Greedy 알고리즘

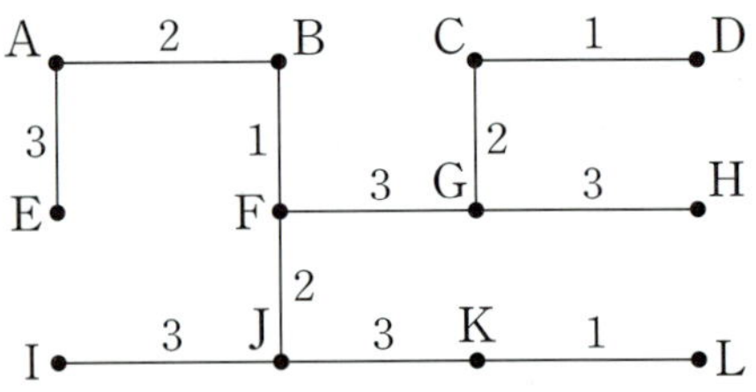

크루스컬 알고리즘

〉〉 3장 6절

[문제 3.6.1] 3개

[문제 3.6.2] 3, 3, 2

[문제 3.6.3] 3시간

[문제 3.6.4] 힌트 : 꼭짓점의 개수 n에 대해 수학적 귀납법을 이용

[문제 3.6.5] 힌트 : 모든 꼭짓점의 차수가 3 이하일 때와 어떤 한 꼭짓점의 차수가 4일 때로 나누어 생각한다.

[문제 3.6.6] $c_k(G)=k(k-1)^{n-1}$

[문제 3.6.7] $c_k(G)=k(k-1)(k-2)(k^2-2k+2)$

[문제 3.6.8] 힌트 : G의 변의 수에 관한 수학적 귀납법을 이용

〉〉 3장 7절

[문제 3.7.1]

$$A(G)=\begin{pmatrix} 0 & 1 & 1 & 0 & 0 & 1 \\ 1 & 0 & 1 & 0 & 0 & 0 \\ 1 & 1 & 0 & 1 & 1 & 1 \\ 0 & 0 & 1 & 0 & 1 & 1 \\ 0 & 0 & 1 & 1 & 0 & 1 \\ 1 & 0 & 1 & 1 & 1 & 0 \end{pmatrix}$$

[문제 3.7.2] (1) v_5, v_6, v_7

(2) $d(v_1)=d(v_2)=d(v_3)=d(v_4)=3,$

$d(v_5)=d(v_6)=d(v_7)=4$

(3) 12

(4)

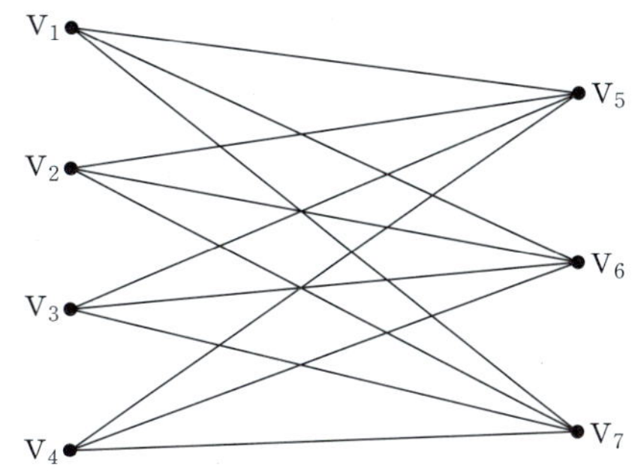

[문제 3.7.3] (1) $d(v_1)=3, d(v_2)=3, d(v_3)=2, d(v_4)=4, d(v_5)=3,$
$d(v_6)=3$

(2) 9 (3) 1 (4) 7 (5) 3

[문제 3.7.4] −9

[문제 3.7.5] 4개

[문제 3.7.6]

$$B(G)=\begin{pmatrix} 1&0&0&1&1&0&0\\ 1&1&0&0&0&1&0\\ 0&1&1&0&0&0&0\\ 0&0&1&1&0&0&1\\ 0&0&0&0&1&1&1 \end{pmatrix}$$

[문제 3.7.7]

$$A=\begin{pmatrix} 0&1&1&1&1\\ 1&0&1&0&0\\ 1&1&0&1&1\\ 1&0&1&0&1\\ 1&0&1&1&0 \end{pmatrix}$$

[문제 3.7.8]

$$A(G)=\begin{pmatrix} 0&0&1&0&0&1\\ 1&0&1&0&0&0\\ 0&0&0&1&0&0\\ 1&0&1&0&1&0\\ 0&0&0&0&0&0\\ 0&0&0&1&1&0 \end{pmatrix}$$

[문제 3.7.9] 4

[문제 3.7.10]

$$B(G)=\begin{pmatrix} 1&0&0&0&0&0&1&0\\ -1&-1&1&0&0&0&0&-1\\ 0&1&-1&-1&0&1&0&0\\ 0&0&0&1&-1&0&0&0\\ 0&0&0&0&1&-1&-1&1 \end{pmatrix}$$

연습문제 해답

〉〉 연습문제 1.1

1. 26
2. (1) $k(k-1)(k-2)^3$ (2) $k(k-1)(k^2-3k+3)$
3. 118
4. 50000
5. (1) 1568 (2) 1288
6. 143
7. 127
8. 25
9. $(n+1)^3-1$
10. (1) 31 (2) 22
11. $k(k-1)^2(k-2)$
12. 9^n
13. 450000
14. (1) 4^n (2) 4^n
15. 3^5
16. 힌트 : n이 $n=p_1^{n_1}p_2^{n_2}\cdots p_k^{n_k}$($p_1, p_2, \cdots, p_k$는 서로 다른 소수)로 소인수분해된다면 n의 약수의 개수는 $(n_1+1)(n_2+1)\cdots(n_k+1)$임을 이용한다.

〉〉 연습문제 1.2

1. (1) (a) 6^4 (b) 6^4-5^4
   (2) (a) 360 (b) 240 (c) 72 (d) 72
2. (1) ${}_8P_7$ (2) 125 (3) (a) ${}_6\Pi_5=6^5$ (b) ${}_6P_5$
   (4) $\dfrac{5!}{3!2!}$ (5) $\dfrac{9!}{2!}$ (6) ${}_9P_5$
3. 36

4. $21! \times 3! \times {}_{22}P_3 \times \frac{1}{5!} = 21 \times 22!$

5. (1) A에서 B로의 최단 경로가 주어지면 A부터 차례로 길을 읽으면 a, a, a, b, b, b, b로 이루어진 순열이 된다. 분명히 이 대응은 역이 가능하므로 일대일대응이다. 예를 들어 아래 그림에서 굵은 선으로 표시된 최단 경로는 순열 abbabab에 대응된다.

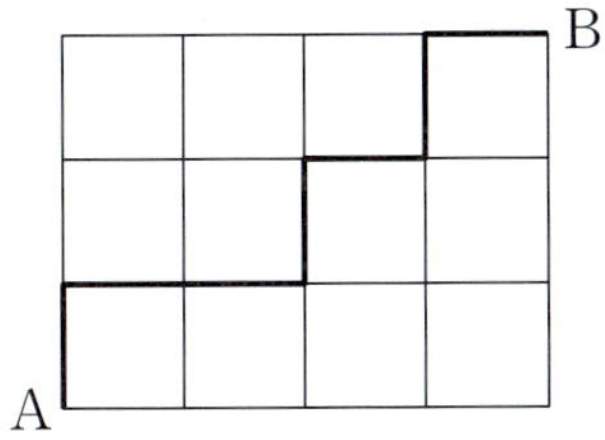

(2) $\frac{7!}{3!4!}$

6. (1) 3 (2) 2

7. $3^n - 3 \cdot 2^{n-1}$

8. (1) $3 \cdot 11!$ (2) $5 \cdot 9!$

9. (1) 30951 (2) 37512 (3) 11231

10. (1) 733 (2) 1245736

11. (1) 힌트 : $1, 2, \cdots, n, n+1$의 순열을 사전식순서로 나열하고 나열된 순열에 처음부터 $0, 1, 2, \cdots, (n+1)!-1$로 번호를 붙여보자. 이럴 때 번호가 m인 순열 $\pi = \pi_1\pi_2\pi_3\cdots\pi_{n+1}$는 유일하게 결정됨을 이용한다.

(2) 힌트 : 위 (1)에서 맨 마지막에 나오는 순열을 생각한다.

12. (1) $2 \cdot 5! \cdot 5!$ (2) $14 \cdot 5! \cdot 5!$

13. (1) $3! \times 4!$ (2) $6 \times 3! \times 4!$

14. $6 \cdot \frac{10!}{5!3!2!} + 3 \cdot \frac{10!}{4!4!2!} + 3 \cdot \frac{10!}{3!3!4!}$

15. 10

16. 89

17. (1) 2^n (2) $2^n - 2$ (3) 3^n (4) $3^n - 3 \cdot 2^n + 3$

18. (1) 2 (2) 30 (3) 2

19. $15 \cdot 2 \cdot 7!$

〉〉 연습문제 1.3

1. 126

2. (1) ${}_5P_2=5\times4=20$ (2) ${}_5C_2=\dfrac{5\times4}{2}=10$

   (3) ${}_5\Pi_2=5^2=25$ (4) ${}_5H_2={}_6C_2=\dfrac{6\times5}{2}=15$

3. (1) $\binom{n}{4}-\binom{20}{4}$ (2) $\binom{19}{3}$

4. (1) $\dfrac{\binom{15}{5}\binom{10}{5}}{3!}$ (2) $\dfrac{\binom{13}{3}\binom{10}{5}}{2!}$

5. (1) $\binom{19}{4}$ (2) ${}_{20}H_4={}_{23}C_4$

6. $\binom{n}{k}\times2^{n-k}$

7. (1) ${}_5H_{20}={}_{24}C_{20}={}_{24}C_4$ (2) ${}_5H_{10}={}_{14}C_{10}={}_{14}C_4$

   (3) ${}_5H_8={}_{12}C_8={}_{12}C_4$ (4) 588

   (5) ${}_2H_6\times{}_3H_{15}={}_7C_6\times{}_{17}C_{15}={}_7C_1\times{}_{17}C_2$

8. (1) ${}_6H_{28}={}_{33}C_{28}={}_{33}C_5$ (2) ${}_6H_{22}={}_{27}C_{22}={}_{27}C_5$

9. (1) $n\times{}_{k-1}C_{k-n+1}$ (2) $\binom{n}{m}\times{}_{k-1}C_{k-n+m}$

10. (1) $\binom{5}{2}\binom{21}{6}\times8!$ (2) $\binom{5}{2}\binom{21}{6}\times7!\times2!$

11. (1) k^n (2) ${}_kP_n=k(k-1)\cdots(k-n+1)$ (3) $\binom{k}{2}(n-1)$ (4) $\binom{k}{2}^n$

12. $\binom{n}{n}+\binom{n}{n-1}+\cdots+\binom{n}{1}+\binom{n}{0}=2^n$

13. (1) ${}_5H_4\times{}_5\Pi_6={}_8C_4\times5^6$ (2) 8100

14. (1) ${}_4H_6\times{}_4\Pi_6$ (2) 3480

15. ${}_5H_{30}-{}_5H_{15}={}_{34}C_4-{}_{19}C_4$

16. 힌트 : 연속된 수를 $r, r+1, \cdots, r+n-1$이라 하고

    $\binom{r+n-1}{n}=\dfrac{(r+n-1)\cdots(r+1)r}{n!}$ 이 자연수임을 이용한다.

17. n이 짝수이면 $\binom{n}{n/2}$, n이 홀수이면 $\binom{n}{(n-1)/2}=\binom{n}{(n+1)/2}$

18. 힌트 : $\binom{p}{k}=\dfrac{p(p-1)(p-2)\cdots(p-k+1)}{k(k-1)\cdots 2\cdot 1}$이 자연수임을 이용한다.

19. (1) $\binom{11}{5}=462$ (2) $\binom{6}{3}\times\binom{5}{2}=200$ (3) $\binom{11}{5}-\binom{4}{1}\times\binom{6}{2}=402$

20. (1) 조건에 맞는 경로가 주어질 때 $U\mapsto 1$, $D\mapsto -1$로 대응하면 문제 1.3.6의 (1)의 조건에 맞는 수열 $a_1, a_2, a_3, a_4, \cdots, a_{2n-1}, a_{2n}$을 얻을 수 있고 이런 과정은 역도 가능하므로 구하는 경우의 수는 C_n이다.

(2) 원 위의 점을 차례로 $1, 2, \cdots, 2n-1, 2n$이라 하자. 조건에 맞게 선분으로 이어져 있을 때, $i<j$인 선분 ij에 대해 $a_i=1$, $a_j=-1$로 배정하면 문제 1.3.6의 (1)의 조건에 맞는 수열 $a_1, a_2, a_3, a_4, \cdots, a_{2n-1}, a_{2n}$을 얻을 수 있고 이런 과정은 역도 가능하므로 구하는 경우의 수는 C_n이다.

21. 힌트 : C_n은 원 위에 있는 $2n$개의 점을 두 개씩 선택하여 선분으로 이을 때, 어느 두 선분도 만나지 않도록 잇는 방법의 수이다. 점 1과 선분으로 이어지는 점을 고려하여 오른쪽 점화식을 유도한다.

22. (1) ${}_m\Pi_n$ (2) ${}_mP_n$ (3) ${}_mC_n$ (4) ${}_mH_n$ (5) ${}_mH_{n-m}=\binom{n-1}{m-1}$

23. $\dfrac{n}{n-k}\cdot\binom{n-k}{k}$

24. (1) $\binom{n}{4}$ (2) $\binom{n}{4}+\binom{n}{2}+1$ (3) $\binom{n}{2}+2\cdot\binom{n}{4}$

(4) $\binom{n}{3}+4\cdot\binom{n}{4}+5\cdot\binom{n}{5}+\binom{n}{6}$

25. ${}_5H_{12}-{}_5H_8=1325$

〉〉 연습문제 1.4

1. 힌트 : $(x+y)^{n+1}=(x+y)^n(x+y)$와 $\binom{n+1}{k}=\binom{n}{k}+\binom{n}{k-1}$을 이용한다.

2. (1) $64x^6-576x^5y+2160x^4y^2-4320x^3y^3+4860x^2y^4-2916xy^5+729y^5$

(2) $\sum_{n=0}^{\infty}\binom{1/3}{n}x^n=1+\sum_{n=1}^{\infty}(-1)^{n-1}\dfrac{2\cdot 5\cdot 8\cdots(3n-4)}{n!3^n}x^n$

(3) $x^4+y^4+z^4+4(x^3y+x^3z+xy^3+y^3z+xz^3+yz^3)+6(x^2y^2+y^2z^2+x^2z^2)$
$+12(x^2yz+xy^2z+xyz^2)$

3. (1) $\binom{10}{3}=120$

(2) $\binom{5}{0}\binom{4}{3}\cdot 3^0\cdot(-2)+\binom{5}{1}\binom{4}{2}\cdot 3\cdot 2^2+\binom{5}{2}\binom{4}{1}\cdot 3^2\cdot(-2^3)$

$+\binom{5}{3}\binom{4}{0}\cdot 3^3\cdot 2^4=1792$

(3) $\binom{7}{3\ 2\ 2}\cdot 2^3\cdot(-3)^2\cdot 4^2=241920$

4. (1) $(1+x)(1+x)^n$에서 x^k의 계수는 $\binom{n}{k-1}+\binom{n}{k}$이고,

$(1+x)^{n+1}$에서 x^k의 계수는 $\binom{n+1}{k}$

(2) $x(1+x)^n+x(1+x)^{n-1}+\cdots+x(1+x)^r+(1+x)^r=(1+x)^{n+1}$이다.

등식의 왼쪽항에서 x^{r+1}의 계수는 $\binom{r}{r}+\binom{r+1}{r}+\cdots+\binom{n-1}{r}+\binom{n}{r}$이고, 등식의 오른쪽항에서 x^{r+1}의 계수는 $\binom{n+1}{r+1}$이다.

5. (1) $(n+2)2^{n-1}$ (2) $\binom{2n}{n-1}$ (3) 1 (4) 3^n

6. (1) $r_1r_2\cdots r_n$ (2) $r_1+r_2+\cdots+r_n$ (3) $\sum_{1\le i<j\le n} r_ir_j$

(4) $\sum_{1\le i_1<i_2<\cdots<i_k\le n} r_{i_1}r_{i_2}\cdots r_{i_k}$

7. 힌트 : 아래 등식의 양변에서 x^m의 계수를 계산하여 비교한다.

$(1+x)^{n+1}=(1+x)^n+x(1+x)^{n-1}+\cdots+x^m(1+x)^{n-m}+x^{m+1}(1+x)^{n-m}$

8. 힌트 : $(n+r-1)$명 중에 $2r$명을 뽑아 사탕을 주고 사탕 받은 $2r$명 중에 r명을 뽑아 귤을 주는 방법의 수를 두 가지 방법으로 생각한다.

9. 힌트 : 등식 $\binom{n}{m+1}-\binom{n-1}{m}=\binom{n-1}{m+1}$을 이용한다.

10. 힌트 : 집합 $\{1, 2, \cdots, m+n+1\}$ 중에서 $(r+s+1)$개의 원소를 뽑을 때 $(r+1)$번째로 작은 원소가 $k+1$라면 집합 $\{1, 2, \cdots, k\}$에서 r개의 원소를, $\{k+2, k+3, \cdots, m+n+1\}$에서 s개의 원소를 뽑아야 하므로 그 경우의 수는 $\binom{k}{r}\binom{m+n-k}{s}$임을 이용한다.

11. n명 중에 m명을 뽑아 사과나 배 둘 중에서 하나를 주는 방법의 수는 $2^m\binom{n}{m}$이다. 한편, 이처럼 사과와 배를 나누어 주었을 때 사과와 배를 받은 사람이 각각 k명과

$m-k$명이 되는 경우의 수는 $\binom{n}{k}\binom{n-k}{m-k}$이다.

12. $\binom{n+k-1}{k}$

13. (1) $\binom{n}{1}+2\binom{n}{2}+\cdots+n\binom{n}{n}$

(2) $n2^{n-1}$

(3) 힌트 : 위 (1)과 (2)의 값이 같음을 이용한다.

14. (1) 힌트 : $\sum_{k=2}^{n}(k-1)k=\sum_{k=2}^{n}2\binom{k}{2}=2\binom{n+1}{3}$

(2) 힌트 : $\sum_{k=3}^{n}(k-2)(k-1)k=\sum_{k=3}^{n}6\binom{k}{3}=6\binom{n+1}{4}$

(3) $a=2, b=1, \dfrac{n(n+1)(2n+1)}{6}$

(4) $c=6, d=6, e=1, \left(\dfrac{n(n+1)}{2}\right)^2$

15. 힌트 : 등식 $(1+x+x^2)^n=(1+x(1+x))^n=\sum_{k=0}^{n}\binom{n}{k}x^k(1+x)^k$을 이용

16. 일반화된 이항계수의 정의에 의하여

$$\begin{aligned}(-1)^n\binom{1/2}{n}2^{2n}&=(-1)^n\frac{(\frac{1}{2})(\frac{1}{2}-1)\cdots(\frac{1}{2}-n+1)}{n!}2^{2n}\\&=-\frac{1\cdot1\cdot3\cdot\cdots(2n-3)}{n!}2^n\\&=-2\cdot\frac{1\cdot2\cdot3\cdot4\cdot\cdots(2n-3)(2n-2)}{n!(n-1)!}\\&=-2\cdot\frac{(2n-2)!}{n!(n-1)!}=-\frac{2}{n}\binom{2n-2}{n-1}\end{aligned}$$

17. 힌트 : $(1-4x)^{-1/2}=\sum_{n=0}^{\infty}\binom{2n}{n}x^n$을 제곱하여 양변에서 x^n의 계수를 비교한다.

18. 힌트 : 등식 $\dfrac{(1+x)^n-1}{x}=\binom{n}{1}+\binom{n}{2}x^1+\binom{n}{3}x^2+\cdots+\binom{n}{k}x^{k-1}$

$+\cdots+\binom{n}{n}x^{n-1}$ 의 양변에 정적분 $\int_{-1}^{0}\cdot dx$을 취한다.

19. $3n\cdot4^{n-1}$

》 연습문제 1.5

1. $p(7,1)=1$, $p(7,2)=3$, $p(7,3)=4$, $p(7,4)=3$, $p(7,5)=2$, $p(7,6)=1$, $p(7,7)=1$이고 $p(7)=1+3+4+3+2+1+1=15$이다.

2. (1) $(3,3,1)$, $(3,2,2)$, $(3,2,1,1)$, $(3,1,1,1,1)$, $(2,2,1,1,1)$
$(2,2,2,1)$, $(2,1,1,1,1,1)$, $(1,1,1,1,1,1,1)$

(2) (7), $(6,1)$, $(5,2)$, $(4,3)$, $(5,1,1)$, $(4,2,1)$, $(3,3,1)$, $(3,2,2)$

(3) $(3,3,1)\leftrightarrow(3,2,2)$ $(3,2,2)\leftrightarrow(3,3,1)$ $(3,2,1,1)\leftrightarrow(4,2,1)$
$(3,1,1,1,1)\leftrightarrow(5,1,1)$ $(2,2,1,1,1)\leftrightarrow(5,2)$ $(2,2,2,1)\leftrightarrow(4,3)$
$(2,1,1,1,1,1)\leftrightarrow(6,1)$ $(1,1,1,1,1,1,1)\leftrightarrow(7)$

3. (1) $p(7,3)=4$

(2) $p(7,1)+p(7,2)+p(7,3)=1+3+4=8$

(3) $(4,3,0)$, $(4,2,1)$, $(3,3,1)$, $(3,2,2)$의 4개

4. (1) $p(7)=15$

(2) $p(7,1)+p(7,2)+p(7,3)+p(7,4)=1+3+4+3=11$

(3) $x_1=7-(2x_2+3x_3+4x_4)$라고 하면 $x_1+2x_2+3x_3+4x_4=7$(x_i는 음이 아닌 정수)이다. 따라서 구하는 해의 개수는
$p(7,1)+p(7,2)+p(7,3)+p(7,4)=11$이다.

5. $3n$의 분할 $\mu=(n,n,n)$를 생각하여 보자. μ의 페러다이어그램에서 3개의 부분을 갖는 n의 분할 $\lambda=(n_1, n_2, n_3)$의 페러다이어그램을 제거하면 나머지는 3개의 부분을 갖고 각 부분이 n보다 작은 $2n$의 분할 $(n-n_3, n-n_2, n-n_1)$의 페러다이어그램이다. 역으로 μ의 페러다이어그램에서 3개의 부분을 갖고 각 부분이 n보다 작은 $2n$의 분할의 페러다이어그램을 제거하면 나머지는 3개의 부분을 갖는 n의 분할의 페러다이어그램이다. 이런 대응은 일대일대응이므로 두 분할의 수는 같다.

6. 페러다이어그램이 주대각선에 대칭인 12의 분할의 수는 각 부분이 모두 다르며 홀수인 12의 분할의 수와 같고 그런 분할은 $(11,1)$, $(9,3)$, $(7,5)$ 셋뿐이므로 구하는 경우의 수는 3이다.

7. $p(n,2)=[n/2]$, $p(n,n-2)=2$

8. 힌트 : $p(n,r)=p(n-1,r-1)+p(n-r,r)$을 연속으로 사용한다.

9. (1) 연습문제 8의 등식을 이용하여

$$p(2n,n)=p(n,1)+p(n,2)+\cdots+p(n,n)=p(n)$$

(2) 힌트 : 연습문제 8과 위 (1)을 이용한다.

(3) 힌트 : 예제 1.5.5를 이용한다.

(4) 힌트 : 연습문제 8과 예제 1.5.5를 이용한다.

10. 집합 A와 B를 다음과 같이 정의하자.

$$A=\{\lambda \mid \lambda\text{는 서로 다른 } k \text{ 부분을 갖고 있는 } n+\frac{k(k-1)}{2}\text{의 분할}\}$$

$$B=\{\lambda \mid \lambda\text{는 } k \text{ 부분을 갖고 있는 } n\text{의 분할}\}$$

$\lambda=(\lambda_1, \lambda_2, \cdots, \lambda_k)$가 집합 A의 원소일 때

$$\mu_1=\lambda_1-(k-1),\ \mu_2=\lambda_2-(k-2),\ \cdots,\ \mu_{k-1}=\lambda_{k-1}-1, \mu_k=\lambda_k$$

로 정의하면 $\mu=(\mu_1, \mu_2, \cdots, \mu_k)$는 집합 B의 원소이고, 이런 대응은 분명히 역이 가능하므로 두 집합 A와 B의 원소의 개수는 같다.

11. 힌트 : $\lambda=(\lambda_1, \lambda_2, \cdots, \lambda_7)$를 각 부분이 10 이하이며 7개의 부분을 갖는 20의 분할일 때 분할 μ, ν, ν'을 아래와 같이 정의하자.

$$\mu=(10, \lambda_1, \lambda_2, \cdots, \lambda_7)$$
$$\nu=(10-1, \lambda_1-1, \lambda_2-1, \cdots, \lambda_7-1)$$
$$\nu'=\nu\text{는 공액분할}$$

λ를 ν'으로 보내는 대응은 일대일대응임을 이용한다.

12. 주어진 조건을 만족하는 분할의 페러다이어그램은 가로가 a칸이고 세로가 b칸인 도로망에서 $(0,0)$에서 (a,b)로 가는 최단경로이므로 구하는 경우의 수는 $\binom{a+b}{a}$이다.

13. (1) $\text{pd}(1)=1,\ \text{pd}(2)=1,\ \text{pd}(3)=2,\ \text{pd}(4)=2,\ \text{pd}(5)=3,$
$\text{pd}(6)=4,\ \text{pd}(7)=5$

(2) $\text{po}(1)=1,\ \text{po}(2)=1,\ \text{po}(3)=2,\ \text{po}(4)=2,\ \text{po}(5)=3,$
$\text{po}(6)=4,\ \text{po}(7)=5$

(3) 예를 통하여 전단사함수를 만들어 보자. $\lambda=1^3 3^2 5^{12} 9^5$은 모든 부분이 홀수인 114의 분할이다. λ의 지수식 표현에 나타난 각각의 지수를 2의 거듭제곱의 합으로 나타내면

$$3=2+1$$
$$2=2$$

$$12=2^3+2^2$$
$$5=2^2+1$$

이고

$$114=1(2+1)+3\cdot 2+5(2^3+2^2)+9(2^2+1)$$
$$=1+2+6+40+20+36+9$$

이며 마지막 식에 나타난 수로 만든 분할 $\mu=(40, 36, 20, 9, 6, 2, 1)$은 서로 다른 부분을 갖는 114의 분할이 됨을 알 수 있다. 이런 대응은 역이 가능하므로 일대일대응이고 따라서 $\mathrm{po}(n)=\mathrm{pd}(n)$이다.

14. (1) $\binom{n-1}{k-1}$ (2) 2^{n-1}

〉〉 연습문제 1.6

1. (1) $S(9,3)$ (2) $\dfrac{\binom{9}{3}\binom{6}{3}}{3!}$

2. (1) ① 두 블록을 갖는 분할 : $\{\{1,2,3,4\}, \{5\}\}$

② 세 블록을 갖는 분할 : $\{\{1\},\{2,3,4\},\{5\}\}, \{\{2\},\{1,3,4\},\{5\}\}, \{\{3\},\{1,2,4\},\{5\}\}, \{\{4\},\{1,2,3\},\{5\}\}, \{\{1,2\},\{3,4\},\{5\}\}, \{\{1,3\},\{2,4\},\{5\}\}, \{\{1,4\},\{2,3\},\{5\}\}$

③ 네 블록을 갖는 분할 : $\{\{1\},\{2\},\{3,4\},\{5\}\}, \{\{1\},\{3\},\{2,4\},\{5\}\}, \{\{1\},\{4\},\{2,3\},\{5\}\}, \{\{2\},\{3\},\{1,4\},\{5\}\}, \{\{2\},\{4\},\{1,3\},\{5\}\}, \{\{3\},\{4\},\{1,2\},\{5\}\}$

④ 다섯 블록을 갖는 분할 : $\{\{1\},\{2\},\{3\},\{4\},\{5\}\}$

(2) $\{\{1,5\},\{2\},\{3,4\}\}, \{\{1\},\{2,5\},\{3,4\}\}, \{\{1\},\{2\},\{3,4,5\}\}$,
$\{\{1,5\},\{3\},\{2,4\}\}, \{\{1\},\{3,5\},\{2,4\}\}, \{\{1\},\{3\},\{2,4,5\}\}$,
$\{\{1,5\},\{4\},\{2,3\}\}, \{\{1\},\{4,5\},\{2,3\}\}, \{\{1\},\{4\},\{2,3,5\}\}$,
$\{\{2,5\},\{3\},\{1,4\}\}, \{\{2\},\{3,5\},\{1,4\}\}, \{\{2\},\{3\},\{1,4,5\}\}$,
$\{\{2,5\},\{4\},\{1,3\}\}, \{\{2\},\{4,5\},\{1,3\}\}, \{\{2\},\{4\},\{1,3,5\}\}$,
$\{\{3,5\},\{4\},\{1,2\}\}, \{\{3\},\{4,5\},\{1,2\}\}, \{\{3\},\{4\},\{1,2,5\}\}$

3. $3!S(8,3)$

4. (1) $S(6,3)$ (2) $S(6,1)+S(6,2)+S(6,3)$

5. (1) 힌트 : 집합 $X=\{1, 2, \cdots, n\}$을 k 블록으로 분할할 때 n이 포함된 블록의 원소의 개수가 i인 경우의 수를 구하여 합의 법칙을 이용한다. $(i=1, 2, \cdots, n)$

(2) 힌트 : 집합 $X=\{1, 2, \cdots, n\}$을 분할할 때 n이 포함된 블록의 원소의 개수가 i인 경우의 수를 구하여 합의 법칙을 이용한다. $(i=1, 2, \cdots, n)$

6. (1) $S(n, 3)=\frac{1}{3!}(3^n-3\cdot 2^n+3)$

(2) 힌트 : 위 (1)에 $n=2k$를 대입한다.

7. 힌트 : 한 블록이 세 원소를 갖는 경우와 두 블록이 각각 두 원소를 갖는 경우로 나누어 생각한다.

8. $a=\binom{5}{3}=10, b=\frac{1}{3!}\binom{6}{2,2,2}=15$

9. 힌트 : 예제 1.6.6의 (2)와 예제 1.4.12의 등식을 이용한다.

10. (1) 힌트 : n에 관하여 수학적 귀납법을 이용한다.

(2) 힌트 : m을 n보다 큰 자연수라고 할 때, 먼저 $\binom{m}{k}k!=(m)_k$임을 이용하여

$$m^n=\sum_{k=0}^{n} S(n, k)(m)_k$$

임을 밝힌다.

11. $1, 2, \cdots, n$을 일렬로 배열한 후 숫자와 숫자 사이에 $k-1$개의 |를 그어 k 무더기로 나누고 앞의 무더기부터 차례로 $B_1, B_2, \cdots, B_k$라 한다. 따라서 구하는 경우의 수는 $n!\binom{n-1}{k-1}$이다.

12. (1) $1\rightarrow S'(1, 1)=1,\ 11\rightarrow S'(2, 1)=1,\ 12\rightarrow S'(2, 2)=1$

(2) 힌트 : $f=w_1w_2\cdots w_{n+1}$일 때 w_{n+1}가 처음으로 k인 경우와 w_i가 처음으로 k인 경우 $(i\neq n+1)$로 나누어 생각한다.

(3) 초기조건이 같고 점화관계가 같으므로 $S(n,k)=S'(n,k)$이다.

(4) $f=w_1w_2\cdots w_n$가 $\Gamma_{n,k}$의 한 원소이면 $\{f^{-1}(1),\ f^{-1}(2),\ \cdots,\ f^{-1}(k)\}$는 $\Pi_{n,k}$의 원소이고 RG함수 f를 분할 $\{f^{-1}(1),\ f^{-1}(2),\ \cdots,\ f^{-1}(k)\}$로 보내는 함수는 $\Gamma_{n,k}$와 $\Pi_{n,k}$ 사이의 일대일대응이다.

13. 힌트 : $A=\{1, 2, \cdots, n\}$라 하자. k블록을 갖는 A의 분할 중에서 $1, 2, \cdots, k$가 모두 다른 블록에 포함되는 분할을 생각하여 $S(n, k)\geq k^{n-k}$임을 보인다. 또 집합 A의 분할을 이루는 k개의 블록을 포함하는 최소 원소가 작은 것부터 차례로 B_1, $B_2, \cdots, B_k$라 하면 1은 B_1에 포함된다. $B_1, B_2, \cdots, B_k$에 포함되는 최소 원소를 선택한 다음 나머지 원소를 k개의 블록 $B_1,\ B_2, \cdots, B_k$에 채우는 방법을 생각하

여 $S(n,k)\le\binom{n-1}{k-1}k^{n-k}$임을 보인다.

14.

	2개, 3개, 4개를 넣을 때	2개, 2개, 5개를 넣을 때	3개, 3개, 3개를 넣을 때
공 : 구별 상자 : 비구별	$\binom{9}{2}\binom{7}{3}$	$\dfrac{\binom{9}{2}\binom{7}{2}}{2!}$	$\dfrac{\binom{9}{3}\binom{6}{3}}{3!}$
공 : 구별 상자 : 구별	$\binom{9}{2}\binom{7}{3}\times 3!$	$\dfrac{\binom{9}{2}\binom{7}{2}}{2!}\times 3!$	$\dfrac{\binom{9}{3}\binom{6}{3}}{3!}\times 3!$

〉〉 연습문제 1.7

1. $9!-12\cdot 7!$

2. $3\cdot 7!-3\cdot 5!+3!$

3. $3^n-3\cdot 2^n+3$

4. (1) $\binom{n}{3}$ (2) $n(n-4)$ (3) n (4) $\binom{n}{3}-n(n-4)-n$

5. ${}_3H_{30}-3\cdot{}_3H_9=331$

6. ${}_5H_{28}-\binom{5}{1}{}_5H_{19}+\binom{5}{2}{}_5H_{10}-\binom{5}{3}{}_5H_1$

7. ${}_4H_{2n}-4\cdot{}_4H_{n-1}={}_{2n+3}C_3-4\cdot{}_{n+2}C_3$

8. $\dfrac{3n(n+1)}{2}+1$

9. (1) $\binom{28}{3}-\binom{4}{1}\binom{18}{3}+\binom{4}{2}\binom{8}{3}$ (2) ${}_5H_{25}-\binom{4}{1}{}_5H_{15}+\binom{4}{2}{}_5H_5-1$

10. $\sum_{i=0}^{n-1}(-1)^i\binom{n-1}{i}(n-i)!$

11. $\varphi(n)=n\prod_{i=1}^{r}(1-\dfrac{1}{p_i})$

12. $p_n=\dfrac{D_n}{n!}=\sum_{i=0}^{n}\dfrac{(-1)^i}{i!}$이므로 $\lim_{n\to\infty}p_n=\lim_{n\to\infty}\sum_{i=0}^{n}\dfrac{(-1)^i}{i!}=e^{-1}$이다.

13. (1) 힌트 : $f(f(1))=1$인 경우와 $f(f(1))\neq 1$인 경우로 나누어 생각한다.
(2) 힌트 : 위 (1)의 점화식을 $D_n-nD_n=-(D_{n-1}-(n-1)D_{n-2})$로 변형한다.

(3) 점화식 $D_n = nD_{n-1} + (-1)^n \quad (n \geq 1)$ 이용하여

n	0	1	2	3	4	5	6	7	8
D_n	1	0	1	2	9	44	265	1854	14833

14. $D_n = \sum_{i=0}^{n} (-1)^i \binom{n}{i} (n-i)! = n! \sum_{i=0}^{n} (-1)^i \frac{1}{i!}$

15. $\sum_{k=0}^{n} (-1)^k \binom{n}{k} 2^k (2n-k-1)!$

16. $\sum_{k=0}^{n} (-1)^k (n-k)! \binom{2n-k}{k} \frac{2n}{2n-k}$

17. ${}_4H_{10} - 4 \cdot {}_4H_4 = 146$

〉〉 연습문제 1.8

1. 8명 모두 다른 요일에 태어났다면 8개 이상의 요일이 있어야 하므로 모순
2. 많아야 2명이 같은 요일에 태어났다면 사람의 수는 14 이하이고 모순
3. (1) 힌트 : 비둘기는 점, 비둘기집은 짝수의 집합과 홀수의 집합

   (2) 힌트 : 비둘기는 점, 비둘기집은

   (홀수, 홀수), (짝수, 홀수), (홀수, 짝수), (짝수, 짝수)

   (3) 힌트 : 비둘기는 점, 비둘기집은

   (홀수, 홀수, 홀수), (홀수, 홀수, 짝수), (홀수, 짝수, 홀수), (짝수, 홀수, 홀수)

   (짝수, 짝수, 홀수), (짝수, 홀수, 짝수), (홀수, 짝수, 짝수), (짝수, 짝수, 짝수)
4. 힌트 : 비둘기는 점, 비둘기집은 한 변의 길이가 $\frac{1}{n}$인 정삼각형
5. 힌트 : 비둘기는 학생, 비둘기집은 {월}, {화}, {수}, {목}, {금}, {월, 화}, {월, 수}, {월, 목}, {월, 금}, {화, 수}, {화, 목}, {화, 금}, {수, 목}, {수, 금}, {목, 금}
6. 힌트 : 6개의 원의 중심을 $O_1, O_2, \cdots, O_6$라 하고 원이 모두 지나는 점을 P라 할 때, 6개의 각 $\angle O_1PO_2, \angle O_2PO_3, \cdots, \angle O_6PO_1$을 생각한다.
7. 힌트 : 비둘기는 X의 부분집합, 비둘기집은 X의 부분집합의 원소의 합의 집합
8. 힌트 : 연속된 두 수는 서로소이다.
9. 힌트 : 한 위치에서 두 레코드판의 부채꼴의 색깔이 일치하는 경우의 수의 평균을 생각한다.
10. 어느 세 점도 일직선에 있지 않은 6개의 점으로 삼각형을 만들 수 있는 방법의 수는 $\binom{6}{3} = 20$이고, 삼각형의 세 변에 빨강 또는 노랑으로 색칠할 수 있는 방법의

수는 ${}_2H_3=\binom{4}{3}=4$이므로 일반화된 비둘기집의 원리에 의하여 색칠 형태가 같은 삼각형은 적어도 $\frac{20}{4}=5$개 있다.

11. 처음에 앉았던 자리에서 원탁을 한 자리씩 돌리자. 처음에 아무도 제자리에 앉은 사람이 없으므로 $(n-1)$번 돌리는 동안에 모든 사람은 꼭 한 번만 자기 자리 앞에 자기의 명찰이 돌아온다. 즉, $(n-1)$번 돌리는 동안 손님이 제자리에 앉은 경우는 모두 n번이므로 비둘기집의 원리에 의해 어느 시점에서는 적어도 한 번은 두 사람이 제자리에 앉게 되는 경우가 있다.
12. 힌트 : 주어진 $n+2$개의 정수를 $2n$으로 나눈 나머지를 생각한다.
13. 힌트 : 각 $1\leq i\leq m$에 대하여 $a_1+\cdots+a_i$를 m으로 나눌 때 그 나머지
$$r_1, r_2, \cdots, r_m$$
을 생각한다.
14. 예제 1.8.8 참조
15. 예제 1.8.8 참조
16. 예제 1.8.8 참조
17. 힌트 : n은 10과 서로소이다. 이제 $1, 11, 111, \cdots, 11\cdots1$을 n으로 나눈 나머지를 생각한다.
18. 힌트 : 재배열한 행렬 (b_{ij})의 k번째 행에서
$$b_{kl}>b_{k(l+1)}$$
이라면 비둘기집의 원리를 이용하여 모순을 이끌어낸다.
19. 힌트 : 임의의 자연수 k에 대하여
비둘기는 $a_1, a_2, \cdots, a_{k+1}$, 비둘기집은 $\{1, k+1\}, \{2, k+2\}, \cdots, \{k, 2k\}$
20. 힌트 : n^2+1개의 서로 다른 실수로 이루어진 수열을 $a_0, a_1, a_2, \cdots, a_{n^2}$라 하자. 이 수열이 길이가 $n+1$ 이상인 감소하는 부분수열을 갖지 않는다고 하자. $0\leq i\leq n^2$인 i에 대하여 a_i부터 시작되는 감소하는 부분수열 중에서 최대 길이를 l_i라 하고 일반화된 비둘기집의 원리를 적용한다.
21. 힌트 : $n, n^2, n^3, \cdots$를 10^n으로 나눈 나머지를 생각한다.
22. 힌트 : 공식 $\tan(x_2-x_1)=\frac{\tan x_2-\tan x_1}{1+\tan x_2\tan x_1}$을 이용한다.
23. 힌트 : 임의의 자연수 m에 대하여 $x_m=m\sqrt{2}-[m\sqrt{2}]$라 하면 $\sqrt{2}$가 무리수이므로 x_m은 모두 다르고 $0<x_m<1$이다. 구간 $(0, 1)$을 길이가 ε보다 작게 등분하여

비둘기집의 원리를 적용한다.

24. (1) $A \cap A^C = \emptyset$ 집이므로 A와 A^C가 동시에는 Π에 속할 수 없다.

(2) A를 $[n]$의 부분집합이라 하면 A와 A^C 중 많아야 1개가 Π에 포함되므로 Π의 원소의 수는 $[n]$의 모든 부분집합의 수 2^n의 절반인 2^{n-1}을 넘지 않는다.

(3) $\Lambda = \{ A \mid A \subseteq [n], 1 \in A\}$라 하자. 그러면 Λ는 문제에서 주어진 성질을 만족하며 2^{n-1}개의 원소를 갖는다.

〉〉 연습문제 2.1

1. $a_n = (1+0.05)a_{n-1}\ (n \geq 1),\ a_0 = 1000$

2. 특별한 한 명과 한 쌍을 만드는 방법의 수는 $2n-1$이므로

$a_n = (2n-1)a_{n-1}\ (n \geq 2),\ a_1 = 1$

3. $a_n = a_{n-1} + a_{n-2} + a_{n-3}\ (n > 3),\ a_1 = 1,\ a_2 = 2,\ a_3 = 4$

4. (1) $a_1 = 8, a_2 = 1 + 8^2$

(2) $a_n = 9^{n-1} + 7a_{n-1}\ (n > 1),\ a_1 = 8$

5. (1) $a_n = a_{n-2} + a_{n-1}\ (n \geq 3),\ a_1 = 1, a_2 = 2$

(2) $b_n = b_{n-1} + 2b_{n-2}\ (n \geq 3),\ b_1 = 1, b_2 = 3$

6. (1) $a_{n,1} = n,\ a_{2,2} = 0,\ a_{3,2} = 1,\ a_{4,2} = 3$

(2) $a_{n,k} = a_{n-2,k-1} + a_{n-1,k}\ (n \geq 3,\ k \geq 2)$

7. (1) $a_1 = 1,\ a_2 = 3,\ a_3 = 7,\ b_1 = 1,\ b_2 = 2,\ b_3 = 7,\ c_1 = 1,\ c_2 = 2,\ c_3 = 7$

(2) $a_n = a_{n-1} + b_{n-1} + c_{n-1}\ (n \geq 2)$

(3) $b_n = 3^{n-1} - c_{n-1}\ (n \geq 2)$

(4) $c_n = 3^{n-1} - b_{n-1}\ (n \geq 2)$

(5) $a_4 = 21,\ a_5 = 61$

8. (1) $a_0 = 1,\ a_1 = 3,\ a_2 = 7,\ a_3 = 15,\ a_4 = 31$

(2) $a_0 = 1,\ a_1 = 1,\ a_2 = 2,\ a_3 = 3,\ a_4 = 5$

(3) $a_1 = 2,\ a_2 = 4,\ a_3 = 7,\ a_4 = 13,\ a_5 = 24$

(4) $a_0 = 1,\ a_1 = 2,\ a_2 = 1,\ a_3 = 2,\ a_4 = \frac{5}{2}$

9. (1) $a_n = 2n + 3$

(2) $a_n = 6 \cdot 2^n$

(3) $a_n = c_1(-1)^n + c_2 3^n,\ c_1 = c_2 = \frac{1}{2}$

(4) $a_n=(c_0+c_1n)i^n+(c_2+c_3n)(-i)^n$

(여기서 $c_0=-\frac{3i}{2}$, $c_1=-\frac{1}{2}+i$, $c_2=\frac{3i}{2}$, $c_3=-\frac{1}{2}-i$)

(5) $a_n=2$

(6) $a_n=(n+1)2^n$

10. (1) $a_n=2^{n+1}-1 \quad (n\geq 0)$

(2) $a_n=(-2)\cdot 3^n+2n+3 \quad (n\geq 0)$

(3) $a_n=7\cdot 3^n+(-6)\cdot 2^n \quad (n\geq 0)$

(4) $a_n=4\cdot 3^n+(-6)\cdot 2^n+2n+3 \quad (n\geq 0)$

11. (1) $b_n=na_n$으로 놓는다.

$$a_n=\frac{2}{3n}((-1)^{n+1}+2^n) \ (n\geq 1),\ a_0=1$$

(2) $a_n=\frac{b_{n-1}}{b_n}(n\geq 2)$라 놓는다. $a_n=\frac{F_{n-1}}{F_n}\ (n\geq 1)$. 여기서

$$F_n=\frac{1}{\sqrt{5}}\left(\frac{1+\sqrt{5}}{2}\right)^n-\frac{1}{\sqrt{5}}\left(\frac{1-\sqrt{5}}{2}\right)^n$$

(3) $a_n=b_n+\frac{1}{b_n}$라 놓으면 $b_n=b_{n-1}^2\ (n>0)$이다.

$$a_n=b_n+\frac{1}{b_n}=\left(\frac{3+\sqrt{5}}{2}\right)^{2^n}+\left(\frac{3-\sqrt{5}}{2}\right)^{2^n}$$

(4) $b_n=\frac{a_n}{n!}$이라 놓는다. $a_n=\frac{n!}{2}(1+(-1)^n)$

12. (1) 3^n

(2) $a_1=3,\ a_2=7,\ a_3=17$

(3) $a_n=2a_{n-1}+a_{n-2}\ (n\geq 3)$. 따라서

$a_3=17,\ a_4=41,\ a_5=99,\ a_6=239,\ a_7=577,\ a_8=1393$

(4) 오른쪽으로 갈 때는 1, 왼쪽으로 갈 때는 2, 위로 갈 때는 3으로 나타내면 구하는 방법의 수는 $a_8=1393$

13. (1) 힌트 : 정수 a와 b의 최대공약수를 (a, b)로 나타내면 $(a, b)=(a-b, b)$임을 이용한다.

(2) 힌트 : 등식 $F_{k+2}=F_{k+1}+F_k$에 차례로 $k=1, 2, \cdots, n$을 대입하여 양변을 더한 다음 $F_2+F_3+F_4+\cdots+F_n+F_{n+1}$을 뺀다.

(3) 위 (2)를 이용하여

$$F_2+F_4+F_6+\cdots+F_{2n}$$
$$=F_1+(F_2+F_3)+(F_4+F_5)+\cdots+(F_{2n-2}+F_{2n-1})$$
$$=F_1+F_2+F_3+F_4+F_5+\cdots+F_{2n-2}+F_{2n-1}$$
$$=F_{2n+1}-1$$

(4) 힌트 : 수학적 귀납법을 이용

(5) 힌트 : 수학적 귀납법을 이용

(6) 힌트 : 수학적 귀납법을 이용

14. (1) F_{n+2} (2) F_{n+1} (3) F_{n+2} (4) F_{n-1} (5) F_n

15. 초기조건에 의해 $a+b=d_0=1$이고, p와 q는 특성다항식 $C(t)=t^2-3t+1$의 두 근이므로 $p+q=3$이다. 따라서 $a+b+p+q=1+3=4$이다.

〉〉 연습문제 2.2

1. (1) $\dfrac{2}{1-x}$ (2) $\ln\dfrac{1}{1-x}$ (3) $\dfrac{6x^3}{(1-x)^4}$ (4) $\dfrac{6x^3}{(1-x)^5}$

(5) $\dfrac{1}{\sqrt{1-4x}}$

2. (1) $2e^{2x}$ (2) $\dfrac{e^x-1}{x}$

3. (1) $f(x)=\sum_{n-0}^{\infty}2\cdot3^nx^n$; $a_n=2\cdot3^n$

(2) $f(x)=\dfrac{1}{4}(3\sum_{n=0}^{\infty}(3x)^n+\sum_{n=0}^{\infty}(-1)^nx^n)$, $a_n=\dfrac{1}{4}(3^{n+1}+(-1)^n)$

(3) $f(x)=\dfrac{1}{3}\left(\dfrac{-2}{(1-3x)^2}+\dfrac{5}{1-3x}\right)$, $a_n=3^{n-1}(3-2n)$

4. (1) $f(x)=\dfrac{x^2}{1-x}\ \dfrac{x}{1-x^2}\ \dfrac{1}{1-x^2}$ (2) $f(x)=\left(\dfrac{x^2}{1-x}\right)^3$

(3) $f(x)=\dfrac{x}{1-x}\ \dfrac{x^2}{1-x}\ \dfrac{x^3}{1-x}\ \dfrac{x^4}{1-x}=\dfrac{x^{10}}{(1-x)^4}$

5. (1) $f(x)=\dfrac{1}{1-x^2}\ \dfrac{1}{1-x^3}\ \dfrac{1}{1-x^5}$ (2) $\dfrac{1}{1-x}\ \dfrac{1}{1-x^2}\ \dfrac{1}{1-x^3}$

(3) $\dfrac{1}{1-x^2}\ \dfrac{1}{1-x^4}\ \dfrac{1}{1-x^6}\cdots=\Pi_{i=1}^{\infty}\dfrac{1}{1-x^{2i}}$

(4) $\dfrac{x^3}{(1-x)(1-x^2)(1-x^3)}$

6. (1) $f(x)=\dfrac{x}{1-x^2}\ \dfrac{1}{1-x^3}\ \dfrac{x^4}{1-x}\ \dfrac{1-x^6}{1-x}$

(2) $a_n={}_3H_{n-5}-{}_3H_{n-6}+{}_3H_{n-7}$

7. (1) $f(x)=\dfrac{x(1-x^7)}{1-x}\ \dfrac{1}{1-x}\ \dfrac{1}{1-x}=\dfrac{x(1-x^7)}{(1-x)^3}$

(2) $a_{15}={}_3H_{14}-{}_3H_7=84$

8. (1) $(e^x-x-1)\left(\dfrac{e^x-e^{-x}}{2}\right)\left(\dfrac{e^x+e^{-x}}{2}\right)$ (2) $\left(\dfrac{x^2}{2!}+\dfrac{x^3}{3!}+\cdots\right)^3=(e^x-x-1)^3$

(3) $(e^x-1)(e^x-1-x)(e^x-1-x-\dfrac{x^2}{2!})(e^x-1-x-\dfrac{x^2}{2!}-\dfrac{x^3}{3!})$

9. (1) $f(x)=\left(\dfrac{e^x-e^{-x}}{2}\right)^3\times(e^x)^2=\dfrac{1}{8}(e^{5x}-3e^{3x}+3e^x-e^{-x})$

(2) $\dfrac{1}{8}(5^8-3^9+2)$

10. (1) 힌트 : n을 포함하는 블록의 원소의 수가 1일 때와 2일 때로 나누어 생각한다.

(2) $f'(x)=(1+x)f(x)$에서 $f(x)=e^{x+\frac{1}{2}x^2}$

11. $a_n=a_{n-1}+(n-1)a_{n-2}\quad(n\geq 2)$, $a_0=a_1=1$, $g(x)=e^{x+\frac{1}{2}x^2}$

12. (1) 힌트 : 볼록 $(n+1)$각형의 한 변 e를 고정시키고 교차하지 않는 $(n-2)$개의 대각선을 그어 삼각형으로 분할하였을 때 변 e를 포함하는 삼각형을 X라 하자. 삼각형 X에 의하여 나누어진 볼록 $(n+1)$각형의 한 부분이 $(k+1)$각형이면 다른 부분은 $(n-k+1)$각형을 이룬다.

(2) $g(x)=\sum_{n\geq 0}a_nx^n$라 놓으면

$$\begin{aligned}g(x)^2&=(a_0+a_1x+a_2x^2+\cdots)(a_0+a_1x+a_2x^2+\cdots)\\&=a_0^2+(a_0a_1+a_1a_0)x+(a_0a_2+a_1a_1+a_2a_0)x^2+\cdots\\&=a_2x^2+a_3x^3+a_4x^4+\cdots=g(x)-x\end{aligned}$$

(3) $a_n=\dfrac{1}{n}\dbinom{2n-2}{n-1}\quad(n\geq 1)$, $a_0=0$

13. (1) 힌트 : 집합 $F=\{i\mid f(i)=i\}$의 원소의 개수가 $0, 1, 2, \cdots, n$일 때로 나누어 생각한다.

(2) $g(x)=\dfrac{e^{-x}}{1-x}$ (3) $D_n=n!\sum_{k=0}^{n}\dfrac{(-1)^k}{k!}$

14. (1) $f(x)=\dfrac{4}{(2-x)^2}$ (2) 8

〉〉 연습문제 3.1

1.

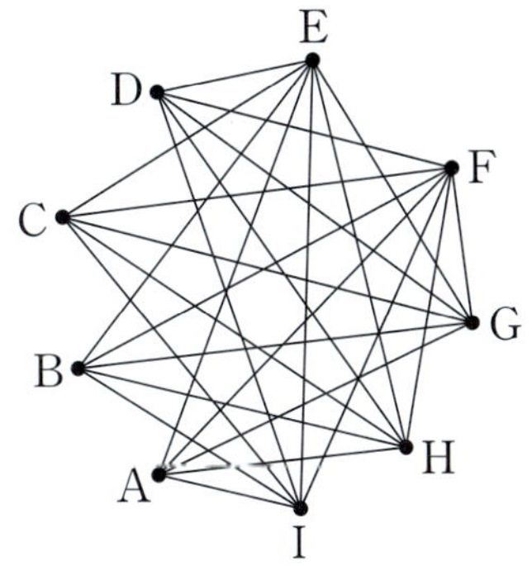

2.

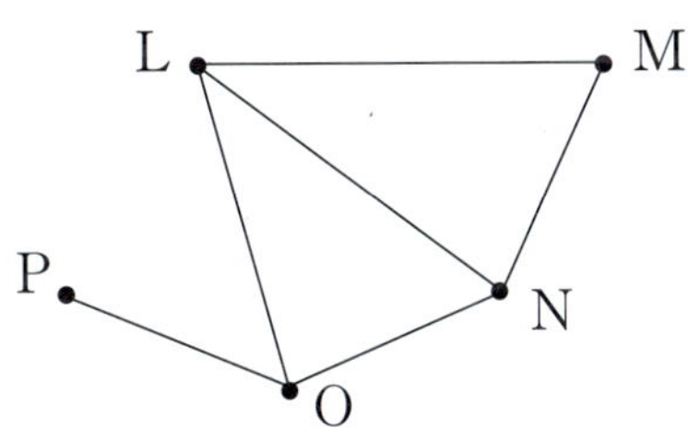

3.

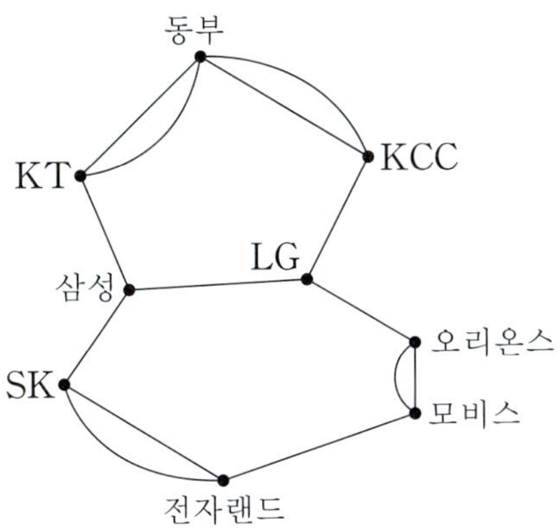

4.

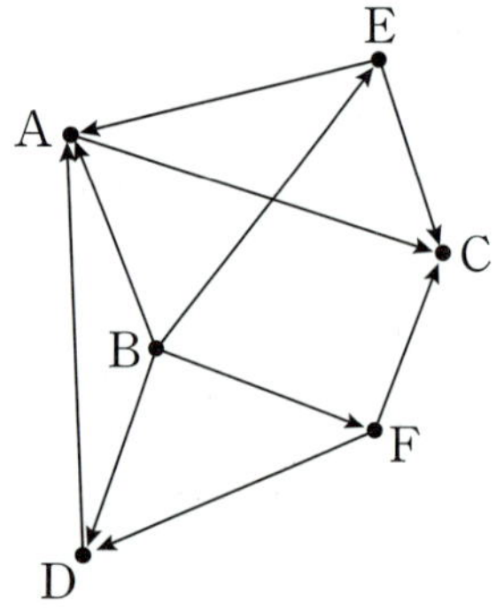

5.

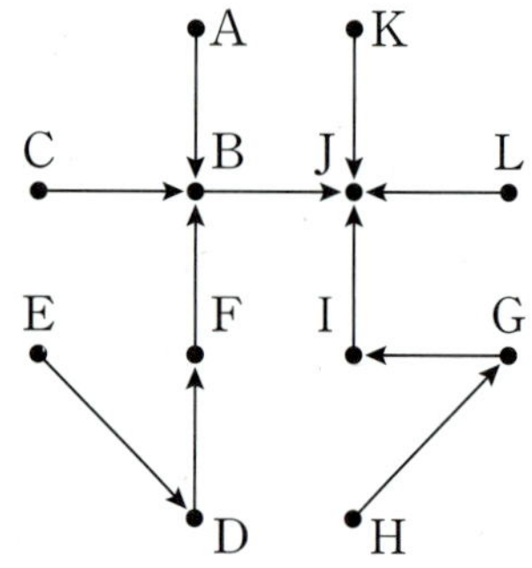

6. $V=\{A, B, C, D, E, F\}$

$E=\{\{A, B\}, \{A, C\}, \{A, D\}, \{A, F\}, \{B, C\}, \{B, D\}, \{B, E\}, \{C, D\}, \{C, E\}, \{C, F\}, \{D, E\}, \{D, F\}, \{E, F\}\}$

$d(A)=4,\ d(B)=4,\ d(C)=5,\ d(D)=5,\ d(E)=4,\ d(F)=4$

7. (1) 두 그래프의 꼭짓점의 집합과 변의 집합이 각각 같으므로 두 그래프는 같다.

(2) 두 그래프의 변의 집합이 같지 않으므로 두 그래프는 다르다.

8. (1) 변의 개수 : 3, 그래프 : 생략

(2) 변의 개수 : 12, 그래프 : 생략

(3) 변의 개수 : $\dfrac{n(n+1)}{2}$

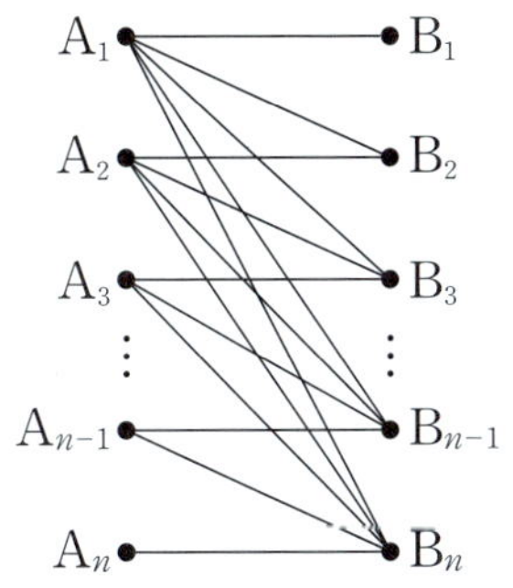

9. 주어진 그래프의 꼭짓점을 아래의 왼쪽 그림과 같이 부호를 붙이면 이 그래프는 오른쪽 그림처럼 이분그래프로 그려질 수 있다.

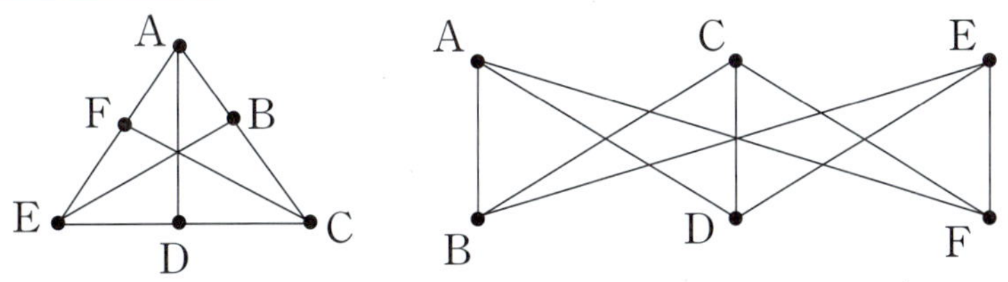

10. 변의 개수와 꼭짓점의 개수가 같은 완전이분그래프는 $K_{2,2}$뿐이다.

11. (1) 거짓(A, B, C, D의 차수가 모두 4이면 E의 차수도 4이어야 함)

(2) 거짓(꼭짓점의 수가 5인 그래프에서 차수가 각각 0과 4인 두 꼭짓점은 존재할 수 없음)

(3) 거짓(사람을 꼭짓점으로 하고 두 사람이 악수했으면 해당하는 두 꼭짓점이 인접한 그래프에서 차수의 합은 짝수이어야 함)

(4) 거짓(사람을 꼭짓점으로 하고 서로 친구이면 해당하는 꼭짓점이 인접한 그래프에서 차수의 합은 짝수이어야 함)

(5) 거짓(직선을 꼭짓점으로 하고 두 직선이 서로 만나면 해당하는 꼭짓점이 인접한 그래프에서 차수의 합은 짝수이어야 함)

12. (1)

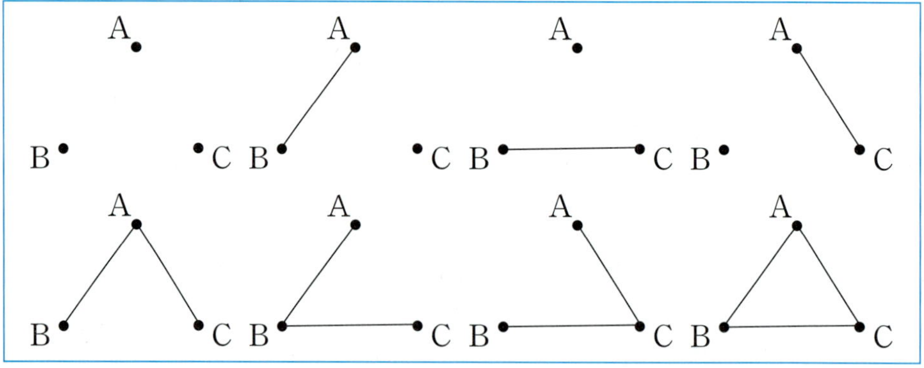

(2) $2^{\binom{4}{2}}=2^6=64$

(3) $2^{\binom{n}{2}}=2^{\frac{n(n-1)}{2}}$

13.

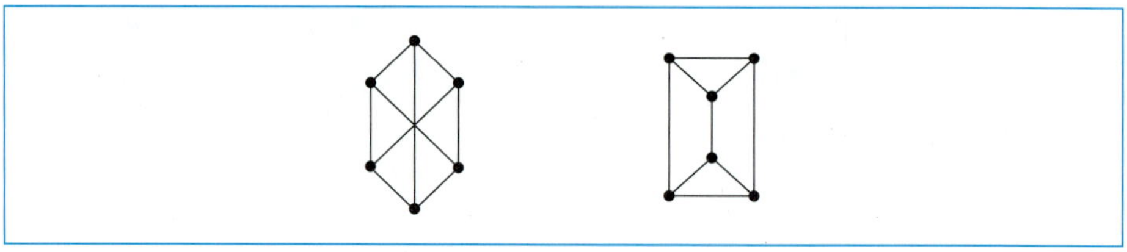

14. 차수가 홀수인 꼭짓점의 수가 홀수이면 모든 차수의 합은 홀수이고, 이것은 모든 차수의 합은 짝수인 것에 모순이다.

15. (1) 영호의 어머님 : 2번, 영호의 아버님 : 2번

(2) 힌트 : 수학적 귀납법을 이용한다. 영호의 어머님 : n번, 영호의 아버님 : n번

16. 가

〉〉 연습문제 3.2

1. 동형
2. 두 그래프의 꼭짓점 수가 같지 않으므로 동형이 아니다.
3. A $\mapsto$ 4, B $\mapsto$ 1, C $\mapsto$ 6, D $\mapsto$ 2, E $\mapsto$ 5, F $\mapsto$ 3으로 대응하는 함수는 동형 사상이므로 두 그래프는 동형이다.
4. 왼쪽 그래프에는 차수가 2인 꼭짓점(5)이 있으나 오른쪽에는 그런 꼭짓점이 없으

므로 동형이 아니다.

5. A $\longmapsto$ 1, B $\longmapsto$ 3, C $\longmapsto$ 5, D $\longmapsto$ 2, E $\longmapsto$ 4, F $\longmapsto$ 6으로 대응하는 함수는 동형사상이므로 두 그래프는 동형이다.

6. 오른쪽 그래프에는 길이가 3인 회로가 있으나 왼쪽 그래프에는 그런 회로가 존재하지 않으므로 동형이 아니다.

7. 오른쪽 그래프에는 차수가 4인 꼭짓점 7이 있으나 왼쪽 그래프에는 차수가 4인 꼭짓점이 존재하지 않으므로 동형이 아니다.

8. (1) (a) $\longleftrightarrow$ (k), (b) $\longleftrightarrow$ (j), (c) $\longleftrightarrow$ (h)
   (d) $\longleftrightarrow$ (i), (e) $\longleftrightarrow$ (e), (f) $\longleftrightarrow$ (g)

   (2) 여그래프가 원래 그래프와 동형인 것은 아래 그래프밖에 없다.

9. 아래와 같이 두 가지가 있다.

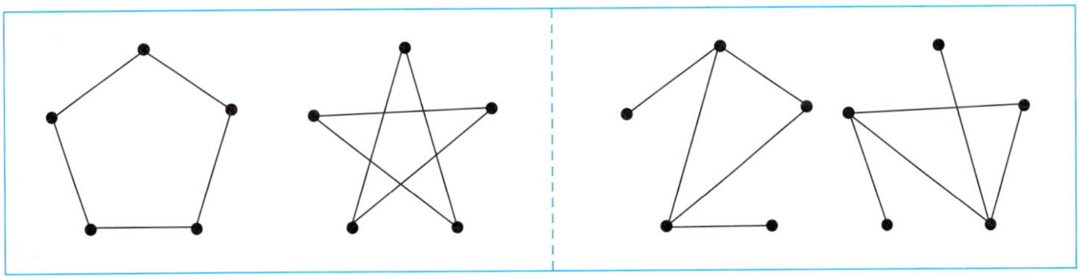

10. 없다. (힌트 : 꼭짓점이 6개인 그래프의 변의 개수를 e라 하면 그 여그래프의 변의 개수는 $15-e$개이다.)

〉〉 연습문제 3.3

1. (1) 36 (2) 32

2. 27시간

3. 가능(힌트 : 한 도시 A에서 다른 도시 B로의 여행이 불가능하다고 가정하자. 주어진 상황을 그래프로 바꾸고 A를 포함하는 연결성분에서 모든 꼭짓점의 차수의 합이 짝수임을 이용하여 모순을 찾는다.)

4. 힌트 : 연결그래프가 아니라고 하고 두 꼭짓점 A, B가 연결되어 있지 않다고 하자. $d(\mathrm{A})+d(\mathrm{B})$를 계산하여 모순을 찾는다.

5. 힌트 : G가 연결그래프가 아니라면, G의 꼭짓점의 집합은 공집합이 아닌 두 부분집합 V_1, V_2로 분할되고 V_1의 어떤 꼭짓점도 V_2의 꼭짓점과 인접하지 않는다.

6. 오일러회로는 없으나 오일러경로는 존재한다.

7. 오일러경로는 존재하므로 잘라낼 수 있다.

8. (1) 해밀턴회로가 존재하지 않는다. (2) 해밀턴회로가 존재한다.
(3) 해밀턴회로가 존재한다.

9. (1) 오일러회로는 없으나 해밀턴회로는 존재한다.
(2) 오일러회로는 없으나 해밀턴회로는 존재한다.
(3) 오일러회로와 해밀턴회로 모두 존재한다.
(4) 오일러회로는 없으나 해밀턴회로는 존재한다.
(5) 오일러회로는 없으나 해밀턴회로는 존재한다.

10. 완전그래프 K_n의 꼭짓점을 $v_1, v_2, \cdots, v_n$이라 하면
$v_1 \to v_2 \to \cdots \to v_n \to v_1$은 K_n의 해밀턴회로이다.

11. (1) $K_{n,n}$의 꼭짓점의 집합을 $\{A_1, A_2, \cdots, A_n\} \cup \{B_1, B_2, \cdots, B_n\}$이라 하면
$A_1 \to B_1 \to A_2 \to B_2 \to \cdots \to A_{n-1} \to B_{n-1} \to A_n \to B_n \to A_1$
은 $K_{n,n}$의 해밀턴회로이다.
(2) 완전이분그래프 $K_{m,n}$의 꼭짓점의 집합은 서로소이며 공집합이 아닌 두 집합 $V_1, V_2(|V_1|=m, |V_2|=n)$로 분할된다. $K_{m,n}$에 해밀턴회로가 있다면 이 회로에는 V_1과 V_2의 꼭짓점이 교대로 모두 나타나므로 V_1에 포함되어 있는 꼭짓점의 개수는 V_2에 포함되어 있는 꼭짓점의 개수와 같아야 한다.

12. (1)

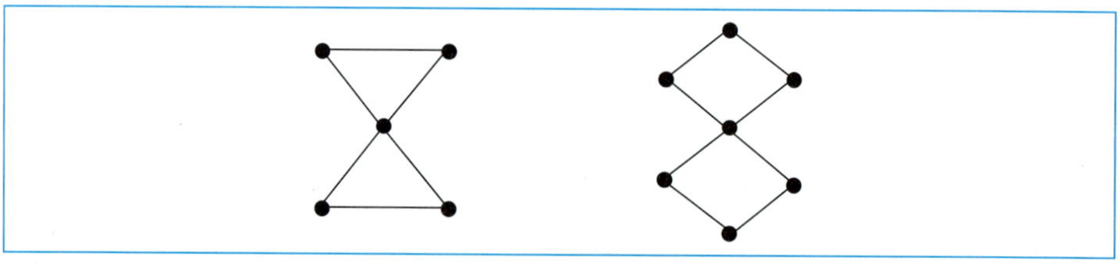

(2)

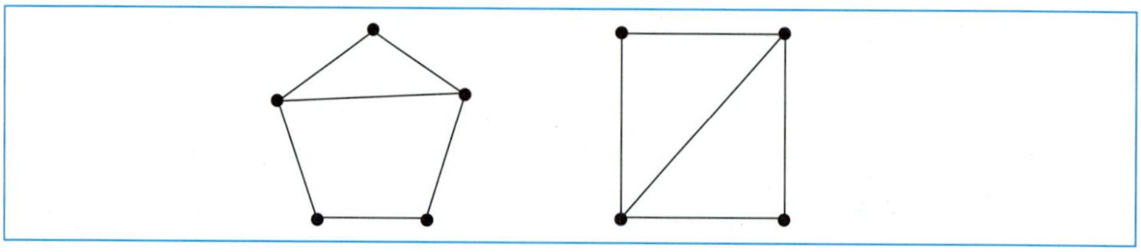

13. (1) 남은 그래프도 연결그래프이다.

(2) 남은 그래프에 차수가 홀수인 꼭짓점이 둘이므로 오일러경로는 존재한다.

14. (1) 힌트: 주어진 조건을 만족하며 해밀턴회로가 존재하지 않는 그래프가 있다고 가정하고 모순을 찾는다. (이산수학 제4판 정리 3.3.6 참조)

(2) 서로 인접하지 않는 두 꼭짓점의 차수의 합이 항상 n 이상이므로 위 (1)에 의하여 이 연결그래프에는 해밀턴회로가 존재한다.

15. 힌트 : 주어진 조건에 맞게 그래프를 그려서 오일러회로와 해밀턴회로를 찾는다.

16. 힌트 : G가 이분그래프이면 G의 꼭짓점의 집합은 서로소이며 공집합이 아닌 집합 V_1, V_2로 분할된다. 역의 증명을 위해서는 한 고정된 꼭짓점에서 길이가 짝수인 경로의 끝점의 집합과 홀수인 경로의 끝점의 집합을 생각한다.

17. 해밀턴회로가 있다면 한 꼭짓점과 그리고 그 꼭짓점에 인접한 모든 변을 제거하여도 여전히 연결그래프이다.

18. (1) 4 (2) 6

19. (1) A→E→D→C→B→A: 9,100 m

(2) A→B→D→C→E→A: 9,100 m

20. (1) A→P→W→H→G→I→N→A: 20,100 km

(2) A→P→W→H→G→N→I→A: 21,400 km

〉〉 연습문제 3.4

1.

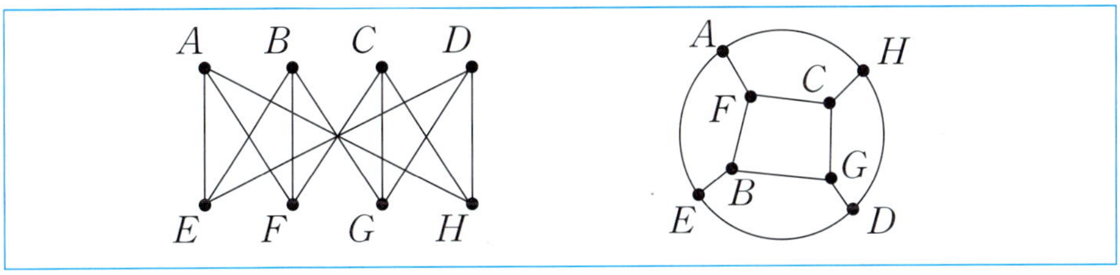

2. (1) 힌트 : K_5의 부분분할그래프를 찾는다.

(2) 힌트 : $K_{3,3}$의 부분분할그래프를 찾는다.

3. 8

4. K_6에서 두 변을 제거한 그래프는 $e \leq 3v - 6$를 만족하지 않으므로 평면그래프가 아니다.

5. 30 (참고로 $v = 80, e = 120,\ f = 42$)

6. $v=30$ (참고로 $e=60$, $f=32$)

7. (1) 정20면체를 평면에 나타낸 그래프

   (2) 차수가 5 이하인 꼭짓점이 많아야 하나라고 가정하고 모순을 찾는다.

   (3) 꼭짓점의 집합을 V, 꼭짓점의 수를 v, 변의 수를 e라 하면

   $\sum_{v \in V} d(v)=2e \leq 6v-12$이므로 꼭짓점의 평균 차수는 6 이하이다.

8. (1) 힌트 : 예제 3.4.5의 풀이 참조

   (2) 힌트 : 위 (1)에서 $k=5$일 때를 생각한다.

9. 힌트 : 모든 면의 변의 수가 6 이상이라 하고 오일러공식과 $3v \leq 2e$ 등을 이용하여 모순을 찾는다.

10. 힌트 : 모든 꼭짓점의 차수가 5 이상이라 하고 $e \leq 3v-6$에 모순임을 이용한다.

11. $k+1$

12. G의 변의 수를 e라 하면 $n-e+f=2$이고, $e=n+f-2 \geq n-1$

13. $\binom{n}{4}+2\binom{n}{2}$(힌트 : 주어진 조건을 만족하게 원 위에 n개의 점을 모두 선분으로 이을 때, 원과 원 위에 n개의 점을 포함하는 평면그래프 G에서 연습문제 1.3의 23의 (1), (2)와 오일러정리 이용)

14. G/e는 완전그래프 K_5이므로 평면그래프가 아니고, 따라서 G도 평면그래프가 아니다.

15. 8개

16. (1) 참 ($K_{4,3}$는 $K_{3,3}$를 포함하므로 평면그래프가 아니다.)

    (2) 거짓 (평면그래프에는 차수가 5 이하인 꼭짓점이 적어도 하나 존재한다.)

    (3) 참 (삼각형과 사각형의 수를 각각 a와 b라 하면 $a+b=f$, $3a+4b=2e$, $v-e+f=2$)

〉〉 연습문제 3.5

1. (1) 연결되어 있지 않으므로 수형도가 아니다.

   (2) 회로가 없는 연결그래프이므로 수형도이다.

   (3) 회로가 있으므로 수형도가 아니다.

2. 1

3. (1) 없다. (2) G의 꼭짓점 집합 V는 서로소인 두 집합 A, B로 분할된다.

4. $n-k$

5. 수형도에는 회로가 없으므로 K_5나 $K_{3,3}$를 포함하지 않는다. 따라서 쿠라토프스키 정리에 의하여 수형도는 평면그래프이다.

6. 힌트 : 생성수형도를 생각한다.

7. 힌트 : $\sum_{i=1}^{n} d_i = 2e$와 $e = n-1$이면 수형도임을 이용한다.

8. P를 수형도 T의 가장 긴 경로 중 하나라고 하자. 만약 P의 시작점이나 끝점의 차수가 1보다 크면 경로 P의 시작점이나 끝점에 인접한 꼭짓점을 첨가하여 P보다 더 긴 경로를 만들 수 있으므로 모순이다. 따라서 가장 긴 경로의 시작점과 끝점의 차수는 1이다. 꼭짓점의 수가 2 이상인 수형도에서 가장 긴 경로의 시작점과 끝점은 적어도 둘이므로 수형도에는 차수가 1인 꼭짓점이 적어도 두 개 있다.

9. 꼭짓점이 $v_1, v_2, \cdots, v_n$인 수형도에서 차수가 1인 꼭짓점의 수를 x라 하자.

$$\sum_{i=1}^{n} |d(v_i)-2| = 2x + \sum_{i=1}^{n}(d(v_i)-2) = 2x + 2(e-n) = 2x-2$$

에서

$$x = 1 + \frac{1}{2}\sum_{i=1}^{n}|d(v_i)-2|$$

10. (1) (6, 12, 6, 3, 10, 3, 8, 1, 6, 8)

(2)

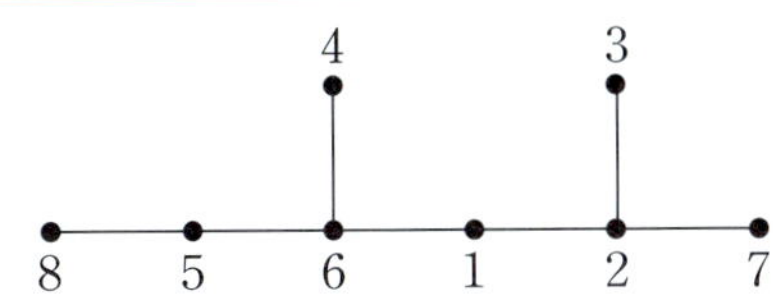

11. (1) 5^3

(2) $5 \cdot 2^4$

12. (1) 힌트 : G의 고정된 한 변 e를 포함하는 생성수형도와 e를 포함하지 않는 생성수형도로 나누어 생각한다.

(2) 21

13. $(n-2)n^{n-3}$

14. (1) 깊이 우선 탐색 : ABCDFGEHIJK

(2) 너비 우선 탐색 : ABHICDEJKFG

15.

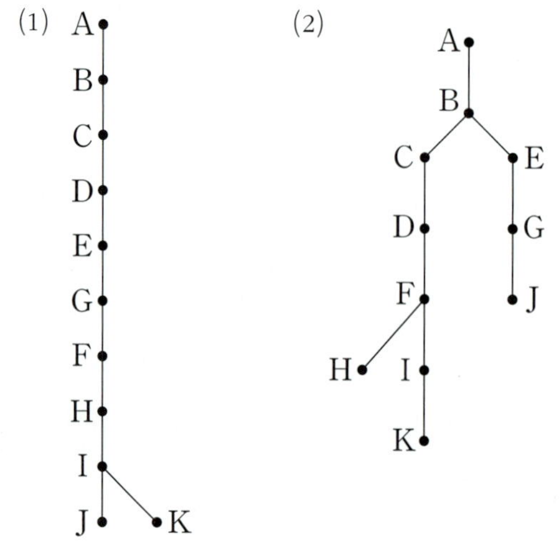

16. $(10, 0, 0) \rightarrow (6, 0, 4) \rightarrow (0, 6, 4) \rightarrow (4, 6, 0) \rightarrow (4, 2, 4)$

17. 힌트 : 갈 수 있는 곳까지 가서 막다른 길이면 전 단계의 갈림길로 돌아가서 다른 길을 이용한다.

18. 최소인 합 : 17

19. 최소인 합 : 9

〉〉 연습문제 3.6

1. (1) 4 (2) 3 (3) 2

2. (1) n이 짝수이면 $\chi(G)=2$, n이 홀수이면 $\chi(G)=3$
   (2) $\chi(G)=2$ (3) $\chi(G)=2$

3. 월요일에 투어 1, 투어 2, 수요일에 투어 3, 4, 5로 할 수 있다.

4. 힌트 : 채색수와 채색다항식의 정의를 이용한다.

5. (1) $k(k-1)^2(k-2)^2(k-3)$ (2) 720

6. (1) $k(k-1)(k-2)^2$ (2) $(k-1)^n+(-1)^n(k-1)$

7. $k(k-1)(k-2)(k^2-2k+2)$

8. (1) 이 절의 연습문제 1의 (1)에 있는 그래프

(2)

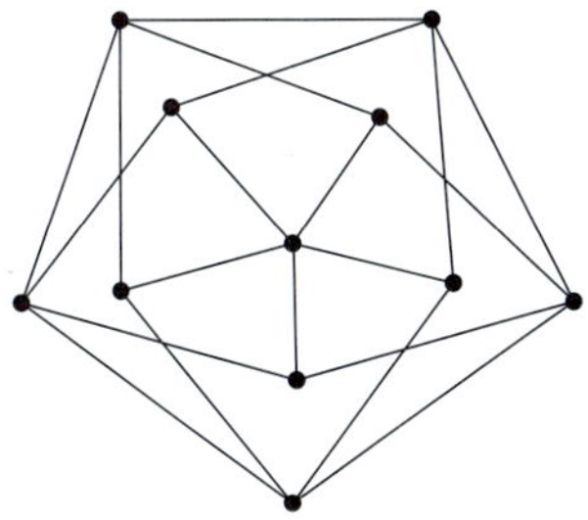

9. 힌트 : 이분그래프의 꼭짓점의 집합은 두 집합 V_1, V_2로 분할됨을 이용한다.

10. 힌트 : 원에 의하여 나누어지는 영역이 몇 개의 원에 포함되는지 생각한다.

11. 힌트 : 꼭짓점의 개수 n에 대해 수학적 귀납법; 길이가 3인 회로

12. (1) 힌트 : 연습문제 9와 3.3절의 연습문제 16을 이용한다.

(2) 힌트 : 3.3절의 연습문제 16과 연습문제 9를 이용한다.

13. 힌트 : 오일러공식과 연습문제 12을 이용한다.

14. 힌트 : $e \leq 3v-6$을 이용하여 차수가 4 이하인 꼭짓점이 있음을 보인다.

15. (1) $\chi(G)=3$

(2) $c_k(G)=k(k-1)(k-2)(k^2-5k+7)$

(3) $c_4(G)-\binom{4}{3}c_3(G)=72-24=48$

16. (1) $c_k(H_m)=k(k-1)(k^2-3k+3)^{m-1}$ (2) $\chi(H_m)=2$

17. (1) $c_k(K_{n,2})=k(k-1)((k-2)^n+(k-1)^{n-1})$

(2) $c_4(K_{n,2})-\binom{4}{3}c_3(K_{n,2})+\binom{4}{2}c_2(K_{n,2})=4\cdot 3^n-12$

18. 252

19. (1) 주어진 조건을 만족하는 그래프를 그리면 아래와 같다.

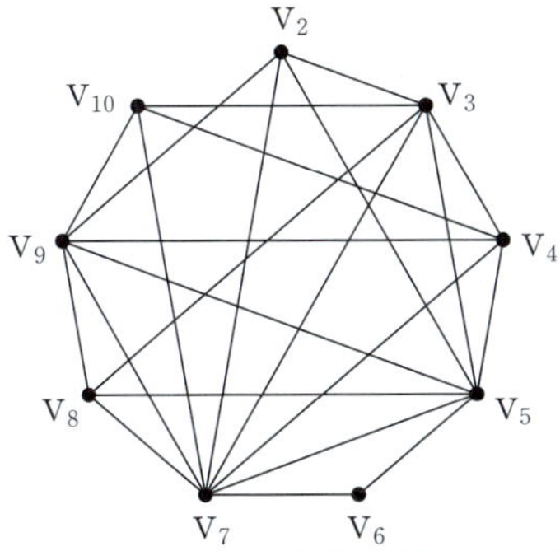

각 꼭짓점 v_j에 대해 $\{v_i, v_j\}$이 (단 $i>j$) 변인 개수는 $\varphi(j)-1$이다. 따라서 변의 개수 e는 $\sum_{j=2}^{10}(\varphi(j)-1)=22$이다. (여기서 φ는 오일러 φ 함수이다.)

(2) $V_1=\{v_2, v_4, v_8\}$와 $V_2=\{v_3, v_5, v_7\}$로 이루어진 완전이분그래프 $K_{3,3}$는 G의 부분그래프이므로 쿠라토프스키 정리에 의해 G는 평면그래프가 아니다.

(3) $W=\{v_2, v_3, v_5, v_7\}$로 이루어진 완전그래프 K_4는 G의 부분그래프이므로 $\chi(G)\geq 4$이고, 아래와 같이 네 색으로 색칠할 수 있으므로 $\chi(G)=4$이다.

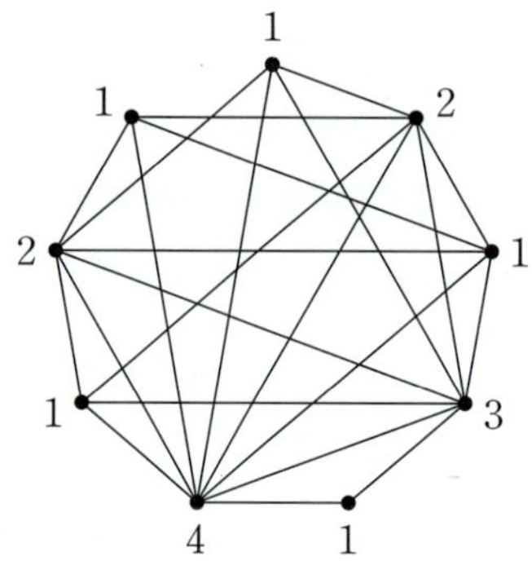

20. (1) $2(5+9+5\cdot 6)=88$

(2) 조건 (나)와 같이 G의 변이 만들어질 경우에는 G의 채색수는 C_5의 채색수와 $K_{3,3}$의 채색수의 합이다. 따라서 $\chi(G)=\chi(C_5)+\chi(K_{3,3})=3+2=5$이다.

〉〉 연습문제 3.7

1.

$$A=\begin{pmatrix} 0&1&1&1&0\\ 1&0&1&1&0\\ 1&1&0&1&0\\ 1&1&1&0&1\\ 0&0&0&1&0 \end{pmatrix},\ B=\begin{pmatrix} 1&0&0&1&0&1&0\\ 1&1&0&0&1&0&0\\ 0&1&1&0&0&1&0\\ 0&0&1&1&1&0&1\\ 0&0&0&0&0&0&1 \end{pmatrix},\ D=\begin{pmatrix} 3&0&0&0&0\\ 0&3&0&0&0\\ 0&0&3&0&0\\ 0&0&0&4&0\\ 0&0&0&0&1 \end{pmatrix}$$

2. (1) $d(v_1)=d(v_2)=d(v_3)=d(v_4)=d(v_5)=2$

(2) 회로 : $v_1 \to v_2 \to v_3 \to v_4 \to v_5 \to v_1$

3. (1) $d(v_1)=d(v_2)=d(v_3)=d(v_4)=3, d(v_5)=2$

(2) 7 (3) 2

(4) 14 (5) 2

4. (1) ${}_5P_3=60$ (2) 24 (3) 16

5. 아래 그림과 같은 길이가 3인 회로는 인접행렬과 근접행렬이 모두

$\begin{pmatrix} 0 & 1 & 1 \\ 1 & 0 & 1 \\ 1 & 1 & 0 \end{pmatrix}$ 이다.

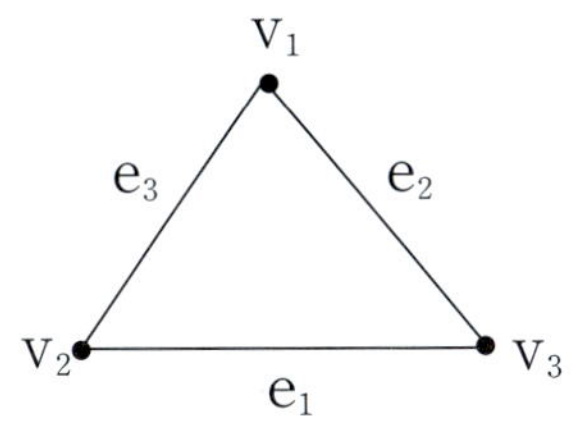

6. G의 꼭짓점의 집합을 $V_1=\{v_1, v_2, \cdots, v_m\}$과 $V_2=\{w_1, w_2, \cdots, w_n\}$로 분할된다고 하자. $v_1, v_2, \cdots, v_m, w_1, w_2, \cdots, w_n$의 순서를 이용하여 구한 G의 인접행렬은 주어진 형태의 행렬이 된다.

7. 힌트 : G의 인접행렬을 A라 하고 $A^k=(a_{ij}^{(k)})$라 할 때, G가 연결그래프이기 위한 필요충분조건은 임의의 $1\le i, j\le n$에 대하여 $a_{ij}^{(1)}+a_{ij}^{(2)}+\cdots+a_{ij}^{(n)}\neq 0$임을 보인다.

8.

(1) $A=\begin{pmatrix} 0&1&0&1 \\ 1&0&1&1 \\ 0&1&0&1 \\ 1&1&1&0 \end{pmatrix}$ (2) $D=\begin{pmatrix} 2&0&0&0 \\ 0&3&0&0 \\ 0&0&2&0 \\ 0&0&0&3 \end{pmatrix}$ (3) 8

9.

$$A=\begin{pmatrix} 0 & 1 & 1 & \cdots & \cdots & 1 & 1 \\ 1 & 0 & 1 & \cdots & \cdots & 1 & 1 \\ & & \vdots & & & & \vdots \\ & & & \vdots & & & \\ & & & & \vdots & & \\ 1 & \cdots & & 1 & 1 & 0 & 1 \\ 1 & 1 & 1 & \cdots & 1 & 1 & 0 \end{pmatrix}, \quad D=\begin{pmatrix} n-1 & 0 & 0 & \cdots & \cdots & 0 & 0 \\ 0 & n-1 & 0 & \cdots & \cdots & 0 & 0 \\ \vdots & & \vdots & & & & \vdots \\ & & & \vdots & & & \\ & & & & \vdots & & \\ 0 & \cdots & & 0 & 0 & n-1 & 0 \\ 0 & 0 & 0 & \cdots & 0 & 0 & n-1 \end{pmatrix}$$

$\det(D-A)_{nn}=n^{n-2}$

10.

(1) $A=A(G)=\begin{pmatrix} 0&1&1&1 \\ 0&0&1&0 \\ 1&0&0&0 \\ 1&0&1&0 \end{pmatrix}$ (2) $A+A^2$

11. 힌트 : BB^T의 (i,j) 성분은 $i=j$일 때 d_{ii}이고, $i\neq j$일 때 $-a_{ij}$임을 보인다.

12. 가, 다

참고문헌

1. 황석근, 이재돈, 김익표, *Easy New Visual 이산수학*, 교우미디어, 2012.
2. Ian Anderson, *A First Course in Discrete Mathematics*, Springer, London, 2000.
3. George E. Andrews, *The Theory of Partitions*, Addison Wesley, 1976.
4. Mehdi Behzard, Gray Chartrand and Linda Lesniak-Foster, *Graphs & Digraphs*, Wadsworth, Belmont, 1979.
5. Arthur Benjamin and Jennifer Quinn, *Proofs that Really Count: The Art of Combinatorial Proof*, MAA, 2010.
6. Norman L. Biggs, *Discrete Mathematics*, 2nd edition, Oxford University Press, 2002.
7. Kenneth P. Bogart, *Introductory Combinatorics*, Pitman, Boston, 1983.
8. Richard A. Brualdi, *Introductory Combinatorics*, North-Hollanf, New York, 1977.
9. Peter J. Cameron, *Combinatorics: Topics, Techniques, Algorithms*, Cambridge University Press, 1994.
10. Gray Chartrand and Ping Zhang, *Introduction to Graph Theory*, McGraw-Hill, New York, 2005.
11. COMAP, For All Practical Purpose: *Introduction to Contemporary Mathematics*, 5th edition, Freeman, New York, 1994.
12. Nancy Crisler, Patience Fisher and Gary Froelich, *Discrete Mathematics Through Applications*, Freeman, New York, 1994.
13. Neville Dean, *The Essence of Discrete Mathematics*, Prentice Hall, New York, 1997.
14. Eric Gossett, *Discrete Mathematics with Proof*, Prentice Hall, Upper Saddler River, 2003.
15. Ronald Gould, *Graph Theory*, Benjamin/Cummings P. Co., REading Mass., 1988.
16. Ronald L. Graham, Donald E. Knuth and Oren Patashnik, *Concrete Mathematics: A Foundation for Computer Science*, 2nd edition, Addison Wesley, New York, 1994.

17. Bradley W. Jackson and Dmitri Thoro, *Applied Combinatorics with Problem Solving*, Addison Wesley, New York, 1994.

18. Bernard Kolman and David Hill, *Introductory Linear Algebra with Applications*, 7th edition, Prentice Hall, Upper Saddle River, 2001

19. George E. Martin, *Counting: The Art of Enumerative Combinatorics*, Springer, New York, 2001.

20. Ostein Ore, *Graphs and Their Uses*, Maa, 1990.

21. Christos H. Papadimitriou and Kenneth Steiglitz, *Combinatorial Optimization: Algorithms and Complexity*, Dover, New York, 1998.

22. Kenneth H. Rosen, *Discrete Mathematics and Its Applications*, 4th edition, Mcgraw-Hill, New York, 1999.

23. Ricahrd P. Stanley, *Enumerative Combinatorics Vol 1*, Wadsworth & Brooks/Cole, Monterey, 1986.

24. Dennis Stanton and Dennis White, *Constructive Combinatorics*, Springer-Verlag, New York, 1986.

25. Peter Tannenbaum and Robert Arnold, *Excursions in Modern Mathematics*, Prentice Hall, Upper Saddle River, 1997.

26. Alan Tucker, *Applied Combinatorics*, 3rd edition, Wiley and Sons, New York, 1995.

27. Robin J. Wilson, *Introduction to Graph Theory*, Academic Press, New York, 1972.

찾아보기

이산수학 (제5판)

지은이 박종안·서승현·이재진·이준열
펴낸이 조경희
펴낸곳 경문사
펴낸날 2005년 8월 25일 1판 1쇄
2016년 3월 5일 5판 1쇄
등 록 1979년 11월 9일 제313-1979-23호
주 소 121-818, 서울특별시 마포구 와우산로 174
전 화 (02)332-2004 팩스 (02)336-5193
이메일 kyungmoon@kyungmoon.com

값 25,000원

ISBN 978-89-6105-970-1

★ 경문사 홈페이지에 오시면 즐거운 일이 생깁니다.
http://www.kyungmoon.com

한국과학기술출판협회 회원사